高等学校水利学科专业规范核心课程配套教材

水信息技术课程指导书

河海大学　谢悦波　编著

内 容 提 要

本书是高等学校水利学科专业规范核心课程教材《水信息技术》的配套课程指导书。本书包括课程实验指导书、课程习题指导书、课程设计指导书、教学实习指导书4个部分，内容与教材教学要求紧密相扣，能够较好地强化教学效果、提高学生的动手能力和创新意识。

本书可供水利学科相关专业学生学习、复习使用，亦可供相关技术人员参考。

图书在版编目（CIP）数据

水信息技术课程指导书 / 谢悦波编著. -- 北京：中国水利水电出版社，2010.3(2021.1重印)
高等学校水利学科专业规范核心课程配套教材
ISBN 978-7-5084-7277-5

Ⅰ. ①水… Ⅱ. ①谢… Ⅲ. ①信息技术—应用—水文学—高等学校—教学参考资料 Ⅳ. ①P33-39

中国版本图书馆CIP数据核字(2010)第041856号

书　　名	高等学校水利学科专业规范核心课程配套教材 **水信息技术课程指导书**
作　　者	河海大学　谢悦波　编著
出版发行	中国水利水电出版社 （北京市海淀区玉渊潭南路1号D座　100038） 网址：www.waterpub.com.cn E-mail：sales@waterpub.com.cn 电话：(010) 68367658（营销中心）
经　　售	北京科水图书销售中心（零售） 电话：(010) 88383994、63202643、68545874 全国各地新华书店和相关出版物销售网点
排　　版	中国水利水电出版社微机排版中心
印　　刷	北京市密东印刷有限公司
规　　格	184mm×260mm　16开本　17印张　403千字
版　　次	2010年3月第1版　2021年1月第2次印刷
印　　数	3001—5000册
定　　价	**45.00**元

前　言

水文学科发展主要分4个历史阶段，第一阶段为萌芽时期（远古至1400年，以水位记录如水则碑和有关水的记载如《水经注》为标志），第二阶段为奠基时期（1400～1900年，以水位观测仪器如水尺和第一本描述水流运动规律的《河流水文学》标志着水文理论的初步形成），第三阶段为应用发展时期（1900～1950年，降雨观测仪器和一些水文理论的发展如1932年Sherman的单位线理论、概率论与数理统计引入到水文学中），第四阶段为现代水文时期（1950年至今，现代水文技术的应用，如ADCP、GPS、RS、雷达测雨技术、水情遥测系统、卫星通信数据传输技术等）。从中可以清楚地看到水信息技术（水文测验学）的发展差不多是每个时期划分的主要标志。水情遥测系统、卫星通信数据传输技术在防汛决策中起到了很大的作用，但都是建立在正确、及时的水文数据基础上的。可以说，没有正确的水文数据，就不可能有正确的水情预报、水资源评价、有关水的决策。

《水信息技术》课程既是水文与水资源工程专业的一门重要技术基础课，为学好本专业其他专业课程奠定基础；同时课程本身又具备专业课程的性质。在全国30000多名在职的水文职工中，65%的人员在从事这两部分具体业务的工作。

《水信息技术》课程的特点是实践性强，因此更新和完善实践课程内容是形势发展的需要，也是教学改革的内容之一。让学生把课堂上所学的理论知识与水文工作内容，两者有机结合、融会贯通。在此基础上完成高校水利学科专业规范核心课程教材《水信息技术》的辅导教材（其内容包含该课程的实验指导书、课程习题指导书、水文数据处理课程、水文测验实习指导书4项），其设计思想是：

8个习题是水文的基本工作——水位计算、大断面计算、流量计算、含沙量计算、单一线法数据处理、高水延长、校正因素法数据处理、闸孔出流的数据处理。学生为做完这8个习题付出的努力和艰辛是可观的，但是效果是显而易见的。或者换句话说，在河海水文学完了《水信息技术》这门课程后，对这8个习题还做不正确或是不会做，那么就应该考虑一下是否能称得上名符其实的河海水文专业的毕业生了。

实验课主要介绍各种测验使用的仪器以及使用方法，如水位计观测水位的原理、数传水位计的工作原理、回声仪测深的过程等。采用实验教学的手段，远比课堂教学效果好，因为实验教学直观，操作过程、出现什么情况都可以展示在学生面前；还有一个创新型实验——水质自动采集系统的设计及应用（含卫星数据传输的设计及应用），大大调动了学生学习的兴趣。这也是教育部目前强调的工科院校学生要加强工程实践训练的目的。

通过实际动手，开动学生想象的空间，如何设计实验，如何减轻测站职工们劳动强度，怎样在满足精度的前提下精简流量测验次数？让学生从实验课中带着这样、那样的问题，去实习基地实习时设法解决。

水信息采集（含水质采样）教学实习是把课堂上所介绍的水信息采集方法和实验课程上对多种测验仪器的掌握，在测站上进行实际操作应用。

水文数据处理（资料整编）课程设计是让学生通过某站年的数据，根据其水位—流量关系受影响因素的分析，采用课堂教学中所学的内容，选择合适的方法，进行数据处理。

学生以小组为单位，通过完成某站某年实测水位、流量和悬移质泥沙数据进行分析，采用多种方法进行定线推流（单一线法、时序型方法、水力因素型方法等）和推沙。学生第一次做这种连时序方法，肯定难以下手。因此，他们就要互相讨论，怎样连线更为合理。各人想法不同，互相辩论，最后达到弄清楚的目的；有时指导教师也参与其中，使学生初步掌握综合性因素影响下的水文数据处理方法，在分析问题、解决问题能力和基本技能诸方面得到训练，使其对水流表现形式的基本规律有直观的认识，并且能够根据不同的情况，选择有效的方法进行数据处理。

上述 4 个方面的实践教学过程还培养同学之间互助合作、互相检查、校对，共同完成任务的团队精神。

本书是河海大学水文测验教研室和实验室及水文水利自动化研究所的同仁们多年教学工作成果的一个汇编，北京市水文总站赵雪丽副总主审了全书。

限于对水文测验工作的理解和认识水平的局限，书中有不全面、不妥当的地方，还恳请全国的水文同行们不吝指正。

作者

2009 年 6 月

目　　录

课程实验指导书

课程习题指导书

课程设计指导书

教学实习指导书

课程实验指导书

说　　明

“水信息技术”为水文与水资源工程专业的一门专业课，课程特点是与生产结合密切，因此安排有一定的实践环节，包括课程实验、习题、数学实习、数据处理的课程设计等环节。其中实验课的目的是要求学生有一定的操作技能，为此安排了九个实验（其中第九个实验是创新型实验，有条件的学校可以安排做），使同学能更深入理解课堂所讲的内容，增加感性认识，同时培养和训练学生的基本操作技能。因而对学生提出下列要求：

（1）在实验前，复习课堂所讲有关内容，并且预习实验指导书中的有关内容，以保证实验取得较好效果。

（2）为了帮助学生加深对仪器了解，在指导书中附有部分电路图。这些单元电路在“电工学”基本学完后需要学生自己分析，不是实验的主要内容。

（3）爱护仪器。在未了解仪器性能之前，不得擅自拆卸仪器，各种实验须按指导书中的操作步骤进行，实验结束后应把仪器整理好放回原处，经教师同意后才能离开实验室。

（4）遵守实验室规则，爱护公物。实验室内陈列的本次实验之外的一切仪器物品请勿乱动。

实验一　观测水位的仪器设备

一、要求

（1）通过水位仪器实验对各种类型水位仪器设备的性能、结构特点、使用条件及方法有初步了解。

（2）重点了解 SW40 型日记水位计性能及使用方法。

（3）了解电传水位计原理。

二、内容

（一）水位计和设备

（1）水尺（直立式、倾斜式）。

（2）长期自记水位计。

（3）超声波水位计。

（4）水压式水位计。

（5）压阻传感器长期自记水位计。

（6）接触式水位计。

（二）SW40 型自记水位计的使用

1. 主要部件的作用

根据图 1－1 对照 SW40 型水位计，了解主要部件作用。

（1）感应部件。由浮筒、悬索、水位轮、螺钉和平衡锤等所组成。

1）浮筒要求灵敏度高（浮筒直径为 200mm、水位每升高 1mm，浮力增大 31.4g）、稳定性能好。

2）悬索用于传递水位变化，要求直径精确，具有一定的强度与柔性，线膨胀系数小，故采用直径 ϕ1.0mm±0.04mm 的不锈钢丝绳。

3）水位轮将水位的直线位移准确地转移为圆周运动，水位轮上有大、小两个轮圈，圈上均有 V 形槽，槽的中径分别为 ϕ254.6mm±0.05mm 和 ϕ127.3mm±0.05mm，周长为 800mm 和 400mm，水位轮的静平衡力矩应小于 5g·cm。

4）平衡锤重量 600g，材料为铅，尺寸为 ϕ24mm×100mm。

（2）水位记录装置。由滚筒部件、支承系统和变速齿轮等所组成。

1）滚筒部件是为安装记录纸之用，圆筒直径为 ϕ127.3mm±0.1mm，记录纸长度为 400mm。筒身上沿轴线方向有一长槽（槽宽为 0.8mm），供记录纸两端插进筒内安装固定用，当记录纸插入后，拨动夹纸杆使记录纸夹牢。

2）支承索统由仪器外壳、球轴承等组成，作用是支承各系统运行。

3）变速齿轮是为适应各种水位变幅用，小齿轮为 50 齿，大齿轮为 250 齿，速比为

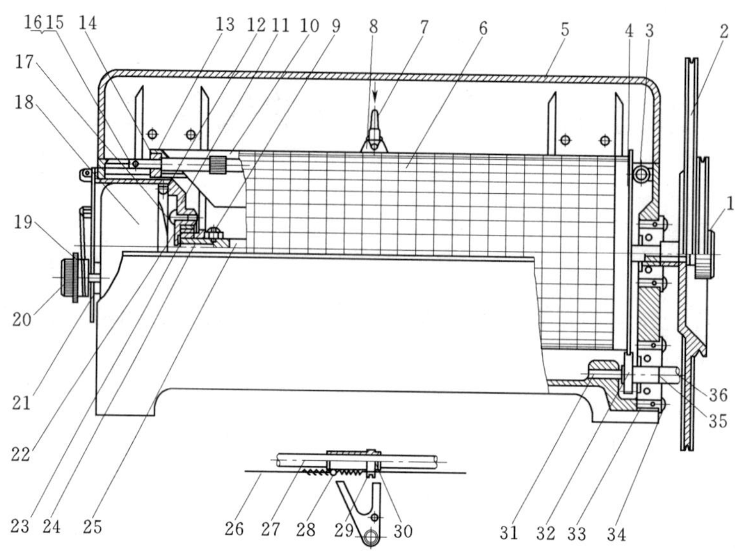

图 1-1 SW40 型自记水位计主要结构图

1—水位轮螺钉；2—水位轮；3—滑轮、螺钉 M2×6；4—大齿轮；5—箱体；6—记录纸；7—记录笔；8—笔架；9—螺钉；10—滚轮；11—钟座；12—橡皮压圈；13—记录滚筒；14—端盖；15—夹纸杆；16—偏心杆；17—盖圈；18—3 号台钟；19—微动轮；20—旋动轮；21—防潮垫圈；22—1200 球轴承；23—垫圈 $\phi6$；24—螺钉 M6×10；25—滚轴；26—康铜丝；27—滑杆；28—拉簧；29—螺钉 M2×4；30—固线柱；31—滚针；32—小齿轮；33—6200 球轴承；34—螺钉 M3×10；35—防潮圈；36—短轴

1∶5。

（3）时间记录装置。由自记钟、拉线机构、旋转轮支部件和记录笔部分组成。

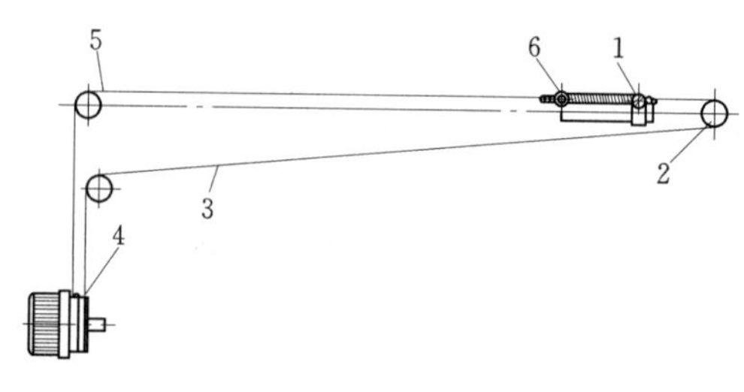

图 1-2 拉线示意图

1—圆柱头螺钉；2—滑轮；3—下拉线；4—绕线的螺旋槽；5—上拉线；6—弹簧一端

1）自记钟一次发条可运行 36h，日误差不超过±2min，装入仪器带上负荷驱动，日误差应不超过±5min。

2）拉线机构如图 1-2 所示。

a. 拉线是线径为 $\phi0.20$mm 的康铜线，用于牵引记录笔；拉线一端套在圆柱头螺钉上，并拧紧。

b. 将拉线绕过滑轮。

c. 将拉线穿过箱体小孔，再绕过滑轮。

d. 将拉线沿绕线的螺旋槽绕两圈，螺旋槽方向是左旋，要掌握螺旋升角的方向从右到左上升。

e. 将拉线绕过滑轮，穿过箱体小孔，略微转动微动轮，带紧前面部分拉线。

f. 将拉线套在弹簧的另一端，并拉紧。

（4）旋动轮支部件。如图 1-3 所示。

1）旋动轮是上发条用，上发条时应按反时针方向旋动，每日早晨 8 时上一次。

2）微动轮是对时间的微调机构。

3）绕线轮的作用是将时间的圆周运动转换为直线转动，它的直径为 ϕ22.72mm＋0.05mm，当配以 ϕ0.20mm 的拉线后，其周长为 72mm，相当于记录笔在记录纸上行走 6h 的距离（按每小时 12mm 计）。

4）弹簧的压力作用是将旋动轮、绕线轮、微动轮与发条轴一起旋转，可使微动轮打滑进行对时，因而要求弹簧有一定压力，如图 1－3（a）所示，试验一般要求松度大于 120g；紧度，小于 160g。

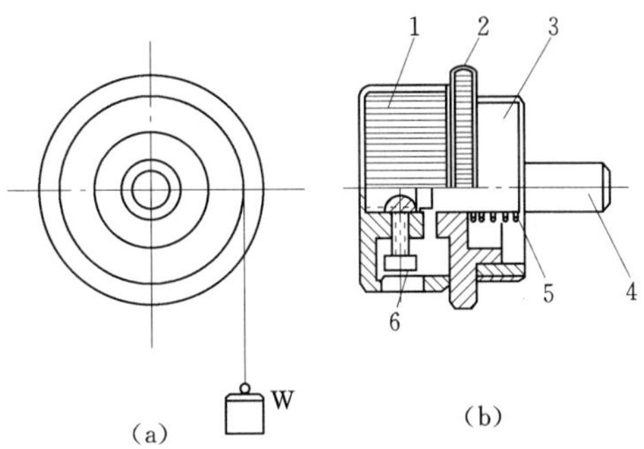

图 1－3　旋动轮支部件示意图

（a）加负荷试验弹簧压力；（b）结构

1—旋动轮；2—微动轮；3—绕线轮；4—旋动轴；5—弹簧；6—圆柱头螺钉

（5）记录笔部分。由记录笔、笔架、对线螺丝组成。记录笔安装可靠与否，关系到整个测量成果。对线螺丝是在上发条时使笔架抬起，笔尖离开记录纸，避免画出多余的线条。

2. 计算仪器的比例

全面了解该仪器后，装上记录纸，在水筒中加水，量其水位变化，计算出该仪器的 4 个比例，各是多少？

3. 记录时间

使用微动轮校正现在的记录时间，记录纸一小格是多少时间？

4. 原始数据整理

每日，早晨 8 时换一次记录纸，记录 24h 水位，时间坐标（横）两侧各加 1h，因而横轴能记 26h 水位。竖轴长为 40cm。如果水位比例 1∶1，水位变幅曲线如图 1－4 所示，整理资料后将 a 与 a'、b 与 b' 连接，若水位用 1∶10 记录，如图 1－5 所示，在记录纸上即可看出逐时水位过程线。

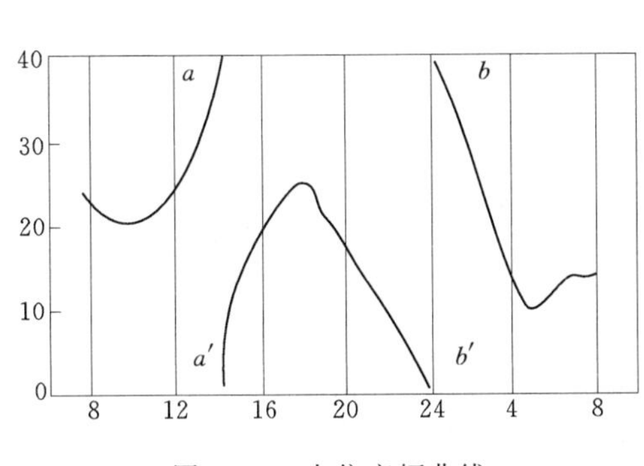

图 1－4　水位变幅曲线

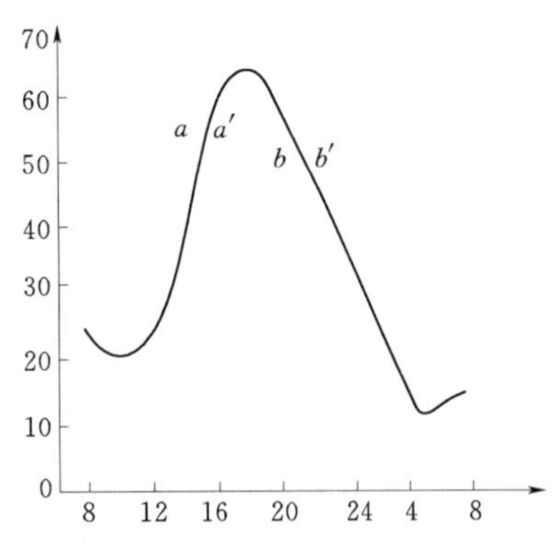

图 1－5　逐时水位过程线

（三）SY－2A 型电传水位计

1. 主要技术数据

（1）该仪器适用于远距离观测和自记录江河、湖泊、水库的水位。

（2）浮子感应水位，记录比例为 1∶5。

(3) 最小读数为 1cm，水位变幅为 10m 时，累计误差不超过±3cm。

(4) 传感器用 45V 叠层电池；接收器采用 220V 交流或 22.5V 电池；交直流电源可自动转换。

2. 仪器结构

分为传感器、记录器和接收器（包括电源整流器），在外线中为了防止雷击另加避雷器，如图 1-6 所示。

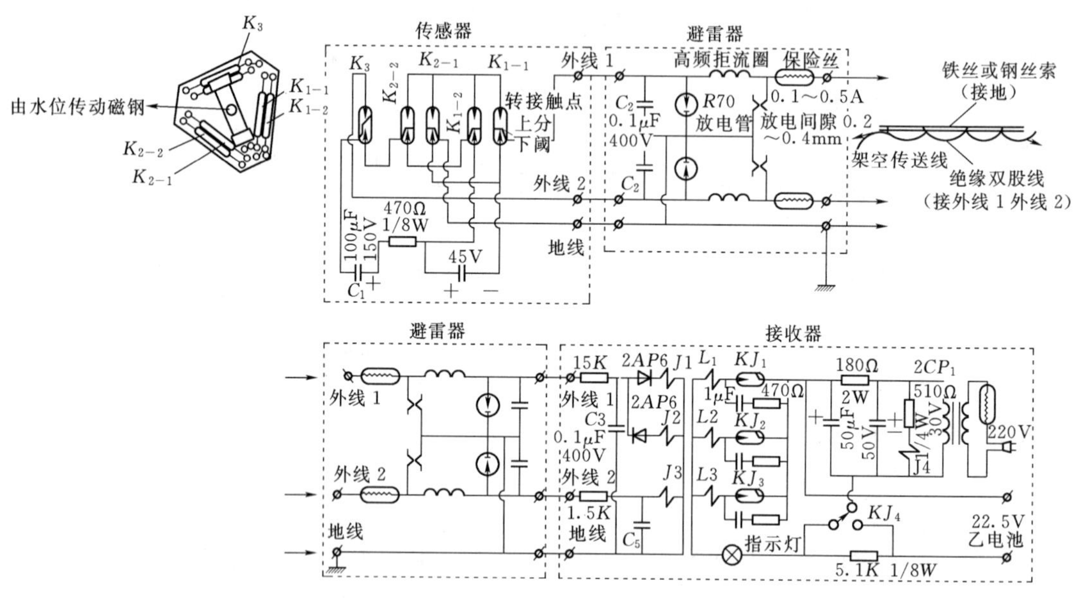

图 1-6 SY-2A 型电传水位计电原理图

(1) 传感器：由浮筒跟踪水位。并通过周长为 48cm 的浮筒轮经过 1∶8 的变速与磁钢轴相连，当水位变化 1cm，磁钢转动 60°，吸动一组干簧管接通电路；送入计数器一个脉冲信号。

(2) 接收器与记录器：主要由干簧继电器和一些电子元件、组成开关控制器；控制步进电机动作。步进电机由六个定子绕组，工作时只有其中一对定子产生磁场，吸动四极转子，每步动作 30°。在转子轴的前端通过齿轮传动十进位的三位计数器指示机构，以表示水位的厘米、分米及米数。后端装有蜗轮，蜗杆通过传动轴去传动记录器。

3. 工作原理

在水位变化过程中也就是磁钢转动过渡过程中，某个时刻磁钢对任何一组都不起作用，所有干簧均处于静态，常闭触点闭合，这时 C_1 上的电荷经 470Ω 电阻和 K_{1-2}、K_{2-2}、K_S 泄放，为产生下一个脉冲作准备。当水位上升 1cm，经过水位传动轮及齿轮的联动磁钢转至图 1-6 的位置，这时干簧管 K_3 吸动，其常开触点闭合，常闭触点断开，如图 1-6 所示，这样 45V 的电源经 470Ω 电阻、100μF 电容和干簧管 K_S，由 2 端输出经接收器负载由 1 端进入电源形成一个充电回路，电脉冲极性 2 端为正，1 端为负。当磁钢在不同位置时在输出外线 1、2、3 端将出现相应的正负极性。在接收器输入端由二极管和电阻将信号区分从而控制相应的干簧继电器，再由干簧继电器控制相应步进电机绕组，使步进电机一步一步动作带动记录器，直接显示水位。

三、思考题

（1）有了自记水位计为何还要设水尺？

（2）当记录笔拉线和悬索坏了，取用其他材料首先要考虑什么问题？

（3）电传水位计与自记水位计记录有何不同？

（4）当磁钢转到 K_2 或 K_3 位置时输出端极性有何变化？

（5）用万用表能否检查传感器的工作好坏，怎样检查？

实验二　测 深 和 定 位

一、要求

（1）了解测深杆、测深锤、测深铅鱼及回声仪的性能和使用范围。

（2）掌握用六分仪器测角定位原理及方法。

二、内容

（一）S48—1 型超声测深仪介绍

1. 主要技术性能

仪器可在 0.5～99.99m 之间测深，分辨率 0.01m，误差不超过±1%±0.01m。对小于 0.5m 的水深为盲区。适应流速（换能器与水相对运动速度）不大于 4m/s。可对 1～30℃的水温进行修正。测深的工作方式，有“重复—叠加”和自动跟踪两种方式。电源使用直流 10.0～12.5V，可在机内装 8 节 5 号电池提供。可以与计算机连接操作。

2. 工作原理

测深时将换能器放置于水面，仪器向水下发射超声波，该超声波经水底反射回来再由换能器接收，测定其从发射到接收的时间，经仪器自动换算及修正，即得水深。

水深：

$$H=\frac{1}{2}Vt \tag{1-1}$$

式中　V——超声波传播的速度；

　　t——超声波传播的时间。

仪器以单片计算机为智能中心，控制仪器的工作并对接收的数据进行分析和处理。除单片计算机外，仪器采用 CMOS 集成电路和其他集成电路，并以液晶显示测深结果。

3. 仪器的使用

（1）安装换能器。将换能器电缆穿过导流体，并将换能器装入导流体内，再将电缆穿过悬杆，将悬杆与换能器旋紧。

操作时，换能器可以手持，也可以将其固定于船舷，换能器应全部没入水中垂直指向水底，注意在任何情况下换能器工作面都不能有气泡，否则将影响效果。如将换能器固定于船舷，一般应放在水面下面 0.6m 左右处，计算水深时，再加上水面距换能器的距离。

（2）将换能器插头插入仪器的插孔。打开电源开关，进行水温订正，把实测水温数据输入仪器。

（3）按下测深键并随即放开，仪器将按照“重复—叠加”方式进行一次测深操作。这时仪器将自动重复测量 5 次，并对测深结果进行分析，排除干扰影响后给出水深。“重复—叠加”方式宜用于换能器与河床相对运动速度很小或静止的情况下测深。

若需进行连续自动测深，可将“测深”键按下，待水深已显示后再放开，即进入此种测深方式。仪器首先以“重复—叠加”方式测深一次，并以取得测深数据作为最初参考，然后将自动跟踪测深，并修正参考值，以消除测深中的误差。采用这种测深方式，约每秒测深3次并显示一次读数，适用于行船中连续测深。当需终中止测深时，只需按下“复位”键即可。

（4）计算机的连接。S48—1型超声测深仪后面有一DB型9芯针性RS232C插口，可用它与其他具有RS232C接口的计算机连接，利用计算机进行测深操作和读取数据，以利该仪器与其他仪器（如定位仪器）配套使用或者对测深数据进行记录（存储）或后期处理。

（二）六分仪的原理及方法

1. 六分仪原理示意图（如图1-7所示）

2. 原理

目的：要观测ϕ角。

（1）∵$\angle P_1IH$是$\triangle HIC$的补角，

$$\therefore 2\alpha=\phi+2\beta \rightarrow \phi=2(\alpha-\beta) \quad (1-2)$$

（2）∵$\angle PIH$是$\triangle HIN$的外角，

$$\therefore \alpha=\phi_1+\beta \rightarrow \phi_1=\alpha-\beta \quad (1-3)$$

式（1-3）代入式（1-2），得：

$$\phi=2\phi_1 \quad (1-4)$$

（3）∵$\triangle NIO \cong \triangle MHO$，

∴$\angle ION=\angle HOM$　　（对顶角相等）

$$\therefore \quad \phi_1=\phi_3 \rightarrow \phi=2\phi_3 \quad (1-5)$$

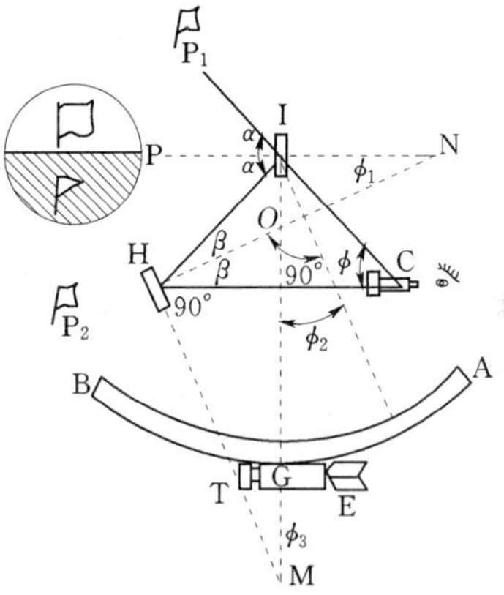

图1-7

H—定镜；C—望远镜；I—动镜；AB—分度弧；G—指标臂；T—测微轮；E—松紧夹

至此，只要在六分仪的分度弧刻度盘上将ϕ_3的读数扩大一倍，就可以直读观测角度了。

3. 使用步骤

（1）对照示意图了解望远镜、动镜、定镜、指标臂、测微轮、松紧夹的作用。

（2）右手握住手柄，将望远镜对准目标（P_2），调整目镜至目标清楚为止。

（3）用左手大拇指和食指二指捏住松紧夹，使指标臂能自由滑动，慢慢移动指标臂，使指标镜的目标与地面镜目标大致在一条线上。

（4）旋动微轮使两目标在镜中重合在一条线上，指标臂所指分度弧数和测微轮读数，即为两目标与观测者之间的夹角。

4. 使用六份仪定位

（1）已知岸上3个目标A、B、C和它们之间的距离AB、BC，沿断面线不同的几个位置分别测出夹角，如图1-8所示。

（2）已知岸上2个目标A、B，以及AB之间的长度，且AB连线与断面线垂直，在沿断面线不同的几个位置，分别测出夹角，如图1-9所示。

（3）三臂分度仪。由1个圆形分度盘和3个杆组成，中间为固定臂，两边是活动臂，根据六分仪测得的角度，在图纸上用三杆分度仪可很方便地定出位置。

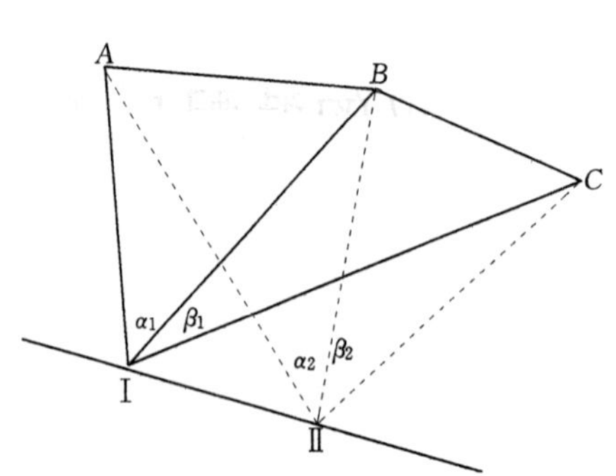

图 1-8 已知距离和位置使用六分仪求夹角示意图

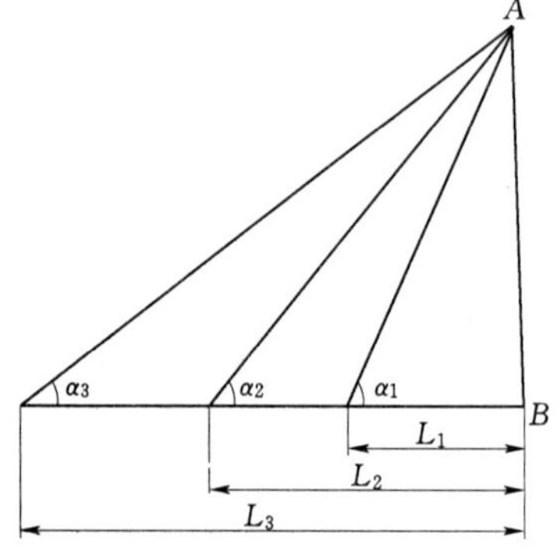

图 1-9 使用六分仪测量夹角示意图

三、思考题

1. 回声测深仪记录纸上显示的收发声信号即为水深？

2. 用六分仪交会法定船位时，如图 1-10 所示，当发现测得出的两角是 α、β，其中 α 比原定角度大，β 比原定角度小，此船朝上游还是朝下游或者是往左岸还是往右岸方向移动才能达到预定位置？

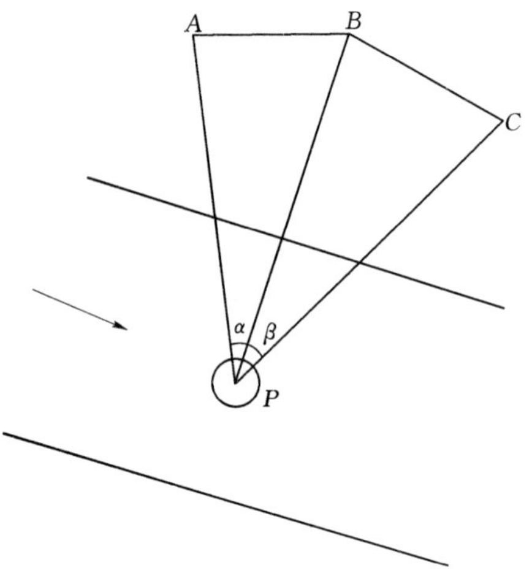

图 1-10 已知距离和夹角求动点示意图

四、实验报告

1. 已知岸上固定目标 A、B、C 和它们之间距离及位置（如图 1-8 所示）。$AB=1500\text{m}$，$BC=1200\text{m}$。根据沿断面线上不同的几个位置所测的角度 α_1，β_1、α_2，β_2，选两组如 α_1，β_1、α_2，β_2 用图解法把船位定在图中。

2. 已知岸上 2 个目标和基线长度 $AB=2500\text{m}$，基线与断面垂直，根据在各个位置实测夹角计算出它的起点距的 L_1、L_2、L_3（如图 1-9 所示）。

实验三　旋杯式旋桨式流速仪的装配与使用

一、要求

（1）了解流速仪的主要构造及其作用、仪器的性能。

（2）掌握流速仪的装配步骤与保养方法。

（3）了解流速仪测流的基本方法。

二、内容

（一）旋杯式流速仪

1. LS—68 型旋杯式流速仪的主要结构及其作用

LS—68 型旋杯式流速仪的主要结构有转子部分、接触部分、轭架及尾翼等四大部分，其结构如图 1-11 所示。

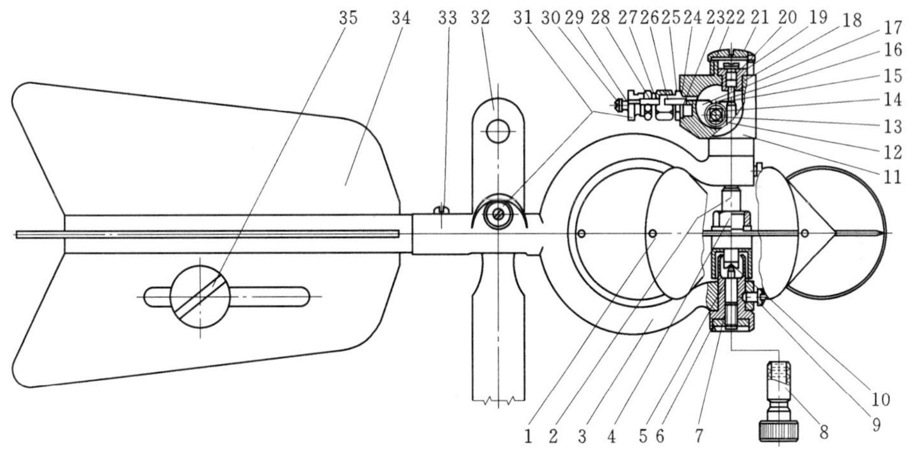

图 1-11　仪器结构

1—旋杯；2—旋轴；3—轭架；4—旋盘固定帽；5—顶针；6—顶头；7—并帽；8—旋盘固定器；9—轭架顶螺丝；10—顶窝；11—偏心筒；12—侧盖；13—齿轮；14—齿轮轴螺丝；15—接触丝；16—固定螺丝；17—轴套座；18—钢珠；19—钢珠座；20—弹簧垫圈；21—顶盖；22—顶盖垫圈；23—绝缘套；24—防水垫圈；25—连接螺丝；26—紧压螺帽；27—绝缘垫圈；28—小六角螺帽；29—接线螺丝；30—防脱螺丝；31—压线螺帽；32—悬杆；33—固尾螺丝；34—尾翼；35—平衡锤

转子部分是由旋杯、旋盘、旋轴、预针及轴套座等组成的，它位于仪器的头部，当水流流动冲击了仪器，使其转动，并通过它传递到接触部分，借此来测出水流的速度。

接触部分包括偏心筒、齿轮及凸轮、接触丝等部件，为传讯的机构，其中齿轮与转子部分的旋轴接触，并一起旋转。LS—68 型旋杯式流速仪，其转轴旋转 20 转，齿轮旋转一周，齿轮侧面有凸轮与之同轴转动，凸轮有四个突出之处，故当接触丝与之接触时，则旋轴每转5转接通电路一次，借此送一个信号。轭架是为支持并连接旋转机构（转子部分）、传讯机构（接触部分）尾翼及有关附属设备的机体。尾翼系由纵横垂直交叉的四叶片构成，纵尾翼下方有一狭长槽，在槽中附有可移动的平衡锤，尾翼是用以平衡仪器及使仪器迎向水流的机构。

2. LS—68型旋杯式流速仪的性能

仪器适用于$v=0.2\sim4.0$m/s的河流中，个别灵敏度较高时低速可以测到0.1m/s，率定流速公式的均方误差在上述测速范围内不超过±1.5%。

仪器构造简单、拆装方便为其特点。本仪器在测流时，旋杯是旋杯式流速仪的重要特征。

3. LS—68型旋杯流速仪的装配

（1）拆装的内容。拆装旋杯式流速仪的头部，包括旋盘、旋杯、旋轴、顶针、顶头小螺丝扣、套座偏心筒，察看齿轮、接触丝，并了解以上几个零件的相互关系。轭架及尾部包括尾翼和平衡锤。

（2）拆装的步骤如下：

1）用扳手把固定旋盘的六角螺丝帽松开，再松开上下顶螺丝，取下旋盘固定器或顶针偏心筒。

2）将偏心筒的一侧用扳手打开，了解接触丝及齿轮的转动与接触情况。

3）将偏心筒的顶盖打开，找到钢球座的位置，用螺丝刀将钢球座取下，看其结构。

4）用扳手取出六角螺丝套，认清接触丝的安装位置。

5）取出压盘六角螺帽，卸下旋轴、旋杯，观察其构造情况。

6）把上面拆卸的零件安装为原状，然后把旋盘固定器取下，装上顶针，口轻轻吹气，看仪器是否灵敏，灵敏则可，否则需进行调整（见下文4）。

7）用扳手取下联杆螺丝，装上联杆，把铅鱼装在联杆的一定位置上，借助悬钩把它与悬索连接起来。

8）把两电线一端接在两压线螺丝帽下面，另一端接在计数器上，转动旋杯视其发出信号是否正常。

9）把仪器从整个悬吊系统中拆卸下来。

10）按原来位置把仪器拆放在箱子中（特别注意要把顶针取出，在相应位置上装上旋盘固定器）。

4. 仪器使用时的注意事项及保养方法

仪器在使用之前必须把旋盘固定器卸下，装上顶针后检查其灵敏度，而其中影响仪器灵敏度的重要部分之一是顶针与顶窝之间要求有一定间隙，最适宜的间隙是0.03～0.05mm，最大不超过0.1mm。试验仪器灵敏度时可用吹气试验法，间隙若符合上述要求，则用口轻轻吹气时，旋盘（及杯）转动灵活，慢慢地转起来又慢慢地停下来；否则需调整。调整时可采用“角度法”调整，使用时还必须事先检查接触及、传导设备是否良好，仪器入水前，还必须检查各部分的螺丝及连接机构是否稳固可靠，以免在下水时发生意外事故而影响测流工作的顺利进行，使用时还应注意调整仪器使之入水后能保持平衡。

由于流速仪是一种精密仪器，因此很好的保养，对于延长仪器的寿命、保证测量成果的精密度有十分重要的意义，仪器的养护应注意下列几个主要问题：

（1）仪器的旋轴、轭架、旋杯、尾翼等各部分，应注意保护，不能受到碰撞，否则测验成果的精度将受到影响。

（2）顶针与顶窝之间有一定间隙，最适宜的为 0.03～0.05mm，顶针与顶窝也有一定的配合，按表 1－1 的规定配合。

表 1－1　　顶针与顶窝的配合

顶窝圆弧半径R（mm）		0.31	0.32	0.33	0.34
顶窝编号		1	2	3	4
顶针编号	黑色	红	黄	蓝	白
顶针圆弧半径r（mm）	0.27	0.28	0.29	0.30	0.31

（3）仪器每次用后擦洗干净，并在顶针、旋轴、顶窝、钢球座等部件涂上润滑油，以防生锈，尤其是顶针及旋轴部分。

（4）每次测验完毕后，把顶针从仪器中卸下，擦洗干净，涂上润滑油，把旋盘固定器安装在仪器中的相应位置上，以便顶针不至于磨损。

（5）使用仪器前，应首先仔细看一看说明书，了解其性质，不能随便拆卸。

（二）旋桨式流速仪

1. LS25—1 型旋桨式流速仪

流速仪结构如图 1－12 所示，由旋转部件、接触部件、身架部件和尾翼部件组成。

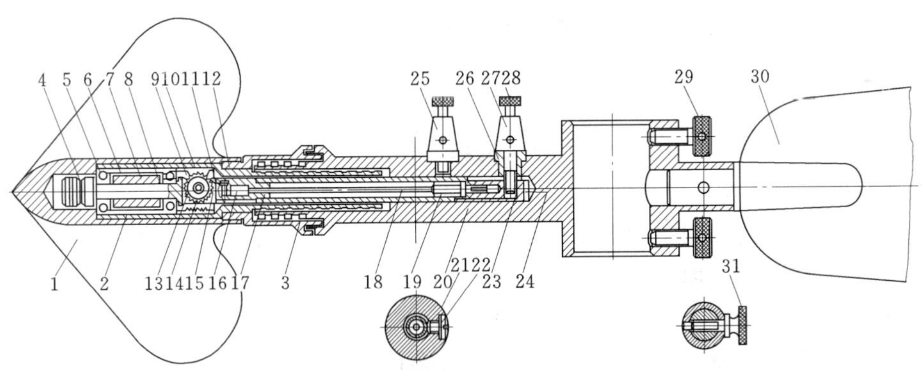

图 1－12　旋桨式流速仪结构图

1—旋桨；2—轴套；3—反牙螺丝套；4—导管螺帽；5—球轴套；6—外隔套；7—内隔套；8—旋桨轴；9—螺丝套；10—齿轮；11—接触丝；12—固定螺丝；13—接触销；14—接触轮；15—齿轮轴；16—接触轴套；17—绝缘座；18—导电杆；19—衬管甲；20—身架；21—固轴螺丝；22—垫圈；23—插孔；24—插孔套；25—接线栓甲；26—衬管乙；27—接线栓乙；28—接线螺丝；29—固定螺丝；30—尾翼；31—固尾螺丝

（1）旋转部件。由旋桨及其支承系统——轴套、反牙螺丝套、导套螺帽、球轴承外隔套、内隔套、旋桨轴等组成。

（2）接触机构。接触机构是一个闭合开关装置，其目的在于把旋桨的转数转换为电脉冲讯号。包括螺丝套、齿轮、接触桨、固定螺丝、接触销、接触轮、齿轮轴、接触轴套、绝缘座、导电杆和衬管甲。

（3）身架部件。包括身架、固轴螺丝、垫圈、插孔、插孔套、接线栓甲、衬管乙、接线栓乙、接线螺丝和固定螺丝等。身架前端活动环和膨大的喇叭口，当与旋部件装合后，便与反牙螺丝套、具有许多凹槽的轴套等构成了一个曲折的途径（迷宫)。借此结构，即使在多沙的河流流速仪也能正常的工作。

（4）尾翼部件。尾翼为一长形平面舵，安装于身架尾部的圆柱孔中，并借固尾螺丝固定，用以平衡仪器和迎合流向之用。

2. LS25—1型旋桨式流速仪的性能

流速 v=0.06～5.0m/s；

旋桨 N01 用于 0.06～2.5m/s；

旋桨 N02 用于 0.20～5.0m/s；

工作水深：0.0～24.0m；

工作水温：0～30℃；

工作水质：淡水（含有不超标的矿物质）或含沙浑水；

连续工作累计时数：超过 8h，应取出仪器检查转动情况。

3. 旋桨式流速仪的拆装

（1）拆装的内容。拆装旋桨式流速仪的旋转部件，认清其主要构件的名称，了解它们相互之间的联系。再进行拆装。

（2）拆装步骤如下：

1）取下轴套末端的保护套，按顺时针方向将反螺丝套取下，并将轴套连同旋轴从桨叶中拔出。

2）将旋轴自轴套中取出，拆下轴套、套管及螺丝帽、上轴承、上轴承外圈、外隔套、内隔套、下轴承外圈、下轴承等零件，认清各零件的位置，按相反步骤装上（特别注意上下轴承及其外圈的位置，切勿装错)。

3）在安装轴套前，用手指拨动小齿轮，看接触丝的接触情况及位置。

4）将旋轴插入桨叶内，装上反螺丝套。

5）松开身架固定螺丝，将旋轴插入身架内再上紧固定螺丝，并装上尾翼。

6）把仪器悬挂在悬索上并接上信号设备观察信号是否正常。

7）拆下仪器并把仪器装于仪器箱内各部件相应的安装位置上。

4. 使用时的注意事项及养护

仪器在使用时应注意下列几点：

（1）使用前，事先检查仪器灵敏度。如不灵敏，应拆洗旋转部分，同时检查接触部分是否正常；如正常才开始工作。

（2）应用仪器进行测速时必须在桨叶内注入约 1/3 体积（桨叶孔的体积）的精密机器油（一般用 2 号定脂油）使轴套装入后油有少许溢出。

（3）使用仪器时，在身架上亦应注入精密机器油，在反螺丝套与身架连接处，其有一定间隙，但不要过大，约为 0.4mm，也不能合紧，以免互相摩擦，影响灵敏度及损坏仪器。

仪器的养护应注意以下部分：

（1）轴承部分。决定仪器灵敏度的最主要的部件，因此应特别注意保护，使用后应用清洁汽油洗净，用白布擦干，稍加润滑油，以防止轴承生锈，影响仪器的灵敏度，注意轴承切不可涂上厚润滑油，以免刷洗困难。

（2）旋轴、轴套等均不能跌碰，以免影响仪器的灵敏度。

（3）桨叶的形状如有改变，也将影响检定公式的正确，因此桨叶也必须进行保护使其不受碰撞。

三、思考题

（1）信号灯亮的次数除以时间，是否等于流速？

（2）旋杯式流速仪的顶针，是否可以任意调换，为什么？旋杯式流速仪的六只旋杯是对称的，安装时与原来情况装反了，有没有关系？

（3）旋桨式流速仪为何可以防沙防水？

（4）测流过程中，信号灯常常发现下列现象，如何解释？

1）用旋杯式或旋桨式流速仪测流时，信号灯在一瞬间闪几次。

2）在某些河流中或河口段，将仪器放入水中后，信号灯一直发亮。当提到水面后，信号灯立即熄灭。

3）流速仪放在接近水面时，信号灯工作正常，放入河底后，信号灯就不显示出信号了，但当流速仪提到水面时，信号灯又恢复正常工作。

四、实验报告

（1）用流速仪法测出渠道流量、测速垂线。

1）测出水深，确定流速仪位置。

2）量出 H_1、H_2、H_3、H_4 的距离（起点距）。

3）用一点法测出流速。

4）计算出部分流量。

5）算出流量 Q。

6）实验设备包括：流速仪、秒表、计算器、连杆、电线，进行测深测速记载及绘制流量计算表。

（2）分别说明旋杯式及旋桨式流速仪影响灵敏度较大的主要部件是什么？对此，平时应如何保养？

实验四　介绍几种转子流速仪、流向仪和测流附属设备

一、要求

1. 了解几种转子式流速仪的概况。
2. 了解“无线测流”原理。
3. 了解 ZSX—2 型直读流速流向仪。

二、内容

（一）几种流速仪的介绍

几种转子流速仪见表 1－2。

表 1－2　　几种转子流速仪介绍

流速仪名称	构造简述及适用条件
LS45 型旋杯式浅水低流速仪	1. 测速范围：0.015～0.5m/s； 2. 工作水深：0.05～0.5m； 3. 测量误差：$m\leqslant\pm1.5\%$（$V=0.03\sim0.5$m/s） 4. 讯号转数：非接触每转一讯号
LS10 型旋桨式流速仪	构造：桨叶回转直径 60mm，旋转辊距 100mm，转轴与 LS25 型旋桨相似，身架较短，尾翼也短，两次信号间桨叶为 20 转。测速范围 $V=0.10\sim4$m/s，适用一般河流，管道涵洞，在清水或含沙浑水中都能使用
LS25—1B 型旋桨式瞬时流速仪	1. 测速范围：0.06～5m/s； 2. 起转速度不大于 0.05m/s； 3. 桨叶水力螺距：一号桨叶 250mm，二号桨叶 500mm； 4. 桨叶回转直径：120mm； 5. 每转记号输出数：24 个
LS25—1 型旋桨流速仪（改装）	构造：外型结构同 LS25 型相同，传讯机构干簧管代替了接触丝，桨叶转一回磁钢吸动干簧管一次，测速范围 $V=0.14\sim5$m/s
LS78 型旋杯式低流速仪	构造：外型结构同 LS25 型相同，传讯机构干簧管代替了接触丝，桨叶转一回磁钢吸动干簧管一次，测速范围 $V=0.14\sim5$m/s，水深在 0.2m 以上才能使用
LB50－1C 型旋杯式浅水低流速仪	1. 感应头结构：六等分锥形旋杯转子部件，ABS 工程塑料； 2. 旋杯部件回转直径：$\phi=80$mm； 3. 测速范围：0.01～0.5m/s； 4. 仪器起转速：0.008m/s； 5. 检定曲线误差：全线均方差 $M\leqslant\pm1.5\%$（$V>0.15\sim0.5$m/s）， 相对误差 $E\leqslant\pm5\%$（$V>0.02\sim0.15$m/s）， 绝对误差 $\delta\leqslant\pm0.001$m/s（$V=0.01\sim0.02$m/s）； 6. 每一信号转数：0.5 转（或 1 转，根据流速快慢可调整）； 7. 发信部件结构：磁敏霍尔器件电子开关，集电极开路输出；

续表

流速仪名称	构造简述及适用条件
LB50—1C 型旋杯式浅水低流速仪	8. 开关触点容量：电流 $I \leqslant 20mA$，电压 $U \leqslant 4.5 \sim 12V$； 9. 开关工作寿命：700×10^4 次； 10. 仪器测量安装：测杆：$\Phi = 12mm \times 0.5m$ 长，三脚测架：高 0.5m； 11. 仪器工作条件： 工作水深 0.05～0.5m， 工作水温 0～40℃， 工作气温 0～40℃， 悬移质含沙量 $0.1kg/m^3$， 水质含盐度 <2g/L
LB70—1C 型旋杯式低流速仪	流速测量范围 $V=0.02 \sim 0.5m/s$
LB70—2C 型旋杯式流速仪	流速测量范围 $V=0.10 \sim 4.0m/s$
LB70—2D 型旋杯式流速仪	流速测量范围 $V=0.10 \sim 4.0m/s$
LB70—3C 型旋杯式冰下流速仪	流速测量范围 $V=0.10 \sim 4.0m/s$；如图 1-13～图 1～26 所示
LJ12—1A（C）型旋桨式流速仪	流速测量范围 $V=0.07 \sim 7m/s$（实验检定 $V_{max}=12m/s$）
LJ12—2A/C 型旋桨式流速仪	流速测量范围 $V=0.07 \sim 7m/s$（实验检定 $V_{max}=12m/s$）
LJ20—1A 型旋桨式流速仪	流速测量范围 $V=0.05 \sim 8m/s$（实验检定 $V_{max}=15m/s$）；如图 1-27～图 1-41 所示
LJ20—1C 型旋桨式流速仪	流速测量范围 $V=0.05 \sim 8m/s$（实验检定 $V_{max}=15m/s$）；如图 1-27～图 1-41 所示

（二）ZSX—2 型直读流速流向仪

1. 技术数据

（1）测量范围：流速 0.2～3m/s：流向 0°～360°，适用于水深 0.1～24m。

（2）流向测量误差：不大于±5°。

（3）测速历时：分 50s、100s 两挡，定时自动控制。

（4）流速仪 k、c 值。k 值为 0.240～0.260，分为 11 挡；c 值：50s 有 0.50、0.010 两挡，100s 有 0.0025、0.005、0.0075、0.010 四挡。

（5）电源。直流 6V，平均工作电流 250mA。

2. 流速计算原理

根据流速仪的检定特性，当流速大于 0.2m/s 时，检定公式为直线方程：

$$V=K\frac{N}{T}+C \quad (m/s) \tag{1-6}$$

式中 V——流速；

K——桨叶水力螺距；

N——转数；

C——仪器摩阻系数；

T——时间。

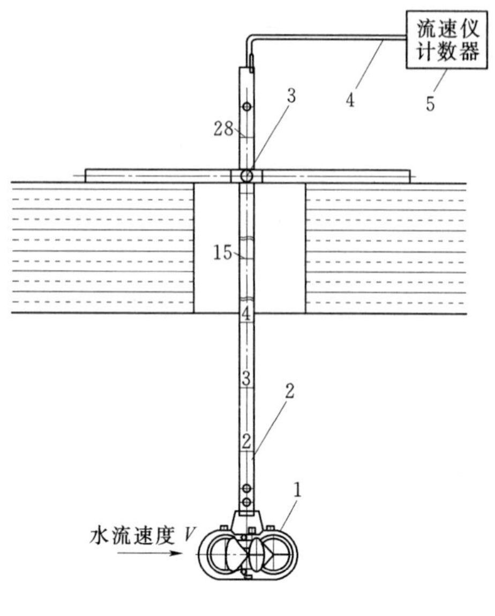

图 1-13　LB70—3C 型旋杯式冰下流速仪测杆安装测量

1—LB70—3C 型旋杯式冰下流速仪；2—CG20—3 型测杆；3—测杆安装定位支架支部件；4—电线；5—流速仪计数器

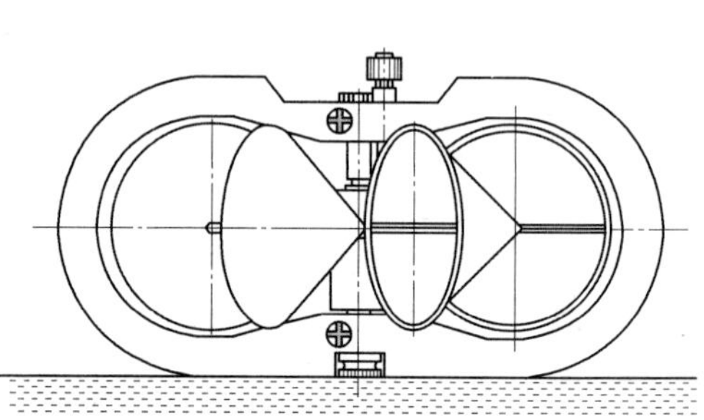

图 1-14　LB70—3C 型旋杯式冰下流速仪浅水测量安装

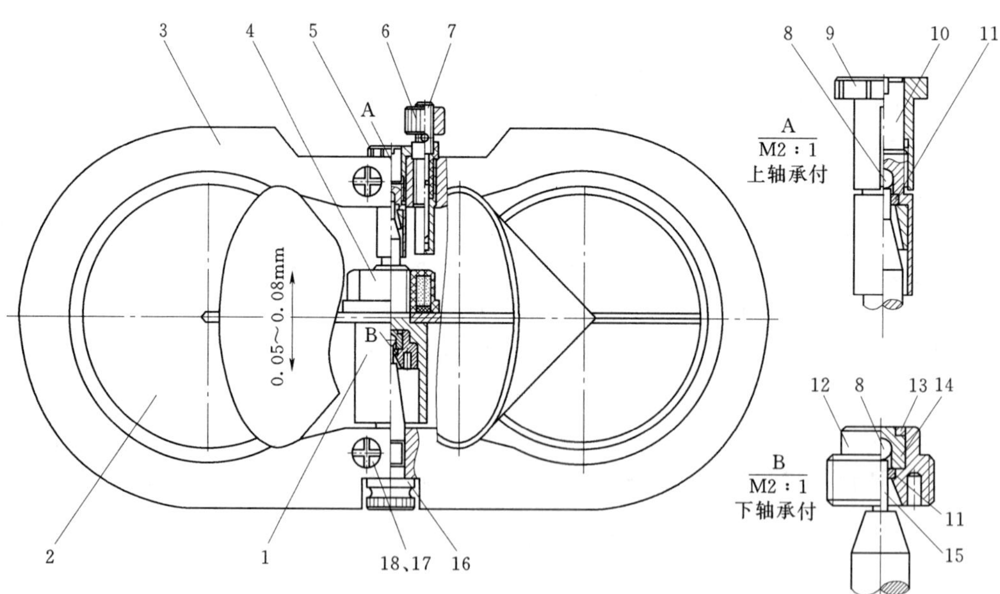

图 1-15　LB70—3C 型旋杯式冰下流速仪主机结构图

1—旋轴部件；2—旋杯转子部件；3—环形架；4—法兰盘螺帽支部件；5—上轴承座支部件；6—压线螺帽；7—干簧管支部件；8—钢球；9—上轴承套；10—上轴承座；11—宝石轴承；12—轴承座；13—弹簧垫圈；14—钢球座；15—轴颈；16—轴颈支部件；17—斜压圈；18—M4×10 圆柱头螺钉

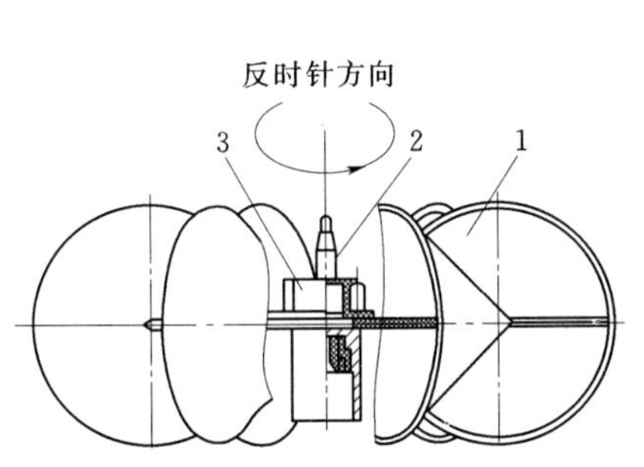

图 1-16　感应部分结构图

1—旋杯转子部件；2—旋轴部件；3—法兰盘螺帽支部件

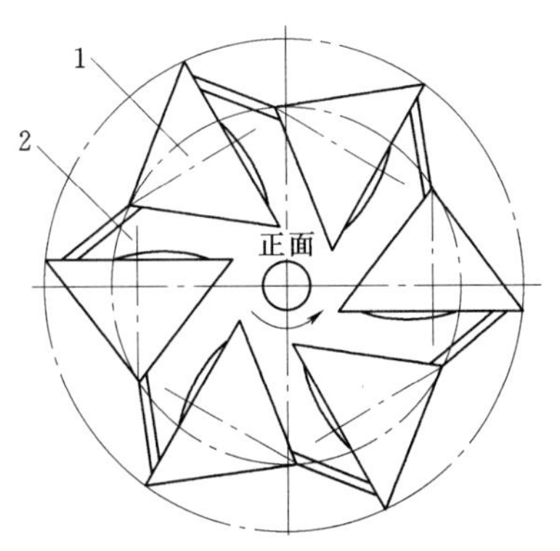

图 1-17　旋杯转了部件

1—旋杯；2—旋盘

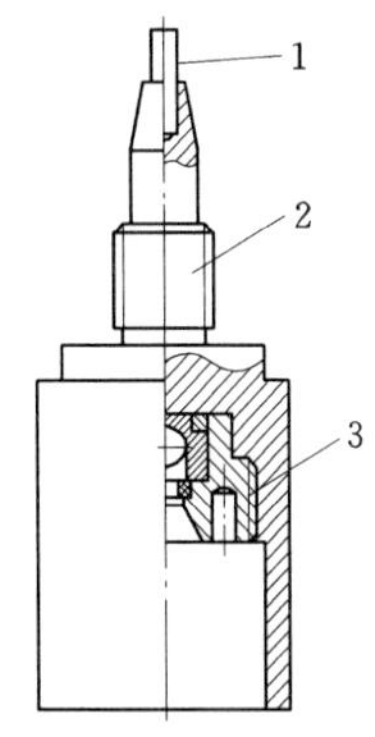

图 1-18　旋轴部件

1—上轴颈；2—旋转轴座；3—轴承座支部件

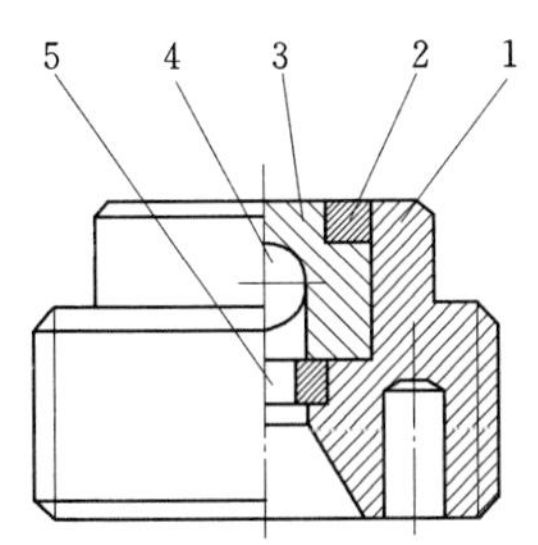

图 1-19　轴承座支部件放大图

1—轴承座；2—弹簧垫圈；3—钢球座；4—钢球；5—通孔宝石轴承

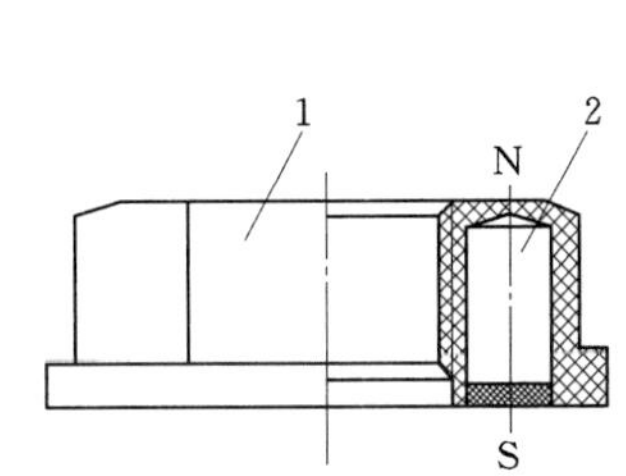

图 1-20　法兰盘螺帽支部件

1—法兰盘螺帽；2—圆柱磁钢

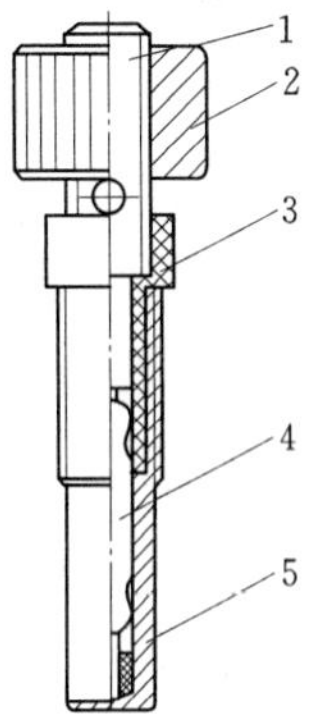

图 1-21　干簧管支部件

1—接线柱；2—压线螺帽；3—绝缘套；4—干簧管；5—管座

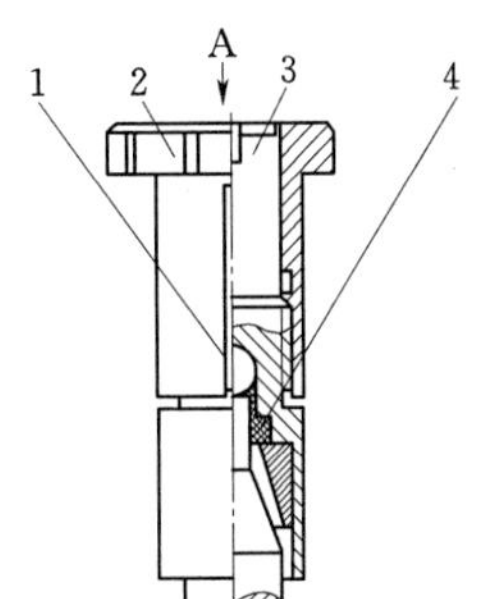

A 视

旋轴轴向工作游隙分度格值：0.05mm

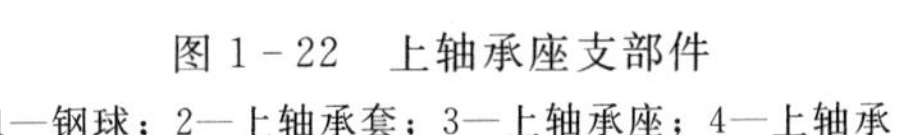

图 1-22　上轴承座支部件

1—钢球；2—上轴承套；3—上轴承座；4—上轴承

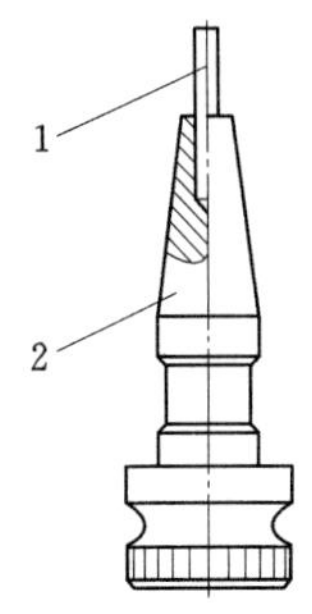

图 1-23　轴颈支部件结构

1—轴颈；2—轴颈座

图 1-24～图 1-26 说明：

1. 图 1-24 中，序号 4、5 应在总装时安装。

2. 图 1-25 为图 12B 处放大图，安装序号 4 上轴承座支部件时，其上的弹性槽方向应与序号 3 螺钉垂直，以便压紧。序号 4 头部的刻线为上轴承座微调旋轴部件轴向工作游隙的分度码格：0.05mm，其上的槽口相当于指针。

3. 图 1-25 中的标号与图 1-24 中相同。

4. 图 1-26 安装序号 3 上测杆时，其上的孔应与序号 2 下测杆支部件的螺钉对准，然后用起子把螺钉往外拧紧，即固定。

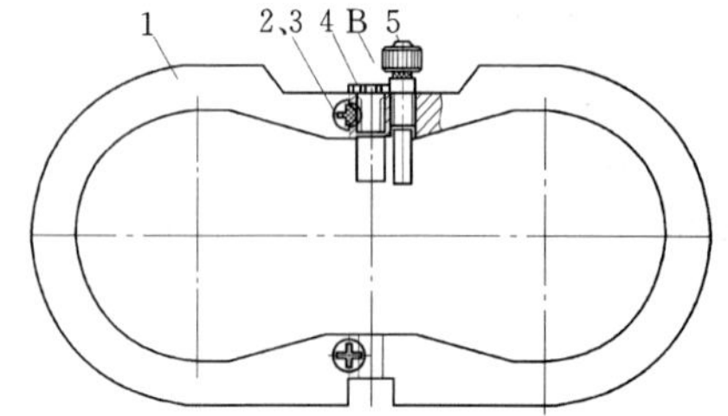

图 1-24 环形架部件结构图

1—环形架；2—斜压圈；3—M4×8 圆柱头螺钉；
4—上轴承座支部件；5—干簧管支部件

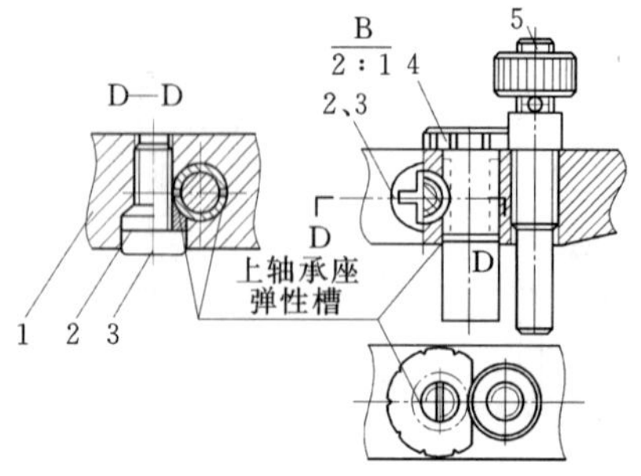

图 1-25 干簧管支部件、上轴承支部件安装图

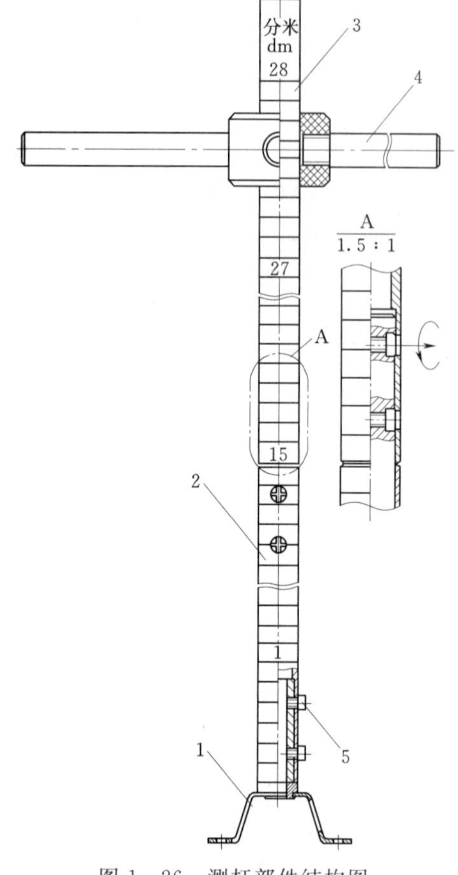

图 1-26 测杆部件结构图

1—测杆接头支部件；2—下测杆支部件；3—上测杆；
4—测杆安装定位支架支部件；5—M5×10 十字槽盘头螺钉

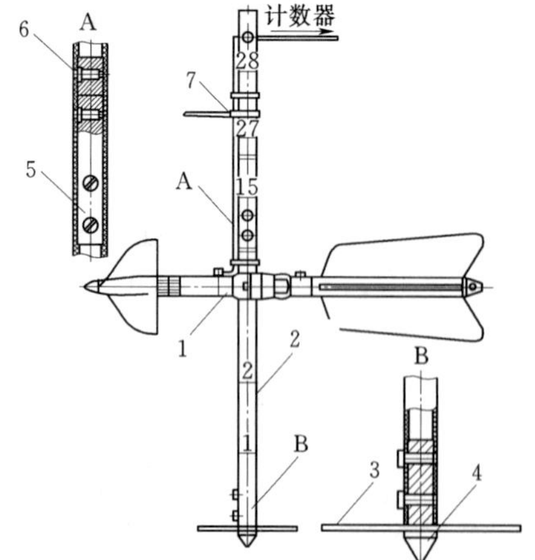

图 1-27 仪器 CG20—2 型测杆安装

1—LJ20 系列旋桨式流速仪；2—CG20-2 型测杆；
3—底盘；4—测杆尖；5—联接套；6—十字槽圆柱头螺钉；7—流向指针

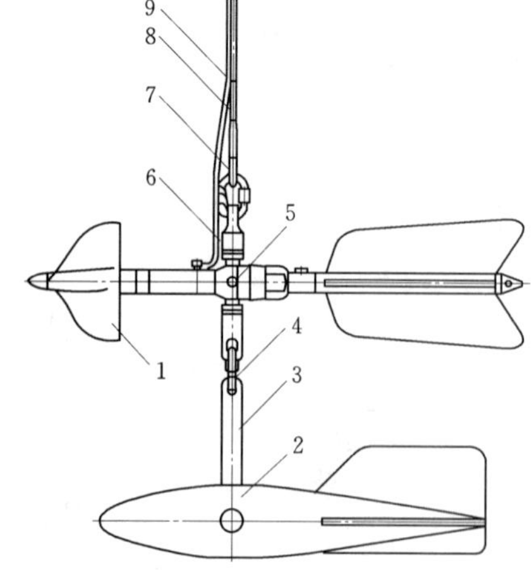

图 1-28 悬挂转轴部件-悬索悬挂安装

1—LJ20 系列旋桨式流速仪；2—铅鱼 30kg；3—扁条联杆；4—绳钩；5—转轴固定螺钉；6—悬挂转轴部件；7—牛眼；8—电线；9—扎圈

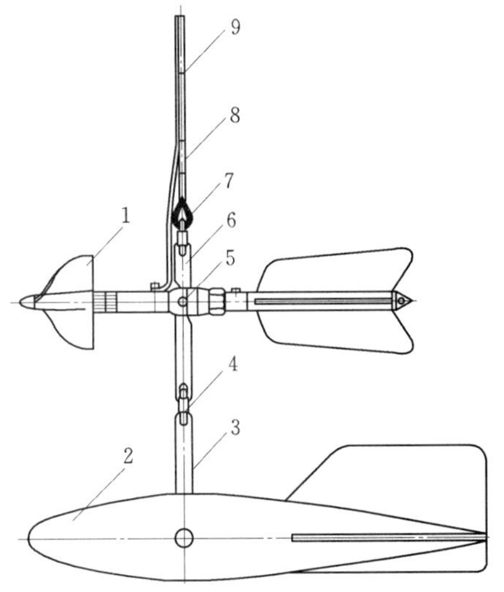

图 1-29 扁条悬杆-悬索悬挂安装

1—LJ20 系列旋桨式流速仪；2—铅鱼 50kg；3—扁条联杆；4—绳钩；5—转轴固定螺钉；6—悬杆支部件；7—牛眼；8—电线；9—扎圈

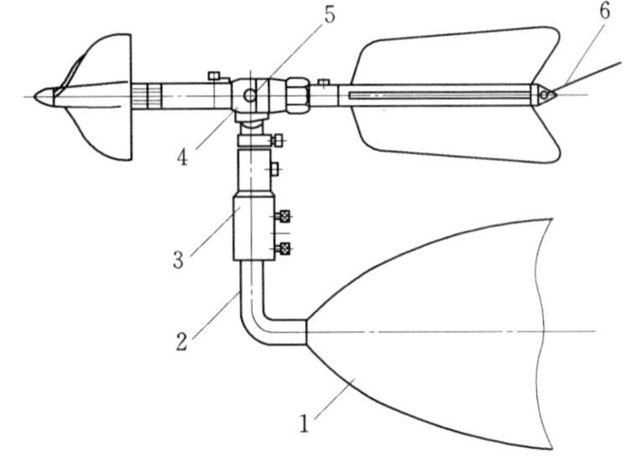

图 1-30 鱼头部立柱悬挂转轴部件安装

1—铅鱼 100～700kg；2—铅鱼立柱；3—铅鱼立柱悬挂转轴部件；4—LJ20 系列旋桨式流速仪；5—ϕ6mm 横轴；6—拉绳

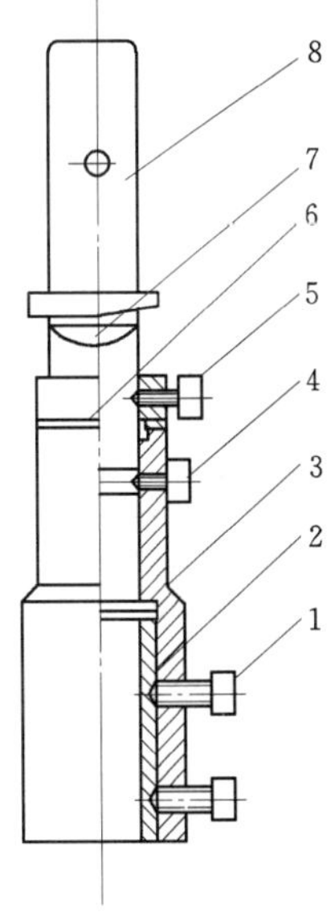

图 1-31 铅鱼立柱悬挂转轴部件放大图

1—固定螺钉；2—过度套（ϕ20～ϕ28mm）；3—转轴套；4—定位螺钉；5—M4×6mm 固定螺钉；6—塑料垫圈；7—悬杆轴；8—悬杆套

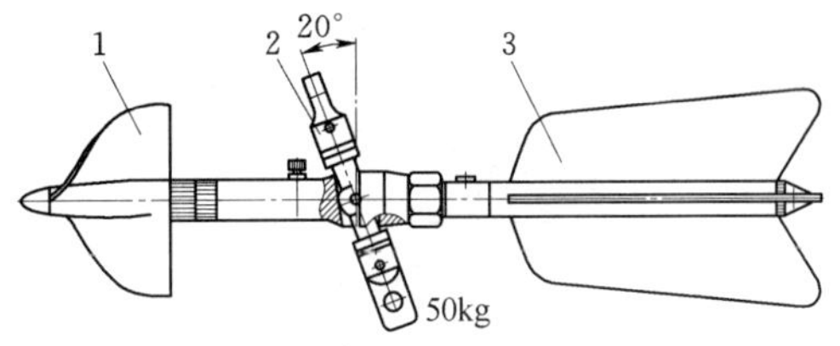

图 1-32 LJ20 系列旋桨流速仪外貌

1—LJ20 系列旋桨流速仪组件；2—悬挂转轴部件；3—尾翼部件

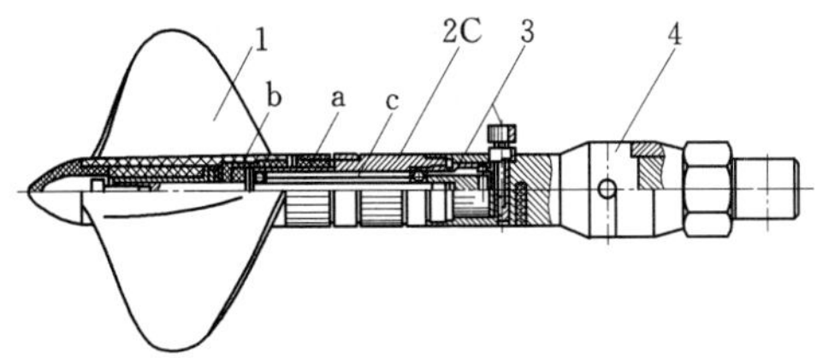

图 1-33 LJ20—1C 型旋桨流速仪主机结构图

1—旋桨；2C—旋转支承系统；3—信号转换、发生部分；4—仪器座部分；a—转套式密封装置；b—篦齿式密封装置；c—轴承油室

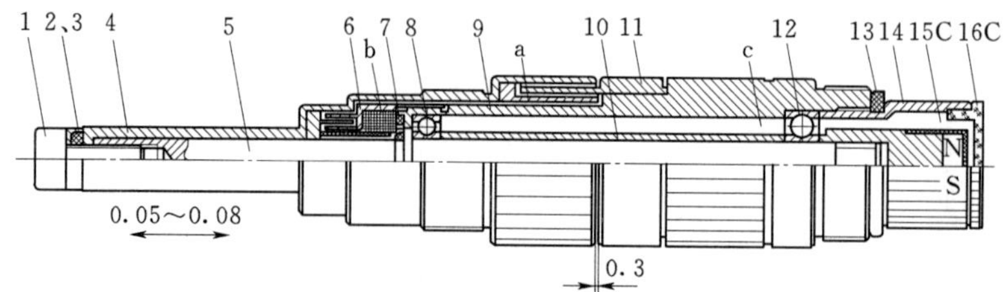

图 1-34　LJ20—1C 型旋桨流速仪旋转支承系统结构图

1—圆柱头螺钉；2—密封垫圈；3—旋转轴密封面；4—旋桨转套；5—旋桨轴；6—篦齿式密封装置；7—轴承座密封圈；8—前球轴承；9—轴承座；10—内隔套；11—调节圈；12—后球轴承；13—仪器座密封圈；14—轴承外圈并帽；15C—轴承内圈并帽—磁钢支部件；16C—油室盖帽

a—转套式密封装置；b—篦齿式密封装置；c—轴承油室

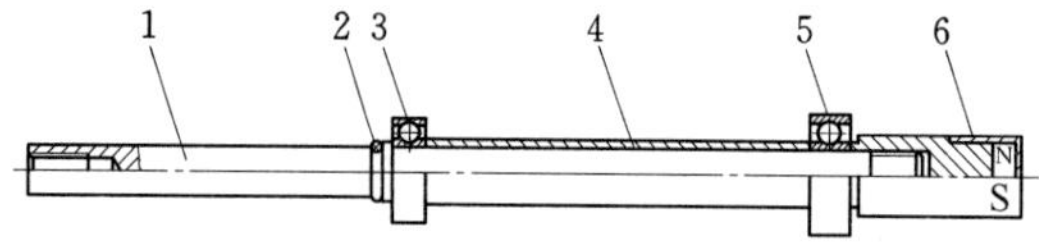

图 1-35　LJ20A 型旋桨式流速仪球轴承支部件结构图

1—旋转轴；2—旋转轴密封圈；3—前球轴承；4—内隔套；5—后球轴承；6—轴承内圈并帽-磁钢支部件

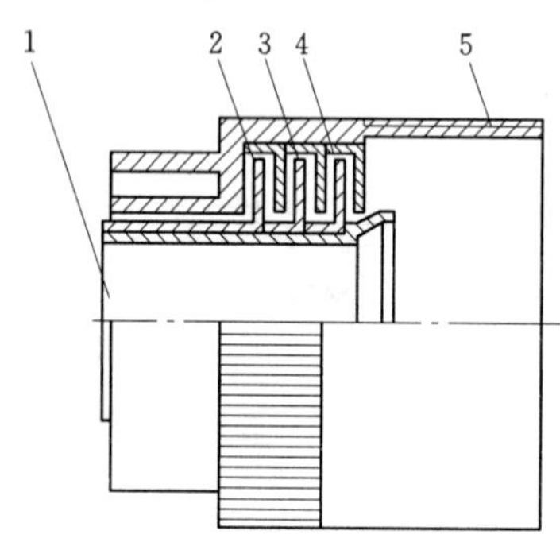

图 1-36　篦齿式密封装置结构放大图

1—密封座；2—大动圈；3—动圈；4—静圈；5—密封套

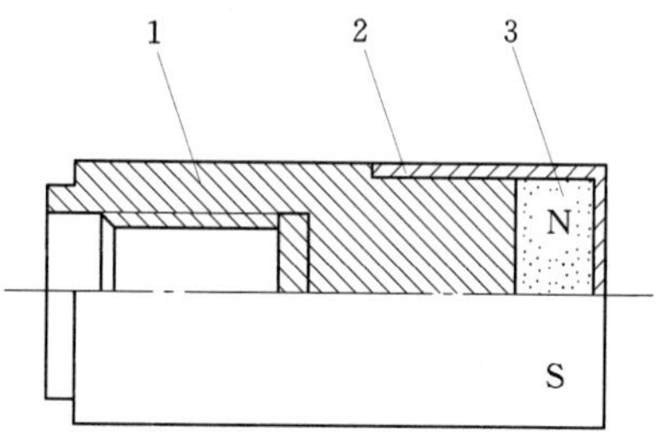

图 1-37　轴承内圈并帽-磁钢支部件

1—轴承内圈并帽；2—磁钢盒；3—磁钢

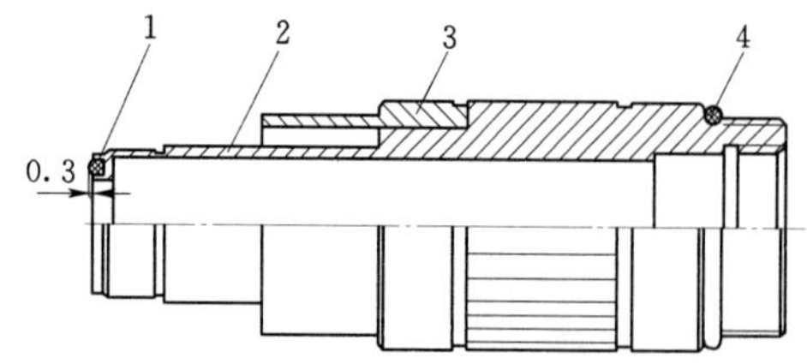

图 1-38　LJ20 系列旋桨式流速仪旋转支承支部件

1—轴承座密封圈；2—轴承座；3—调节圈；4—仪器座密封圈

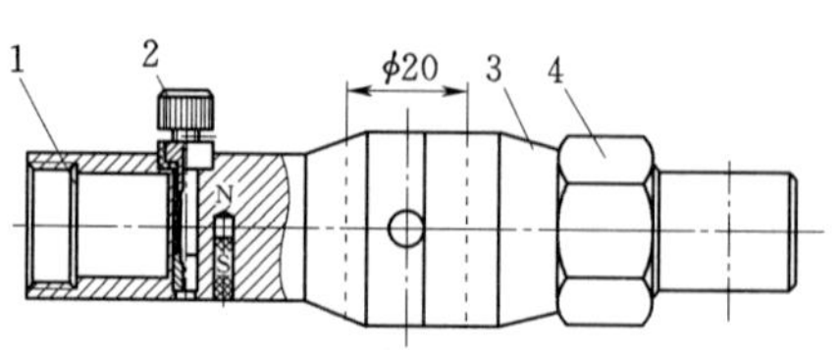

图 1-39　仪器座部件结构图

1—仪器座支部件；2—干簧管支部件；3—压圈；4—六角螺母

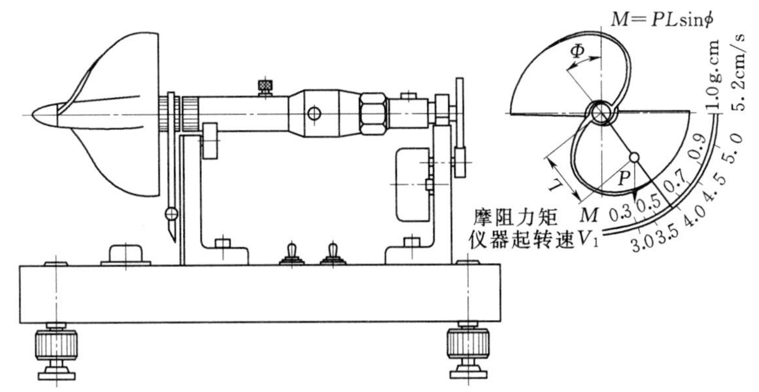

图 1-40　LJ20 型旋桨式流速仪内摩阻力矩检测及其工作原理图

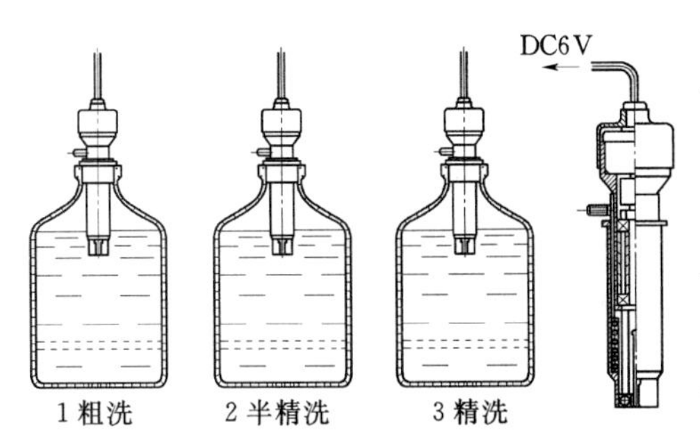

图 1-41　球轴承半自动清洗机

如果在测量速度开始前，在计数器中加入予量 C 值，式（1-6）可以简化为

$$V=\frac{K}{T}N \quad (\text{m/s}) \qquad (1-7)$$

令

$$\frac{K}{T}=\frac{1}{200}$$

则

$$V=\frac{N}{2} \quad (\text{cm/s}) \qquad (1-8)$$

式（1-8）表明，流速等于转数的1/2，因此，在显示器中有一个二分频电路，流速转数信号输入后，则显示的读数即为流速（cm/s），同理用四分频电路即可测 100s 左右流速。

3. 电路原理

有两个系统：一为计数器，包括分频、功放、C 值预置及信号音响等电路；二为分频器，其中有时钟脉冲、门控、计时分频以及 K 值预置等电路。

电路原理方框及电路参考图 1-42。

4. 流向仪原理

参考图 1-44 水下传感器中的磁钢定出地磁南北方位，固定于身架的环形线卷感应出电压，各点电压分布与磁钢的方位有函数关系，水上的报针式罗盘指示器也由同样的线圈与磁钢构成，但此磁钢与地磁严格屏蔽，只受线圈中产生的分布磁场影响，它带动指针与水下流向完全同步，两者之间通过电线相连，由振荡器将直流变成交流，供电路使用。

（三）流速仪测流的附属设备

（1）悬挂设备。有缆道，线车、铅鱼、量角器等。

（2）记录设备。有秒表、晶体管钟、电铃、音响器、直读式流速显示器等。

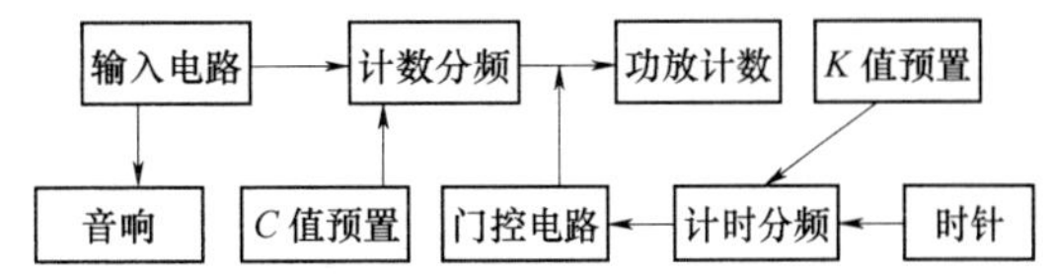

图 1-42　ZSX—2 型直读流速流向仪电路原理框图

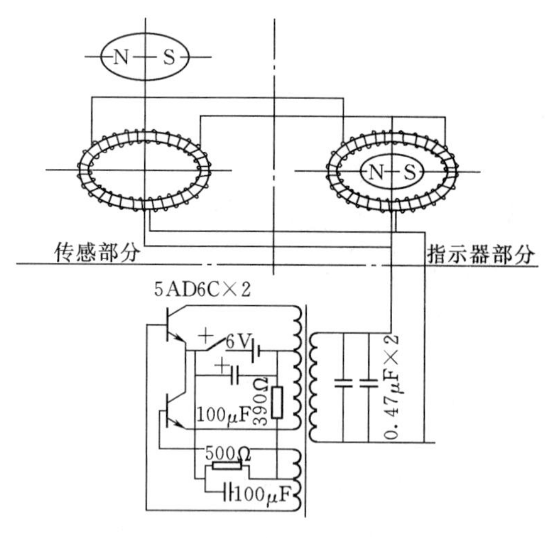

图 1-43 流向仪示意图

（四）音响器

流速仪测流时，通过两根导线，将流速仪两接线柱与岸上音响器接线柱连接，接触丝接触一次，信号器即可听到一次响声；或灯光闪一次，与秒表配合得到单位时间转数，代入流速仪检定公式得到流速。

（五）无线测流器

过去用流速仪测流是用双股胶质线将水下流速仪与水上信号器连接，流速仪信号经胶质线传送而显示信号，在水浅流速小（1m/s 左右）、漂浮物少、传输距离不长时尚可使用，如水深流急、传输距离较长，经常发生水流中断胶质线故障，目前测流中革去了胶质线，故叫“无线测流器”，实质是双股胶质线：一根是由钢丝绳所代替，另一根由极板和水体为一导线所代替。这样改革后使操作方便，提高了测流的可靠性，为了便于介绍，根据传感流速信号原理大致分为下列三种类型。

（1）电阻型（图 1-44）。当接触丝未接触时主要是入水缆索与极板之间有一电阻，当接触丝接触时缆索与流速仪身架、铅鱼为一体，与水接触面大大增加，这就使得水的两极之间电阻由大变小，每当流速仪接触一次就重复这一过程，因而接收器将电阻变化转换成电信号进行放大后显示流速信号。

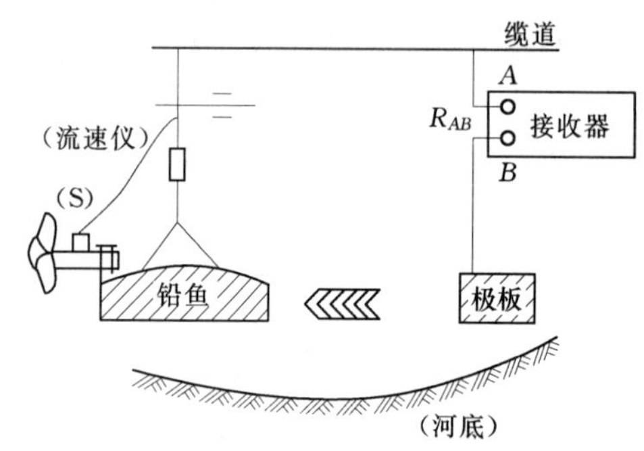

图 1-44 电阻型无线测流器

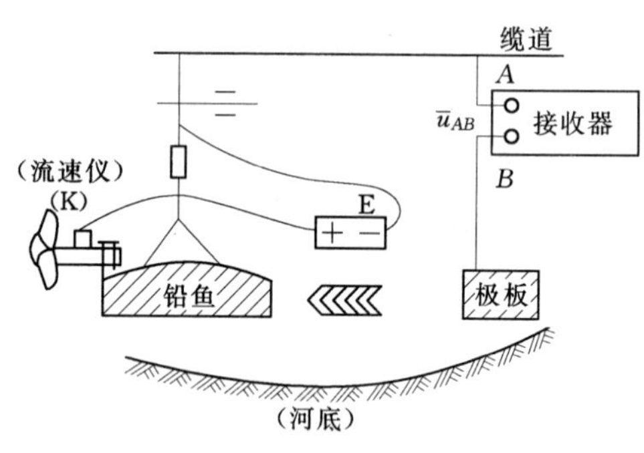

图 1-45 直流型无线测流器

（2）直流型（图 1-45）。它比电阻型多增加一个水下电池筒，内装电池 E。当接触丝接触时负极经钢丝索到接收器 A 端，正极经流速仪铅鱼水体极板到 B 点。流速仪接触一次在 A、B 两端就有一直流信号电压，经接收放大显示流速信号。

（3）交流型［图 1-46］。它是在直流型基础上，在水下电池筒内多加一个发射器［图 1-46（b）］。当流速仪接触丝接触时，电池向发射器供电，发射器产生音频电压，一路经钢丝到接收器 A 点，另一端经流速仪铅鱼水体极板到 B 点，A、B 两点接收到交流电压 u_{AB} 经过放大显示流速信号。

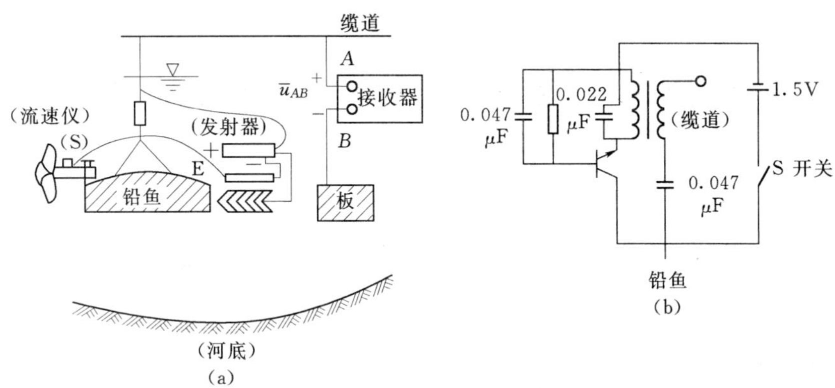

图 1-46　交流信号型无线测流器

电阻型具有不需安装水下电池、操作方便等优点，但有流速仪信号分辨能力较差的弱点。在水深河流易失灵，但浅水情况下是理想的信号器。

直流型需装水下电池，这是它的缺点，但比电阻型分辨能力大为提高，适用于深水，但若缆道接地、电阻太小等其他原因信号分辨能力也将大大下降，从而导致信号失灵。

交流型需装水下电池，还要装发射机，对测流工作增加一些麻烦，但由于它分辨能力强，即使缆道接地、电阻较小，河宽、水深的情况下也能正常工作。

实验五　移液管法泥沙颗粒分析

一、要求

通过实验了解和掌握移液管法泥沙颗粒分析的方法和成果计算。了解消光法颗粒分析仪器。

二、仪器设备

(1) 移液管：容积 $20cm^3$。

(2) 取样沙杯。

(3) 量筒：容积 $1000cm^3$。

(4) 搅拌器。

(5) 天平：感量 0.001g。

(6) 反凝剂：浓度 25%的氨水。

(7) 温度计。

(8) 秒表。

三、沙样准备

参考 GB 5019—92《河流悬移质泥沙测验规范》。

四、操作步骤

(1) 于每一量筒中加入浓度为 25%的氨水 $20cm^3$，再注入蒸馏水，使其液面恰到 $1000cm^3$ 刻度处。

(2) 用搅拌器在量筒内沿整个悬液深度上下搅拌 1min，往复各约 30 次，使悬液均匀分布（注意搅拌时，勿使悬液溅出筒外）。

(3) 取出搅拌器，同时开始计时，测定悬液温度，准确至 1.0℃。

(4) 在粒径为 0.05mm 的颗粒沉降至 20cm 深度处的前 5s，徐徐将移液管垂直向量筒中央插入至 20cm 深度处，等到达粒径为 0.05mm 颗粒刚刚沉至 20cm 深度时，立即打开开关吸取水样，至吸取容积恰为 $20cm^3$ 时止，关闭开关，取出移液管，将沙样注入沙杯中，并用蒸馏水冲洗移液管。冲下的沙应一并倒入盛沙杯中，吸样速度要均匀，最好能在 5s 内吸完，吸样时间和深度要掌握得十分准确。

(5) 同上步骤，等到粒径为 0.025mm 的颗粒刚刚沉降至深度为 10cm 时，再吸取水样。如此继续进行，直至取出粒径小于 0.005mm 颗粒的水样为止。

五、取样前的准备工作

(1) 取样前均需测定悬液温度（或在与测定悬液条件相同的另一量筒中测定），并根据所测温度，查表计算时间。

(2) 取样深度除第一次为 20cm 外，其他均为 10cm，并自新的水面计算深度（若沙量较少，量筒容积为 500cm^3，吸样深度要考虑吸样后筒内液面的下降和吸管放入水中所引起的水面上升情况）。

（3）吸取水样容积恰为 20cm^3，如果多吸了不要倒回，少吸了也不要再吸，这时应精确测定水样容积，并按实际容积计算沙重。

（4）分析过程中温度应保持稳定，最高最低温度差不得大于 2℃，否则需要用恒温设备。

（5）吸取水样时间可根据《水文测验规范》第四册附录 2 表 1，按下式计算取水时间：

$$t'=\frac{h}{100}t$$

式中 t'——粒径小于 0.05mm、0.025mm、0.01mm 或 0.005mm 颗粒的取样时间；

h——相应于以上各粒径的取样深度，分别为 20cm、10cm、10cm、…；

t——相应于某粒径沉降至 100cm 所需的时间。

六、成果的计算

（1）杯沙送烘箱烘干，称重，记录至表 1－3。

表 1－3　　移液管分析记录计算表

移液管分析记录计算表				施测号数：		断面位置：		垂线号数：		沙样总类：	
施测日期：　年　月　日			分析日期：　年　月　日			相对水深：		量 筒 号：		总 沙 重：	
粒 径（mm）	分析时水温（℃）	吸取水样深度（cm）	吸取水样容积（cm^3）	杯号	杯沙共重（g）	杯重（g）	净沙重（g）	小于某粒径 沙 重（g）	小于某粒径 累计沙重（%）	取样时间	备注
0.1											
0.05											
0.025											
0.010											
0.005											
0.0036											
0.0025											
0.0010											
备 注											
筛分											
		杯号	杯沙共重（g）		杯重（g）		沙重（g）	小于某粒径沙重（%）		分析者：	
										称重者：	
										计算者：	

（2）计算小于某粒径沙重的百分数：

$$P=\frac{A}{W_s}\times 100$$

其中 $$A=\frac{\text{某粒径相应时间吸取的泥沙重(g)}}{\text{吸取的水样容积}(cm^3)}\times 1000(cm^3)(\text{量筒容积})$$

式中 P——小于某粒径沙重百分数，%；

A——小于某粒径沙重，g；

W_s——沙样总重，包括筛分析部分的沙重，g。

（3）以小于某粒径沙重的百分数为横坐标，颗粒直径为纵坐标，绘制颗粒级配曲线（图 1－47）。

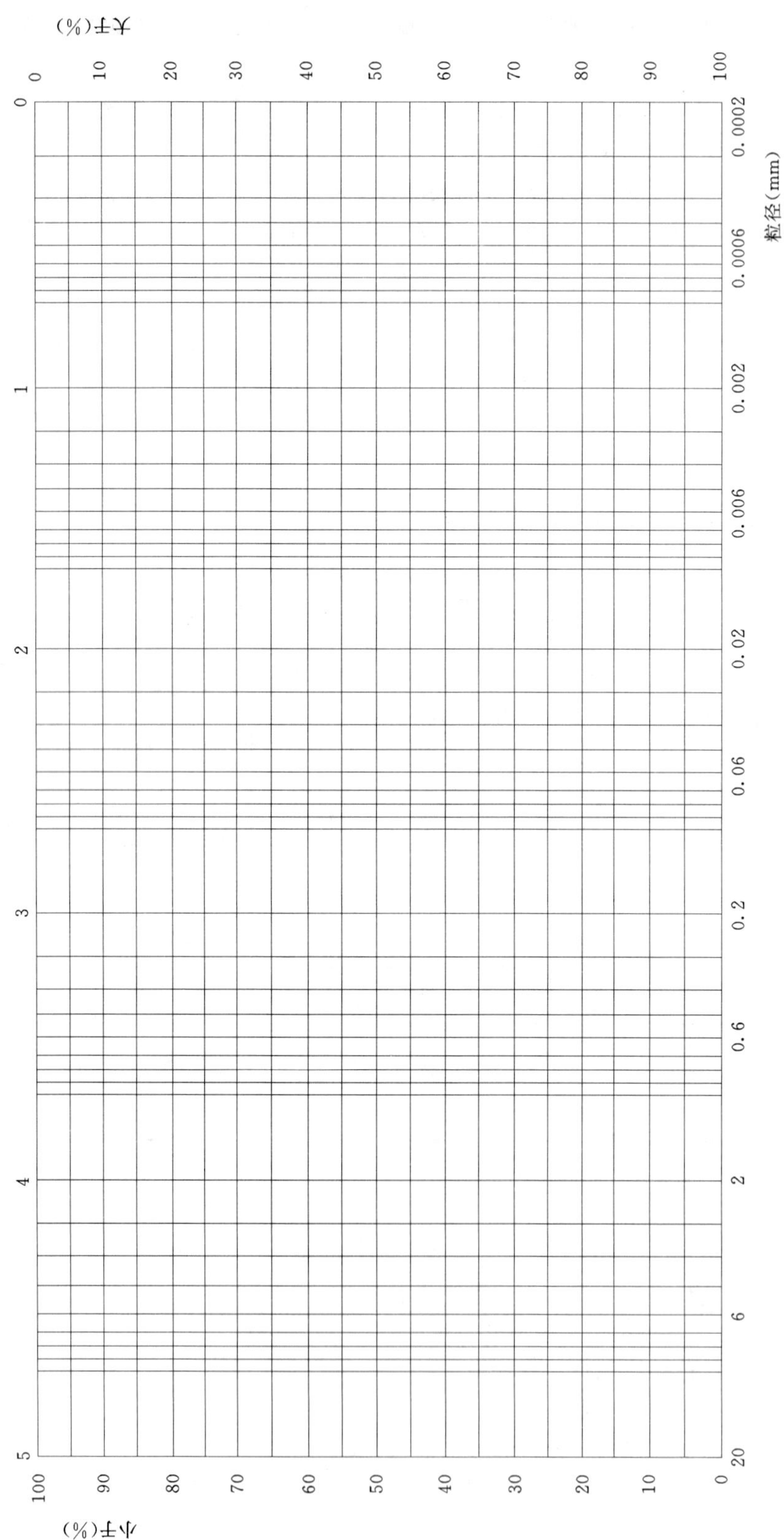

图 1-47 泥沙颗粒分布曲线

实验六　粒径计法泥沙颗粒分析试验

一、要求

通过实验了解和掌握粒径计法泥沙颗粒级配分析的方法和成果计算。

二、仪器设备

（1）玻璃粒径计分析管。内径为4cm（或2.5cm），长105cm（或125cm），底部逐渐收缩至1.1cm（0.6cm）内径的玻璃管，管内臂光滑，内径均匀，收缩部分呈流线型。

（2）天平。精度（感量）0.0001g或0.001g均可。

（3）分析杯。玻璃烧杯或磁杯。

（4）温度计。刻度0～50℃，精确至1℃，估读至0.5℃。

（5）其他。烘箱、干燥器、秒表、簧夹、注沙器等。

（6）化学药品及蒸馏水。浓度25%的氮水（反凝剂）、蒸馏水（实验时用自来水代替）。

三、分析前准备工作

（1）将水样充分拌匀，后由漏斗倒入分沙器分样。

（2）将浓度合适的水样装入试管（或杯子）内以控制加清水的容积，因需使浑液倒入玻璃粒径后所增加的高度使管中水面恰好至橡皮塞底部，以防止水样外溢或管口漏气，所以预先可用清水试测一下应加入的水量。

（3）由于浓缩的水样中泥沙有凝固的现象，为防止其凝固，分析前应把已制备好的水样倒去清水，加入浓度为25%的氮水1～1.5cm^3摇匀。

（4）洗管，用毛刷刷洗，洗毕，打开橡皮塞让管内浊水流出，放回管架。

（5）管子洗好，粒径计下端装橡皮塞注入蒸馏水，开始从管口径的距离（50cm或90cm）做好记号。

（6）把分析杯按顺序排列好，注水至杯口低一点，填写杯号及杯重于记录表上。

（7）做总检查。对粒径计、秒表、温度计、分析杯等一切有关设备检查一遍，当全部检查工作确实没有问题时开始分析操作。

四、分析操作步骤

（1）先测定试验时悬液的温度，并以此温度及粒径查相应的杯接时间。

（2）把沙样在试管中摇匀，注入加沙器徐徐装在粒径计顶部橡皮塞上，塞紧管口，使之不漏气，当加沙器碰到水面，加沙器盖子即自行打开，泥沙开始下沉，同时开动秒表计时，分析开始。

（3）最大粒径的观测。做好前一动作后，打开管子下端塞子，将第一只接沙杯放在管嘴下，使管嘴浸入水中，同时仔细观察最大粒径的下沉。当最大粒径通过预先做好记号的标志（50cm 或 90cm）时，记下沉降时间 T，则最大粒径的沉降速度 W_{max} 为：

$$W_{max}=\frac{50(90)}{T}$$

参照浑液温度，查表或代入公式计算最大粒径。

（4）按分析所需控制的粒径 0.25mm、0.10mm、0.05mm、0.025mm、0.01mm、0.007mm 相应的操作时间换杯，承接下沉泥沙。

（5）当粒径大于 0.007mm 颗粒的杯子换下后，再轻轻去掉加沙器，注意不使悬液冲出大杯外，并将粒径计管冲洗干净，冲下之泥沙应一并倒入大杯内，沉降浓缩。换杯时应注意，动作要快而轻，不要发生气泡以免扰动水体，杯号与填写记录要细心核对，不能错。

（6）操作结束后，清洗设备。

（7）把杯接的水样沉清后，抽去上部清水，送入烘箱烘干，冷却至室温，即可在天平上称重，得干沙重。

五、记录及计算

（1）记录格式见表 1-4。

表 1-4　　泥沙分析粒径计法试测计算表

<table>
<tr><td colspan="3">取样地点　　站</td><td colspan="2">施测号数：</td><td colspan="2">取样日期　　年　月　日</td></tr>
<tr><td colspan="3">测线温度</td><td colspan="2">泥沙比重：</td><td colspan="2">分析日期　　年　月　日</td></tr>
<tr><td colspan="7">混液温度　　分析者：　　称重者：</td></tr>
<tr><td colspan="7">观读 D_{max} 的沉降距离　　cm　计算者：　　称重者：</td></tr>
<tr><td colspan="7">分析时计算 D 的沉降距离　　cm　沙样总类：</td></tr>
<tr><td colspan="7">管号：　　测点相对水深　　总沙重　　g</td></tr>
<tr><td colspan="2">历时：　　s</td><td colspan="3">最大粒径　　mm</td><td colspan="2">小于某粒径</td></tr>
<tr><td>粒径（mm）</td><td>杯号</td><td>杯沙重（g）</td><td>杯重（g）</td><td>沙重（g）</td><td>沙重（g）</td><td>累计沙重（%）</td></tr>
<tr><td>D_{max}</td><td></td><td></td><td></td><td></td><td></td><td></td></tr>
<tr><td>0.25</td><td></td><td></td><td></td><td></td><td></td><td></td></tr>
<tr><td>0.10</td><td></td><td></td><td></td><td></td><td></td><td></td></tr>
<tr><td>0.05</td><td></td><td></td><td></td><td></td><td></td><td></td></tr>
<tr><td>0.025</td><td></td><td></td><td></td><td></td><td></td><td></td></tr>
<tr><td>0.010</td><td></td><td></td><td></td><td></td><td></td><td></td></tr>
<tr><td>0.007</td><td></td><td></td><td></td><td></td><td></td><td></td></tr>
</table>

（2）按表的格式计算小于某粒径泥沙的重量，例如相应粒径为 0.25mm、0.10mm、0.05mm、0.025mm、0.01mm、<0.01mm 的泥沙重为 g_1、g_2、g_3、g_4、g_5、g_6，则 $D<0.01$mm 的干沙重为 g_6，$D<0.025$mm 的干沙重为 g_5+g_6。依此类推。由下向上累加 $D\leqslant D_{max}$ 的干沙重为 $W_s=\sum_{i=1}^{n}g_i$ 也就是总重量，将总重量除各粒径组的干沙重即为沙重百

分数：

小于某粒径的泥沙重百分数

$$P_{Di}=\frac{\sum_{i=1}^{i}g_i}{W_s}\times 100$$

（3）根据算出来的 D_i、P_{Di}，在半对数纸上绘泥沙颗粒级配曲线。

六、NSY—3 型宽域粒度分析仪

（一）主要技术性能

（1）测试粒径范围。泥沙容重为 2.65g/cm^3 时；泥沙样品粒径为 2～400μm。

（2）每个样品测试时间约 8min。

（3）仪器分析结果的重复性。细沙测量时小于 4%；粗沙测量时小于 3%。

（4）仪器分析结果的准确性。细沙测量时小于 4%；粗沙测量时小于 6%。

（5）电源。220V±20V，接线各插头火线要统一，接地要良好，外壳不许带电。整机耗电约 10W。

（6）仪器结构分为两部分，即探测部件和数据采集处理部件。

（二）工作原理

仪器采用的颗分方法是重力沉降法和消光散射法的有机结合。所依据的原理是浑匀沉降消光颗分法。

1. 颗粒的沉速

不同粒径的颗粒具有不同的沉速。粗颗粒沉速较大，细颗粒沉速较小。沉速计算公式如下：

（1）当 $D\leqslant 0.062$mm 时，采用司托克斯公式：

$$\omega=\frac{g}{1800}\left(\frac{\gamma_s-\gamma_\omega}{\gamma_\omega}\right)\frac{D^2}{\mu} \tag{1-9}$$

（2）当 $0.062\text{mm}<D<2.0\text{mm}$ 时，采用沙玉清的过渡区公式：

$$(\lg S_a+3.655)^2+(\lg\varphi-5.777)^2=39.00 \tag{1-10}$$

$$S_a=\frac{\omega}{g^{1/3}\left(\frac{\gamma_s}{\gamma_\omega}-1\right)^{1/3}\mu^{1/3}} \tag{1-11}$$

$$\varphi=\frac{g^{1/3}\left(\frac{\gamma_s}{\gamma_\omega}-1\right)^{1/3}}{10\mu^{2/3}} \tag{1-12}$$

式中 ω——颗粒沉速，cm/s；$\omega=\frac{L}{t}$；

L——泥沙沉降距离，cm；

t——泥沙沉降时间，s；

D——颗粒粒径，mm；

γ_s——泥沙密度，g/cm^3；

γ_ω——清水密度，g/cm^3；

g——重力加速度，cm/s^2；

μ——水的运动黏滞系数，cm^2/s；

S_a——沉速判数；

φ——粒径判数。

本仪器为了加快细沙的相对沉降速度，采用了孔口出流使水面下降的措施，这时，颗粒沉降距离 L 与时间 t 的关系是：

$$L=(\omega+V_0)t-\frac{1}{2}at^2 \tag{1-13}$$

式中 V_0、a——水面下降的初速度，m/s 和加速度，m/s^2；

ω——泥沙颗粒沉速，m/s。

2. 消光理论

一束平行光透过浑水后，光强减弱了，在含沙量较小时，光密度 Y 与含沙量 C 关系由 Rose 定律确定，即

$$Y=\ln\frac{I_0}{I}=KL\int_0^D\frac{Q(d)}{d}C\cdot y(d)\mathrm{d}d \tag{1-14}$$

式中 I、I_0——透过沉降盒清水的光强及浑水的光强；

L——沉降盒厚度，m；

K——仪器常数；

C——含沙量，kg/m^3；

$y(d)$——泥沙颗粒粒度分布的密度函数；

$C\cdot y(d)$——粒径 $dAd+\Delta d$ 范围内的含沙量，kg/m^3；

$Q(d)$——粒径为 d 的颗粒的消光系数，系由专门研究确定（见表 1-5）。

表 1-5　各粒径颗粒的消光系数表　　单位：μm

粒径 d	1	2	3	4	5	6	7
$Q(d)$	0.38	1.13	1.57	1.66	1.68	1.66	1.60
粒径 d	8	9	10	11	12	13	14
$Q(d)$	1.52	1.43	1.36	1.31	1.27	1.24	1.21
粒径 d	15	16	17	18	19	20	21
$Q(d)$	1.18	1.16	1.13	1.11	1.09	1.07	1.05
粒径 d	22	23	24	25	>25		
$Q(d)$	1.04	1.02	1.01	1.00	1.00		

3. 浑匀沉降消光颗分法

由于颗粒的沉降，透光区的光密度随时间发生变化，通过记录 Y—t 关系曲线，分析计算颗粒级配，这就是浑匀沉降消光颗分法。具体公式是将式（1-14）微分再积分：

$$P(D<D_1)=\frac{\int_0^{d_i}\frac{d}{Q(d)}\mathrm{d}y}{\int_0^{\infty}\frac{d}{Q(d)}\mathrm{d}y} \tag{1-15}$$

式中 $P(D<D_1)$——粒径小于 D_i 的颗粒重复占总重量的百分比（级配值）。

在实际计算时，需将积分号改为求和的形式：

$$P(D < D_1) \approx \frac{\sum_{j=1}^{i} \frac{D_j}{Q(D_j)} \Delta Y}{\sum_{j=1}^{n} \frac{D_j}{Q(D_j)} \Delta Y} \tag{1-16}$$

式中　D_1，D_2，…，D_j，…，D_n——级组粒径。

（三）仪器的使用

1. 样品前期处理

（1）将干沙或湿沙样充分分散，充分分散的方法可采用研磨、蒸煮、过粗筛等方法，然后用湿过筛方法确定最大粒径值。

（2）如果有絮凝情况，可用超声波分散器进行分散或加入0.5N的六偏磷酸钠溶液的反絮凝剂，也可采用蒸煮法将水样煮开15～20min方可。

2. 开机预热

仪器电路在开机后需经过一段时间才会稳定下来；开机后，一定要开灯预热20min左右。在测量过程中，即使有短暂的间歇时间也不要关灯。

3. 清洗沉降盒

清洗沉降盒可在仪器预热时进行（不影响仪器预热）。打开沉降盒上盖子，加适量清水，用搅拌器（或清洗器）上下搅动，使脏物悬浮于水中，再打开沉降盒的放水管嘴，边搅拌边放水，重复1～2次，直至干净为止。

4. 接入计算机、打印机

进入程序子目录，把水样温度、样品编号、分析日期、样品最大粒径（又叫起始粒径，一般情况下，需用过筛来判别）输入计算机。

5. 调配浓度

将分析沙样倒入沉降盒，加分析用水至沉降盒刻度400处，用搅拌器搅匀，立刻观察电表读数，若电表读数在60～160Ω之间，则浓度合适，否则需增加样品量（读数过大时）；或减少样品量（读数过小时）。这时边搅拌边从出流嘴放水，或重新配样，直到浓度合适为止。

6. 用搅拌器搅拌样品，使其浑匀

搅拌时，手握搅拌器上下平稳地运动，每秒钟1～2个来回。注意不要使搅拌器上叶片离开水面，否则会带入气泡，而气泡对分析测量是非常有害的。假如在搅拌过程中，发现水面有气泡溢出（量较多），则应停止搅拌，等气泡排完，一般情况需搅拌20～30个来回，快结束时速度放慢，将搅拌器平稳地慢慢地提出水面，立即打开出流嘴，同时按下空格键，则测量开始，计算机进行数据采集，约2s一个数。

7. 测量完毕

大约经过7min左右，测量完毕，会听见计算机发出“嘟”一声，立即关上出流管，计算机进行数据处理。计算机数据处理完毕后，屏幕显示级配曲线，如果需要曲线并认为曲线符合要求，即打印曲线，打印特征参数及级配值等。

8. 计算机输出的测量结果

（1）出流时间，单位s。

（2）初始化参数，即将分析之前输入的参数打印输出。

（3）级配曲线，粒径坐标是 $\lg D$，从 400～2μm，级配曲线光滑与否是判断测量结果正确与否的标志之一。

（4）打印粒度分析的特征参数。d_{cp} 为平均粒径；d_{50} 为中值粒径；w_{cp} 为平均沉速。

（5）打印各粒径点的级配值。

实验七　目前常用的水质采样器

一、水质采样器的种类

（一）瓶式采样器

1. 结构组成

仪器组成如图 1－48 所示。

2. 适用范围

适用于表层采样及流速小的水体深层采样。

3. 操作方法

将采样瓶放到水下前，瓶塞应盖起来，待将采样器放到水下预定的深度，上提瓶盖绳，将瓶塞打开，待水满后，下放瓶盖绳，上提采样器绳，提出水面，取出瓶塞，然后用虹吸法将水样用乳胶管转移到分装的瓶内，并立刻塞紧瓶塞。

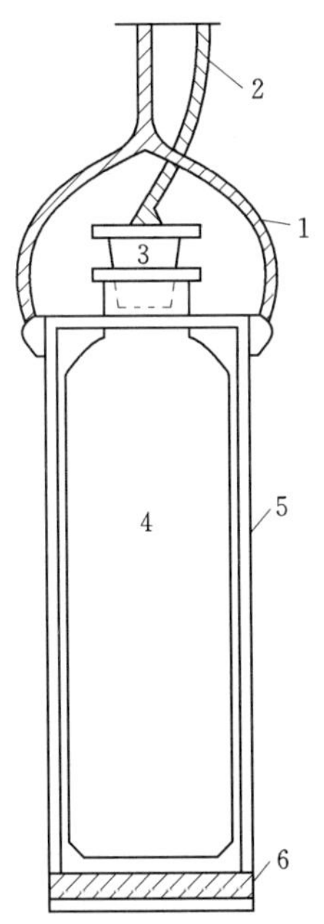

图 1－48　瓶式采样器

1—吊采样器绳；2—提瓶盖绳；3—玻璃塞；4—玻璃瓶；5—框架；6—铁块或铅块（加重）

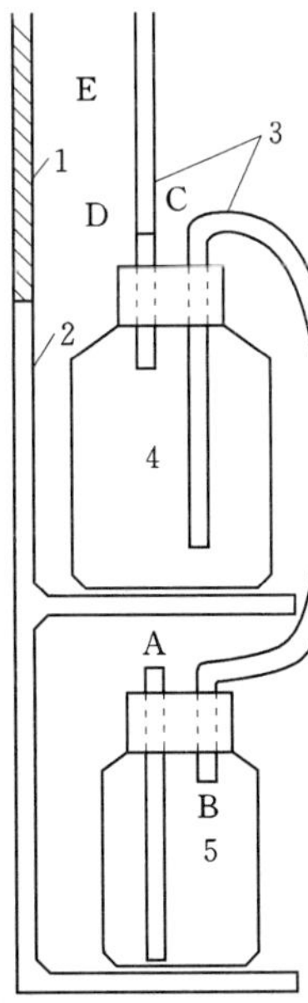

图 1－49　溶解氧采样器

1—吊采样器绳；2—框架；3—乳胶管；4—玻璃瓶（500mL）；5—溶解氧水样瓶

（二）溶解氧采样器

1. 结构组成

仪器组成如图 1－49 所示。

2. 原理

当采样器进入水下后，水从小瓶的 A 进入，装满瓶后从 B 处溢入大瓶的 C，然后从 U 处经乳胶管溢出，其目的是使小瓶中的空气排走，所以大瓶的最佳体积应是小瓶体积的两倍以上。

3. 适用范围

适用于采集流速小及表层测定溶解氧的水样。

4. 操作方法

采样器用绳索放到一定深度，然后听取乳胶管口（E）处的水声，确定水已装满就可以提出水面，取出下面的瓶子，立即加塞，或加入溶解氧固定剂后立即加塞。

（三）溶解氧体和深层采样的浸入式采样器

1. 结构组成

仪器组成如图 1－50 所示。

2. 适用范围

适用于表层采样及流速小、水深在 5m 左右的深层采样（也可作溶解氧采样）。

3. 操作方法

当采样器浸入水中一定深度时，急提瓶塞绳，两只橡皮塞随即打开后，水流经采样瓶直到整个容器装满，这样采样瓶已被水样洗过几次，待提出采样器时，立刻在水下用塞子将采样瓶塞紧后提出即可进行项目测定。

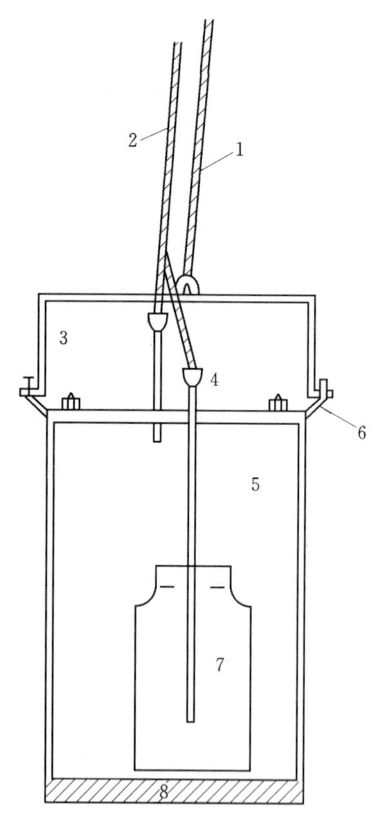

图 1－50　浸入式采样器

1—吊采样器绳；2—提塞；3—排气口；4—进水口；5—金属容器容积不小于采样瓶的三倍；6—盖板；7—溶解氧体采样瓶；8—金属块

二、采样时应注意的事项

（1）采样时除溶解氧应严格掌握不与空气接触外，其他水样也应尽量少与空气接触，以免水中其他溶解性气体的含量受影响。

（2）水样瓶应采用玻璃瓶或聚乙烯瓶，防止瓶本身的成分影响水质。

（3）所有采样瓶和过水管道（橡胶管或聚乙烯管）均应事先清洗干净，采样前要用水样水冲洗1～2次。

（4）水样注入瓶中，除测定溶解氧、五日生化需氧量的水样在瓶口无气泡外，应使水面离瓶塞1～2cm，以免温度升高时将瓶塞顶起，造成损害。

（5）采样后，应及时根据采样的位置在水样瓶上依次编号。

（6）应尽量做到当天采样送到化验室及时化验，水样不得超过容许的保存时间。

（7）水样在运送前，应将瓶口塞紧，路远的应用蜡封口，运输途中应避免光的直射、冰冻和剧烈振动，有条件的在途中应保持原水样的水温，或在4℃条件下保存。

（8）水样送到化验室后应放在避光、阴暗、通风的地方，或在4℃条件下保存。

实验八 GPS 卫星定位

一、概述

GPS 全球定位系统是英语“Navigation Satellite Timing and Ranging/Global Positioning System”的字头缩写词“NAVSTAR/GPS”的简称。它的含义是导航卫星测时和测距/全球定位系统，可向全球提供连续的、快速实时的三维坐标、三维速度和时间信息，为陆、海、空三军提供精密导航，并用于情报收集、核爆监测，应急通信和近地卫星定位等一些军事目的。GPS 整个发展计划分三个阶段实施，即原理可行性验证阶段、系统的研制与实验阶段、最后的工程发展与完成阶段，20 世纪 90 年代已全部完成，整个计划耗资为 100 亿美元，成为继阿波罗登月计划、航天飞机计划之后的第三项庞大空间计划。除军事目的外，利用系统卫星发送的导航定位信号（简称 GPS 信号）能进行厘米级至毫米级精度的相对定位，米级甚至厘米级精度的动态相对定位，分米级甚至厘米级精度的速度测量和毫微秒级精度的时间测量。GPS 定位系统的问世导致了测绘行业的一场深刻的技术革命。

已经设计了三代 GPS 卫星，它们是：BLOCK－Ⅰ、BLOCK－Ⅱ和 BLOCK－Ⅲ卫星。卫星重 774kg，采用铝蜂结构，主体呈柱形，直径 1.5m，星体两侧装有两块双叶对日定向太阳能电池帆板，全长 5.53m，卫星能源由太阳能电池提供，太阳帆板总面积为 $5m^2$。卫星上的对日定向控制系统可以使帆板始终指向太阳。在星体底部装有多波束定向天线，这是一种由 12 个单元构成的成形波束螺旋天线阵，能发射 L_1 和 L_2 段的信号，其波束方向图能覆盖半个地球。在星体两端面上装有全向遥控天线，用于与地面监控网通信。此外，卫星上还装有姿态控制系统和轨道控制系统。卫星的电子系统中包含导航电文存储器、高稳定度原子钟和 L 波段双频发射机等。在 BLOCK－Ⅲ卫星装有两台改进的铯钟和两台氢钟作为 GPS 卫星的频标，频率稳定度达 1×10^{-4}/d。24 颗卫星分布在三个轨道平面上，每个轨道平面 8 颗卫星，卫星在离地球表面约 2 万 km 高的圆形轨道上运行，每 12h 环绕地球运行一次，对于地面观测者来说，一颗卫星在 12h 的运行周期中大约有 5h 在地平线以上运行，位于地平线上的卫星数目根据时间和地点而变化，最少 4 颗，最多 12 颗。

二、控制系统

地面监控网包括四个监控站、一个主控站和一个注入站。监控站分设在美国夏威夷、阿拉斯加的埃尔门多空军基地、关岛以及加利福尼亚州的范登堡空军基地。监控站位置是精密测定的，每个监控站设有一台用户接收机、若干台环境数据传感器、一台原子钟和一台计算机信息处理机，监控站将伪距、基历、气象数据以及卫星状态数据传送到主控站。主控站设在范登堡空军基地，负责卫星的轨道纠偏和必要的卫星调度，进行数据处理，可求出下列数据：卫星位置和速度的六根轨道的摄动，每个卫星的三个太阳压力常数——卫星的时钟偏差、漂移和漂移率，三个监控站的时钟偏差，所有监控站的对流层残余偏差以及三个极移偏差状态数据。主控站将这些数据编成导航电文送到注入站。注入站也设在范登堡空军基地，它的任务是通过S波段的指令和控制线路，将导航数据注入到卫星的导航处理机。

三、GPS信号结构和导航电文

GPS使用L波段，标准频率 $f_0=10.23\text{MHz}$，用来产生两个射频载波：

$$f_{L_1}=154f_0=1575.42(\text{MHz})$$

$$f_{L_2}=120f_0=1227.6(\text{MHz})$$

频率间隔347.82MHz，等于 L_2 的28.3%，以便测量出或抵消掉由于电离层效应而引出的延时误差。

载波 L_1 由数据流和两种编码分别以同相和正交方式进行调制。其信号结构为：

$$S_{L_1}^i(t)=A_P^iP^i(t)D^i(t)\cos(\omega_{L_1}+\Phi_{L_{10}}^i)+A_C^iC/A^i(t)D^i(t)\sin(\omega_{L_1}t+\phi_{L_{10}}^i)$$

式中　ω_{L_1}——f_1 的角频率；

$\Phi_{L_{10}}^i$——信号起始相位；

A_P^i，A_C^i——两种码元的幅值；

$P^i(t)$——精码；

$C/A^i(t)$——粗测捕获码；

$D^i(t)$——数据流。

式中，上标 i 为卫星编号。P 码速率为10.23MHz，267天重复一次，C/A 码速率为1.023MHz，每毫秒重复一次，P 码为±1的伪随机码，与数据流 $D^i(t)$ 进行模二相加，形成 $P+D$ 对 L_1 频率进行同相调制。C/A 码为Gold码，与数据流 $D^i(t)$ 进行模二相加，形成 $C/A+D$，对 L_1 频率进行正交调制。

L_2 信号仅由 P 码进行双相调制（PSK），其信号结构为：

$$S_{L_2}(t)=A_P^iP^i(t)D^i(t)\cos(\omega_{L2}t+\Phi_{L_{20}}^i) \tag{1-17}$$

GPS采用信号扩频技术，它将窄带的数据流 $D^i(t)$ 用卫星地址码（P 码或 C/A 码）进行扩频调制，其结果是把原始的窄带信号（50bit）扩展到一个很宽的频带上，使信号带扩大到20.46MHz和2.046MHz，最后经PSK调制发射出去。

导航电文是GPS卫星向用户提供的信息，此信息包括卫星工作状态、从 C/A 码转换到 P 码所需的时间同步信息、时钟校正信息、星历表参数、全部卫星的日程表以及专用电文，这些信息以每秒50bit的数据流形式调制在载波信号上，一帧数据包含1500bit，帧长30s，一帧为5个子帧，每子帧长6s，在 L_1 和 L_2 载频上对 P 码和 C/A 码是相同的，GPS卫星导航电文符号意义见表1-6。

表1-6　　GPS卫星导航电文符号意义

符号电文	所在子帧号	数据位数	符号意义
TLM	1～5	22	遥测字，含同步序文
HOW	1～5	22	转换字，含 C/A 码向 P 码转换捕获的 Z 计数

续表

符号电文	所在子帧号	数据位数	符 号 意 义
$\alpha_0 \sim \alpha_3$ $\beta_0 \sim \beta_3$	1	8×8	电离层修正参数
T_{GD}	1	8	单频接收机延迟校正参数
AODC	1	8	卫星钟数据有效值
t_{oc}	1	16	子帧 1 数据基准时间
a_0，a_1，a_2	1，5	22，16	卫星校正参楼，计算 GPS 系统时间
AODF	2，3	8	星历数据有效期
t_{oe}	2	16	星历表基准时间
M_0	3，5	32，24	T_{oe}时的平近点角
e	2，5	32，16	偏心率
$\sqrt{A}$	2，5	32，24	轨道长半轴的平方根
Ω_0	3，5	32，24	升交点赤经
i_0	3	32	轨道倾角
ω	3，5	32，24	近地点角距
Ω_0	3，5	32，16	升交点赤经变化率
cn	2	16	平均运动修正量
δ_i	5	16	轨道倾角修正量
Cuc Cus Crc Crs Cic Cis	2 2 3 2 3 3	16 16 16 16 16 16	卫星轨道摄动修正参数
ID	5	8	卫星识别号
t_{oa}	5	8	子帧 5 的基准时间
H_{ealth}	5	8	卫星工作状态

四、GPS 定位原理、方法

GPS 定位技术大体可分为静态定位和动态定位两大类。如果每次观测时待定点的位置都可以为固定不动的，则确定这些待定点的位置，称为静态定位，如待定点设在运行载体上，则待定点的位置随时间变化，则确定这些动点的位置称为动态定位，但如果待定点位置变化非常缓慢，需要经过较长时间（如几个月甚至更长时间）的观测才能测得动态参数，则称为准动态方位。GPS 定位采用方法一般按观测量分类，有伪距法、多普勒法、载波相位测量法和射电干涉测量法四种。伪距法通常用于导航，精度较低，载波相位测量法用于高精度定位。

伪距是信号在发射历元至接收历元期间卫星传至接收机天线的距离观测值，信号传播的时间是通过卫星钟产生的伪随机噪声码与接收机钟产生的跟踪码（复制码）之间的比对来测定的。伪距可用 P 码测，也可用 C/A 码测，伪距法的一般表达式：

$$[t_R + \mathrm{d}t_R - (t^s + \mathrm{d}t^s)]C = P_R^s + \delta P_2 + \delta\rho_T \tag{1-18}$$

伪距

$$\rho_R^s = (tp - t^s)C \tag{1-19}$$

$$P_R^s = \rho_R^s + (\mathrm{d}t^s - \mathrm{d}t_R)C + \delta P_2 + \delta\rho_T \tag{1-20}$$

其中

$$\rho_R^s = \sqrt{(x^s - x_R)^2 + (y^s - y_R)^2 + (z^s - z_R)^2} \tag{1-21}$$

式中 t_R——接收机 R 的名义时间；

t^s——卫星发射信号的名义时间；

δP_2——电离层延迟改正；

$\delta\rho_T$——对流层延迟改正；

C——电磁波速；

ρ_R^s——信号发射历元至接收历元期间的站星距离。

式中，两组三维坐标（x_R，y_R，z_R）和（x^s，y^s，z^s）分别为接收机R和卫星S在惯用的地面参考系中的空间直角坐标。

由于卫星钟受控制中的监控不变，并维持与GPS时间同步，可忽略 $\mathrm{d}t^s$ 的影响，电离层和对流层的延迟改正可根据一定的模型事先计算，卫星星历由接收机解码可得信号发射历元的位置，因此伪距观测方程中只有在4个未知数（x_R，y_R，z_R，$\mathrm{d}t_R$）观测四颗GPS卫星建立如下伪距观测方程组：

$$\left.\begin{aligned} P_R^1 &= \sqrt{(x^1 - x_R)^2 + (y^1 - y_R)^2 + (z^1 - z_R)^2} + c \cdot \mathrm{d}t_R \\ P_R^2 &= \sqrt{(x^2 - x_R)^2 + (y^2 - y_R)^2 + (z^2 - z_R)^2} + c \cdot \mathrm{d}t_R \\ P_R^3 &= \sqrt{(x^3 - x_R)^2 + (y^3 - y_R)^2 + (z^3 - z_R)^2} + c \cdot \mathrm{d}t_R \\ P_R^4 &= \sqrt{(x^4 - x_R)^2 + (y^4 - y_R)^2 + (z^4 - z_R)^2} + c \cdot \mathrm{d}t_R \end{aligned}\right\} \tag{1-22}$$

式中，（x^s，y^s，z^s）认为是已知的，故伪距法定位取决于卫星星历精度，由于“SA”政策的实施，导航的精度降低到100m左右，必须利用差分GPS技术。

五、伪距差分动态定位

在基准站 R 测得至GPS卫星的伪距为：

$$P_K^j = P_R^j + c(\mathrm{d}t_R - \mathrm{d}t_s^j) + \mathrm{d}\rho_R^j + \delta\rho_2^j + \delta P_R^j \tag{1-23}$$

式中 $\mathrm{d}\rho_R^j$——卫星星历误差所引起的距离偏差。

由于基准站位置已知，可算出伪距的校正值：

$$\Delta\rho_K^J = \rho_R^J - \rho_R^j = -c(\mathrm{d}t_R - \mathrm{d}t_s^J) - \mathrm{d}\rho_R^J - \mathrm{d}\rho_2^J - \mathrm{d}\rho_T^J \tag{1-24}$$

当动态用户的接收机与基准点上的接收机同步对第 J 颗卫星观测时，测得伪距 ρ_K^j 为：

$$\rho_K^j = \rho_K^J + c(\mathrm{d}t_R - \mathrm{d}t_s^J) + \delta\rho_R^J + \delta\rho_2^J + \delta\rho_T^J \tag{1-25}$$

如果基准站测得伪距校正值 $\Delta\rho_R^J$ 适时发送给动态用户，经过校正测得伪距：

$$\rho_R^j + \Delta\rho_K^J = \rho_R^J + c(\mathrm{d}t_R - \mathrm{d}t_K) + (\mathrm{d}\rho_R^J - \mathrm{d}\rho_K^J) + (\delta\rho_{RI}^J - \delta\rho_{kI}^J) + (\delta\rho_{RT}^J - \delta_{KT}^J) \tag{1-26}$$

当动态用户基准站的距离在400km以内，式（1-26）后三项趋于零，则有

$$\begin{aligned} \rho_R^j + \Delta\rho_K^J &= \rho_R^J + c(\mathrm{d}t_R - \delta t_K) \\ &= \sqrt{(x^J - x_R)^2 + (y^J - y_R)^2 + (z^J - z_R)^2} + \Delta d_R \end{aligned} \tag{1-27}$$

其中，$\Delta d_R = c(\mathrm{d}t_R - \mathrm{d}t_K)$，为基准/动态接收机的钟误差之差所引起的距离偏差。

一般情况下，若基准站和动态点上两台接收机同步观测相同的4颗卫星，则由式

(1-27) 列出 4 个方程，解出 (x_R，y_R，z_R) 和 Δd_R4 个未知数。

载波相位法，利用接收机本身产生的参考信号和接收到载波相位之差，进行毫米级的相位测量，其原理如下：

$$\Phi_j^i(t_R)=\Phi_j(t_R)-\Phi^i(t_T) \tag{1-28}$$

式中 t_R——接收机接收到信号时刻；

$\Phi_j(t_R)$——接收机在 t_R 时刻的参考信号相位；

$\Phi^i(t_T)$——卫星 i 在 t_T 时刻发射信号相位；

$\Phi_j^i(t_R)$——接收机在 t_R 时刻测得的相位差。

由于

$$t_R-t_T=\frac{R_j^i(t_T)}{C} \tag{1-29}$$

在 t_R-t_T 时间段内，载波机位增加。

$$\omega(t_R-t_T)=2\pi f\frac{R_j^i(t_T)}{C} \tag{1-30}$$

式中 $R_j^i(t_T)$——t_T 时刻，卫星 i 到接收机 j 的距离；

ω——载波的角频率；

f——载波的频率发射时刻 t_T 载波的相位。

$$\Phi^i(t_T)=\Phi^i(t_R)-\frac{2\pi f}{C}R_j^i(t_T) \tag{1-31}$$

因此

$$\Phi_j^i(t_R)=\Phi_j(t_R)-\Phi^i(t_R)+\frac{2\pi f}{C}R_j^i(t_T) \tag{1-32}$$

接收机上的相位计，只能测出不大于一个周期的相位，实际观测的相位差为：

$$\Delta\Phi_j^i(t_R)=\Phi_j(t_R)-\Phi^i(t_R)+\frac{2\pi f}{C}R_j^i(t_T)-2\pi N_j^i \tag{1-33}$$

式中 N_j^i——距离 $R_j^i(t_T)$ 上所包含载波波长的整倍数；

$\Phi_j(t_R)-\Phi^i(t_R)$——接收机时钟与卫星时钟不同步而产生的相位差；

N_j^i——GPS 中借助于积分多普勒计数来求定。

由于载波波长 L_1 为 19cm，L_2 为 24.4cm，利用这两种短波长的信号进行相位测量能达到很高的精度。

实验九　创新型实验——卫星远程水质自动监测系统

一、实验背景

水源安全问题，直接关系到广大人民群众的健康。加强水源的安全监督管理，有效地监控水源地污染，是做好水源安全保障工作的前提和基础。水源地水污染预警不及时，将给国民经济和人民生命财产造成重大损失。

水源污染事件复杂多样，突发的污染事件难以预测；工业污水成分复杂，排放没有规律；农业面源污染随生产时节变化明显。同时，水质的变化还受汛期洪水、降雨的影响，许多因素能导致水质频繁变化，传统的水样采集实验室化验的监测方式周期太长，无法及时、准确地反映水质污染变化过程，很难满足水源地水质保护的要求。

河海大学在一期 2112 工程建设项目“X1.4 水质遥测系统”中，建成了基于美国 YSI 公司的 YSI—6920 多参数水质传感器、YSI—6200 遥测终端，以及以色列 Gilat 公司的 SSA—Ⅱ双向 VSAT 卫星小站等核心设备构成的水质遥测试验装置如图 1-51 所示。

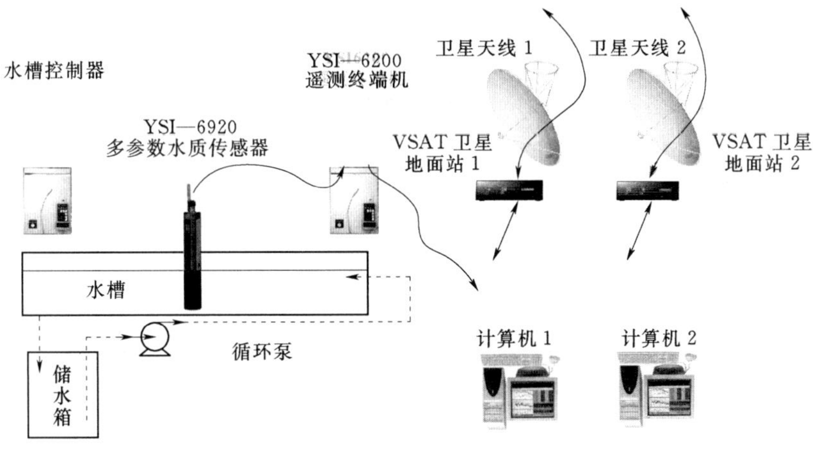

图 1-51　实验系统组成、原理

“X1.4 水质遥测系统”中附带的 Eco—Watch 软件仅提供水质传感器在线采集、标定、水质变化过程监控等基本功能，需要与远程通信系统进行集成，构成卫星远程水质遥测预警系统。为此，在全体学生做完这一实验之后，选择有兴趣的同学组成研究小组，继续进行这一实验研究，深入开展系统的集成开发等技术研究工作。

二、实验原理及步骤

（一）卫星地面站通信链路实验

VSAT 通信卫星系统工作在 14/12GHz 的 Ku 频段以及 C 频段，支持数据、语音、视频图像、传真等多种信息的传输业务。在国家公共通信网络不能覆盖的高原、山地、大型湖泊和偏远流域水源地区，特别适宜通过 VSAT 卫星信道实现数据遥测；对于数千公里以外的超远距离重要信息遥测业务需求，卫星信道具有其他信道不可替代的优越性。

卫星地面站通信链路实验系统主要由 2 台安装 Windows 操作系统的计算机和 2 套以色列 Gilat 公司的 SSA—Ⅱ双向 VSAT 卫星地面小站构成，计算机与卫星小站之间通过 RS232 串行接口连接，构成原理如图 1-52 所示。

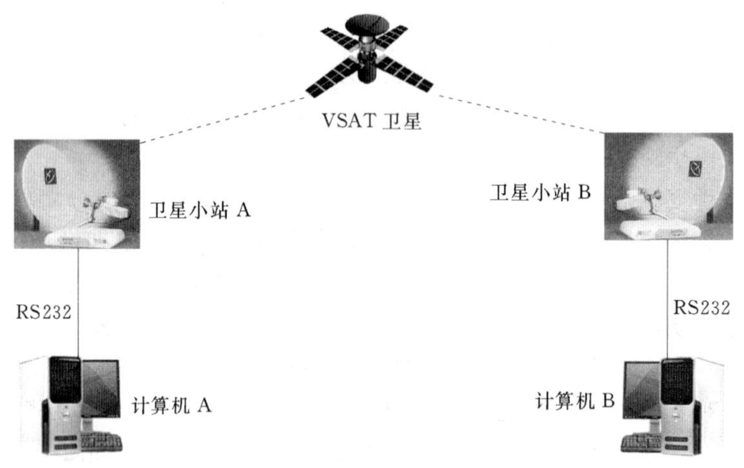

图 1-52 卫星地面站通信链路构成原理

实验开始步骤如下：

(1) 启动设备。首先开启 A、B 计算机，然后开启 A、B 卫星小站的电源。2 套卫星小站通过太空中的卫星信道自动申请与 VSAT 地面管理中心的登录注册，使得 A、B 卫星小站设备接入 VSAT 卫星通信系统。

(2) 计算机与卫星小站联通。分别打开 A、B 计算机的 Windows XP 超级终端界面，输入“9600bps，1，8，1”的串行口通信参数，分别向 A、B 卫星小站注入连接指令。

全部参数设置正确按回车键后，“超级终端”窗口显示卫星小站返回的指令：“X.25 PAD ASYNC ＃ 4，9600 BAUD”，表明计算机已经与卫星小站连接成功。

(3) A、B 卫星小站之间联通。此时，在 A 或 B 任意一台计算机的 Windows XP 超级终端界面上，输入“C _ XXXXXXX”（这里，XXXXXXX 为与其通信的另一个卫星小站地址号与端口号，如 C 1650001 表示呼叫卫星小站 165 号的端口 1）。呼叫另一台卫星小站，如果回显“COM”，即表明 AB 双方卫星小站连通，可进行双向通信。

(4) 测试 A、B 卫星小站间的信息传输。此时，VSAT 卫星系统已经自动在 A、B 卫星小站之间建立了双向通信链路，A、B 计算机之间的超级终端可以实现“透明（无需协议的)”的信息交互发送，在超级终端窗口内可观察到对方计算机键入的任意 ASCII 键盘信息。

(5) 断开通信链路。通信测试完成后，按 Shift＋@键回到提示符“ * ”，在提示符下输入“CLR”断开卫星小站之间的连接链路。

(6) 关闭电源，结束实验。首先关闭卫星小站的电源，然后再关闭计算机，结束实验。

（二）水质信息自动监测实验

水质信息自动监测实验系统主要由 YSI—6200 数据采集平台、YSI—6920 多参数水质传感器、自动水循环不锈钢水质实验台、玻璃化学实验器皿、监控计算机、Echo Watch 软件等构成，构成原理如图 1－53 所示。

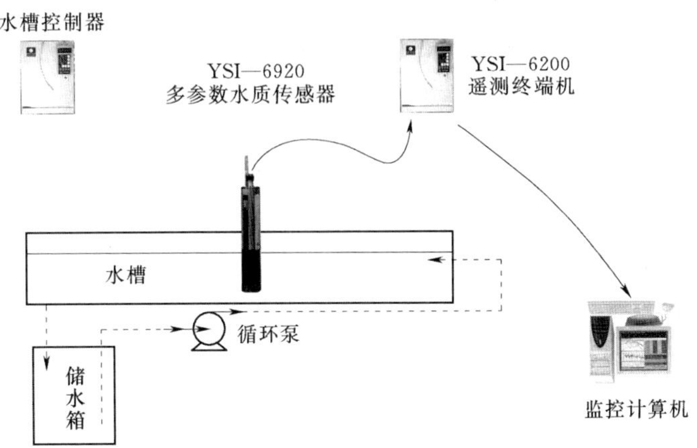

图 1－53　水质信息自动监测实验系统构成原理

YSI—6920 多参数水质传感器与 YSI—6200 数据采集平台通过专用电缆连接，其专用接口端子包括了 1 个传感器供电电源接口和 1 个 RS232 串行通信接口。YSI—6200 数据采集平台通过 RS232 串行通信接口与计算机连接。另外，YSI—6920 多参数水质传感器也可以通过 RS232 串行通信接口与计算机直接连接。

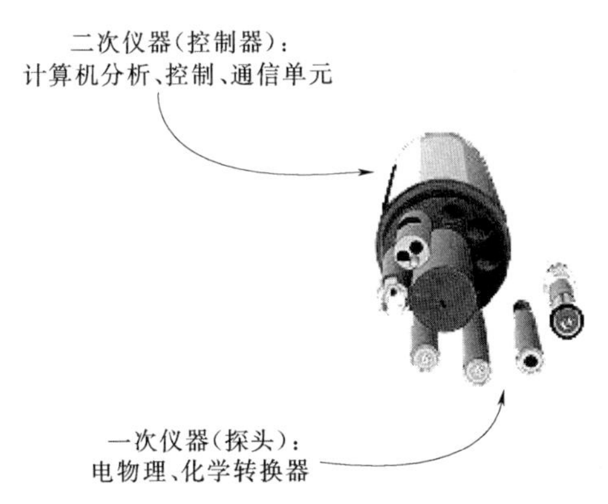

图 1－54　各参数水质传感器控制器及探头（可换 18 种）

1. YSI—6920 多参数水质传感器

美国 YSI 公司生产的多参数水质监测仪在国际市场上被普遍接受为行业标准，YSI—6920 型多参数水质监测仪（如图 1－54 所示）在中国也进行了多年的技术推广和应用测试工作，并于 1998 年通过国家质量技术监督局的技术鉴定，并获颁发的“中华人民共和国计量器具形式批准证书”，证书编号为：98—C211。

测量参数类型：

1. 水深度（含透气式）
2. 水温度
3. 电导率
4. 电阻率（计算）
5. 比电阻率（计算）
6. 总溶解固体（计算）
7. 明渠流量（计算）
8. 盐度
9. 溶解氧
10. 酸碱度
11. 氧化还原电位
12. 浊度

13. 叶绿素
14. 罗丹明 WT
15. 氨氮（适用于淡水）
16. 铵氮
17. 硝氮（适用于淡水）
18. 氯化物（适用于淡水）

（1）YSI—6920 技术性能。

1）数据存储。YSI—6920 传感器自身的记录存储器为快闪存储器，能恒久存储，直至人为地删除，不会因断电而丢失。存储器的容量为 384KB，可存储高达 15 万个读数。

2）数据接口。仪器具有 RS232 和 SDI12 接口。透过 SDI12 接口，可向数据采集平台直接取电。

3）测量间隔。YSI—6920 测量频次（间隔）可以设定为每秒 1 次至无限长。由于水质在短时间内变化一般不会太大，故检测时间间隔通常设定为每 30min 或每 1h 1 次。也可根据需要随时更改设定。

（2）技术规格。

1）酸碱度。

测量范围：0～14 pH

准确度：±0.02 pH

分辨率：0.01 pH

温度补偿功能：自动

2）温度。

测量范围：－5～＋70℃

准确度：±0.15℃

分辨率：0.01℃

3）电导率。

测量范围：0～100mS/cm（自动量程选择）

准确度：读数±0.5%＋1μS/cm

分辨率：0.001～0.1mS/cm（视量程而定）

4）盐度。

测量范围：0～70D/kg（ppt）（自动量程选择）

准确度：读数±1%或 0.1ppt

分辨率：0.01ppt（视量程而定）

5）溶解氧。

测量范围：0～50mg/L，0～500%空气饱和度

准确度：0～20mg/L：±2%或 0.2mg/L，以大者为准
20～50mg/L：±6%
0～200%：±2%，或 2%空气饱和度，以大者为准
200%～500%：±6%空气饱和度

分辨率：0.01mg/L，0.1%空气饱和度

温度补偿功能：自动

盐度补偿功能：自动

6）水位。

测量范围：0～9m

分辨率：0.001m

准确度：±0.02m

7）氨氮。

测量范围：0～200mg/L

准确度：读数±10%

分辨率：0.01mg/L

8）氧化还原电位。

测量范围：－999～999mV

准确度：±20mV

分辨率：0.1mV

2. YSI—6200数据采集平台

YSI—6200数据采集平台集强大的兼容性、安全性、方便接入于一体，其技术规格为：

1）操作温度：－25～＋55℃。

2）电源：可充电蓄电池12V、18Ah。

3）内存：16M闪存；32M内存。

4）尺寸：22.2cm×13.3cm×12.7cm。

5）接口：1个RS-232诊断接口，4个RS232数据接口和1个SDI12接口。

6）仪器箱：NEMA外壳。

3. YSI—Echo Watch管理应用软件

Echo Watch管理应用软件提供了采集、标定、监测等YSI水质传感器的管理应用功能，是本实验的软件操作平台。

（三）实验步骤

1. 上电准备

检查信号电缆的连接，给水槽注水。按照以下设备次序打开电源：实验台循环水泵、YSI—6920、YSI—6200、计算机。在计算机的Windows操作系统上启动Echo Watch软件。

2. 设置Echo Watch软件

打开Comm菜单，选择Settings选项检查波特率（baud rate）的设置。波特率（baud rate）应为9600，如果原设置不是9600，请从列表中选择9600并按Enter键。

打开Settings菜单，选择Font/Color和Background Color选项为Echo Watch窗口菜单选择一个颜色方案。

3. 设置YSI—6920水质传感器主机软件

在Echo Watch for Window中，选择多参数仪主机按钮，然后选择适当的串行通信端口，并按“OK”确定，窗口将会显示出来，这表明已和多参数仪主机建立了连接。在#号后面输入“Menu”，按Enter键，然后多参数仪主机的Main菜单将会显示出来。

如果不能和多参数仪主机建立连接，请检查电缆是否连接，再次检查串行通信端口的设置和其他的软件参数。

多参数仪主机软件是用菜单控制的。通过输入各项功能对应的数字来选择执行。在选择一个功能之后不需要按 Enter 键就可以进入。键入 0 或按 Esc 键可以返回上一级菜单。Main 菜单：

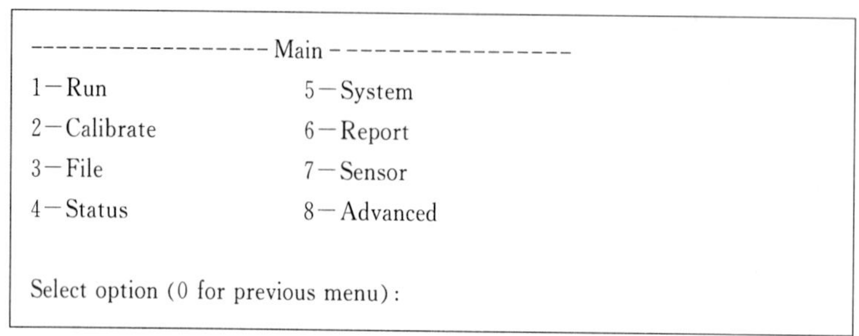

```
-----------------Main-----------------
1-Run              5-System
2-Calibrate        6-Report
3-File             7-Sensor
4-Status           8-Advanced

Select option (0 for previous menu):
```

多参数传感器主机菜单流程图如图 1-55 所示。

SONDE MENU FLOW CHART

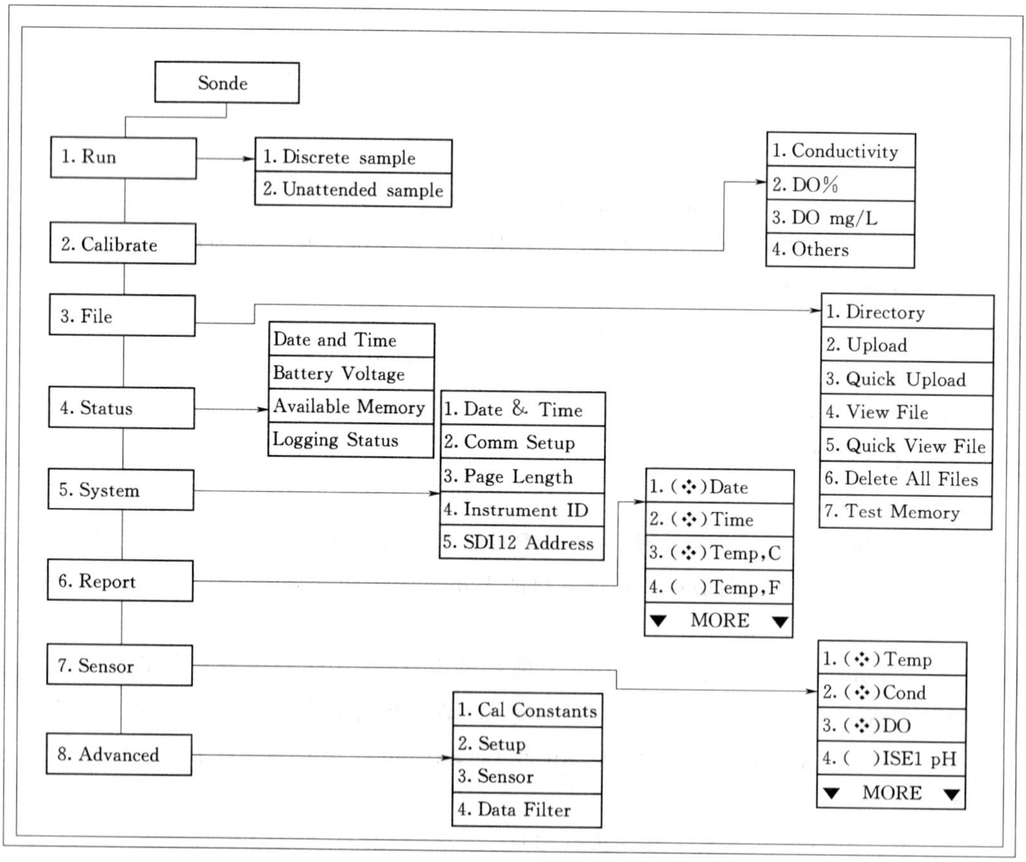

Sonde

- 1. Run → 1. Discrete sample; 2. Unattended sample
- 2. Calibrate → 1. Conductivity; 2. DO%; 3. DO mg/L; 4. Others
- 3. File → 1. Directory; 2. Upload; 3. Quick Upload; 4. View File; 5. Quick View File; 6. Delete All Files; 7. Test Memory
- 4. Status → Date and Time; Battery Voltage; Available Memory; Logging Status
- 5. System → 1. Date & Time; 2. Comm Setup; 3. Page Length; 4. Instrument ID; 5. SDI12 Address
- 6. Report → 1. (✣)Date; 2. (✣)Time; 3. (✣)Temp,C; 4. ( )Temp,F; ▼ MORE ▼
- 7. Sensor → 1. (✣)Temp; 2. (✣)Cond; 3. (✣)DO; 4. ( )ISE1 pH; ▼ MORE ▼
- 8. Advanced → 1. Cal Constants; 2. Setup; 3. Sensor; 4. Data Filter

图 1-55　YSI—6920 多参数传感器主机菜单流程图

4. 系统设置

在 Main 主菜单中，选择 System（系统）项。系统设置菜单将显示出来，如下所示。

```
1-Date & time
2-Comm setup
3-Page length=25
4-Instrument ID=YSI Sonde
5-Circuit board SN:00003001
6-GLP filename=00003001
7-SDI-12 address=0
8-(*)English
9-( )Fran?ais
A-( )Deutsch
```

选择日期和计时（1－Date & time）选项。紧邻每个选择项的旁边将会出现一个星号，以确定输入。输入 4 和 5 激活日期和时间功能。当输入日期的时候，请特别注意选择的日期格式。必须采用 24 小时的时钟格式输入时间。选择 4 - （ ） 4 digit year，在日期中就用 4 位数代表年如。如果没有输入正确的年格式，您的输入将会被拒绝［例如，8/30/98 为 2 位数模式（2 - digit），8/30/1998 为 4 位数模式（4 - digit)］。

```
-----------Date & time setup-----------
1-(*)m/d/y          4-( )4 digit year
2-( )d/m/y          5-Date=08/11/98
3-( )y/m/d          6-Time=11:12:30

Select option (0 for previous menu):
```

从 System setup menu（系统设置菜单）选择 4 - Instrument ID，来记录设备 ID 数字（通常是设备序列号），按 Enter 键确认。将会出现一个提示，允许您输入多参数仪主机的序列号。这将会确定所有收集到的数据来自特定的多参数仪主机。

注意，选项 5—Circuit Board SN 显示了您的多参数仪中的 PCB 的序列号（不是整个系统给仪器的 ID)。和 Instrument ID 不一样，用户不能改变 Circuit Board SN。

输入 0 或按 Esc 键退回到系统设置菜单（System Setup menu）。

在菜单底部，选择多参数仪软件的语言，例如，选择 7－（ ）English 使多参数仪采用英文菜单。

```
1-Date & time
2-Comm setup
3-Page length=25
4-Instrument ID=YSI Sonde
5-Circuit board SN:00003001
6-GLP filename=00003001
7-SDI 12 address=0
8-(*)English
9-( )France
A-( )Deutsch
```

然后再按 Esc 键或输入 0 返回主菜单（Main menu）。

```
------------------Main-----------------
1—Run                5—System
2—Calibrate          6—Report
3—File               7—Sensor
4—Status             8—Advanced

Select option (0 for previous menu):
```

5. *启动传感器*

为了激活多参数仪主机中的传感器，请从主机 Main 菜单中选择 Sensor 选项。

```
-----------Sensors enabled-----------
1—(*)Time
2—(*)Temperature
3—(*)Conductivity
4—(*)Dissolved Oxy
5—(*)ISE1 pH
6—(*)ISE2 Orp
7—(*)ISE3 NH4+
8—(*)ISE4 NO3−
9—( )ISE5 NONE
A—(*)Turbidity 6026

Select option (0 for previous menu):
```

注意，输入对应的数字启用已安装在多参数仪主机中相应的传感器。激活的传感器由“星号（*）”指示出来。当选择任何一个离子选择电极或光学端口时，都会出现一个子菜单。这时，做出一个选择以便传感器和端口上实际安装的传感器是吻合的。ORP 传感器只能作为 ISE2 使用。光学 T 和光学 C 产生一个有选项的子菜单，每一个光学端口可以按照子菜单中的提示安装 4 个探头（6026 浊度，6136 浊度，叶绿素 a 或罗丹明 WT）中的一个。

在所有已安装传感器被激活后，输入 0 或按 Esc 键退回到 Main 菜单。

6. *启动参数*

显示一个特定参数的条件是首先传感器要用上述的方法激活，然后参数一定要在如下所述的 Report Setup 菜单中被激活。

从主菜单中选择 Report 选项，Report Setup 菜单显示如下所示。

```
-----------Report setup-----------
1-(*)Date m/d/y          E-(*)Orp mV
2-(*)Time hh:mm:ss       F-(*)NH4+ N mg/L
3-(*)Temp C              G-( )NH4+ N mV
4-(*)SpCond mS/cm        H-( )NH3 N mg/L
5-( )Cond                I-(*)NO3- N mg/L
6-( )Resist              J-( )NO3- N mV
7-( )TDS                 K-(*)Cl- mg/L
8-( )Sal ppt             L-( )Cl- mV
9-(*)DOsat %             M-(*)Turbid NTU
A-(*)DO mg/L             N-(*)Chl μg/L
B-( )DOchrg              O-(*)Fluor %FS
C-(*)pH                  P-(*)Battery volts
D-( )pH mV

Select option (0 for previous menu):
```

注意，本菜单的确切外观依赖于多参数仪主机上安装和启用的传感器。星号（*）后的数字或字母所代表的参数将会出现在所有的输出和报告中。将参数打开或关闭时，只要输入相应的数字或字母即可。

```
-----------Report setup-----------
1-(*)Date m/d/y          D-( )pH mV
2-(*)Time hh:mm:ss       E-(*)Orp mV
3-(*)Temp C              F-(*)NH4+ N mg/L
4-(*)SpCond mS/cm        G-( )NH4+ N mV
5-( )Cond                H-( )NH3 N mg/L
6-( )Resist              I-(*)NO3- N mg/L
7-( )TDS                 J-( )NO3- N mV
8-( )Sal ppt             K-(*)Cl- mg/L
9-(*)DOsat %             L-( )Cl- mV
A-(*)DO mg/L             M-(*)Turbid NTU
B-( )DOchrg              N-(*)Battery volts
C-(*)pH

Select option (0 for previous menu):
```

对于有多种单位选择的参数，例如：温度（temperature），电导率（conductivity），比电导（specific conductance），电阻系数（resistivity）和 TDS。将会出现如下所示的一个关于温度的子菜单，允许为这个参数选择需要的单位。

```
-----------Select units-----------
1-(*)NONE
2-( )Temp C
3-( )Temp F
4-( )Temp K
Select option (0 for previous menu):2
```

在配置完需要显示的参数之后，输入 0 或按 Esc 键退回到 Main 菜单。

7. 高级设置

从主菜单中选择 Advanced 选项后，将会显示下列菜单。

```
-----------Advanced-----------
1-Cal constants
2-Setup
3-Sensor
4-Data filter

Select option (0 for previous menu):
```

从 Advanced 菜单中选择 Setup。

```
-----------Advanced setup-----------
1-(*)VT100 emulation
2-( )Power up to Menu
3-( )Power up to Run
4-( )Comma radix
5-(*)Auto sleep RS232
6-(*)Auto sleep SDI12
7-( )Multi SDI12
8-( )Full SDI12

Select option (0 for previous menu): 0
```

确保除了 Auto sleep RS232，其他的条目都按如上显示进行选择（激活或关闭）。

对于采样研究，用户可能在现场并可以实时观测多参数仪的读数，所以自动休眠 Auto sleep RS232 通常应该是“关”。对于进行自动监测研究的多参数仪主机，自动休眠 Auto sleep RS232 通常应该是“开”。当这项设置被确认后，输入 0 或按 Esc 键退回到 Advanced 菜单。

从 Advanced 菜单中选择 3－Sensor 选项并确保各条目如下所示。

```
------------ Advanced sensor ------------
1—TDS constant=0.65
2—Latitude=40
3—Altitude Ft=0
4—(*)Fixed probe
5—( )Moving probe
6—DO temp co %/C=1.1
7—DO warm up sec=40
8—( )Wait for DO
9—Wipes=1
A—Wipe int=1
B—SDI12—M/wipe=1
C—Turb temp co %/C=0.3
D—(*)Turb spike filter
E—Chl temp co %/C=0
F—( )Chl spike filter

Select option (0 for previous menu):
```

当这项设置被确认后，输入 0 或按 Esc 键返回到 Advanced 菜单。

根据系统中安装的传感器的不同，3—Sensor 下面的显示可能和上述例子中的显示不同。举例来说，如果没有安装叶绿素 a 探头，最后两个输入项（只与叶绿素 a 有关）将不出现。

当这项设置被确认后，输入 0 或按 Esc 键退回到 Advanced 菜单。输入 0 或按 Esc 键退回到 Main 菜单。

```
------------------ Main ------------------
1—Run            5—System
2—Calibrate      6—Report
3—File           7—Sensor
4—Status         8—Advanced

Select option (0 for previous menu):
```

至此，多参数仪主机软件设置完毕，随时可以开始校准（calibrate）和运行（run）。

8. 运行

改变实验台水槽中循环水的物理和化学状态，观察水质数据的变化规律。

9. 结束实验

推出 EcoWatch 软件，按照以下设备次序关闭电源：计算机、YSI—6200 水质传感器、YSI—6920 水质传感器；实验台循环水泵，给水槽放水，打扫卫生。

三、创新型实验研究

（一）创新型实验研究的意义

目前，国内已有关于水质自动监测系统在水环境监测中应用的报道，但是，河海大学是最先提出并开展基于 VSAT 通信卫星遥测信道的水质自动遥测预警系统研究的单位，其他单位的应用案例目前还未见报道。

本创新型实验研究，是在河海大学的“X1.4 水质遥测系统”硬件环境基础上，开发前端数据采集通信控制软件和后端水质遥测预警管理软件，实现水质遥测实验系统的开发集成研究，在基于通信卫星的水质遥测系统集成领域具有重大的技术创新意义，本系统的测试和后期推广应用将创造巨大的社会效益，为水资源的可持续利用和我国经济社会的可持续发展作出较大的贡献。

（二）创新型实验训练的目标

通过参加前期技术调研、方案论证、技术开发、组织实施、项目开发过程管理、联调测试等技术研发过程，体验 IT 系统集成开发过程，养成技术研发的良好习惯和开放思路，培养大型 IT 系统工程开发合作的团队精神，学会理论与实践相结合的方式方法，熟悉水资源系统软硬件开发工具，掌握一些解决技术问题的基本技巧，为将来的科研和管理工作打下坚实的基础。

（三）创新型实验的前期准备

熟练掌握系统各环节设备的操作技能，研习 VSAT 卫星、水质传感器等设备的基本原理，测试和分析 VSAT 卫星终端和 YSI 水质传感器的通信控制协议，数据传输的控制协议，学习数据库和计算机编程语言，做好系统集成开发准备。

（四）创新型实验的组织实施

根据学生自身技术特长和爱好分成 4 个开发小组，第一组负责系统联调和设备操作，第二组负责软件编程开发，第三组负责软件功能测试，第四组负责技术攻关（需要加入这个方向的研究生）。

（五）创新型实验的过程管理

课题组制定进度管理表，定期管理工程进度。根据开发进展状况组织召开技术研讨会，进行阶段性技术评测、验收。根据开发过程管理经费使用状况，保证课题的按期优质完成。

（六）创新型实验的实践环节

构建如图 1-56 所示的系统组成框图，将系统分解为以下几个技术环节。

1. 硬件集成环节

（1）配置计算机 A、B 的扩展通信接口，连接卫星地面终端和水质传感器。

（2）脱开 YSI—6200 水质传感器遥测终端，重构水质传感器的电源系统，为 YSI—6920 水质传感器配置专用电源。

（3）采用超级终端测试，实现卫星地面站间双向通信，完成卫星设备初始化设置，分析和掌握卫星通信协议。

（4）采用 Echo Watch 软件测试，实现 YSI—6920 水质传感器的通信，设置传感器的工作参数，分析和掌握传感器通信协议。

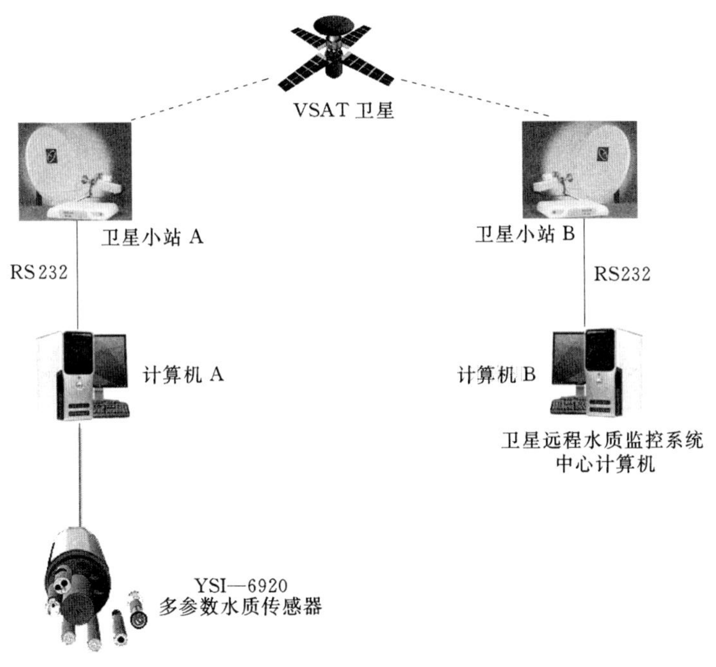

图 1-56 创新型实验的组成框图

2. 软件开发环节

(1) 使用高级语言，开发计算机 A 的现场采集传输应用软件，实现与卫星地面站和水质传感器的通信，采集显示水质过程数据。

(2) 使用高级语言，开发计算机 B 的数据接收和水质信息管理应用软件，实现与卫星地面站的通信，实现水质管理系统软件的主要功能。

(七) 系统测试环节

以实验室的循环水槽为测试平台，通过加注试剂改变水质条件，人工模拟水质变换环境，测试系统的数据采集、传输和软件管理功能。

四、创新型实验的教师指导

指导学生遥测系统理论、项目管理方法、设备操作、技术方案设计、编程开发、功能调试、调研、报告编写、组织验收等工作。

课程习题指导书

说　明

做习题是掌握水信息技术课程内容的一个重要环节，它有助于进一步理解课程所涉及内容的理论知识，掌握水文信息和水文数据的整理、分析、处理的方法和步骤，也是理论联系实际，加强基本技能训练，提高学生分析问题解决问题能力，培养学生一丝不苟科学态度的重要方面，所以要求学生认真、严肃对待。

具体要求如下：

做习题前，首先应复习有关基本理论和方法，做到心中有数；完成作业时，必须认真仔细，要求按规范的规定进行数据处理，并达到“分析正确，计算无误、图幅美观，字迹端正”。应按时上交作业，经教师批改，作业有错误之处必须认真改正。作业要妥为保存，切忌随手乱涂乱划，以作为期末考查的依据。

各习题所选用的数据为实测数据，但根据教学的需要对其中一些作了修改，故不能作为生产使用数据的依据，特此说明，以避免产生一些不必要的误会；同时，为了养成同学们审核数据的习惯和学会审核数据的方法，习题中有意识地安排了一些明显的错误，让学生们在着手做习题时先发现出来。其正确数据以教师参考书中的数据为准。

这门课程为每位同学安排了 16 个计算机的作业机时。鼓励同学用计算机进行数据的处理。但学习阶段还必须弄清楚每一步的意义，不能囫囵吞枣，力求准确和完整，因此必须要求手工计算一遍。

指导书中每次习题均列了一些思考题，供复习时参考，不必作为习题上交。

习题一　水位观测数据的整理及处理

一、要求

（1）水位观测数据的整理。

（2）水位数据的处理。

二、使用数据

（1）赣江峡江水文站19××年5月水位观测数据（见表2-1）。

（2）赣江峡江水文站19××逐日平均水位表（见表2-2）。

三、方法步骤

（一）水位观测数据的整理

在对水位观测数据整理前，必须了解该水文站采用什么基面；各水尺的零点高程。

计算瞬时水位 Z：　　Z=水尺零点高程(Z_0)+水尺读数

计算日平均水位：根据水位变化的大小及是否等时距以确定其计算方法——用算术平均法或面积包围法。

若采用面积包围法计算日平均水位，可在表2-3计算。

进行月统计：求出月总数，月平均水位，月最高、最低水位及出现时间（×月×日）。

（二）水位数据的处理

（1）水位数据的处理，首先必须进行测站考证，包括断面考证、河段情况考证、水准点考证及水尺零点高程的考证。还必须对原始观测数据进行校核，保证原始数据的正确。

（2）编制年逐日平均水位表。将各月逐日平均水位值填入年逐日平均水位表，进行年统计（见表2-2）。年统计包括：年总数，年平均水位，年最高、最低水位及出现月日。

$$\text{年(月)总数}=\text{全年(月)各日日平均水位之和},\text{年(月)平均水位}=\frac{\text{年(月)总数}}{\text{年(月)总日数}}$$

强调：年（月）最高、最低水位为瞬时值。

（3）点绘水位过程线。水位过程线是以水位为纵坐标，时间为横坐标逐点点画并连成曲线。一般有两种：年逐日平均水位过程线（此次作业做）及年逐时水位过程线（课程设计时做）。其中年逐日平均水位过程线为水位处理成果之一。在年月逐日平均水位过程线图中应标明最高、最低水位（请注意其中日平均水位和最高、最低水位之间的差别，历届学生在这点上都有错误出现），河干、断流、冰情等情况，以便简明反映全年的水情变化。本次作业应点绘年逐日平均水位过程线，并作简要的合理性检查。注意全本作业的图号顺序、图名、图中内容的完整性以及图幅的美观、线条的光滑流畅。

表 2-1　　　　赣江峡江水文站水位观测记录表（19××年5月）

日	时	分	水尺编号	水尺读数（m）	水位（m）	日平均水位（m）	日	时	分	水尺编号	水尺读数（m）	水位（m）	日平均水位（m）
1	8	00	P9	0.35			21	0	00	P4	0.52		
	20	00		0.27				2	00		0.55		
2	8	00	P9	0.21				4	00		0.58		
	20	00		0.20				5	30		0.60		
3	8	00	P9	0.56				6	00		0.61		
	20	00		0.50				7	30		0.61		
4						35.95		8	00		0.62		
5						36.87		9	00		0.62		
6						37.34		9	30		0.63		
7						58		10	00		0.63		
8						10		12	00		0.63		
9						36.48		12	30		0.62		
10						04		14	00		0.61		
11						35.77		15	00		0.60		
12						60		17	00		0.55		
13						59		20	00		0.47		
14						72		22	00		0.38		
15						86	22	0	00	P4	0.28		
16						36.17		2	00		0.16		
17						93		4	00	P5	0.99		
18						37.75		6	00		0.86		
19	0	00	P7	0.76				8	00		0.75		
	2	00		0.83				10	00		0.61		
	4	00		0.92				12	00		0.50		
	5	00		0.98				14	00		0.38		
	6	00	P6	0.29				16	00		0.29		
	8	00		0.44				17	00		0.24		
	10	00		0.61				20	00		0.17		
	12	00		0.80				21	00		0.15		
	14	00		0.97				22	00		0.14		
	16	00	P5	0.23				23	00		0.13		
	18	00		0.39			23	2	00	P5	0.12	38.99	
	20	00		0.52				8	00		0.22	39.09	
	22	00		0.64				14	00		0.39	26	
20	0	00	P5	0.75				20	00		0.49	36	
	2	00		0.85			24	8	00	P5	0.40	27	
	4	00		0.93				20	00		0.22	09	
	6	00	P4	0.06			25						38.67
	8	00		0.14			26						02
	10	00		0.20			27						37.31
	12	00		0.26			28						36.81
	14	00		0.32			29						61
	16	00		0.36			30	8	00	P8	0.32	36.61	
	18	00		0.40				20	00		0.28	57	
	20	00		0.45			31	8	00	P8	0.18	47	
	22	00		0.49				20	00		0.28	57	

备注：本月所使用的水尺零点高程为：
P4=39.827m；P5=38.869m；P6=37.955m；P7=37.200m；P8=36.289m；P9=35.416m。
基面为冻结基面而在吴淞基面以上0.000m。

月　统　计　表

项目	总数	平均	最高	最高水位出现日期	最低	最低水位出现日期
水位						

计算______日期______校核______日期______复核______日期______

表 2-2　　赣江峡江水文站（19××年×月）逐日平均水位表

（冻结基面在吴淞基面以上 0.000m，水位以 m 计）

日＼月	1	2	3	4	5	6	7	8	9	10	11	12	月＼日
1	34.50	34.37	34.27	37.14		36.85	35.80	34.72	34.89	34.31	34.28	34.14	1
2	87	37	23	83		37.09	60	65	90	33	24	13	2
3	35.04	35	23	48		15	39	35.42	87	27	22	12	3
4	18	34	24	83		36	24	36.03	74	23	20	11	4
5	04	34	26	86		01	14	35.34	60	24	17	09	5
6	34.86	31	39	38.02		36.49	05	06	51	22	15	05	6
7	63	31	64	37.66		49	34.98	06	45	19	14	04	7
8	49	30	71	35		37.58	89	16	39	18	11	04	8
9	41	28	35.03	36		39.16	82	25	35	16	09	04	9
10	34	27	20	17		40.15	77	10	40	14	07	03	10
11	28	24	01	03		39.22	72	34.96	52	09	09	00	11
12	26	19	34.87	36.79		38.06	68	89	64	07	10	33.99	12
13	25	17	98	57		37.44	66	91	70	05	13	34.01	13
14	25	21	35.10	28		36.96	63	35.01	60	02	25	01	14
15	28	32	34.97	35.96		89	62	00	53	02	47	01	15
16	56	43	94	79		96	59	19	46	02	68	01	16
17	86	50	35.10	96		66	56	29	38	01	64	03	17
18	96	53	31	36.64		54	59	15	33	03	51	06	18
19	35.08	64	65	37.28		55	82	02	28	07	41	03	19
20	18	77	36.11	53		85	99	02	24	16	33	33.99	20
21	11	73	15	66		52	35.36	05	25	35	26	96	21
22	34.92	63	22	38.13		81	36	11	22	92	21	94	22
23	73	55	83	37.88		37.68	37	22	17	35.02	19	92	23
24	60	48	96	27		38.38	28	34	17	34.92	17	91	24
25	50	42	61	36.88		37.86	25	63	22	82	15	90	25
26	43	36	35	57		27	23	70	23	66	17	89	26
27	37	33	36	30		36.76	19	33	27	58	17	90	27
28	35	31	15	14		37	21	04	33	50	17	89	28
29	33		35.81	16		15	03	34.84	31	45	15	89	29
30	32		81	18		35.98	34.88	73	29	40	14	89	30
31	34		36.27				79	76		34		91	31
总数													总数
平均	34.62	34.39	35.38	37.02					34.44	34.32	34.24	34.00	平均
最高	35.22	34.78	37.06	38.21		40.25	35.84	36.38	34.91	35.06	34.72	34.14	最高
日期	20	20	23	22		10	1	3	2	22	16	1	日期
最低	34.24	34.17	34.22	35.78		35.94	34.54	34.59	34.16	34.01	34.07	33.89	最低
日期	14	13	2	16		30	18	3	23	17	10	26	日期
年统计	年总数：			最高水位：　月　日			最低水位：　月　日			平均水位：			
各种保证率的水位	最高		15 天		30 天		90 天		180 天		270 天	最低	

计算＿＿＿＿＿＿日期＿＿＿＿＿＿校核＿＿＿＿＿＿日期＿＿＿＿＿＿复核＿＿＿＿＿＿日期＿＿＿＿＿＿

表 2-3　　赣江峡江水文站（19××年×月）日平均水位计算表

日	时间		水位(m)	时距(h)	相邻水位和	面积×2	日平均水位(m)	备注
	时	分						
19	0		37.96					日平均水位填写的位置是每日的第一次观测时间栏内
	2		38.03					
	4		12					
	5		18					
	6		25					
	8		40					
	10		57					
	12		76					
	14		93					
	16		39.10					
	18		26					
	20		39					
	22		51					
	24		62					
				Σ				
21	0	00	40.35					
	2	00	38					
	4	00	41					
	5	30	43					
	6	00	44					
	7	30	44					
	8	00	45					
	9	00	45					
	9	30	46					
	10	00	46					
	12	00	46					
	12	30	45					
	14	00	44					
	15	00	43					
	17	00	38					
	20	00	30					
	22	00	21					
	24	00	11	Σ				

计算__________________________校核__________________________复核______________________

续表

日	时间		水位(m)	时距(h)	相邻水位和	面积×2	日平均水位(m)	备注
	时	分						
22	0	00	40.11					日平均水位填写的位置是每日的第一次观测时间栏内
	2	00	39.99					
	4	00	86					
	6	00	73					
	8	00	62					
	10	00	48					
	12	00	37					
	14	00	25					
	16	00	16					
	17	00	11					
	20	00	04					
	21	00	02					
	22	00	01					
	23	00	00					
	(24)		(39.62)					
23	2	00	38.99	Σ24		1892.56		
22	23	00	39.00					
23	(0)		(39.62)					
	2	00	38.99					
	8	00	39.09					
	14	00	26					
	20	00	36					
	(24)	(00)	(39.33)					
24	8	00	39.27	Σ				

计算__________ 校核__________ 复核__________

（4）编制水位频率表可以用计算机的排序功能进行统计。否则要根据全年水位变幅的情况，划分水位级，统计各级水位发生的天数及累计天数，见表 2－4。挑选最高、第 15 天、30 天、90 天、180 天、270 天、及最低的日平均水位，并填在表 2－2 和“各种保证率水位”一栏中（强调：各种保证率水位均为日平均水位）。

表 2－4　　　　赣江峡江水文站 19××年水位频率表

水位级（m）	各月中各级水位发生的日数												水位频率		水位历时	
$Z_1 \leqslant Z < Z_2$	1	2	3	4	5	6	7	8	9	10	11	12	日数	%	日数	%
40.38																
40.00～40.38																
39.50～40.00																
39.00～39.50																
38.50～39.00																
38.00～38.50																
37.50～38.00																
37.00～37.50																
36.50～37.00																
36.00～36.50																
35.50～36.00																
35.00～35.50																
34.90～35.00																
34.80～34.90																
34.70～34.80																
34.60～34.70																
34.50～34.60																
34.40～34.50																
34.30～34.40																
34.20～34.30																
34.10～34.20																
34.00～34.10																
33.89～34.00															365	100
Σ	31	28	31	30	31	30	31	31	30	31	30	31	365	100		
备注：没有出现日数的空格内不要填写“0”，否则喧宾夺主。																

计算__________日期__________校核__________日期__________复核__________日期__________

在年逐日平均水位过程线图中绘水位保证率曲线。

四、上交成果

(1) 有关的计算表格：包括表2-1、表2-2、表2-3、表2-4。

(2) 年逐日平均水位过程线：包括过程线，标明年最高、最低水位等水情情况，水位保证率曲线。

五、思考题

(1) 为什么要进行水尺零点高程的考证？如何进行考证？

(2) 何谓等时距，不等时距？何谓水位变化平缓、水位变化较大？

(3) 绘水位过程线时，如何选定比例尺？

(4) 什么叫保证率水位？如何挑选保证率水位？

六、备注

水文数据拿到手的第一步工作是审核数据。为此，在全部习题的数据中人为设置了一些明显的错误数据，请每位使用此辅助教材的学生注意审核；而且，做完全部8个习题后，应该养成首先审核数据的习惯，学会一套如何审核数据的方法和技巧，这是每个从河海大学水文专业毕业的本科学生必须具备的一个基本行业素质。

习题二　大断面的计算

一、要求

（1）采用图解分析法进行大断面计算。

（2）绘大断面图及水位面积曲线。

二、使用数据

湖口水文站1988年4月8日实测大断面成果表（表2-5）。

表2-5　　湖口水文站（1988年4月8日）实测大断面成果表

点　次	起点距（m）	河底高程（m）	点　次	起点距（m）	河底高程（m）
左岸	6.0	22.06	15	890	1.55
1	16.0	19.93	16	930	1.35
2	24.0	17.66	17	990	2.05
3	57.0	17.23	18	1050	2.35
4	102	17.38	19	1110	3.25
5	149	14.69	20	1170	3.75
6	192	12.42	21	1190	2.85
7	253	11.45	22	1210	7.55
8	299	11.35	23	1230	3.25
9	371	10.85	24	1271	12.38
10	487	10.45	25	1288	13.58
11	590	8.35	26	1313	15.11
12	690	4.85	27	1315	18.21
13	790	3.05	28	1318	20.21
14	870	0.95	右岸	1319	22.07
备　注	历年最高水位21.71m（做什么用?） 历年最低水位5.80m（做什么用?） 测时水位12.35m（做什么用?）				

三、方法步骤

（1）按表2-5数据，先绘大断面图，并标出历年最高、最低水位。

（2）大断面计算（图解分析法）。按表2-6，进行大断面的计算。首先进行水位分级，可从河底最低点开始，也可从历年最低水位以上开始分级。采用后者，历年最低水位以下的面积，可按计算水道断面面积的方法计算。水位分级的级差根据水位变幅大小确定，可等距或不等距，以能控制断面转折变化为准。并使所绘出的水位面积关系点子不致过密或过稀。分级的上限应尽量达到大断面测量的范围并取整。由大断面图分别读取某一水位的左右岸起点距，并计算水面宽、平均水面宽、水位分级高差及所增面积，从河底开始逐级累加，其计算成果列于表2-6。

表2-6　湖口水文站（1988年4月8日）大断面计算表（图解分析法）

高程水位（m）	起点距（m）		宽度（m）		分级水位高差 $\Delta Z=Z_{i+1}-Z_i$（m）	面积（m^2）	
	右岸	左岸	水面宽 B_i	平均水面宽 $B_l=\frac{1}{2}(B_i+B_{i+1})$		增加 ΔA_i	累加 A
0.95	870	870		水道断面面积计算见表2-3	4.85	1650	
5.80	1217	663	554	595	1.75	1040	1650
7.55	1249	613	636				2690
8.35							
10.45							
10.85							
11.35							
11.45							
12.38							
12.42							
13.58							
14.69							
15.11							
17.23							
17.38							
17.66							
18.21							
19.93							
20.21							
22.06							18500

备注：1.
2.
3.
4.

计算________日期________校核________日期________复核________日期________

（3）在大断面图上，点绘水位面积关系曲线。Z—A曲线一般是一条光滑曲线。若所

绘 Z—A 曲线不为光滑曲线，应分析检查其原因，并加以说明，如发现有错，应改正。

四、上交成果

（1）大断面计算表（表 2－6、表 2－7）。

表 2－7　　湖口水文站（1988 年 4 月 8 日）水道断面计算表（Z_{min}＝5.80m）

高程水位（m）	起点距（m）	水深（m）	平均水深（m）	水面宽（m）	面积（m^2）	
					所增面积 ΔA_i	累加面积 A
5.80						
4.85						
3.05						
0.95						
1.55						
1.35						
2.05						
2.35						
3.25						
3.75						
2.85						
5.80						
5.80						
3.25						
5.80						1650
备注：在历年最低水位 5.80m 时，河床有凸出的一块，计算时可以采用分块相加的办法（本计算采用的方法），还可以采用总面积相减的方法。						

计算__________日期__________校核__________日期__________复核__________日期__________

（2）大断面图及水位面积曲线。

五、思考题

（1）在大断面计算中应注意什么问题？

（2）影响大断面或水道断面测算精度的因素有哪些？如何控制其误差？

（3）编程计算大断面面积，程序语言以不超过 40 句为宜，希望每位同学都能自己编出这个计算程序，实习中使用。

习题三　流速仪法测流的流量计算

一、要求

（1）用分析法计算断面流量。

（2）计算断面平均流速、相应水位等其他水力要素。

（3）点绘断面上流速分布曲线（即流速等值线）。

二、数据

新田水文站1983年4月10日测深测速记载计算表（表2-8）。

三、方法步骤

（1）根据测深测速记载表的实测数据，计算测点流速（大部分已计算）、垂线平均流速（已计算一部分）。

（2）将表2-8中测深、测速垂线的序号、起点距、水深及垂线平均流速填入表2-9，并计算断面流量。采用分析法计算，详见教科书。计算流量时注意：

1）两岸边流速系数，采用0.7。

2）当两测速垂线间增加测深垂线时，应先将测深垂线间的块面积分别计算出，再计算测速垂线间的部分面积。岸边部分有测深垂线时，也同样处理。

（3）计算断面平均流速、水道断面面积、水面宽、平均水深、死水面积、相应水位、水面比降、糙率，并统计最大（测点）流速、最大水深等。

（4）点绘水道断面图，并将各测点流速（表2-8）标在断面图的相应位置上，勾绘断面上流速分布曲线（即等流速线）；在水道断面图的上方点绘垂线平均流速沿河宽的分布曲线（即V_m—B曲线）。

四、上交成果

（1）表2-8、表2-9的计算成果（包括各项水力要素）。

（2）断面上流速分布曲线图（包括流速等值线及V_m—B曲线）。

五、思考题

（1）五点法计算垂线平均流速的公式是以何种水力因素作为权重？

（2）部分流量的“部分”是以什么标志为界？

（3）相应水位的含义是什么？如何计算？

（4）对本页三（1）中测点流速和垂线平均流速已经计算的部分你需要做什么工作？

表 2-8

新田站测深测速取样记载计算表（畅流期流速仪法）

施测时间：1983 年 4 月 10 日 18 时 15 分至 10 日 20 时 50 分（平均：10 日 19 时 33 分）　天气：雨　风向风力↓ 3～4　水温℃　铅鱼重量：35kg

流速仪牌号及公式：$V=0.678N/T+0.005$　检定后使用次数：　停表牌号及时差：　测速垂线数/测点总数：

序号 测深	序号 测速	角度或固定垂线号数/起点距（m）	测深 时	测深 分	测得水深/湿绳总长（m）	测得悬索偏角（°）	悬架支点至水面高差（m）	干湿绳长度改正数（m）	水深或应用水深（m）	仪器位置 相对	仪器位置 测点深或湿绳长（m）	流速记录（s）	总历时（s）/一组信号转数	总转数	流向偏角（°）	流速（m/s） 测点	流速（m/s） 流向改正差	流速（m/s） 流向改正后	流速（m/s） 系数/垂线平均
水边		10.0																	
1	1	17.0							3.74	1.0	3.74		101	160					
										0.8			104	190					
										0.6			100	200					1.29
										0.2			104	210					
										0.0			101	190					
2		27.0							3.83										
3	2	37.0							3.93	1.0	3.93		102	170		1.14			
										0.8			103	210		1.39			
										0.6			103	240		1.59			
										0.2			102	260		1.73			
										0.0			100	250		1.70			
4	3	47.0							4.23	1.0	4.23		102	150					
										0.8			101	210					
										0.6			100	240					
										0.2			102	250					
										0.0			101	250					
5		57.0							3.98										
6	4	67.0							3.83	1.0	3.83		101	130		0.88			
										0.8			101	180		1.21			
										0.6			101	230		1.55			1.41
										0.2			100	240		1.63			
										0.0			104	250		1.63			

续表

施测时间：1983年4月10日18时15分至10日20时50分（平均：10日19时33分）　天气：雨　风向风力↓3～4　水温℃　铅鱼重量：35kg

流速仪牌号及公式：$V=0.678N/T+0.005$　检定后使用次数：　停表牌号及时差：　测速垂线数/测点总数：

序号 测深	序号 测速	角度或固定垂线号数/起点距(m)	测深 时	测深 分	测得水深/湿绳总长(m)	测得悬索偏角(°)	悬架支点至水面高差(m)	干湿绳长度改正数(m)	水深或应用水深(m)	仪器位置 相对	仪器位置 测点深或湿绳长(m)	流速记录(s)	总历时(s)/一组信号转数	总转数	流向偏角(°)	流速(m/s) 测点	流速(m/s) 流向改正差	流速(m/s) 流向改正后	系数/垂线平均
7	5	77.0							2.79	0.8			101	180					
										0.6			101	200					
										0.2			101	210					
8	6	87.0							3.38	1.0			104	140		0.92			
										0.8			103	160		1.06			
										0.6			104	190		1.24			
										0.2			102	220		1.47			
										0.0			108	230		1.45			
9	7	97.0							3.09	1.0	3.09		101	150					
										0.8			100	180					
										0.6			100	200					1.34
										0.2			101	230					
										0.0			100	220					
10		107							3.37										
11	8	117							3.53	1.0	3.53		100	140					
										0.8			103	150					
										0.6			105	160					
										0.2			100	200					
										0.0			100	200					
12		127							3.60										

注　第五根测速垂线采用三点法。可以按照算术平均法计算垂线平均流速和按照加权平均公式计算垂线平均流速，下同，但要备注说明选择的方法。

续表

施测时间：1983 年 4 月 10 日 18 时 15 分至 10 日 20 时 50 分（平均：10 日 19 时 33 分）　天气：雨　风向风力↓ 3～4　水温℃　铅鱼重量：35kg

流速仪牌号及公式：$V=0.678N/T+0.005$　检定后使用次数：　停表牌号及时差：　测速垂线数/测点总数：

序号 测深	序号 测速	角度或固定垂线号数 / 起点距 (m)	测深 时	测深 分	测得水深 / 湿绳总长 (m)	测得悬索偏角 (°)	悬架支点至水面高差 (m)	干湿绳长度改正数 (m)	水深或应用水深 (m)	仪器位置 相对	仪器位置 测点深或湿绳长 (m)	流速记录 (s)	总历时 (s) / 一组信号转数	总转数	流向偏角 (°)	流速 (m/s) 测点	流速 (m/s) 流向改正差	流速 (m/s) 流向改正后	系数 / 垂线平均
13	9	137							3.65	1.0	3.65		101	160					
		137								0.8			103	170					
										0.6			101	190					1.26
										0.2			104	220					
										0.0			104	220					
14	10	147							3.10	0.8			100	180		1.23			
										0.6			102	200		1.33			
										0.2			102	230		1.53			
15	11	157							3.89	1.0	3.89		106	150					
										0.8			104	180					
										0.6			104	200					1.30
										0.2			105	240					
										0.0			104	230					
16	12	167							2.85	0.8			106	180		1.16			
										0.6			111	210		1.29			
										0.2			101	220		1.48			
17	13	177							2.94	0.8			110	150					
										0.6			108	200					1.25
										0.2			100	230					
水边									0.00										

计算________　日期________　校核________　日期________　复核________　日期________

表 2-9　新田水文站流量计算表（畅流期流速仪法、深水浮标或浮杆）　施测号数 71

序号		起点距(m)	水位(m)		河底高程(m)	水深或应用水深(m)	测深垂线		水道断面面积(m²)		平均流速(m/s)		部分流量(m³/s)	备注
测深	测速		基本基面	测流断面			平均水深(m)	间距(m)	测深垂线间	部分	测速垂线	部分		
水边		10.0	52.45			0.00								
1	1	17.0				3.74								
2		27.0				3.83								
3	2	37.0				3.93								
4	3	47.0				4.23								
5		57.0				3.98								
6	4	67.0				3.83								
7	5	77.0				2.79								
8	6	87.0				3.38								
9	7	97.0				3.09								
10		107				3.37								
11	8	117				3.53								
12		127				3.60								
13	9	137				3.65								
14	10	147				3.10								
15	11	157				3.89								
16	12	167				2.85								
17	13	177				2.94								
水边		192				0.00								

断面流量	m³/s	平均水深	m	水尺记录	水尺名称	编号	水尺读数(m)	零点高程(m)	水位(m)
水道断面面积	m²	最大水深	m						
死水面积	m²	相应水位	m		基本	自记	始 52.38 终 52.51 平均 52.45		52.45
平均流速	m/s	水面比降	$\times10^{-4}$		测流		始 52.38 终 52.51 平均 52.45		
最大测点流速	m/s	糙率			比降上		始 53.45 终 53.59 平均 53.52		
水面宽	m	水位涨率	m/h		比降下		始 51.81 终 51.95 平均 51.88		

备注：1. 比降上断面与比降下断面之间的距离为 2000m，此处水力半径 R 可以采用平均水深代替。
2. 水道断面面积计算以部分面积相加的结果为准，因为它最接近总和。
3. 基本水尺断面与测流断面重合。

计算______ 日期______ 初校______ 日期______ 复校______ 日期______

习题四　悬移质泥沙断面输沙率计算

一、要求

（1）用分析法计算悬移质泥沙断面输沙率。

（2）计算断面平均含沙量及其他水力要素。

二、数据

兰州水文站 1990 年 7 月 1 日实测流量输沙率计算表（表 2-10）。

三、方法步骤

（1）根据实测的测点流速、测点含沙量，分别求出的垂线平均流速及垂线平均含沙量及实测有关数据，填入表 2-10 中相应的各栏。

（2）计算测深垂线间的面积，部分面积（A_i）及部分平均流速（V_i），再计算部分流量（q），方法同习题三，即部分流量 $q=A_iV_i$。

（3）计算部分平均含沙量（C_{Si}）：

中间部分　　$C_{Si}=\frac{1}{2}(C_{Smi}+C_{Smi+1})$

岸边部分　　$C_{Si}=C\cdot C_{Smi}$ 或 $C\cdot C_{Sm(n+1)}$

其中 $C=1$。

（4）计算部分输沙率及断面输沙率：

部分输沙率　　$q_{si}=C_{S部}q$

断面输沙率　　$Q_s=\sum_{i=1}^{n}q_{Si}$

注意：

1）单位及其换算切勿弄错。

2）当测速垂线与取样垂线不一致时，计算部分输沙率的“部分”应以两条取样垂线间的部分为界限。

（5）计算其他水力要素，包括断面平均含沙量、断面平均流速等。其中断面平均含沙量 $\overline{C}_s$ 为：

$$\overline{C}_s=Q_s/Q$$

其他水力要素计算同习题三。

四、上交成果

流量输沙率计算表（表 2-10）。

表 2-10　　兰州水文站流量输沙率计算表（畅流期流速仪法）

1990 年 7 月 1 日 15：30～18：00

施测号数：流量18　输沙率：9　单位

序号			起点距(m)	水位(m)		河底高程(m)	水深或应用水深(m)	测深垂线(m)		水道断面积(m²)		平均流速(m/s)		垂线间流量(m³/s)		平均含沙量(kg/m³)		部分输沙率(kg/s)
测深	测速	取样		基面断面	测流断面			平均水深	间距	测深垂线间	部分	测速垂线	部分	测速	取样	垂线	部分	
水边			21.0				0.00											
1	30		30.0				1.30											
2	40		40.0				2.60					1.06						
3	50		50.0				3.75											
4	60	1	60.0				3.70					1.50				24.0		
5	75		75.0				5.8											
6	80	2	80.0				5.7					1.82				25.5		
7	90		90.0				4.95											
8	100	3	100				4.50					1.90				25.4		
9	110		110				3.75											
10	120	4	120				3.45					2.05				25.0		
11	130		130				3.40											
12	140	5	140				3.40					1.77				25.4		
13	160	6	160				3.20					1.69				24.8		
14	180		180				2.95					1.66						
15	200	7	200				2.55					1.38				25.1		
16	220		220				1.90					1.22						
水边			240				0.00											

断面流量	m³/s	平均水深	m	水位记录	水尺名称	水尺读数(m)	零点高程(m)	水位(m)
水道断面面积	m²	最大水深	m		基本	始：1512.87 终：1512.85 平均：1512.86		1512.86
死水面积	m²	相应水位	m		测流	始：1512.87 终：1512.85 平均：1512.86		
平均流速	m/s	断面输沙率	kg/s		比降上	始：1522.34 终：1522.32 平均：1522.33		
最大测点流速	ms	断面平均含沙量	kg/m³		比降下	始：1502.56 终：1502.54 平均：1502.55		
水面宽	m	相应单位含沙量	25.0kg/m³	水面比降	×10⁻⁴	糙率	水位涨率	m/h

备注：1. 比降上断面与比降下断面之间的距离为 2500m，此处水力半径 R 可以采用平均水深代替。

2. 水道断面面积计算以部分面积相加的结果为准，因为它最接近总和。

3. 基本水尺断面与测流断面重合。

计算＿＿＿＿＿＿日期＿＿＿＿＿＿初校＿＿＿＿＿＿日期＿＿＿＿＿＿复校＿＿＿＿＿＿日期＿＿＿＿＿＿

五、思考题

（1）断面输沙率计算与断面流量计算中有哪些异同？

（2）计算输沙率时的部分与计算水道断面面积、计算流量时的“部分”有何区别？

（3）什么叫断面平均含沙量（断沙）？什么叫单位水样含沙量（单沙）？

习题五　单一线法处理流量数据

一、要求

（1）分析稳定的水位—流量关系的特点并用单一线法定线。

（2）推求指定日期的日平均流量。

二、数据

（1）衢县水文站 1976 年实测流量成果表（表 2-11）。

（2）衢县水文站 1976 年 6 月 5～12 日部分洪水水文要素摘录表（表 2-12）。

（3）衢县水文站的概况：测验河段顺直，河床整齐多卵石，土质坚实，两岸无显著冲淤变化，有电灌机埠 5 处，水位超过 10m，两岸均发生漫滩。左岸漫溢约 700m，右岸漫溢约 1200m。在站上游约 2.5km 为江山港、常山港汇流口，1km 处为常山港叉流汇入口，850m 处左岸有石梁溪汇入，600m 处右岸有德平坝，坝顶高程为 10m。650m 处有浮桥一座。在站下游 800m 处急滩上筑有捉鱼坝，下游约 7.5km 有乌溪江汇入，在 1956 年 9 月乌溪江受台风影响水位暴涨时，本站受到严重顶托影响。

三、步骤

（1）点绘水位—流量、水位—面积、水位—流速关系点据，并分析其特点。

（2）在水位—流量关系图中，若密集分布成带状，测点无系统偏离，通过点群中心定出单一水位—流量关系曲线。

（3）对突出点进行分析。

（4）对所定的水位—流量关系曲线进行检验，以判断所定曲线是否正确合理（表 2-13）。检验包括：

1）符号检验，公式如下：

$$u=\frac{|K-0.5n|-0.5}{0.5\sqrt{n}}$$

2）适线检验，公式如下：

$$u=\frac{0.5(n-1)-K-0.5}{0.5\sqrt{n-1}}$$

3）偏离数值检验，公式如下：

$$t=\overline{P}/S\overline{p}$$

其中

$$\overline{P}=\frac{1}{n}\sum P_i$$

$$S\overline{p}=\frac{S}{\sqrt{n}}$$

表 2-11　　　　1976 年衢县水文站实测流量成果表

施测号数	施测时间 月	日	起 时	起 分	讫 时	讫 分	断面位置	测验方法	基本水尺水位（m）	流量（m^3/s）	断面面积（m^2）	流速（m/s）平均	流速（m/s）最大	水面宽（m）	水深（m）平均	水深（m）最大	水面比降	糙率	备注
1	1	14	8	53			基	流速仪	1.84	40.0	192	0.21	0.26						
2	3	13	9	15			基	流速仪	3.25	435	485	0.90	1.21						
3		16	19	20			基	流速仪	4.35	1020	742	1.37	1.87						
4	4	16	19	10			基	流速仪	2.85	262	406	0.65	0.95						
5		18	0	31			基	流速仪	4.76	1290	874	1.48	2.02						
6		23	14	32			基	流速仪	3.94	765	644	1.19	1.61						
7		28	9	20			基	流速仪	2.44	156	323	0.49	0.65						
8		30	12	37			基	流速仪	4.10	867	670	1.29	1.84						
9	5	2	21	55			基	流速仪	4.82	1300	863	1.51	2.06						
10		19	20	32			基	流速仪	5.78	1870	1080	1.73	2.34						
11		28	20	48			基	流速仪	3.78	681	601	1.13	1.50						
12	6	2	14	42			基	流速仪	6.33	2450	1230	1.99	2.64						
13			20	28			基	流速仪	6.58	2520	(1300)	1.94	2.43						
14		4	17	30			基	流速仪	5.29	1550	963	1.61	2.27						
15		5	8	56			基	流速仪	4.25	847	700	1.25	1.74						
16		8	0	00			基	流速仪	5.58	1950	(1040)	1.88	2.36						
17		9	4	54			基	流速仪	8.05	4220	(1680)	2.51	3.13						
18			8	58			基	流速仪	7.55	3430	(1550)	2.21	2.99						
19		25	3	14			基	流速仪	6.41	2430	(1260)	2.03	2.78						
20	7	9	15	25			基	流速仪	6.66	2730	(1320)	2.07	2.86						
21		15	9	00			基	流速仪	3.51	549	551	1.00	1.34						
22		21	15	50			基	流速仪	2.18	92.1	238	0.36	0.48						
23		22	15	21			基	流速仪	2.09	78.5	239	0.33	0.44						
24		26	8	50			基	流速仪	1.96	56.6	215	0.26	0.34						
25	8	2	14	35			基	流速仪	2.06	69.3	237	0.29	0.41						
26		5	15	00			基	流速仪	1.73	30.9	178	0.17	0.21						
27		13	8	31			基	流速仪	1.68	26.3	161	0.16	0.20						
28		21	9	03			基	流速仪	1.50	18.2	142	0.13	0.16						
29	10	30	13	54			基	流速仪	1.98	58.3	221	0.26	0.31						
30	12	30	13	55			基	流速仪	1.90	47.8	205	0.23	0.27						

备注：

表 2-12　　**1976 年衢县水文站洪水水文要素摘录表**

日期			水位 (m)	流量 (m^3/s)	日期			水位 (m)	流量 (m^3/s)	日期			水位 (m)	流量 (m^3/s)
月	日	时分			月	日	时分			月	日	时分		
6	5	22：00	3.69	635	6	8	8：00	5.30	1640	6	9	20：00	5.36	1680
	6	2：00	3.34	474			10：00	5.24	1600			22：00	5.09	1490
		8：00	3.28	448			11：00	5.25	1610		10	2：00	4.69	1210
		20：00	3.06	361			12：00	5.30	1640			8：00	4.29	960
	7	2：00	2.99	335			13：00	5.38	1700			14：00	3.98	788
		8：00	2.98	332			15：00	5.65	1890			20：00	3.75	666
		10：00	3.02	346			17：00	6.08	2190		11	8：00	3.36	482
		12：00	3.09	372			19：00	6.56	2590			20：00	3.14	392
		14：00	3.31	460			20：00	6.78	2790		12	8：00	2.96	324
		16：00	4.04	822			22：00	7.20	3210					
		17：00	4.47	1070		9	0：00	7.62	3660					
		18：00	4.81	1300			2：00	7.92	3990					
		19：00	5.05	1470			3：00	8.01	4090					
		20：00	5.24	1600			4：00	8.05	4140					
		22：00	5.49	1770			5：00	8.05	4140					
		23：00	5.56	1820			7：00	7.90	3970					
	8	0：00	5.58	1840			8：00	7.76	3820					
		1：00	5.58	1840			10：00	7.35	3370					
		3：00	5.54	1810			12：00	6.81	2820					
		5：00	5.49	1770			16：00	5.92	2070					

表 2-13　　**衢江衢县水文站 1976 年定线检验统计表**

测点号	1	2	3	4	5	6	7	8	9	10	11	12	13	14	15	16	17	18	19	20	21	22	23	24	25	26	27	28	29	30
符号																														
适线																														
偏离数字																														
测点号	1	2	3	4	5	6	7	8	9	10	11	12	13	14	15	16	17	18	19	20	21	22	23	24	25	26	27	28	29	30
符号																														
适线																														
偏离数字																														
测点号	1	2	3	4	5	6	7	8	9	10	11	12	13	14	15	16	17	18	19	20	21	22	23	24	25	26	27	28	29	30
符号																														
适线																														
偏离数字																														

$$S=\sqrt{\frac{\sum\ (P_i-\overline{P})^2}{n-1}}$$

以上检验公式中各符号含义及检验的具体方法详见教科书及水文规范 SL 247—1999。

（5）作流率表（表 2-14，作表时精确至 cm），以供推流时使用，编制流率表时必须注意掌握相邻水位级的流量差是随着水位的增高而递增的。

（6）推流。推求 6 月 6～11 日的逐时流量，再计算出其日平均流量（可在表 2-15 中进行计算）。流量精度比较见表 2-16。

衢江衢县水文站 1976 年定线检验计算

表 2-14　　　　衢江衢县水文站 1976 年流率表

曲线编号：　　线

曲线应用时间最高水位：8.05m						曲线应用时间最低水位：1.50m					
应用时间	月　日　时　至　月　日　时										
流量(m^3/s)　水位(cm) 水位(m)	0	1	2	3	4	5	6	7	8	9	流量差
1.5											
1.6											
1.7											
1.8											
1.9											
2.0											
2.1											
2.2											
2.3											
2.4											
2.5											
2.6											
2.7											
2.8											
2.9											
3.0											
3.1											
3.2											
3.3											
3.4											
3.5											
3.6											
3.7											
3.8											
3.9											
4.0											
4.1											
4.2											
4.3											
4.4											
附　注											

续表

曲线应用时间最高水位：8.05m						曲线应用时间最低水位：1.50m					
应用时间	月　日　时　至　月　日　时										
流量 (m^3/s) / 水位(cm) / 水位(m)	0	1	2	3	4	5	6	7	8	9	流量差
4.5											
4.6											
4.7											
4.8											
4.9											
5.0											
5.1											
5.2											
5.3											
5.4											
5.5											
5.6											
5.7											
5.8											
5.9											
6.0											
6.1											
6.2											
6.3											
6.4											
6.5											
6.6											
6.7											
6.8											
6.9											
7.0											
7.1											
7.2											
7.3											
7.4											
附　注											

续表

曲线应用时间最高水位：8.05m						曲线应用时间最低水位：1.50m					
应用时间	月　日　时　至　月　日　时										
流量(m^3/s) 水位(cm) 水位(m)	0	1	2	3	4	5	6	7	8	9	流量差
7.5											
7.6											
7.7											
7.8											
7.9											
8.0											

备注：

计算________日期________初校________日期________复校________日期________

表 2-15　　1976 年衢县水文站流量加权法计算表

时间			水位 (m)	流量 (m^3/s)	相邻数值之和	时距 (h)	乘积	日平均数值
月	日	时分						
6	5	22：00	3.69	635				
	6	2：00	3.34	474				
		8：00	3.28	448				
		20：00	3.06	361				
	7	2：00	2.99	335				
		8：00	2.98	332				
		10：00	3.02	346				
		12：00	3.09	372				
		14：00	3.31	460				
		16：00	4.04	822				
		17：00	4.47	1070				
		18：00	4.81	1300				
		19：00	5.05	1470				
		20：00	5.24	1600				
		22：00	5.49	1770				
		23：00	5.56	1820				
	8	0：00	5.58	1840				
		1：00	5.58	1840				
		3：00	5.54	1810				
		5：00	5.49	1770				
		8：00	5.30	1640				
		10：00	5.24	1600				
		11：00	5.25	1610				
		12：00	5.30	1640				
		13：00	5.38	1700				
		15：00	5.65	1890				
		17：00	6.08	2190				
		19：00	6.56	2590				

续表

时间			水 位 (m)	流 量 (m³/s)	相邻 数值之和	时距 (h)	乘 积	日平均 数 值
月	日	时分						
6	8	20：00	6.78	2790				
		22：00	7.20	3210				
	9	0：00	7.62	3660				
		2：00	7.92	3990				
		3；00	8.01	4090				
		4：00	8.05	4140				
		5：00	8.05	4140				
		7：00	7.90	3970				
		8：00	7.76	3820				
		10：00	7.35	3370				
		12：00	6.81	2820				
		16：00	5.92	2070				
		20：00	5.36	1680				
		22：00	5.09	1490				
	10	2：00	4.69	1210				
		8：00	4.29	960				
		14：00	3.98	788				
		20：00	3.75	666				
	11	8：00	3.36	482				
		20：00	3.14	392				
	12	8：00	2.96	324				

备注：

计算__________ 日期__________ 初校__________ 日期__________ 复校__________ 日期__________

表 2-16　　**1976 年衢县水文站流量精度比较计算表**

时间			流量 (m³/s)						备注
月	日	时分	次洪水数值			日平均数值			相对误差 (%)
			刊印	计算	相对误差	刊印	计算	相对误差	
6	5	22：00	635						
	6	2：00	474						
		8：00	448						
		20：00	361						
	6	2：00	474						
	7	2：00	335						
		8：00	332						
		10：00	346						
		12：00	372						
		14：00	460						
		16：00	822						
		17：00	1070						
		18：00	1300						
		19：00	1470						
		20：00	1600						
		22：00	1770						
		23：00	1820						
	8	0：00	1840						
		1：00	1840						
		3：00	1810						
		5：00	1770						
		8：00	1640						
		10：00	1600						
		11：00	1610						
		12：00	1640						
		13：00	1700						
		15：00	1890						
		17：00	2190						

续表

时间			流量 (m³/s)						备注
月	日	时分	次洪水数值			日平均数值			相对误差 (%)
			刊印	计算	相对误差	刊印	计算	相对误差	
6	8	19：00	2590						
		20：00	2790						
		22：00	3210						
	9	0：00	3660						
		2：00	3990						
		3；00	4090						
		4：00	4140						
		5：00	4140						
		7：00	3970						
		8：00	3820						
		10：00	3370						
		12：00	2820						
		16：00	2070						
		20：00	1680						
		22：00	1490						
	10	2：00	1210						
		8：00	960						
		14：00	788						
		20：00	666						
	11	8：00	482						
		20：00	392						
	12	8：00	324						
备注：									

计算________日期________初校________日期________复校________日期________

四、上交成果

（1）水位—流量、水位—面积、水位—流速关系图。

（2）编制的流率表及推流表（包括逐时及日平均流量）。

五、思考题

（1）稳定与不稳定的水位—流量关系的含义是什么？确定稳定的水位—流量关系的标准是什么？

（2）确定所定水位—流量关系线是否正确，必须进行哪几种检验？各自检验的目的是什么？如何检验？

（3）编制流率表时，要注意什么？

习题六　水位流量关系曲线的高水延长

一、要求

利用水力学公式进行水位流量关系曲线的高水延长，并推求高水流量。

二、数据

（1）1965 年滁州水文站（右溪）部分实测流量数据表（表 2-17）。

表 2-17　　**1965 年滁州站实测流量数据表（部分）**

施测号数	施测时间						断面位置	测验方法	基本水尺水位（m）	流量（m^3/s）	断面面积（m^2）	流速（m/s）		水面宽（m）	水深（m）		水面比降（‰）	糙率	备注
	月	日	起		讫							平均	最大		平均	最大			
			时	分	时	分													
21	3	28	8	40	9	24		9/9	25.19	70.0	44.4	1.58	2.67	34.6	1.28	2.08	29.1	0.040	
24	4	6	6	42	7	24		7/7	24.66	28.5	26.5	1.08	1.99	30.9	0.86	1.55	15.3	0.031	
39	5	10	2	25	3	04		4/4 浮标 0.85	25.80	150	(67.0)	2.24	2.80	36.7	1.83	2.75			
40	5	10	5	48	7	52		9/13	25.03	61.6	39.9	1.54	2.77	34.0	1.16	1.95	23.6	0.030	
52	5	25	6	50	7	44		10/16	25.28	86.5	49.1	1.76	2.83	35.6	1.38	2.10	27.9	0.037	
53	5	25	16	31	18	43		8/34	24.78	37.8	29.9	1.26	2.32	31.7	0.94	1.70	17.4	0.032	
62	6	11	21	15	22	20		9/12	24.88	47.1	33.3	1.41	2.54	33.3	1.00	1.80	23.6	0.034	
64	6	12	20	18	20	58		10/15	25.35	97.4	51.2	1.90	3.11	36.2	1.41	2.20	27.6	0.034	
66	6	13	16	24	17	06		10/16	25.37	99.5	50.2	1.87	3.46	35.9	1.40	2.40	30.6	0.038	
119	10	2	20	35	22	01		10/26	25.73	139	63.8	2.18	3.55	36.2	1.76	2.74	36.6	0.040	
120	10	3	15	30	16	06		7/7	24.54	20.9	23.1	0.91	1.39	27.7	0.83	1.38	26.3	0.050	
121	10	24	14	40	16	00		7/21	24.11	4.69	12.1	0.39	0.79	20.5	0.59	0.87	9.43	0.055	
备注：																			

（2）1965 年滁州水文站实测大断面数据（表 2－18）。

表 2－18　　滁州水文站大断面数据及大断面计算成果（1965 年 9 月 30 日）

点次	起点距（m）	河底高程（m）	点次	起点距（m）	河底高程（m）	大断面计算成果	
						水　位（m）	面　积（m^2）
左岸	0.0	34.95	17	70.1	27.18	23.20	0.00
1	2.4	33.60	18	71.6	25.54	23.50	1.77
2	11.3	33.67	19	83.6	24.32	24.00	9.57
3	14.8	33.34	20	86.6	24.09	24.50	20.9
4	15.3	32.26	21	88.6	23.93	25.00	35.1
5	22.5	32.49	22	90.6	23.74	25.50	52.0
6	23.6	32.07	23	92.6	23.49	26.00	70.8
7	28.2	32.04	24	94.6	23.37	26.50	90.2
8	31.7	31.48	25	96.6	23.25	27.00	110
9	33.2	29.49	26	98.6	23.29	27.50	133
10	38.5	29.51	27	100.6	23.23	28.00	159
11	40.0	29.11	28	102.6	23.34	28.50	187
12	43.0	28.78	29	104.6	23.54	29.00	219
13	56.1	28.76	30	106.6	23.62	29.50	255
14	56.9	28.22	31	106.9	24.09	30.00	295
15	58.4	28.32	32	117.9	33.14	31.00	376
16	59.9	27.32	右岸	121.0	34.92	32.00	461
						33.00	555
						34.00	665

（3）滁州水文站于 1965 年测流时的最高水位为 25.80m，而该年最高水位 26.16m，推求其流量。

（4）水文站概况。测站上游约 50m 有一石滩，对枯季测流有影响。下游约 300m 有一处大弯道。测验河段比较顺直，中低水位时主流靠右岸。河宽约 45m，高水时漫滩约 17m。左岸有水草生长，河床为卵石组成。

三、步骤

首先根据实测流量数据定出 $Z—Q$ 关系线，然后按下面两种不同方法进行高水延长。

1. 曼宁公式延长

（1）用曼宁公式 $V=\frac{1}{n}S^{\frac{1}{2}}R^{\frac{2}{3}}$，当没有糙率、比降数据时，公式可改为：

$$\frac{1}{n}S^{\frac{1}{2}}=\frac{V}{R^{\frac{2}{3}}}$$

根据实测流量，$\frac{1}{n}S^{\frac{1}{2}}=\frac{\overline{V}}{R^{\frac{2}{3}}}$。

当河床断面为宽线型时，式中水力半径 R 常用平均水深 h 代替，即 $\frac{1}{n}S^{\frac{1}{2}}=\frac{V}{h^{\frac{2}{3}}}$。

(2) 点绘 $Z—\frac{1}{n}S^{\frac{1}{2}}$ 关系图。通过点群中心定 $Z—\frac{1}{n}S^{\frac{1}{2}}$ 曲线。在河道顺直、断面均匀、坡度平坦的测站，高水部分 $\frac{1}{n}S^{\frac{1}{2}}$ 接近于常数，故 $Z—\frac{1}{n}S^{\frac{1}{2}}$ 曲线高水部分可顺势延长。

(3) 由大断面数据，可求得高水时（可至历年最高水位）的断面面积 A 及平均水深 h，计算 $Ah^{\frac{2}{3}}$，绘 $Z—Ah^{\frac{2}{3}}$ 曲线。

(4) 设 m 个高水位（至少 3 个），由 Z 分别查得 $\frac{1}{n}S^{\frac{1}{2}}$ 及 $Ah^{\frac{2}{3}}$ 的值，按下式计算相应的流量：

$$Q=AV=A\ \frac{1}{n}S^{\frac{1}{2}}h^{\frac{2}{3}}=\frac{1}{n}S^{\frac{1}{2}}Ah^{\frac{2}{3}}$$

由高水时 Z 及对应 Q，点绘于 $Z—Q$ 关系图，据此延长 $Z—Q$ 关系曲线。

(5) 推求 $Z=26.16$m 时的 Q_{max}，可直接在已延长的 $Z—Q$ 关系曲线上查读。

以上步骤可列表计算，见表 2-19。

2. 用 $Q—A\sqrt{h}$ 曲线法延长（史蒂文斯法）

根据谢才公式 $Q=CA\sqrt{RS}=C\sqrt{S}A\sqrt{R}\approx C\sqrt{S}A\sqrt{h}$，在高水部分，$C\sqrt{S}$ 近似为常数 K，则上式改写为：

$$Q=KA\sqrt{h}$$

可见，高水部分 $Q—A\sqrt{h}$ 关系近似成直线，据此作高水延长。

(1) 根据实测大断面图及实测流量成果计算 $Q—A\sqrt{h}$ 的关系点，可列表进行计算，见表 2-26。

(2) 绘 $Z—A\sqrt{h}$ 及 $Q—A\sqrt{h}$ 关系曲线（在同一张 $Z—Q$ 关系曲线上）。

(3) 延长 $Z—A\sqrt{h}$ 及 $Q—A\sqrt{h}$ 关系曲线。$Z—A\sqrt{h}$ 曲线的延长，根据大断面数据计算后，再加以延长；$Q—A\sqrt{h}$ 曲线，按趋势直线延长。

(4) 延长 $Z—Q$ 曲线。由 $Z=26.16$m 及在该水位附近选至少三个点，在 $Z—A\sqrt{h}$ 曲线上查得 $A\sqrt{h}$ 值；再由 $A\sqrt{h}$ 值在 $Q—A\sqrt{h}$ 曲线上查得 Q 值。以所求得的 Q 值与相应的 Z 点绘在原水位流量关系曲线图上，据以连成平滑的高水延长曲线。

求 $Z=26.16$m 的相应流量 Q_{max}。

以上步骤同样列表 2-19 进行计算。

四、上交成果

(1) $Z—Q$ 关系曲线高水延长的计算表（两种方法）。

(2) $Z—Q$ 关系曲线（包括高水延长部分）及辅助曲线。

表 2-19　　1965 年滁州站 $Z—Q$ 关系曲线高水延长计算表

$Q—A\sqrt{h}$曲线法延长								曼宁公式延长							
测次	水位 Z (m)	流量 Q (m^3/s)	断面积 A (m^2)	水面宽 B (m)	平均水深 h (m)	$\sqrt{h}$	$A\sqrt{h}$	测次	水位 Z (m)	平均水深 h (m)	$h^{\frac{2}{3}}$	平均流速 V (m/s)	$\frac{V}{h^{\frac{2}{3}}}=\frac{S^{\frac{1}{2}}}{n}$	$Ah^{\frac{2}{3}}$	推算流量 (m^3/s)
21	25.19	70.0						21	25.19	1.28					
24	24.66	28.5						24	24.66	0.86					
39	25.80	150						39	25.80	1.83					
40	25.03	61.6						40	25.03	1.16					
52	25.28	86.5						52	25.28	1.38					
53	24.78	37.8						53	24.78	0.94					
62	24.88	47.1						62	24.88	1.00					
64	25.35	97.4						64	25.35	1.41					
66	25.37	99.5						66	25.37	1.48					
119	25.73	139						119	25.73	1.76					
120	25.54	20.9						120	25.54	0.83					
121	24.11	4.69						121	24.11	0.59					
外延	25.90							外延	25.90	1.88					
	26.00								26.00	1.98					
	26.30								26.30	2.25					
	26.50								26.50	2.48					
	26.70								26.70	2.64					

计算__________日期__________校核__________日期__________复核__________日期__________

五、思考题

（1）利用水力学公式法进行水位流量关系的高水延长，其主要依据是什么？

（2）曼宁公式法延长与史蒂文斯法延长有何区别？

（3）表 2-18 中的大断面计算成果中当要知道 $Z=24.8$m 时的面积时，可否直接进行插值计算？

六、备注

此题除了要求的两种方法进行外延外，还有另外两种方法进行处理，有兴趣的同学不妨一试。然后比较四种处理结果之间的精度，以加深对本内容的理解。

习题七　受洪水涨落影响的流量数据处理

一、要求

（1）分析洪水涨落影响的 $Z—Q$ 关系的特点。

（2）用绳套曲线法定线。

（3）用校正因数法定线并推求 6 月 25 日至 7 月 8 日逐时流量及日平均流量。

二、数据

（1）湘江衡山站 1970 年 6～7 月部分实测流量成果表（表 2-20）。

表 2-20　　　1970 年湘江衡山站实测流量成果表（部分）

施测号数	施测时间						断面位置	测流方法	水位（mm）		流量（m³/s）	断面面积（m²）	流速（m/s）		水面宽（m）	水深（m）		水面比降（‱）	糙率
	月	日	起		讫				基本水尺	测流断面水尺			平均	最大		平均	最大		
			时	分	时	分													
74	6	22	8	22	9	50			40.92		680	1230	0.55		583	2.11			
75		26	9	50	11	07			41.40		990	1540	0.64		598	2.58			
76		27	16	17	17	25			42.87		2340	2390	0.98		615	3.89			
77		28	14	46	16	06			44.56		4120	3450	1.19		630	5.5			
78		29	5	41	7	05			46.03		5990	4370	1.37		638	6.8			
79			15	00	16	30			47.34		7930	5160	1.54		644	8.0			
80		30	10	15	11	45			48.29		8560	5760	1.49		647	8.9			
81	7	1	6	00	7	42			47.70		7200	5390	1.34		645	8.4			
82			18	00	19	37			46.91		5990	4890	1.22		641	7.6			
83		2	15	17	16	34			45.55		4590	4050	1.13		636	6.4			
84		3	15	05	17	15			43.98		3080	3080	1.00		625	4.93			
85		7	9	00	10	38			41.80		1260	1760	0.72		604	2.91			
86		9	12	19	14	10			41.68		1220	1680	0.73		602	2.79			
87		10	14	46	16	00			42.46		1850	2140	0.86		612	3.50			
88		11	8	50	10	40			44.15		3750	3170	1.18		627	5.1			
备注：																			

（2）湘江衡山站 1970 年 6～7 月部分洪水水位摘录表（表 2-21）。

（3）湘江衡山站情况。1953 年开始观测水位，1956 年 5 月开始测流量。测验河段长 700m，顺直河段长 1500m，无分流串沟。当水位高于 52.00m 时，上下游有漫滩现象，漫滩多为死水。衡山站集水面积为 63980km^2。其上游 10km 有支流流水汇入湘江，流水的集水面积 9980km^2。衡山站下游 4km 有一沙洲，名观湘洲，洲长 1.50km，洲顶高程约 51m。衡山站下游 100km 为株洲站，衡山站上游 50km 为衡阳站。衡阳站与株洲站间距 150km 的水位落差约为 1.50m。

表 2-21　　1970 年湘江衡山站洪水水文要素摘录表

日期				水位 (m)	流量 (m^3/s)	日期				水位 (m)	流量 (m^3/s)	日期				水位 (m)	流量 (m^3/s)
月	日	时	分			月	日	时	分			月	日	时	分		
6	21	8	00	40.98		6	29	20	00	47.75		7	5	5	00	42.46	
	22	8	00	40.92				23	00	47.95				8	00	42.42	
		20	00	40.91			30	2	00	48.11				20	00	42.30	
	23	8	00	40.97				5	30	48.21			6	8	00	42.10	
		20	00	40.94				8	00	48.26			7	8	00	41.81	
	24	8	00	40.97				10	00	48.29			8	8	00	41.53	
		20	00	41.00				14	00	48.29				20	00	41.40	
	25	8	00	41.12				16	00	48.27			9	6	00	41.40	
	26	8	00	41.03				20	00	48.18				8	00	41.45	
		20	00	41.48		7	1	2	00	47.96				14	10	41.72	
	27	8	00	41.93				8	00	47.63			10	2	00	41.97	
		11	00	42.25				14	00	47.24				8	00	42.19	
		20	00	43.14				20	00	46.83				17	00	42.52	
	28	8	00	43.99			2	2	00	46.45				23	00	42.84	
		20	00	44.87				8	00	46.08			11	2	00	43.07	
	29	2	00	45.42				20	00	45.26				8	00	43.82	
		5	00	45.81			3	8	00	44.46				14	00	44.93	
		8	00	46.27				20	00	43.76				20	00	45.78	
		14	00	47.14			4	8	00	43.14			12	2	00	46.35	
		17	00	47				20	00	42.65							
备注：																	

注　每摘完一次洪水，空一格，再摘另一次洪水。

三、步骤

（1）点绘水位流量、水位面积关系点。

（2）绘洪水期间逐时水位过程线。

（3）计算涨落率，分析各实测点涨落率的变化与理论解释是否符合，说明受洪水涨落影响的水位流量关系的特点。计算结果填入表 2-22。

（4）参照逐时水位过程线的起伏，涨落率大小及绳套曲线的规律按测点时序连线即为绳套曲线法定线。连线时，如发现有突出点，应慎重分析处理，注意峰谷水位时的连线。

（5）选取一完整的单式绳套，用校正因数法定线。首先试绘（假定）一条不受洪水涨落影响的水位流量关系曲线（$Z—Q_{c1}$）。该曲线必须通过绳套峰谷点。

表 2-22　校正因数法流量校正计算表

测次	施测日期 月	日	起 时	起 分	讫 时	讫 分	水位(m) 起	水位(m) 讫	水位(m) 平均	$\mathrm{d}Z$	$\mathrm{d}t$	$\frac{\mathrm{d}Z}{\mathrm{d}t}$	流量(m^3/s) 实测 Q_m	流量(m^3/s) 曲线查读 Q_{c1}	$\frac{Q_m}{Q_{c1}}$	$\left(\frac{Q_m}{Q_{c1}}\right)^2-1$	$\frac{1}{US_c}$ 算得	$\frac{1}{US_c}$ 曲线查得	$\frac{1}{US_c}\frac{\mathrm{d}Z}{\mathrm{d}T}$	$\left(1+\frac{1}{US_c}\frac{\mathrm{d}Z}{\mathrm{d}T}\right)^{\frac{1}{2}}$	校正流量 Q_c (m^3/s)	备注
74	6	22	8	22	9	50			40.92				680									
75		26	9	50	11	07			41.04				990									
76		27	16	17	17	25			42.87				2340									
77		28	14	46	16	06			44.56				4120									
78		29	5	41	7	05			46.03				5990									
79			15	00	16	30			47.34				7930									
80		30	10	15	11	45			48.29				8560									
81	7	1	6	00	7	42			47.70				7200									
82			18	00	19	37			46.91				5990									
83		2	15	17	16	34			45.55				4590									
84		3	15	05	17	15			43.98				3080									
85		7	9	00	10	38			41.80				1260									
86		9	12	19	14	10			41.68				1220									
87		10	14	46	16	00			42.46													
88		11	8	50	10	40			44.15													

续表

测次	施测日期						水位(m)			dZ	dt	$\frac{dZ}{dt}$	流量(m^3/s)		$\frac{Q_m}{Q_{c1}}$	$\left(\frac{Q_m}{Q_{c1}}\right)^2-1$	$\frac{1}{US_c}$		$\frac{1}{US_c}\frac{dZ}{dT}$	$\left(1+\frac{1}{US_c}\frac{dZ}{dT}\right)^{\frac{1}{2}}$	校正流量 Q_c (m^3/s)	备注
	月	日	起		讫		起	讫	平均				实测 Q_m	曲线查读 Q_{c1}			算得	曲线查得				
			时	分	时	分																
74	6	22	8	22	9	50			40.92				680									
75		26	9	50	11	07			41.04				990									
76		27	16	17	17	25			42.87				2340									
77		28	14	46	16	06			44.56				4120									
78		29	5	41	7	05			46.03				5990									
79			15	00	16	30			47.34				7930									
80		30	10	15	11	45			48.29				8560									
81	7	1	6	00	7	42			47.70				7200									
82			18	00	19	37			46.91				5990									
83		2	15	17	16	34			45.55				4590									
84		3	15	05	17	15			43.98				3080									
85		7	9	00	10	38			41.80				1260									
86		9	12	19	14	10			41.68				1220									
87		10	14	46	16	00			42.46													
88		11	8	50	10	40			44.15													

表 2-23　校正因数法和绳套曲线法瞬时流量推求及精度比较表

日期				水位 (m)	流量 $Q_{刊}$ (m^3/s)	dZ	dt	$\frac{dZ}{dt}$	$\frac{1}{US_c}$	Q_c (m^3/s)	次洪水数值 Q_i				日平均数值 $\overline{Q}_{日}$			
月	日	时	分								$Q_{校}$ (m^3/s)	$\delta_{校}$ (%)	$Q_{绳}$ (m^3/s)	$\delta_{绳}$ (%)	$Q_{校}$ (m^3/s)	$\delta_{校}$ (%)	$Q_{绳}$ (m^3/s)	$\delta_{绳}$ (%)
6	21	8	00	40.98														
	22	8	00	40.92														
		20	00	40.91														
	23	8	00	40.97														
		20	00	40.94														
	24	8	00	40.97														
		20	00	41.00														
	25	8	00	41.12														
	26	8	00	41.37														
		20	00	41.48														
	27	8	00	41.93														
		11	00	42.25														
		20	00	43.14														
	28	8	00	43.99														
		20	00	44.87														
	29	2	00	45.42														
		5	00	45.81														
		8	00	46.27														
		14	00	47.14														
		17	00	47.47														
		20	00	47.75														
		23	00	47.95														

续表

日期				水位 (m)	流量 $Q_{刊}$ (m^3/s)	dZ	dt	$\frac{dZ}{dt}$	$\frac{1}{US_c}$	Q_c (m^3/s)	次洪水数值 Q_i				日平均数值 $\overline{Q}_{日}$			
月	日	时	分								$Q_{校}$ (m^3/s)	$\delta_{校}$ (%)	$Q_{绳}$ (m^3/s)	$\delta_{绳}$ (%)	$Q_{校}$ (m^3/s)	$\delta_{校}$ (%)	$Q_{绳}$ (m^3/s)	$\delta_{绳}$ (%)
6	30	2	00	48.11														
		5	00	48.21														
		8	00	48.26														
		10	00	48.29														
		14	00	48.29														
		16	00	48.27														
		20	00	48.18														
7	1	2	00	47.96														
		8	00	47.63														
		14	00	47.24														
		20	00	46.83														
	2	2	00	46.45														
		8	00	46.08														
		20	00	45.26														
	3	8	00	44.46														
		20	00	43.76														
	4	8	00	43.14														
		20	00	42.65														
	5	5	00	42.46														
		8	00	42.42														
		20	00	42.30														

续表

日期				水位 (m)	流量 $Q_{刊}$ (m^3/s)	dZ	dt	$\frac{dZ}{dt}$	$\frac{1}{US_c}$	Q_c (m^3/s)	次洪水数值 Q_i				日平均数值 $\overline{Q}_{日}$			
月	日	时	分								$Q_{校}$ (m^3/s)	$\delta_{校}$ (%)	$Q_{绳}$ (m^3/s)	$\delta_{绳}$ (%)	$Q_{校}$ (m^3/s)	$\delta_{校}$ (%)	$Q_{绳}$ (m^3/s)	$\delta_{绳}$ (%)
7	6	8	00	42.10														
	7	8	00	41.81														
	8	8	00	41.53														
		20	00	41.40														
	9	6	00	41.40														
		8	00	41.45														
		14	00	41.72														
	10	2	00	41.97														
		8	00	42.19														
		17	00	42.52														
		23	00	42.84														
	11	2	00	43.07														
		8	00	43.82														
		14	00	44.93														
		20	00	45.78														
	12																	

计算＿＿＿＿＿＿日期＿＿＿＿＿＿校核＿＿＿＿＿＿日期＿＿＿＿＿＿复核＿＿＿＿＿＿日期＿＿＿＿＿＿

（6）以每个实测点的水位在初定的 $Z—Q_{c1}$ 关系曲线上读取相应的 Q_{c1} 值，并计算相应的$\frac{1}{US_c}$值。点绘 $Z—\frac{1}{US_c}$关系图，分析其点群分布规律。一般有三种状态：一是点群凌乱，表示假定的 $Z—Q_{c1}$ 曲线不对，或不能用校正因数法处理；二是高水小、低水大的规律，可以考虑用校正因数法处理；三是高、低变化不大，表示$\frac{1}{US_c}$值接近常数值，可采用涨落比例法处理。

（7）定线检查计算，由已知水位 Z、实测流量 Q_m 和该测次涨落率$\frac{\Delta Z}{\Delta t}$，按下式计算出相应的稳定流量 Q'_c：

$$Q'_c=\frac{O_m}{\left(1+\frac{1}{US_c}\frac{\Delta Z}{\Delta t}\right)^{\frac{1}{2}}}$$

将计算的 Q'_c 点绘到原图，若这些点密集分布于原定的 $Z—Q_{c1}$ 曲线两侧，无系统性偏离，则认为所定的 $Z—Q_{c1}$ 和 $Z—\frac{1}{US_c}$两条曲线是正确的。否则修改 $Z—Q_{c1}$ 曲线，重新试算，直至符合要求为止。

（8）用绳套曲线法推求 6 月 22 日至 7 月 11 日的逐时流量，用校正因数法推求 6 月 25 日至 7 月 8 日的逐时流量，分别计算日平均流量，对两种方法的逐时流量和日平均流量以及次洪水径流总量进行误差计算，给出方法精度的比较（表 2 - 23）。

四、上交成果

（1）水位过程线图。

（2）水位面积、水位流量关系曲线图。

（3）定线中的有关图表及推流成果表（表 2 - 22、表 2 - 23）。

五、思考题

（1）校正因数法的基本原理如何？试定一条稳定的 $Z—Q_{c1}$ 关系的依据是什么？

（2）校正因数法定线为什么要反复试算？

（3）表 2 - 22 中施测日期和水位栏下都有起、讫的列，其间有什么不同吗（不是说一个是时间、一个是水位的不同；而是指其内容代表意义的不同）？

习题八　沉溺式孔流的流量数据处理

一、要求

（1）决定闸坝在沉孔出流情况时的定线方法。

（2）推求指定日期的日平均流量。

二、数据

（1）淮河干流蚌埠（闸）站 1970 年部分实测数据及 1965 年、1969 年的部分数据（表 2-24）。

（2）蚌埠（闸）站 1970 年 6、7 月部分日平均水位（表 2-25）。

（3）蚌埠（闸）站情况。蚌埠闸水位站于 1960 年 1 月设立，$Z_{上}$ 在蚌埠闸上游 150m 处，$Z_{下}$ 在闸下游 350m 处，都位于淮河右岸。蚌埠闸系实用堰节制闸，弧形闸门，共 28 孔，每孔宽 10m，实用堰堰顶高程为 12.00m。测流断面在下游 6km 的蚌埠（吴家渡）水文站。测流断面上游 1400m 有津浦铁路淮河铁桥，在高水时有束水作用；下游约 1500m 有急弯。测验河段顺直，两岸有堤防，复式断面，当水位达 14.50m 时开始漫滩，左岸滩地宽约 100m。下游约 150km 为洪泽湖。

三、数据处理（处理）步骤

（1）了解实测流量数据，检查各测次出流流态。

（2）计算上、下游水位差 $\Delta Z=Z_{上}-Z_{下}$。

（3）在厘米格纸上点绘 ΔZ—q 相关图，各测次 ΔZ—q 关系点子旁边注上相应的 e 值。

（4）计算流量系数 M，计算 $e/\Delta Z$ 的比值。

（5）由计算的 M 值，在厘米格纸上点绘 $\frac{e}{\Delta Z}$—M 相关图，并经过点群中心绘出 $e/\Delta Z$—M 关系曲线。

（6）用各种不同的 e、ΔZ 值（假定），从 $\frac{e}{\Delta Z}$—M 曲线上查得 M 值，然后计算出流量 $q=Mbe\sqrt{\Delta Z}$（表 2-26）。注意：计算时采用单孔宽度时，全断面的流量是孔数乘以单孔流量。

（7）由各种不同 e、ΔZ、q 值，绘制 ΔZ—e—q 关系曲线簇。

（8）根据已知闸上下游水位数据、闸门开启高度、开闸孔数，推求 6 月 6～15 日及 7 月 2～4 日的日平均流量。

四、上交成果

（1）流量系数 M 的计算成果表及 $\frac{e}{\Delta Z}$—M 关系曲线。

表 2-24　淮河干流蚌埠闸 1970 年部分实测数据及 1965 年、1969 年部分实测数据

年份	月	日	测次	$Z_上$ (m)	$Z_下$ (m)	ΔZ (m)	e (m)	n (孔)	B (m)	Q (m^3/s)	$\frac{e}{\Delta Z}$	q (m^3/s)	M
1970	5	29	17	16.71	14.23		0.75	28	280	1150			
		30	18	58	34		75	28	280	1060			
			19	48	45		91	28	280	1210			
		31	20	61	78		1.08	28	280	1390			
	6	1	21	15.95	15.56		2.73	28	280	2060			
		3	22	16.24	54		05	28	280	1710			
		5	23	12	52		27	28	280	1740			
		10	24	30	14.75		1.08	28	280	1220			
		12	25	01	15.00		42	28	280	1380			
	7	18	34	52	13.85		03	14	140	754			
	8	13	52	56	14.65		0.75	28	280	916			
		20	53	78	15.41		1.42	28	280	1600			
		21	54	85	58		60	28	280	1700			
		24	55	48	14		25	28	280	1310			
	9	2	58	17.45	14.56		0.66	28	280	1070			
		21	60	58	15.01		91	28	280	1290			
		23	61	29	45		1.25	28	280	1550			
		30	62	48	16.09		82	28	280	2020			
	10	5	63	14	38		2.50	28	280	2040			
		30	64	16.29	15.46	0.83	05	24	240	1520	2.47	63.3	3.39
	11	2	65	06	46	60	27	24	240	1440	3.78	60.0	3.41
1965	9	19	55	15.80	13.78		0.44	28	280	575			
	10	3	60	16.21	41		31	28	280	463			
		7	61	15.56	06		22	28	280	326			
1969	8	25	67			0.43	2.73	22	220	1460	6.35	3.71	
	9	7	71			62	73	22	220	1700	4.40	3.59	
		9	72			56	73	22	220	1630	4.88	3.63	
		12	73			53	73	22	220	1630	5.15	3.73	
	10	1	78			71	96	22	220	1950	4.17	3.55	

计算__________ 日期__________ 校核__________ 日期__________ 复核__________ 日期__________

表 2-25　　蚌埠闸1970年6月部分日平均水位及推流表

月	日	$Z_{上}$	$Z_{下}$	e (m)	ΔZ	$\frac{e}{\Delta Z}$	n (孔)	q (m^3/s)	Q (m^3/s)	M
6	6	15.93	15.38	2.20	0.55	4.00	28		1630	3.57
	7	92	13	1.70	0.79	2.15	28		1460	3.46
	8	16.00	14.82	20	1.18	1.07	28		1240	3.39
	9	16	71	10	1.45	0.79	28		1220	3.37
	10	26	82	20	1.44	0.83	28		1360	3.37
	11	12	99	40	1.13	1.24	28		1420	3.40
	12	15.99	15.00	50	0.99	1.52	28		1430	3.43
	13	91	01	50	0.90	1.67	28		1370	3.44
	14	92	14.81	40	1.11	1.26	28		1410	3.41
	15	16.02	21	90	1.81	1.05	14		1210	3.39
7	2	17.01	13.50	0.35	3.51	0.10	28		580	3.16
	3	06	77	50	3.29	0.15	28		810	3.19
	4	16.78	14.29	67	2.49	0.27	28		965	3.26

计算＿＿＿＿　日期＿＿＿＿　校核＿＿＿＿　日期＿＿＿＿　复核＿＿＿＿　日期＿＿＿＿

表 2-26　　单孔流量计算表（$q=Mbe\sqrt{\Delta Z}$）

e (m)	b (m)	ΔZ (m)	$\frac{e}{\Delta Z}$	$\sqrt{\Delta Z}$	M	q (m^3/s)	e (m)	b (m)	ΔZ (m)	$\frac{e}{\Delta Z}$	$\sqrt{\Delta Z}$	M	q (m^3/s)
0.35	10.0	0.20					0.80	10.0	0.20				
		0.50							0.50				
		1.00							1.00				
		1.50							1.50				
		2.00							2.00				
		2.50							2.50				
		3.00							3.00				
		3.50							3.50				
0.50	10.0	0.20					0.95	10.0	0.20				
		0.50							0.50				
		1.00							1.00				
		1.50							1.50				
		2.00							2.00				
		2.50							2.50				
		3.00							3.00				
		3.50							3.50				
0.65	10.0	0.20					1.10	10.0	0.20				
		0.50							0.50				
		1.00							1.00				
		1.50							1.50				
		2.00							2.00				
		2.50							2.50				
		3.00							3.00				
		3.50							3.50				

续表

e (m)	b (m)	ΔZ (m)	$\frac{e}{\Delta Z}$	$\sqrt{\Delta Z}$	M	q (m³/s)
1.20	10.0	0.20				
		0.50				
		1.00				
		1.50				
		2.00				
		2.50				
		3.00				
		3.50				
1.30	10.0	0.20				
		0.50				
		1.00				
		1.50				
		2.00				
		2.50				
		3.00				
		3.50				
1.40	10.0	0.20				
		0.50				
		1.00				
		1.50				
		2.00				
		2.50				
		3.00				
		3.50				
1.50	10.0	0.20				
		0.50				
		1.00				
		1.50				
		2.00				
		2.50				
		3.00				
		3.50				
1.60	10.0	0.20				
		0.50				
		1.00				
		1.50				
		2.00				
		2.50				
		3.00				
		3.50				

e (m)	b (m)	ΔZ (m)	$\frac{e}{\Delta Z}$	$\sqrt{\Delta Z}$	M	q (m³/s)
1.70	10.0	0.20				
		0.50				
		1.00				
		1.50				
		2.00				
		2.50				
		3.00				
		3.50				
1.80	10.0	0.20				
		0.50				
		1.00				
		1.50				
		2.00				
		2.50				
		3.00				
		3.50				
1.90	10.0	0.20				
		0.50				
		1.00				
		1.50				
		2.00				
		2.50				
		3.00				
		3.50				
2.00	10.0	0.20				
		0.50				
		1.00				
		1.50				
		2.00				
		2.50				
		3.00				
		3.50				
2.10	10.0	0.20				
		0.50				
		1.00				
		1.50				
		2.00				
		2.50				
		3.00				
		3.50				

续表

e (m)	b (m)	ΔZ (m)	$\frac{e}{\Delta Z}$	$\sqrt{\Delta Z}$	M	q (m^3/s)	e (m)	b (m)	ΔZ (m)	$\frac{e}{\Delta Z}$	$\sqrt{\Delta Z}$	M	q (m^3/s)
2.20	10.0	0.20					2.40	10.0	0.20				
		0.50							0.50				
		1.00							1.00				
		1.50							1.50				
		2.00							2.00				
		2.50							2.50				
		3.00							3.00				
		3.50							3.50				
2.30	10.0	0.20					2.50	10.0	0.20				
		0.50							0.50				
		1.00							1.00				
		1.50							1.50				
		2.00							2.00				
		2.50							2.50				
		3.00							3.00				
		3.50							3.50				

计算________ 日期________ 校核________ 日期________ 复核________ 日期________

（2）蚌埠闸 ΔZ—e—q 关系曲线图表。

（3）蚌埠闸 6 月 6～15 日、7 月 2～4 日的推流成果。

五、思考题

（1）如何分析判断该数据为沉溺式孔流？

（2）为什么必须把各测点的 e 值注在 ΔZ—q 关系图中？

课程设计指导书

第一节　课程设计目的和任务

一、课程设计目的

数据处理（资料整编）工作是把从野外收集到的零散水文、水质数据，采用科学的方法和统一的规定，整编成为系统、连续的可靠资料，为国民经济服务。数据处理工作是一项严肃认真的工作，一般要经过处理、校核、审核和汇编 4 个步骤。

水文数据处理课程设计是对水文数据处理内容的全面复习过程。通过设计，能够系统、全面地掌握水文数据处理的方法，在对测站特性进行分析的基础上，理解所用处理方法的依据，掌握各种方法的使用条件。通过分析、计算、绘图及撰写报告，使学生在水文工作的分析问题、解决问题能力和基本技能诸方面得到训练。具体任务是：

（1）通过对受综合因素影响的测站水位流量关系的分析，采用该站所有能够应用的方法进行定线推流，并对其进行误差分析，初步掌握受综合因素影响的水位流量关系的处理方法。

（2）通过对悬移质泥沙的定线分析，掌握悬移质泥沙数据处理的基本方法。

（3）通过对某站采用计算机处理的上机操作，了解计算机处理的思路及方法。

二、课程设计任务

通过完成指定的某站某年实测水位、流量和悬移质泥沙数据，进行分析、定线推流推沙处理出该年的逐日平均流量表、逐日平均含沙量表、逐日平均输沙率表、洪水水文要素摘录表和径流年、月统计值。

第二节　课程设计数据

（1）长江奉节水文站 1975 年实测流量成果表，逐日平均流量表，洪水水文要素摘录表，实测悬移质输沙率成果表和巫山站的洪水水位摘录表。

（2）江西赣江外洲水文站 1974 年实测流量成果表，逐日平均流量表，洪水水文要素摘录表，实测悬移质输沙率成果表及南昌站 1974 年洪水水位摘录表。

（3）江西信江梅港水文站 1973 年实测流量成果表，逐日平均流量表，洪水水文要素摘录表，实测悬移质输沙率成果表和大溪渡站 1973 年洪水水位摘录表。

（4）江西赣江外洲水文站 1980 年实测流量成果表，逐日平均流量表，洪水水文要素摘录表、实测悬移质输沙率成果表及市汊站、南昌站 1980 年洪水水位摘录表。

（5）湖南草尾河草尾水文站 1978 年实测流量成果表，逐日平均流量表，洪水水文要素摘录表、实测悬移质输沙率成果表，黄茅洲水文站洪水水文要素摘录表。

（6）湖南湘江衡山水文站实测 1984 年测流量成果表，逐日平均流量表，洪水水文要素摘录表和祁阳站、长沙（二）站 1984 年洪水水位摘录表。

以上 7 个测站说明表及位置图如图 3－1～图 3－5 所示。

<table>
<tr><td>测站沿革</td><td colspan="8">1953年由长江水利委员会设立为水位站，1954年改为水文站，1955年6月又改为水位站，1956年5月10日基本水尺断面上迁400m处之白马滩。同年改由长江流域规划办公室领导。1973年7月在上游4000m的十里铺设立水文站称奉节（二）站。1975年1月1日起奉节（二）站基本水尺断面停测水位，用白马滩水尺作基本水尺，十里铺断面作测流断面。1979年5月1日起只测水位、流量、含沙量，1981年1月1日恢复全部项目测验</td></tr>
<tr><td>测验河段及其附近河流情况</td><td colspan="8">基本水尺断面位于左岸，河床左岸下部为砾石、卵石组成，中上部为泥沙，冲淤变化较大。右岸是耕地为沙土。下游约2km之左岸有梅溪河汇入，河口形成卵石夹沙的碛坝流（称臭盐碛）突出江心，低水江面收缩，水流湍急。再下游4km处为瞿塘峡峡口，高水时起束水作用，使水流平稳。流量段位于基本断面上游4km的两弯道之间顺直河段内，河床右岸系乱石和卵石组成，左岸为卵石夹沙及砾石，断面为复式河床，深槽偏右，断面位于称杆碛之末端。上游700m有马福滩、朱四滩，再上游2000m有二道河从左岸汇入</td></tr>
<tr><td rowspan="2">基本水尺</td><td colspan="5">型式和质料</td><td colspan="3">位置</td></tr>
<tr><td colspan="5">直立矮石桩和石墩水尺</td><td colspan="3">奉节县城上游幸福乡白马滩饲养场附近</td></tr>
<tr><td rowspan="12">水准点</td><td rowspan="2">号数</td><td rowspan="2">测量或变动日期（年.月.日）</td><td>用冻结基面表示</td><td colspan="2">用绝对或假定基面表示</td><td rowspan="2">位置</td><td rowspan="2">引据水准点</td><td rowspan="2">变动原因</td></tr>
<tr><td>高程（m）</td><td>高程（m）</td><td>基面名称</td></tr>
<tr><td>宜渝 B. M. 115′</td><td></td><td>140.273</td><td>140.229</td><td>吴淞</td><td>奉节县幸福乡桂花村</td><td></td><td></td></tr>
<tr><td></td><td></td><td>140.273</td><td>138.469</td><td>黄海</td><td>奉节县幸福乡桂花村</td><td></td><td></td></tr>
<tr><td>宜渝 B. M. 116′</td><td></td><td>128.578</td><td>128.532</td><td>吴淞</td><td>奉节县幸福乡十里村杨家院坝内</td><td></td><td></td></tr>
<tr><td></td><td></td><td>128.578</td><td>126.774</td><td>黄海</td><td>奉节县幸福乡十里村杨家院坝内</td><td></td><td></td></tr>
<tr><td>奉基1</td><td>1973.4.14</td><td>145.225</td><td>145.181</td><td>吴淞</td><td>奉节县幸福乡十里村左岸测流断面附近</td><td>宜渝 B. M. 116′</td><td></td></tr>
<tr><td>奉基1</td><td></td><td>145.225</td><td>143.415</td><td>黄海</td><td>奉节县幸福乡十里村左岸测流断面附近</td><td>宜渝 B. M. 11′</td><td></td></tr>
<tr><td>奉基1</td><td>1984.12.19</td><td>145.225</td><td>145.181</td><td>吴淞</td><td>奉节县幸福乡十里村左岸测流断面附近</td><td>宜渝 B. M. 116</td><td>复测</td></tr>
<tr><td>奉基1</td><td></td><td>145.225</td><td>143.415</td><td>黄海</td><td>奉节县幸福乡十里村左岸测流断面附近</td><td>宜渝 B. M. 116</td><td></td></tr>
<tr><td>奉基3</td><td>1984.12.5</td><td>134.896</td><td>134.852</td><td>吴淞</td><td>站房院坝内</td><td>宜渝 B. M. 115′</td><td></td></tr>
<tr><td>奉基3</td><td></td><td>134.896</td><td>133.092</td><td>黄海</td><td>站房院坝内</td><td>宜渝 B. M. 115′</td><td></td></tr>
<tr><td>附注</td><td colspan="8">1962年5月30日6时前冻结基面系前扬子江水利委员会吴淞水准系统，5月30日8时起改为长江水利委员会平差前吴淞水准系统</td></tr>
</table>

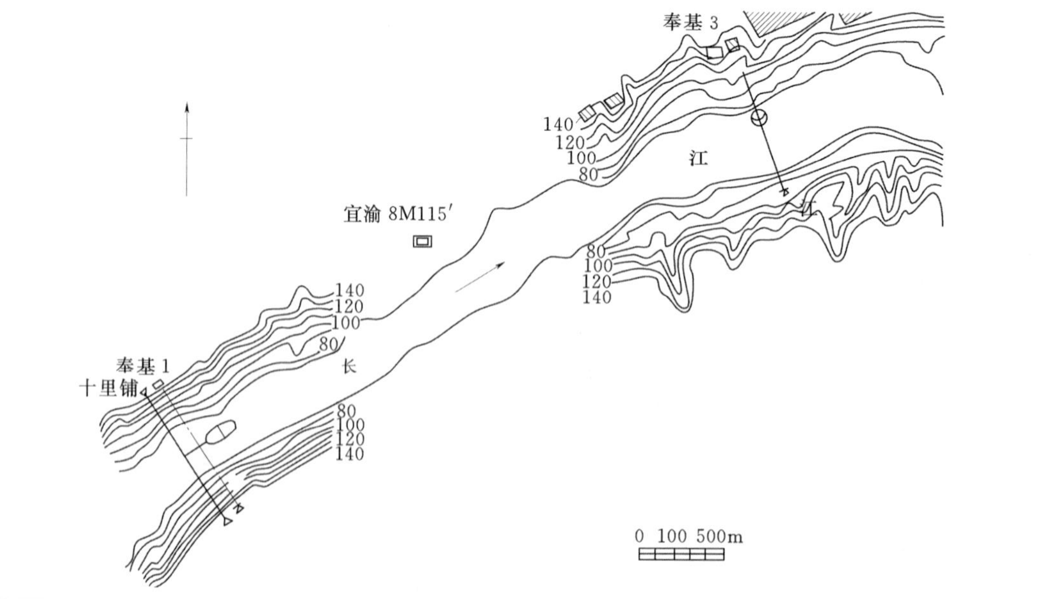

图 3-1　长江奉节站说明表及位置图

<table>
<tr><td>测站沿革</td><td colspan="8">本站于1949年10月由江西省人民政府水利局设为丁家渡水文站。观测水位、流量、含沙量。1956年1月增测比降、降水量、蒸发量。1957年5月增加风向风力。1958年增测水温、水化。1964年基本水尺断面下迁400m并从左岸迁至右岸，改名外洲水文站，1967年增测颗分</td></tr>
<tr><td>测验河段及其附近河流情况</td><td colspan="8">测验河段近年不顺直，上游左岸陈家村有一大丁坝，下游右岸距站房约1000m处有两座大型丁坝，改变了原来的水流方向。枯木水面流向成S形，而且流向随水位及时间而变，很不稳定，测验时又常受风的影响。两岸有赣江大堤，河床为细砂，有冲淤</td></tr>
<tr><td rowspan="2">基本水尺</td><td colspan="5">型 式 和 质 料</td><td colspan="3">位 置</td></tr>
<tr><td colspan="5">直立式，木质搪瓷水尺</td><td colspan="3">桃花公社外洲村本站站房下游，右岸</td></tr>
<tr><td rowspan="9">水准点</td><td rowspan="2">号 数</td><td rowspan="2">测量或变动日期（年.月.日）</td><td>用冻结基面表示</td><td colspan="2">用绝对或假定基面表示</td><td rowspan="2">位 置</td><td rowspan="2">引 据 水准点</td><td rowspan="2">变动原因</td></tr>
<tr><td>高程（m）</td><td>高程（m）</td><td>基面名称</td></tr>
<tr><td>K.B.M.O</td><td></td><td></td><td>27.2328</td><td>吴淞</td><td>在南昌市八一桥头阳明路口</td><td></td><td></td></tr>
<tr><td>水.B.M.1</td><td>1956.9.15</td><td>24.754</td><td>24.754</td><td>吴淞</td><td>在左岸丁家渡村原站房左侧</td><td>K.B.M.O</td><td></td></tr>
<tr><td>水.B.M.2</td><td>1956.9.15</td><td>25.374</td><td>25.374</td><td>吴淞</td><td>在左岸上游陈家村</td><td>K.B.M.O</td><td></td></tr>
<tr><td>水.B.M.3</td><td>1956.9.15</td><td>26.629</td><td>26.629</td><td>吴淞</td><td>在测流断面右岸堤上</td><td>K.B.M.O</td><td></td></tr>
<tr><td>水.B.M.3</td><td>1964.12.19</td><td>26.700</td><td>26.700</td><td>吴淞</td><td>在测流断面右岸堤上</td><td>水.B.M.1</td><td></td></tr>
<tr><td>水.B.M.3</td><td>1975</td><td>24.274</td><td>24.274</td><td>黄海</td><td>在本站雨量观测场内</td><td></td><td></td></tr>
<tr><td>水.B.M.4</td><td>1975</td><td>20.010</td><td>20.010</td><td>黄海</td><td>在本站雨量观测场内</td><td></td><td></td></tr>
<tr><td>附注</td><td colspan="8">水.B.M.3、水.B.M.4黄海高程系江西省勘测设计院测定黄海+1.881=吴淞</td></tr>
</table>

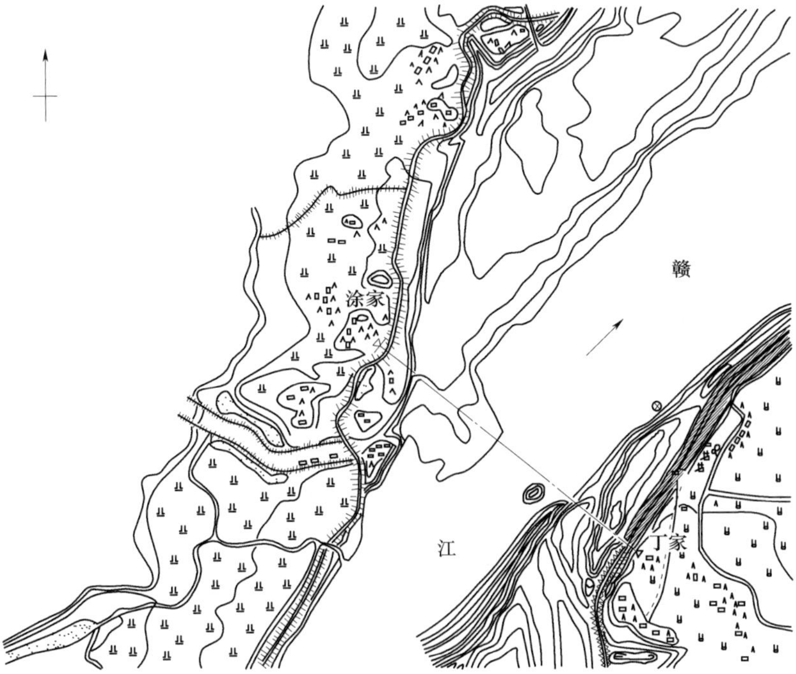

图3-2　江西赣江外洲站说明表及位置图

<table>
<tr><td>测站沿革</td><td colspan="7">1952年4月由江西省水利局设为三等水文站，观测水位、流量、降水量、蒸发量、气象。同年6月增测悬移质含沙量。同年12月改为二等水文站，1953年5月改为一等水文站，1953年增测悬移质输沙率1958年增测水化，1959年增测水温。1966年增测悬移质泥沙颗粒分析，1967年停测颗分，1968年恢复颗分，1974年开始刊布颗分资料</td></tr>
<tr><td>测验河段及其附近河流情况</td><td colspan="7">测验河段较顺直，上下游有弯道，河床尚稳定，断面左岸系岩石陡岸，右岸边为泥沙滩，水位在25.50m时右岸漫滩，1968年以来右岸为圩堤控制，测流河段上游右岸300m有一小河汇入1958年建大山水库，1961年开始蓄水。测流河段下游800m处有一中心洲，将主流分成两支，右支为主河槽，左支22.5m开始漫流，上游10km炭埠村边，有白塔河汇入。近几年来，沿河两岸兴建了不少机电排灌工程</td></tr>
<tr><td rowspan="3">基本水尺及自记水位计</td><td colspan="4">型　式　和　质　料</td><td colspan="3">位　　　置</td></tr>
<tr><td colspan="4">直立式，搪瓷水尺</td><td colspan="3">梅港村下码头约90m处，左岸</td></tr>
<tr><td colspan="4">岸岛式，自记水位计1台</td><td colspan="3">基本水尺断面下游约10m处，左岸</td></tr>
<tr><td rowspan="7">水准点</td><td rowspan="2">号　数</td><td rowspan="2">测量或变动日期（年.月.日）</td><td>用冻结基面表示</td><td colspan="2">用绝对或假定基面表示</td><td rowspan="2">位　　置</td><td rowspan="2">引　据水准点</td><td rowspan="2">变动原因</td></tr>
<tr><td>高程（m）</td><td>高程（m）</td><td>基面名称</td></tr>
<tr><td>C. B. M. 8</td><td>1950.10</td><td></td><td>25.522</td><td>吴淞</td><td>余干黄埠大桥左下汪金林屋大门石墩上</td><td></td><td></td></tr>
<tr><td>B. M. 1</td><td>1954.11</td><td>27.971</td><td>27.971</td><td>吴淞</td><td>本站站房大门石墩上</td><td>C. B. M. 8</td><td></td></tr>
<tr><td>Ⅱ黄潭-2</td><td>1980.4</td><td>26.475</td><td>26.475</td><td>黄海</td><td>本站房一楼南面陡墙下</td><td>中南1-4-96</td><td></td></tr>
<tr><td>B. M. 50</td><td>1976.10</td><td>34.354</td><td>34.354</td><td>黄海</td><td>本站沙量室后面</td><td>B. M. 1</td><td>B. M. 1已毁</td></tr>
<tr><td>校Ⅲ</td><td>1983.11.3</td><td>29.569</td><td>29.569</td><td>吴淞</td><td>本站饮水井旁边</td><td>B. M. 50</td><td></td></tr>
<tr><td>附注</td><td colspan="8">Ⅱ-黄潭-2是江西省水电设计院于1980年4月测定的暗标水准点</td></tr>
</table>

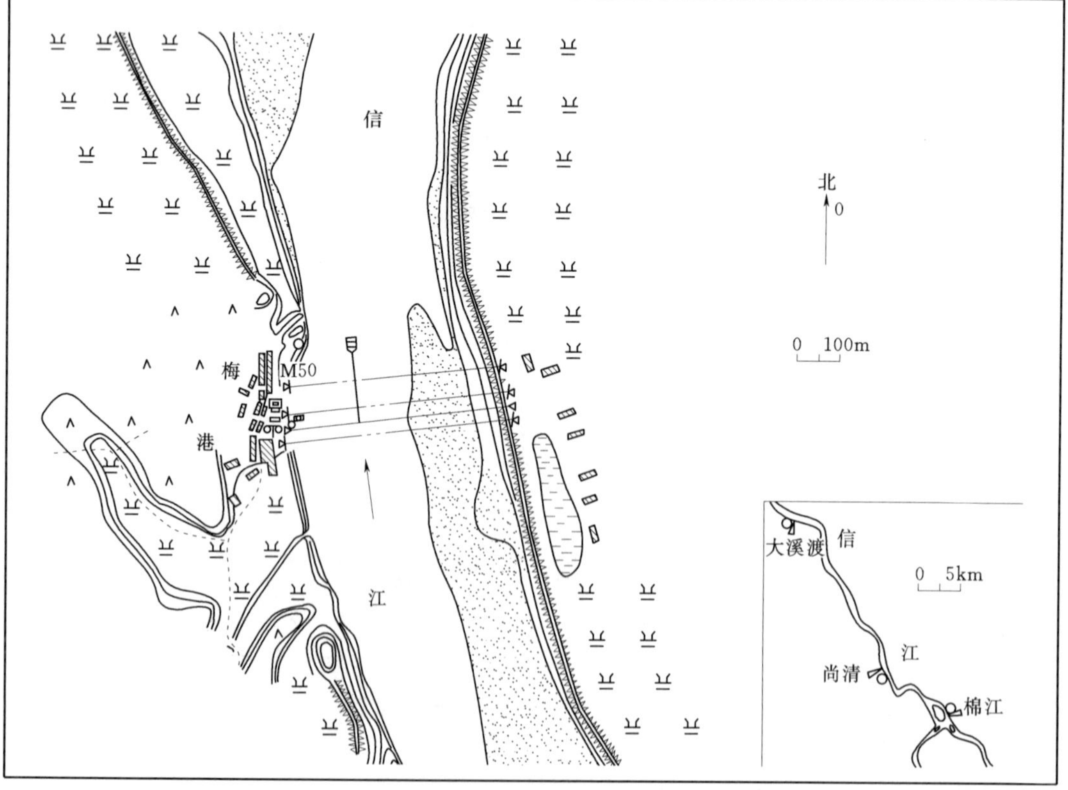

图3-3　江西信江梅港站说明表及位置图

项目								
测站沿革	1947年7月由伪长江水利工程局设立为水位站，1948年12月31日停测。1951年4月由湖南省水利局恢复，1952年4月又停测。1956年7月由长江流域规划办公室，在黄茅洲设立水文站，因上游八形汊河堵死，河段淤积，控制条件差，于1966年10月上迁17.5km至草尾，改名为草尾水文站							
测验河段及其附近河流情况	测验河段顺直，两岸为河堤。河床为梯形断面。断面上游约400m处，两岸均筑有导水矶头。左岸河滩宽约20m；右岸河滩宽约60m，并栽有护岸林。水位达34m时全部漫滩。右岸堤脚因取土护堤挖成串沟，水位未全漫滩时，形成死水。漫滩后滩地流量一般不超过总流量的1%。河段左岸上游约1000m，右岸上游约350m处有排灌闸不定期开放。草尾河入口右侧之护山洲于1958年冬围垦。使西洞庭湖来水至南洞庭湖的洪道缩小，增加草尾河的流量，并造成该河的冲刷							
基本水尺及自记水位计	型式和质料					位置		
	直立式、搪瓷 自记台为岛岸结合式，水位计为仿瓦尔达依					左岸，河口下游约2km处		
水准点	号数	测量或变动日期（年.月.日）	用冻结基面表示	用绝对或假定基面表示		位置	引据水准点	变动原因
			高程（m）	高程（m）	基面名称			
	湘水P.B.M 51-122′	1951		32.208	黄海	草尾镇下游双裕垸南堤方汉成宅旁		
	草东P.B.$M_{1'}$	1973.4.25 1980.12.27	34.400 34.400	32.591 32.591	黄海	草尾镇煤建站房东端坪中	湘水P.B.M 51-122′	
	草东P.B.$M_{1'}$	1973.4.25	33.898	32.089	黄海	草尾镇煤建站房东端坪中	湘水P.B.M 51-122′	
	草基$_1$	1975.11.21 1980.12.27	31.302 31.302	29.493 29.493	黄海	站房东侧4m菜园内	湘水P.B.M 51-122′	
	草基$_2$	1975.11.21 1980.12.27	31.252 31.252	29.443 29.443	黄海	站房东侧4m菜园内	湘水P.B.M 51-122′	
附注	冻结基面与黄海基面高差为－1.809m							

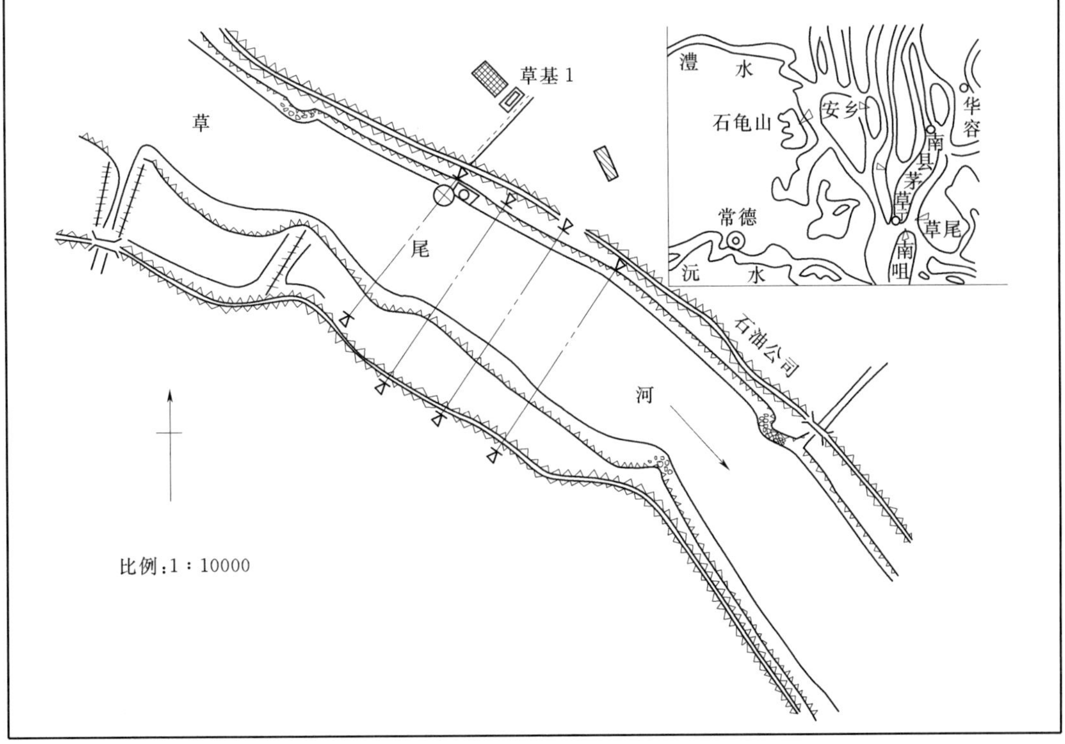

比例：1：10000

图3-4　湖南草尾河草尾站说明表及位置图

<table>
<tr><td>测站沿革</td><td colspan="8">1952年由湖南省农林厅水利局设立衡山水位站。基本水尺设于衡山县城北湘江左岸白马头下游附近，1956年5月1日将水位站改为水文站时，基本水尺迁至湘江右岸奥汉码头下游100m处，1957年1月1日将基本水尺迁回至湘江左岸，原基本水尺下游30m处</td></tr>
<tr><td>测验河段及其附近河流情况</td><td colspan="8">测验河段顺直长约1500m，基本水尺断面兼流速仪测流断面，无分流串沟、水位达54.00m以上时，测验河段上、下游均漫滩，但系死水。上游10km处，洣水由右岸汇入。下游4km，江心有一洲，名曰“观湘洲”，洲顶高程为52.00m</td></tr>
<tr><td rowspan="4">基本水尺及自记水位计</td><td colspan="5">型式和质料</td><td colspan="3">位置</td></tr>
<tr><td colspan="5">直立式搪瓷</td><td colspan="3">湘江左岸、衡山县城关镇白码头下游40m基本水尺断面上</td></tr>
<tr><td colspan="5">矮桩式木质</td><td colspan="3">湘江左岸、衡山县城关镇白码头下游40m基本水尺断面上</td></tr>
<tr><td colspan="5">岛岸式自记水位台 SW_{40} 型自记水位计</td><td colspan="3">湘江左岸，衡山县城关镇白码头下游40m基本水尺下4m</td></tr>
<tr><td rowspan="6">水准点</td><td rowspan="2">号数</td><td rowspan="2">测量或变动日期（年.月.日）</td><td>用冻结基面表示</td><td colspan="2">用绝对或假定基面表示</td><td rowspan="2">位置</td><td rowspan="2">引据水准点</td><td rowspan="2">变动原因</td></tr>
<tr><td>高程（m）</td><td>高程（m）</td><td>基面名称</td></tr>
<tr><td>江P.B.M 53－18</td><td>1941</td><td>53.000</td><td>50.618</td><td>黄海</td><td>衡山城关镇湘江街50号前坪右侧角</td><td></td><td></td></tr>
<tr><td>基1</td><td>1977.11.8</td><td>52.803</td><td>50.421</td><td>黄海</td><td>在江P.B.M53－18往外2.1m处</td><td>江P.B.M 53－18</td><td></td></tr>
<tr><td>基1</td><td>1986.1.23</td><td>52.803</td><td>50.421</td><td>黄海</td><td>在江P.B.M53－18往外2.1m处</td><td>江P.B.M 53－18</td><td></td></tr>
<tr><td>校1</td><td>1980.7.17</td><td>51.425</td><td>49.043</td><td>黄海</td><td>左岸原比上断面起点距12.8m</td><td>江P.B.M 53－18</td><td></td></tr>
<tr><td>附注</td><td colspan="8"></td></tr>
</table>

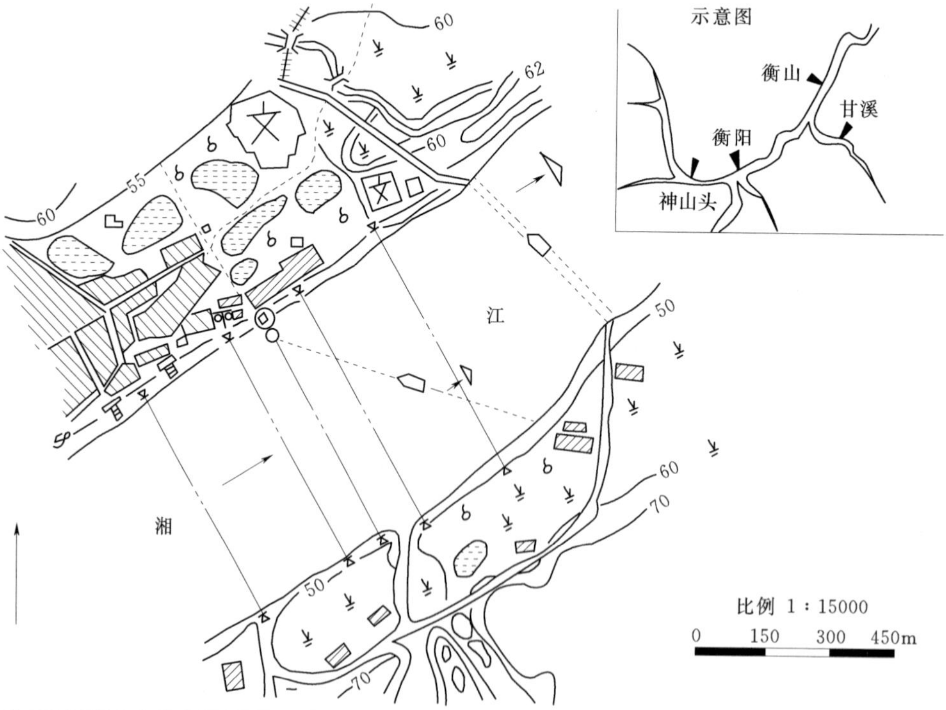

示意图

衡山

甘溪

衡阳

神山头

江

湘

比例 1：15000

0　150　300　450m

图3－5　湖南湘江衡山站说明表及位置图

第三节 课程设计内容

一、收集数据

（1）收集测验河段及流域下垫面对测站特性有影响的数据。

（2）摘录数据，例如本站处理年所有水位、流量、大断面等实测数据；邻近站有关资料。

（3）对收集的数据初步整理成图表，并对测站特征进行初步分析。

二、连时序法

由于对测站特性不太熟悉，故先使用水力因素法有困难。所以先做连时序法时最好以次洪过程为单位分段进行。步骤如下：

（1）搜集和了解测站特性及历年处理情况的有关数据。

（2）从实测流量成果表中按照时段要求选取数据点据点绘水位—流量关系图、水位—面积关系图、水位—流速关系图。绘图时应适当选取坐标比例，一方面满足各关系线同横坐标的夹角（45°、60°、60°）的要求；另一方面便于查读。

（3）点绘连时序法定线时段内的逐时水位过程线（以洪水水文要素摘录表代替），同时在其下方点绘水力因素法定线时段内所需参证站的水位过程线，以手工光滑曲线连接每个点据。

（4）采用连时序法定线。一般先定水位—面积关系曲线，再定水位—流速关系曲线，同时连水位—流量关系曲线，两者相辅相成。分析定线时必须参考水位过程线，分析各时段所受的影响因素，判别绳套曲线的走向，并注意与水位过程线峰谷相切，并且满足 $Q=VA$ 。

（5）根据实测水位过程中的逐时水位在连时序法定出的绳套曲线上推求逐时流量（推流时段为1个月），计算逐日平均流量，将其结果与刊印的逐日平均流量进行对照，计算相对误差。

连时序法的上交成果如下：

（1）全年逐日流量表。

（2）洪水水文要素摘录表。

（3）径流年、月统计，与刊印成果比较。

（4）逐日平均流量计算表。

（5）连时序法用的各种分析论证图表。

三、其他处理方法（水力因素型）

通过连时序法操作后，对测站特性有了较多的了解，在此基础上，针对一年中不同时期影响因素的不同，分别选择相应的处理方法，例如，江西赣江外洲站汛初可以选洪水涨落影响为主的办法来处理，8月、9月鄱阳湖受长江洪水影响，对外洲站回水顶托较显著，这时可以选处理回水影响为主的办法来处理。步骤如下：

（1）根据测站具体情况，采用选取的各种水力因素型方法，对某场洪水的实测数据进行单值化处理，计算单值化后的水位流量关系线定线标准差，并进行符号检验和适线检验。定线合格后，推求与连时序方法相同一个月的瞬时流量，计算日平均流量，其结果与刊印的逐日平均流量进行对照，计算相对误差。

（2）各种处理方法推求出逐日平均流量后，计算同时期的径流量，以刊印资料为准，分别计算各种处理方法推求的径流量的相对误差（备注：连时序、各种水力因素型处理方法与刊印成果的相对误差比较做在一个表上，可以一目了然)。

上交成果如下：

(1) 汛期（半年，如江西赣江外洲站为4～9月）的逐日平均流量表。

(2) 汛期洪水水文要素摘录表。

(3) 径流月统计，与刊印成果比较。

(4) 各时段所用方法推流范围内的流率表。

(5) 各种分析、论证、计算用的图表。

上述连时序法和其他方法用的图表格式，凡规范中有规定者一律按规范执行；其他自用表要自己设计，设计表格要求简单、合理，可以参考习题中的表格。

四、悬移质泥沙数据处理

收集数据，例如，摘录本年实测的泥沙和颗粒分析数据，收集流域上水土流失带在数据处理年份的暴雨分布情况。

单沙、断沙关系法处理。上交成果如下：

(1) 汛期（4～9月）逐日平均含沙量表，逐日平均输沙率表。

(2) 输沙量月统计值。

(3) 各种分析用的图表。

第四节　课程设计报告

课程设计报告与课程设计计算机程序、所使用资料、点绘的关系曲线图等附件一道构成课程设计成果。其中课程设计报告是课程设计阶段的主要成果，反映学生分析问题和解决实际问题能力的重要组成部分，是评定课程设计成绩的主要依据之一，因此，它是课程设计实施阶段的最后一个重要环节。水文与水资源工程专业的课程设计，一般由以下几个部分组成，即题目、中英文摘要、目录、前言（或绪论）、正文、结论及参考文献，最后还有附录和心得体会。报告内容要求如下。

一、题目

题目对课程设计工作起画龙点睛作用，应求简洁、贴切、新颖，准确表示设计工作中心内容。题目文字必须简练、醒目，尽可能控制在10～20字，如“××测站××年水文数据处理”。

二、目录

设计报告与书籍一样应有目录，从目录中可以看出设计内容梗概、内容安排、整体的布置、各章节的联系，给人以清楚的轮廓。从某种意义上说目录反映出设计工作的纲要，是各项设计工作的缩影。因此，目录应道出通篇设计内容各组成部分的大小标题、层次、参考文献、附录等。

三、摘要

摘要是把课程设计的主要内容和成果，以高度概括的语言，用200～300字的篇幅摘录出来，使读者一看就能了解课程设计工作的概貌。摘要应分别以中、英文编写。

四、前言

前言又称引言、导言、概述等。按人们习惯的写法，一般应包括设计的目的和意义、设计背景、设计过程和设计方法，以及预期的效果等。此外还要对相关文献，特别是专业理论的发展和趋势以及我国现阶段该方面研究和应用水平进行针对性的简要综述。

五、正文

正文是设计报告的主体部分，是设计者对自己所做设计、计算分析工作的详细表述。一般应包括流域、河段等自然地理，水文气象，社会经济，水文资料概况，制作设计方案的主要技术路线、具体分析方法原理简介、计算步骤、成果分析与评价等。

（一）测站概况

测验河段平面图，测验河段特征说明，流域或测站上、下游对测站特性有影响的相关因素等。

（二）测站特性分析

测站特性分析是反映学生所学知识深度的一个重要方面，学生一定要用做过的数据进行分析论证说明。

（三）处理方法说明

1. 连时序法

（1）全年分成几段如 L_1、L_2、…、L_i 进行连时序，把所作各段的图表交代清楚。

（2）各段连时序中方法论证（顺序说明）。例如，对于没有实测流量数据的峰、谷的连线，实测流量数据控制很少的水位过程连线时都要说明其连线的理由。

（3）难点论证和对实测数据的质疑。

（4）与刊印处理成果比较。

（5）存在问题。

2. 其他流量处理方法

（1）结合图、表编号扼要说明方法选择的依据。

（2）精度分析。定线后，各测次查读的流量与实测流量进行对比统计。精度要求：流速仪法，误差不超过±5%者为合格；浮标法，误差不超过±10%为合格。

（3）突出点分析及处理的依据。

（4）各种方法的处理结果比较及说明。

（5）存在问题。

3. 悬沙处理说明

（1）处理站的悬沙测站特性，例如，沙峰与洪峰之间的关系。

（2）单、断沙关系法的定线精度统计。

（3）突出点分析及处理的依据。

（4）与刊印处理成果对比。

六、结论

结论是全篇的总结，结论要准确、完整、鲜明。结论要客观并要留有余地，并能对设计中存在的问题作一客观说明。

七、参考文献

引出设计工作中的参考文献，反映出设计者严肃的科学态度。真实的科学依据，体现了对前人成果的尊重和继承。对那些引用过的文献，应按顺序罗列出来。

八、附录

附录一般包括所采用的资料数据、所编写的程序及详细计算成果、相关图表等。

九、心得体会

包括通过课程设计的收获体会、建议和意见。

整个课程设计成果分成三册：课程设计报告单独装订成一册，一册为计算表及成果表，一册为图。

有些同学如进度较慢，则悬沙处理可只推1～2个月的逐日平均含沙量及逐日平均输沙率。

第五节　课程设计时间安排

课程设计时间为2周，各阶段工作的时间安排大致见下（仅供参考）：

（1）课程设计布置、理清课设思路、明确步骤　0.5天

（2）购买图纸、绘制水位过程线　0.5天

（3）复杂水位流量关系连时序法处理　2.0天

（4）水力因素型方法定线及推流　3.5天

（5）处理、计算、分析及悬移质泥沙定线　1.5天

（6）机动　0.5天

（7）编写报告、装订成册、上交成果　1.5天

第六节　课程设计常见的问题

一、课程设计过程常见的问题

（一）准备阶段常见的问题

（1）忽略课程设计指导大纲审阅工作，工作内容、思路不清楚，课程设计带有盲目性，使课程设计工作目的不明。

（2）对选题的重要性认识不足。有些学生由于思想松懈，企图选择一些以为较简单或试算工作量小的内容；有些学生过多注重自己的兴趣爱好，不考虑实际工作需求和学科发展方向。

（3）课程设计工作计划进度安排不科学、不周到，影响课程设计的效率和效果。

（二）实施阶段常见的问题

（1）搜集的数据、资料不全面、不可靠，或代表性差、数量不足。

（2）数据处理时筛选途径不一致，选定的有效数据偏少，或数据的对应性不能满足计算的要求。

（3）对初步计算结果分析检验时，分析检验方法不妥或根本没有分析检验；或有分析

但检验深度不够；或在检验效果不佳时，主观放松要求，认为已通过检验。

（4）最终结论根据不充分。

（5）撰写课程设计报告时常见的问题有：行文不规范、语句欠通顺、用词不准确、文章结构松散、逻辑性不强、附件不齐全、装订不美观。细分如下：

1）字母、代号需要使用国际通用符号，如：水位用 Z、流量用 Q、面积用 A、比降用 S、糙率用 n。

2）要有采用连时序方法以及采用水力因素型的各种方法所得结果与刊印成果误差比较计算表，包括次洪水的每一个测次的计算比较、日平均洪水计算的比较和选定的完整一场洪水径流总量的比较，然后从中得出哪一种方法在你所选定的测站上精度较高。

3）注意语句通顺，主语、谓语、宾语、定语、状语、补语的正确使用，不能乱用。

4）表格有效数字的应用。

5）计算表格的完整，包括计算者的签名、日期等。

6）尽可能充分利用图纸。

7）图符要有图号、完整的图名，且字迹认真，不得潦草。

8）图符要有坐标的箭头，单位（而且所有图幅应该一样）。如 $Q(m^3/s)$，不允许 Q 后面的单位不连在一起而另外起一行。

9）连时序方法绘图的 Z—Q 关系转折点不能出现突变（即出现尖点），曲线光滑，粗细均匀，标注清楚、合理；Z—V 关系也一样。

二、课程设计成果常见问题

一般而言，课程设计报告应该包括问题的研究现状、采用的研究手段和理论依据，数据的整理分析、计算方法和步骤、取得的具体成果以及主要结论和体会等。报告的结构要严谨，言简意赅，不能头重脚轻，也不能寥寥数页作为课程设计报告。

有些同学撰写的课程设计报告结构不太合理，没有全盘统筹考虑，有些章节内容过少。报告的编写应以同学自己所做的工作为主体，2/3 的篇幅用于介绍自己进行的数据分析、采用的研究方法和技术路线以及获得的研究成果，对计算结果的分析工作不能少，这是反映学生发现问题、分析问题和解决问题能力的关键所在。

由于课程设计是本课程学习阶段的重要教学实践环节之一，也是培养学生如何学习、如何做学问的一次良好的锻炼机会，所以指导教师在指导学生做课程设计时一定要培养和锻炼学生如何做研究的基本素质，在布置撰写设计报告时要严格要求，多加指导，必要时要让学生几易其稿，直至完善为止。

此外，学生撰写课程设计报告时应避免错别字和不规范的汉字，字迹要工整，图、表要清晰，符号和量纲要有详细说明；论文的附件要装订成册，并加以必要的注释，以便查考；论文装订要做到整洁美观。

三、注意事项

（一）设计目的

课程设计是学生在学习基础上进行理论联系实际的一次实践，既巩固所学的理论知识，又培养学生分析问题和解决问题的能力，也是进行基本技能训练的训练。希望学生能认真完成课程设计任务，并注意从理论上提高一步，设计过程中仍要注意学习有关的内容，搞清基本概念。

（二）独立完成

在课程设计过程中，要求每个学员独立完成所规定的任务及报告，可以互相讨论，但严禁抄袭；发现有抄袭现象，课程设计以不及格论处。

附表一　实测流量成果表

施测号数	施测时间						断面位置	测验方法	基本水尺水位 (m)	流量 (m^3/s)	断面面积 (m^2)	流速 (m/s)		水面宽 (m)	水深 (m)		水面比降 (‰)	糙率
	月	日	起		讫							平均	最大		平均	最大		
			时	分	时	分												
1975 年长江奉节站																		
1	1	7	9	30	12	20	基上 4000	流速仪(251)7/33	78.09	5030	2830	1.78	3.15	360	7.9	11.7		
2		13	9	40	14	05	基上 4000	流速仪(251)7/33	77.32	4450	2540	1.75	3.05	351	7.2	11.0		
3	2	1	9	50	14	21	基上 4000	流速仪(251)6/30	76.74	3920	2390	1.64	2.94	345	6.9	10.4		
4	3	5	9	47	12	48	基上 4000	流速仪(251)6/30	41	3690	2220	1.66	2.94	341	6.5	10.2		
5		15	9	30	12	05	基上 4000	流速仪(251)6/30	34	3820	2250	1.70	3.05	342	6.6	10.1		
6		19	9	30	11	55	基上 4000	流速仪(251)6/30	77.67	4830	2670	1.81	2.87	355	7.5	11.4		
7		29	10	50	12	50	基上 4000	流速仪(251)6/30	76.22	3530	2140	1.65	2.79	340	6.3	9.9		
8	4	18	14	00	17	00	基上 4000	流速仪(251)7/35	79.16	5930	3190	1.86	2.77	369	8.6	13.0		
9		20	11	20	12	35	基上 4000	流速仪(251)8/16	82.11	9190	4330	2.12	3.05	395	11.0	15.7		
10		22	15	00	16	35	基上 4000	流速仪(251)7/14	81.05	8040	3900	2.06	2.74	386	10.1	14.6		
11		26	9	20	11	20	基上 4000	流速仪(251)7/14	79.39	6410	3280	1.95	2.99	372	8.8	13.1		
12		28	10	50	11	50	基上 4000	流速仪(251)8/16	81.75	8560	4120	2.08	3.01	392	10.5	15.3		
13		29	15	45	17	20	基上 4000	流速仪(251)9/18	86.33	13000	5750	2.26	3.04	425	13.5	19.8		
14	5	3	10	50	11	50	基上 4000	流速仪(251)8/16	84.13	10300	4930	2.09	2.98	410	12.0	17.6		
15		9	15	45	17	40	基上 4000	流速仪(251)8/16	85.51	11600	5580	2.08	2.91	419	13.3	18.9		
16		12	8	45	10	45	基上 4000	流速仪(251)8/16	82.78	9420	4510	2.09	2.91	401	11.2	16.3		
17		16	14	55	16	55	基上 4000	流速仪(251)8/16	85.59	13000	5700	2.28	3.18	420	13.6	19.1		
18		20	9	20	15	00	基上 4000	流速仪(251)14/70	88.18	15300	6740	2.27	3.14	437	15.4	21.9		
19		22	8	55	10	05	基上 4000	流速仪(251)9/18	52	15600	6930	2.25	3.18	440	15.8	21.9		
20		29	9	15	11	05	基上 4000	流速仪(251)9/18	71	15200	6910	2.20	3.34	441	15.7	22.0		
21		30	15	35	18	15	基上 4000	流速仪(251)9/18	92.05	18900	8330	2.27	3.18	462	18.0	25.3		
22		31	15	10	17	20	基上 4000	流速仪(251)9/18	84	18300	8740	2.09	2.95	466	18.8	26.0		
23	6	2	8	40	11	20	基上 4000	流速仪(251)9/18	90.01	15900	7530	2.11	2.97	449	16.8	23.3		
24		6	15	35	16	40	基上 4000	流速仪(251)9/18	86.95	14100	6230	2.26	3.09	429	14.5	20.3		
25		9	15	20	17	20	基上 4000	流速仪(251)9/18	89.36	14500	7230	2.01	2.80	443	16.3	23.0		
26		10	9	00	11	00	基上 4000	流速仪(251)9/18	91.86	17500	8230	2.13	2.95	460	17.9	25.0		
27		11	9	00	10	50	基上 4000	流速仪(251)9/18	92.84	18800	8660	2.17	3.13	466	18.6	26.0		
28		12	8	00	12	25	基上 4000	流速仪(251)9/18	94.82	21300	9640	2.21	3.11	477	20.2	27.9		
29		14	8	54	11	06	基上 4000	流速仪(251)9/18	91.00	16900	7890	2.14	2.97	454	17.4	24.1		
30		16	16	18	18	30	基上 4000	流速仪(251)9/18	89.75	17000	7320	2.32	3.31	447	16.4	22.9		

续表

施测号数	施测时间						断面位置	测验方法	基本水尺水位(m)	流量(m^3/s)	断面面积(m^2)	流速(m/s)		水面宽(m)	水深(m)		水面比降(‱)	糙率
	月	日	起 时	起 分	讫 时	讫 分						平均	最大		平均	最大		
1975年长江奉节站																		
31	6	17	8	42	11	00	基上4000	流速仪(251)9/18	94.52	23200	9600	2.42	3.62	476	20.2	27.3		
32		18	8	00	11	24	基上4000	流速仪(251)9/18	98.77	26400	11500	2.30	3.10	499	23.0	31.7		
33		19	8	00	10	18	基上4000	流速仪(251)9/18	95	25400	11700	2.17	3.05	500	23.4	32.0		
34		21	8	18	10	18	基上4000	流速仪(251)9/18	94.49	20600	9580	2.15	3.11	475	20.2	27.6		
35		23	14	30	17	30	基上4000	流速仪(251)9/18	88.54	14900	6970	2.14	2.97	439	15.9	21.9		
36		26	8	30	11	06	基上4000	流速仪(251)9/18	95.74	24100	10200	2.36	3.39	482	21.2	29.6		
37		26	15	24	17	18	基上4000	流速仪(251)9/18	100.74	28300	12600	2.25	3.18	512	24.6	33.5		
38		27	8	30	13	00	基上4000	流速仪(251)9/18	104.25	30600	14300	2.14	3.00	530	27.0	37.1		
39		28	13	30	15	42	基上4000	流速仪(251)10/20	106.60	34300	15500	2.21	2.87	543	28.5	39.4		
40		30	8	30	17	36	基上4000	流速仪(251)17/83	103.71	28600	14000	2.04	2.85	526	26.6	36.3		
41	7	2	8	36	11	18	基上4000	流速仪(251)9/18	98.10	23100	11200	2.06	2.77	496	22.6	31.1		
42		4	8	18	10	48	基上4000	流速仪(251)9/18	96.74	22500	10700	2.10	2.87	488	21.9	29.8		
43		6	15	30	19	00	基上4000	流速仪(251)9/18	98.74	25100	11500	2.18	2.99	499	23.0	31.7		
44		7	8	18	10	48	基上4000	流速仪(251)10/20	102.15	30900	13200	2.34	3.09	518	25.5	35.2		
45		8	8	24	11	18	基上4000	流速仪(251)10/20	106.03	35200	15300	2.30	3.00	540	28.3	38.9		
46		9	15	18	18	18	基上4000	流速仪(251)10/20	104.07	29200	14300	2.04	2.76	529	27.0	36.9		
47		10	14	00	17	54	基上4000	流速仪(251)10/20	103.45	29100	14000	2.08	2.82	525	26.7	36.7		
48		12	13	36	17	00	基上4000	流速仪(251)10/20	106.91	35500	15700	2.26	2.87	545	28.8	39.7		
49		13	8	24	12	36	基上4000	流速仪(251)11/22	108.72	36900	16800	2.20	2.83	554	30.3	41.6		
50		14	8	12	10	42	基上4000	流速仪(251)11/22	107.20	33400	16000	2.09	2.79	546	29.3	40.0		
51		16	8	18	9	54	基上4000	流速仪(251)9/18	99.25	24600	12000	2.05	2.89	501	24.0	32.2		
52		19	9	00	15	18	基上4000	流速仪(251)15/75	93.05	18500	8920	2.07	3.16	466	19.1	26.5		
53		28	16	42	18	42	基上4000	流速仪(251)9/18	92.69	18800	8620	2.18	2.96	466	18.5	25.9		
54		29	7	54	11	00	基上4000	流速仪(251)9/18	97.66	25800	10700	2.41	3.33	492	21.7	31.1		
55		30	7	48	10	42	基上4000	流速仪(251)10/20	104.16	30100	13900	2.17	3.00	532	26.1	36.9		
56		31	17	30	19	24	基上4000	流速仪(251)9/18	103.30	28600	13700	2.09	2.90	529	25.9	36.1		
57	8	4	10	12	16	30	基上4000	流速仪(251)9/18	99.25	24500	11800	2.08	2.69	504	23.4	32.1		
58		7	8	18	10	00	基上4000	流速仪(251)9/18	94.78	20200	9680	2.09	2.99	477	20.3	27.8		
59		12	10	00	13	30	基上4000	流速仪(251)9/18	97.46	23700	10800	2.19	2.88	494	21.9	30.4		
60		13	8	18	12	06	基上4000	流速仪(251)10/20	103.58	32800	13900	2.36	3.10	530	26.2	36.3		
61		14	7	06	11	30	基上4000	流速仪(251)11/22	108.19	37200	16400	2.27	2.91	551	29.8	40.9		
62		15	16	48	19	00	基上4000	流速仪(251)11/22	106.59	33500	15600	2.15	2.94	543	28.7	39.5		
63		16	6	54	10	48	基上4000	流速仪(251)10/20	105.38	31900	14900	2.14	2.91	537	27.7	38.1		
64		18	7	00	14	24	基上4000	流速仪(251)16/80	99.60	24400	11800	2.07	2.84	504	23.4	31.8		
65		19	16	30	18	18	基上4000	流速仪(251)9/18	94.22	19100	9380	2.04	2.84	474	19.8	27.2		
66		22	8	30	10	54	基上4000	流速仪(251)9/18	87.50	13700	6440	2.13	2.96	435	14.8	20.7		
67		30	8	40	11	50	基上4000	流速仪(251)9/18	86.98	13400	5920	2.26	3.00	433	13.7	19.4		
68	9	4	8	06	11	06	基上4000	流速仪(251)9/18	88.58	14800	6630	2.23	3.19	443	15.0	21.2		
69		7	7	30	10	30	基上4000	流速仪(251)9/18	92.74	21000	8940	2.35	3.52	468	19.1	26.5		
70		8	6	15	8	20	基上4000	流速仪(251)10/20	100.17	30200	12200	2.48	3.29	510	23.9	33.1		

续表

施测号数	施测时间						断面位置	测验方法	基本水尺水位(m)	流量(m^3/s)	断面面积(m^2)	流速(m/s)		水面宽(m)	水深(m)		水面比降(‰)	糙率
	月	日	起		讫							平均	最大		平均	最大		
			时	分	时	分												
1975年长江奉节站																		
71	9	8	15	00	18	35	基上4000	流速仪(251)10/20	103.95	34300	14200	2.42	3.36	532	26.7	36.6		
72		9	8	00	11	30	基上4000	流速仪(251)11/22	108.82	38200	16600	2.30	3.13	553	30.0	41.3		
73		10	8	00	16	20	基上4000	流速仪(251)18/98	109.80	38100	17200	2.22	3.07	558	30.8	42.3		
74		11	8	40	12	40	基上4000	流速仪(251)10/22	106.55	31900	15200	2.10	2.77	542	28.0	39.3		
75		12	8	20	11	35	基上4000	流速仪(251)10/20	101.84	26400	12900	2.05	2.71	520	24.8	34.4		
76		15	8	18	15	18	基上4000	流速仪(251)16/80	95.92	22000	10100	2.18	3.13	484	20.9	28.6		
77		20	15	36	17	36	基上4000	流速仪(251)9/18	98.48	25500	11500	2.22	2.99	501	23.0	31.3		
78		29	8	30	11	20	基上4000	流速仪(251)8/16	93.15	19100	8960	2.13	2.82	469	19.1	26.8		
79	10	1	8	15	9	45	基上4000	流速仪(251)9/18	98.82	25700	11600	2.22	3.00	502	23.1	31.7		
80			14	00	15	50	基上4000	流速仪(251)9/18	99.50	27100	11900	2.28	3.11	505	23.6	32.3		
81		2	8	40	11	25	基上4000	流速仪(251)9/18	101.99	30200	13100	2.30	3.14	522	25.1	34.6		
82		3	8	20	11	40	基上4000	流速仪(251)11/22	107.17	37800	16100	2.35	3.21	546	29.5	39.9		
83		4	8	30	13	20	基上4000	流速仪(251)12/24	112.72	44800	18800	2.38	3.11	574	32.7	44.9		
84		5	8	24	17	42	基上4000	流速仪(251)19/95	114.31	42900	19900	2.16	2.99	583	34.1	47.3		
85		6	13	30	17	30	基上4000	流速仪(251)12/24	112.15	40300	18400	2.19	2.87	571	32.2	45.1		
86		7	14	45	17	55	基上4000	流速仪(251)11/22	106.89	32000	15600	2.05	2.70	545	28.6	39.6		
87		9	16	35	18	00	基上4000	流速仪(251)9/18	97.42	21700	10700	2.03	2.72	494	21.7	30.2		
88		15	8	18	15	18	基上4000	流速仪(251)16/80	93.94	19700	9110	2.16	2.94	473	19.3	25.9		
89		23	8	42	10	54	基上4000	流速仪(251)9/18	87.87	13800	6590	2.09	2.87	438	15.0	21.4		
90	11	1	8	20	14	00	基上4000	流速仪(251)14/70	88.40	14300	6640	2.15	3.02	441	15.1	21.0		
91		6	8	30	11	00	基上4000	流速仪(251)9/18	84.73	11200	5410	2.07	2.99	420	12.9	18.4		
92		10	9	15	14	10	基上4000	流速仪(251)14/70	86.75	12700	6040	2.10	3.13	431	14.0	19.7		
93		25	9	00	10	30	基上4000	流速仪(251)7/14	83.20	9670	4680	2.07	2.96	410	11.4	16.7		
94	12	2	11	42	13	00	基上4000	流速仪(251)7/14	80.35	6950	3670	1.89	2.87	390	9.4	14.2		
95		20	10	00	11	00	基上4000	流速仪(251)7/14	78.45	5580	2980	1.87	2.94	371	8.0	12.4		

施测号数	施测时间						断面位置	测验方法	基本水尺水位(m)	流量(m^3/s)	断面面积(m^2)	流速(m/s)		水面宽(m)	水深(m)		流向改正系数
	月	日	起		讫							平均	最大		平均	最大	
			时	分	时	分											
1974年赣江外洲站																	
1	1	2	10	30	12	22	基上595m	流速仪(55)14/14	16.97	522	1080	0.56	0.73	638	1.69	4.20	0.858
2		8	9	36	11	45	基上595m	流速仪(55)12/12	99	525	1070	0.57	0.69	646	1.66	4.20	0.859
3		18	13	33	15	11	基上595m	流速仪(55)13/13	17.10	586	1140	0.59	0.76	662	1.72	4.35	0.866
4		27	10	43	12	24	基上595m	流速仪(55)12/12	12	555	1100	0.58	0.76	653	1.68	4.30	0.867
5	2	3	10	13	11	46	基上595m	流速仪(55)12/12	83	1230	1650	0.82	0.94	730	2.26	5.2	0.908
6		6	13	27	15	38	基上600m	流速仪(55)12/12	19.39	3160	3550	0.97	1.19	1150	3.09	5.3	0.920
7		7	13	21	15	50	基上600m	流速仪(55)14/14	68	3480	3880	0.96	1.13	1160	3.34	6.0	0.936
8		10	9	50	11	46	基上600m	流速仪(55)10/10	04	2240	3030	0.83	0.99	1140	2.66	5.4	0.894
9		13	9	57	12	26	基上600m	流速仪(55)13/13	18.22	1440	2300	0.76	0.92	828	2.78	4.70	0.824
10		18	14	18	15	50	基上600m	流速仪(55)12/12	17.59	903	1770	0.67	0.85	748	2.37	4.30	0.765

续表

施测号数	施测时间						断面位置	测验方法	基本水尺水位(m)	流量(m^3/s)	断面面积(m^2)	流速(m/s)		水面宽(m)	水深(m)		流向改正系数
	月	日	起		讫							平均	最大		平均	最大	
			时	分	时	分											
1974年赣江外洲站																	
11	2	26	13	26	15	22	基上600m	流速仪(55)12/12	49	785	1650	0.63	0.75	747	2.21	4.15	0.755
12	3	4	13	25	15	20	基上595m	流速仪(55)16/16	64	1040	1570	0.74	0.92	741	2.12	4.80	0.897
13		11	9	47	11	28	基上595m	流速仪(55)12/12	68	1060	1640	0.72	0.88	748	2.19	4.90	0.900
14		19	10	05	13	05	基上595m	流速仪(55)17/17	18.07	1460	1920	0.82	1.02	789	2.43	5.2	0.921
15		29	10	24	12	14	基上595m	流速仪(55)17/17	17.35	769	1310	0.67	0.81	673	1.95	4.40	0.881
16	4	4	14	50	16	35	基上595m	流速仪(55)13/13	01	557	1100	0.59	0.73	661	1.66	4.18	0.861
17		9	9	28	11	18	基上595m	流速仪(55)14/14	58	1030	1530	0.75	0.87	736	2.08	4.80	0.894
18		15	8	35	11	12	基上595m	流速仪(55)16/16	93	1330	1710	0.85	0.99	768	2.23	4.85	0.913
19		21	9	16	11	49	基上595m	流速仪(55)16/16	92	1300	1750	0.81	0.96	772	2.27	5.0	0.913
20		29	9	10	11	08	基上595m	流速仪(55)14/14	18.10	1580	1910	0.90	1.05	792	2.41	5.1	0.922
21	5	3	9	37	11	53	基上595m	流速仪(55)15/15	13	1570	1980	0.86	1.03	792	2.50	5.1	0.924
22		6	13	13	16	18	基上600m	流速仪(55)15/15	19.42	3410	3650	1.01	1.22	1160	3.15	6.5	0.922
23		7	13	11	16	35	基上600m	流速仪(55)13/13	20.51	5190	5030	1.08	1.31	1180	4.26	7.4	0.954
24		9	8	09	11	45	基上600m	流速仪(55)19/19	10	4000	4350	0.97	1.19	1180	3.69	6.9	0.949
25		11	8	40	11	00	基上600m	流速仪(55)15/15	57	4730	5110	0.97	1.15	1180	4.33	7.6	0.954
26		14	9	00	11	32	基上600m	流速仪(55)12/12	03	3720	4250	0.92	1.12	1170	3.63	6.4	0.947
27		17	9	59	14	41	基上600m	流速仪(55)18/18	18.82	2100	2850	0.84	1.01	928	3.07	5.5	0.876
28		21	9	13	11	10	基上595m	流速仪(55)15/15	34	1640	2150	0.81	0.97	825	2.61	5.2	0.935
29		25	8	30	10	35	基上595m	流速仪(55)13/13	17.69	999	1590	0.70	0.79	756	2.10	4.65	0.900
30		29	8	47	11	07	基上595m	流速仪(55)12/12	18.04	1400	1890	0.80	0.92	784	2.41	5.0	0.919
31		31	14	52	16	57	基上600m	流速仪(55)13/13	19.71	3640	3920	0.99	1.16	1140	3.44	6.5	0.938
32	6	1	13	50	16	39	基上600m	流速仪(55)17/17	20.00	3840	4170	0.97	1.19	1170	3.56	6.6	0.947
33		4	9	13	12	03	基上600m	流速仪(55)16/16	18.97	2280	2980	0.86	1.06	944	3.16	5.9	0.888
34		8	9	45	11	45	基上595m	流速仪(55)14/14	17.75	1060	1570	0.75	0.88	768	2.04	4.65	0.904
35		12	10	01	11	49	基上595m	流速仪(55)11/11	39	713	1400	0.58	0.71	717	1.95	4.95	0.883
36		15	9	15	11	01	基上595m	流速仪(55)15/15	40	841	1400	0.68	0.82	717	1.95	4.40	0.884
37		17	14	30	17	05	基上600m	流速仪(55)16/16	19.39	3240	3540	0.99	1.18	1150	3.08	6.2	0.920
38		19	9	40	12	30	基上600m	流速仪(55)16/16	64	3470	3890	0.95	1.16	1160	3.35	6.5	0.934
39		21	10	10	15	02	基上600m	流速仪(55)18/18	65	3240	3750	0.93	1.15	1160	3.23	6.5	0.935
40		23	9	00	11	45	基上600m	流速仪(55)14/14	67	3260	3760	0.93	1.12	1160	3.24	6.6	0.936
41		25	9	50	12	46	基上600m	流速仪(55)15/15	20.79	5600	5300	1.11	1.32	1190	4.45	7.7	0.956
42		26	9	30	12	50	基上600m	流速仪(55)14/14	21.06	5750	5520	1.09	1.36	1200	4.60	8.0	0.958
43		27	15	50	18	05	基上600m	流速仪(55)13/13	21.31	6280	5930	1.10	1.29	1310	4.53	8.0	0.960
44		29	9	15	13	15	基上600m	流速仪(55)17/17	85	7240	6850	1.10	1.34	1390	4.93	8.6	0.962
45	7	1	9	10	12	52	基上600m	流速仪(55)18/18	22.10	7880	7000	1.17	1.44	1400	5.0	9.0	0.963
46		3	9	05	12	45	基上600m	流速仪(55)17/17	21.74	7050	6610	1.11	1.38	1400	4.72	9.0	0.962
47		5	9	15	12	20	基上600m	流速仪(55)17/17	49	6660	6270	1.11	1.40	1370	4.58	8.1	0.961
48		7	8	55	11	20	基上600m	流速仪(55)15/15	20.61	4720	4980	0.99	1.19	1190	4.18	7.0	0.955
49		11	9	15	11	40	基上600m	流速仪(55)15/15	16	3900	4540	0.90	1.08	1180	3.85	6.8	0.950
50		15	8	40	11	15	基上600m	流速仪(55)19/19	36	4060	4700	0.91	1.15	1180	3.98	7.3	0.952

续表

施测号数	施测时间						断面位置	测验方法	基本水尺水位(m)	流量(m^3/s)	断面面积(m^2)	流速(m/s)		水面宽(m)	水深(m)		流向改正系数
	月	日	起 时	起 分	讫 时	讫 分						平均	最大		平均	最大	
1974年赣江外洲站																	
51	7	17	15	32	17	45	基上600m	流速仪(55)19/19	21.02	4740	5390	0.92	1.10	1200	4.49	7.7	0.958
52		19	9	00	11	40	基上600m	流速仪(55)17/17	63	5570	6260	0.93	1.15	1360	4.60	8.1	0.961
53		22	5	30	8	15	基上600m	流速仪(55)18/18	49	4740	6040	0.82	1.01	1360	4.44	8.6	0.961
54		25	9	15	11	50	基上600m	流速仪(55)16/16	20.61	3120	5040	0.65	0.78	1180	4.27	7.7	0.955
55		28	9	30	11	55	基上600m	流速仪(55)16/16	01	2230	4230	0.56	0.70	1170	3.62	7.0	0.947
56		31	9	10	12	30	基上600m	流速仪(55)13/13	19.32	1560	3450	0.49	0.61	1150	3.00	5.8	0.916
57	8	2	9	30	12	25	基上600m	流速仪(55)16/16	18.94	1260	2980	0.48	0.57	932	3.20	5.8	0.886
58		8	8	45	11	10	基上595m	流速仪(55)17/17	19	840	2010	0.45	0.55	839	2.39	5.4	0.927
59		13	14	45	17	25	基上600m	流速仪(55)14/14	19.18	2690	3410	0.87	1.07	1150	2.97	6.2	0.905
60		15	9	22	12	15	基上600m	流速仪(55)15/15	20.43	4450	4760	0.98	1.19	1180	4.03	7.0	0.953
61		17	9	35	12	05	基上600m	流速仪(55)16/16	71	4770	5090	0.98	1.21	1190	4.28	7.7	0.956
62		19	9	22	11	20	基上600m	流速仪(55)13/13	25	3640	4510	0.85	1.02	1160	3.89	7.2	0.951
63		22	9	10	11	40	基上600m	流速仪(55)14/14	19.41	2100	3540	0.64	0.75	1150	3.08	6.4	0.922
64		27	10	08	13	08	基上595m	流速仪(55)18/18	18.83	1190	2600	0.48	0.61	894	2.91	5.7	0.956
65		31	8	45	11	42	基上595m	流速仪(55)16/16	47	932	2260	0.44	0.55	852	2.65	5.4	0.941
66	9	3	9	50	12	02	基上595m	流速仪(55)15/15	16	770	2040	0.41	0.52	812	2.51	5.2	0.926
67		6	9	52	11	40	基上595m	流速仪(55)12/12	17.86	632	1770	0.39	0.52	779	2.27	4.60	0.910
68		12	10	00	11	40	基上595m	流速仪(55)13/13	57	593	1560	0.43	0.57	780	2.00	4.54	0.894
69		21	9	53	11	58	基上600m	流速仪(55)11/11	64	447	1760	0.33	0.41	788	2.23	3.90	0.770
70		26	9	42	11	18	基上595m	流速仪(55)13/13	81	647	1780	0.40	0.53	796	2.24	4.50	0.907
71	10	3	10	06	11	53	基上595m	流速仪(55)12/12	60	576	1570	0.41	0.49	784	2.00	4.60	0.895
72		7	10	30	11	53	基上595m	流速仪(55)13/13	50	508	1520	0.38	0.46	778	1.95	4.36	0.890
73		16	15	30	17	30	基上595m	流速仪(55)11/11	70	550	1650	0.37	0.46	790	2.09	4.70	0.901
74		24	9	50	12	05	基上595m	流速仪(55)13/13	18.74	2360	2630	0.94	1.13	879	2.99	6.0	0.952
75		25	14	47	17	30	基上595m	流速仪(55)15/15	19.12	2600	3410	0.85	1.03	1130	3.01	5.8	0.901
76		31	10	04	12	06	基上600m	流速仪(55)13/13	17.56	845	1530	0.62	0.75	775	1.97	4.20	0.893
77	11	5	9	25	12	56	基上595m	流速仪(55) 14/14	18.16	1540	2010	0.83	0.99	826	2.43	5.0	0.926
78		15	9	04	10	33	基上595m	流速仪(55)11/11	17.52	879	1550	0.64	0.77	796	1.95	4.62	0.891
79		18	9	55	12	47	基上595m	流速仪(55)14/14	18.29	1530	2140	0.77	0.95	843	2.54	5.1	0.932
80		23	8	50	11	35	基上595m	流速仪(55)14/14	17.72	947	1700	0.62	0.77	784	2.17	4.71	0.902
81		29	10	25	11	48	基上595m	流速仪(55)12/12	30	707	1370	0.59	0.73	744	1.84	4.60	0.878
82	12	6	13	30	15	07	基上595m	流速仪(55)15/15	74	984	1680	0.65	0.80	789	2.13	4.52	0.903
83		17	9	45	10	56	基上595m	流速仪(55)10/10	14	584	1260	0.53	0.66	721	1.75	4.02	0.869
84		25	14	09	16	55	基上595m	流速仪(55)14/14	11	581	1250	0.54	0.69	705	1.77	3.95	0.867
85		31	14	37	16	06	基上595m	流速仪(55)12/12	65	1040	1600	0.73	0.85	777	2.06	4.27	0.898

附注：本表“流量”栏内数值是经过流向改正后的流量值。“面积”、“流速”两栏保留原实测值。

续表

施测号数	施测时间						断面位置	测验方法	基本水尺水位(m)	流量(m^3/s)	断面面积(m^2)	流速(m/s)		水面宽(m)	水深(m)		水面比降(‱)	糙率
	月	日	起		讫							平均	最大		平均	最大		
			时	分	时	分												
1973年信江梅港站																		
1	1	1	9	45	11	25	基下19m	流速仪(55)11/19	19.28	460	851	0.54	0.81	420	2.03	3.90		
2		5	9	22	10	45	基下19m	流速仪(55)10/17	18.29	273	650	0.42	0.59	350	1.86	3.50		
3		10	9	00	10	20	基下19m	流速仪(55)9/16	69	240	609	0.39	0.56	336	1.81	3.35		
4		15	9	15	10	45	基下19m	流速仪(55)9/16	64	221	593	0.37	0.52	334	1.78	3.30		
5		16	9	05	10	45	基下19m	流速仪(55)11/19	19.37	490	874	0.56	0.82	422	2.07	3.95		
6		17	9	00	11	45	基下19m	流速仪(55)13/33	21.24	1570	1670	0.94	1.34	434	3.85	5.8		
7		18	8	50	10	50	基下19m	流速仪(55)13/26	22.27	2230	2110	1.06	1.44	437	4.83	6.8		
8		19	8	57	10	51	基下19m	流速仪(55)13/26	21.33	1450	1700	0.85	1.17	434	3.92	6.0		
9		20	7	10	8	45	基下19m	流速仪(55)13/23	20.37	907	1290	0.70	0.98	429	3.01	5.0		
10		21	14	00	15	27	基下19m	流速仪(55)12/21	19.74	621	1030	0.60	0.82	424	2.42	4.40		
11		23	9	00	10	35	基下19m	流速仪(55)11/19	41	512	911	0.56	0.78	422	2.16	4.10		
12		24	9	00	10	45	基下19m	流速仪(55)12/21	64	613	1000	0.61	0.84	423	2.36	4.30		
13		27	9	00	10	30	基下19m	流速仪(55)11/19	27	451	863	0.52	0.72	421	2.05	4.00		
14	2	1	9	30	10	55	基下19m	流速仪(55)10/17	18.74	249	644	0.39	0.54	339	1.90	3.50		
15		6	9	12	10	30	基下19m	流速仪(55)9/15	54	198	579	0.34	0.47	311	1.86	3.35		
16		9	14	00	15	45	基下19m	流速仪(55)10/17	77	273	647	0.42	0.57	339	1.91	3.55		
17		13	8	53	10	15	基下19m	流速仪(55)9/16	68	243	623	0.39	0.50	333	1.87	3.50		
18		14	14	13	15	47	基下19m	流速仪(55)10/17	93	317	700	0.45	0.62	351	2.00	3.70		
19		15	14	35	16	31	基下19m	流速仪(55)10/17	19.01	356	727	0.49	0.65	355	2.05	3.80		
20		18	8	50	10	18	基下19m	流速仪(55)9/16	18.78	278	661	0.42	0.59	340	1.94	3.65		
21		19	9	20	11	05	基下19m	流速仪(55)10/17	19.15	380	780	0.49	0.67	420	1.86	3.90		
22		20	11	40	13	28	基下19m	流速仪(55)12/21	74	686	1050	0.65	0.88	424	2.48	4.55		
23		22	8	56	10	58	基下19m	流速仪(55)13/23	99	798	1160	0.69	0.93	426	2.72	4.80		
24		23	14	30	16	25	基下19m	流速仪(55)13/24	20.65	1110	1410	0.79	1.17	431	3.27	5.5		
25		24	13	30	15	24	基下19m	流速仪(55)13/23	13	811	1200	0.68	0.92	427	2.81	5.0		
26		25	14	35	16	30	基下19m	流速仪(55)12/21	19.66	592	1030	0.57	0.82	423	2.43	4.45		
27		27	9	15	10	56	基下19m	流速仪(55)11/19	38	490	897	0.55	0.76	421	2.13	4.20		
28	3	2	8	47	10	19	基下19m	流速仪(55)10/17	22	409	818	0.50	0.70	420	1.95	3.90		
29		3	20	50	22	55	基下19m	流速仪(55)11/19	24	448	846	0.53	0.78	421	2.01	4.00		
30		4	19	16	21	50	基下19m	流速仪(55)11/20	77	677	1020	0.66	0.91	425	2.40	4.40		
31		6	14	50	16	55	基下19m	流速仪(55)11/19	53	529	927	0.57	0.81	423	2.19	4.20		
32		10	14	20	16	00	基下19m	流速仪(55)10/17	19	396	788	0.50	0.71	420	1.88	3.80		
33		11	9	05	11	00	基下19m	流速仪(55)12/20	65	624	1000	0.62	0.86	423	2.36	4.30		
34		12	9	53	10	30	基下19m	流速仪(55)13/23	20.40	1000	1310	0.76	1.07	430	3.05	5.0		
35		13	0	50	3	00	基下19m	流速仪(55)13/25	21.43	1700	1750	0.97	1.26	434	4.03	6.0		
36			9	40	12	20	基下19m	流速仪(55)13/33	74	1820	1870	0.97	1.27	435	4.30	6.3		
37		14	7	00	8	50	基下19m	流速仪(55)13/26	22.45	2420	2250	1.08	1.37	437	5.1	7.2		
38		15	8	44	10	34	基下19m	流速仪(55)13/26	41	2280	2210	1.03	1.32	437	5.1	7.1		
39		16	2	45	4	40	基下19m	流速仪(55)13/26	21.61	1570	1830	0.86	1.15	434	4.22	6.3		
40			15	05	16	40	基下19m	流速仪(55)13/26	03	1250	1590	0.79	1.08	433	3.67	5.7		

续表

施测号数	施测时间						断面位置	测验方法	基本水尺水位（m）	流量（m³/s）	断面面积（m²）	流速（m/s）		水面宽（m）	水深（m）		水面比降（‰）	糙率
	月	日	起		讫							平均	最大		平均	最大		
			时	分	时	分												
1973 年信江梅港站																		
41	3	17	10	03	12	10	基下 19m	流速仪(55)13/24	20.38	910	1310	0.70	0.97	429	3.05	5.0		
42		18	15	10	16	55	基下 19m	流速仪(55)12/21	19.80	659	1060	0.62	0.84	425	2.49	4.50		
43		20	8	55	10	25	基下 19m	流速仪(55)19/11	37	491	901	0.55	0.78	421	2.14	4.10		
44		22	9	25	10	50	基下 19m	流速仪(55)11/19	36	510	905	0.56	0.78	421	2.15	4.10		
45		24	14	30	17	42	基下 19m	流速仪(55)11/31	24	436	844	0.52	0.75	420	2.01	3.90		
46		27	15	03	16	30	基下 19m	流速仪(55)10/17	18.80	301	673	0.45	0.69	339	1.99	3.50		
47		29	8	50	10	45	基下 19m	流速仪(55)10/16	71	275	649	0.42	0.58	333	1.95	3.35		
48		30	6	22	8	15	基下 19m	流速仪(55)12/21	19.71	723	1030	0.70	0.90	424	2.43	4.30		
49			15	40	17	30	基下 19m	流速仪(55)13/24	20.37	1040	1300	0.80	1.09	430	3.02	4.90		
50		31	2	20	4	30	基下 19m	流速仪(55)13/25	76	1250	1470	0.85	1.11	432	3.40	5.3		
51			15	50	17	30	基下 19m	流速仪(55)13/25	83	1220	1510	0.81	1.09	432	3.50	5.4		
52	4	1	14	15	16	07	基下 19m	流速仪(55)13/25	84	1250	1520	0.82	1.12	432	3.52	5.4		
53		2	1	35	3	50	基下 19m	流速仪(55)13/25	22.25	2350	2090	1.12	1.49	437	4.78	5.6		
54			10	30	12	05	基下 19m	流速仪(55)13/25	23.22	3150	2670	1.18	1.63	485	5.5	8.0		
55			15	12	17	55	基下 19m	流速仪(55)13/25	43	3240	2770	1.17	1.54	486	5.7	8.1		
56		3	9	25	11	20	基下 19m	流速仪(55)13/25	22.80	2430	2480	0.98	1.39	484	5.1	7.6		
57		4	8	42	10	45	基下 19m	流速仪(55)13/25	22	2060	2070	1.00	1.33	437	4.73	6.7		
58		5	14	35	16	20	基下 19m	流速仪(55)13/25	21.71	1650	1950	0.85	1.15	461	4.23	6.5		
59		6	14	40	16	30	基下 19m	流速仪(55)13/25	20.58	984	1400	0.70	0.97	431	3.25	5.2		
60		7	14	30	16	15	基下 19m	流速仪(55)13/23	05	772	1180	0.65	0.89	427	2.76	4.70		
61			14	46	16	30	基下 19m	流速仪(55)13/24	55	1070	1390	0.77	1.05	431	3.23	5.2		
62		8	8	52	10	55	基下 19m	流速仪(55)13/25	75	1140	1460	0.78	1.05	432	3.38	5.4		
63		9	2	35	4	30	基下 19m	流速仪(55)13/25	23.73	3760	2910	1.29	1.75	487	6.0	8.3		
64		12	9	45	13	10	基下 19m	流速仪(55)13/47	24.08	3810	3090	1.23	1.62	489	6.3	8.8		
65			21	00	23	42	基下 19m	流速仪(55)13/26	23.71	3260	2890	1.13	1.50	486	5.9	8.5		
66		13	8	37	10	29	基下 19m	流速仪(55)13/25	22.77	2210	2390	0.93	1.17	450	5.3	7.6		
67			20	45	22	50	基下 19m	流速仪(55)13/26	21.78	1650	1980	0.83	1.15	435	4.55	6.6		
68		14	15	52	17	28	基下 19m	流速仪(55)13/25	20.93	1240	1570	0.79	1.04	432	3.63	5.6		
69		15	15	10	16	50	基下 19m	流速仪(55)13/25	21.00	1320	1600	0.83	1.11	433	3.70	5.6		
70		16	16	50	18	52	基下 19m	流速仪(55)13/25	20.99	1230	1570	0.78	1.06	433	3.63	5.6		
71		17	14	15	15	55	基下 19m	流速仪(55)13/25	21.79	1860	1930	0.96	1.25	435	4.44	6.4		
72		18	5	50	7	47	基下 19m	流速仪(55)13/25	22.35	2270	2180	1.04	1.32	437	4.99	7.0		
73		19	8	31	10	25	基下 19m	流速仪(55)13/25	21.82	1700	1950	0.87	1.17	435	4.48	6.5		
74		20	13	50	15	30	基下 19m	流速仪(55)13/25	17	1370	1660	0.83	1.14	433	3.83	5.8		
75		21	21	22	23	10	基下 19m	流速仪(55)13/25	96	1890	1980	0.96	1.24	436	4.54	6.5		
76		23	8	50	10	36	基下 19m	流速仪(55)13/25	00	1210	1570	0.77	1.06	432	3.63	5.6		
77		24	16	10	17	40	基下 19m	流速仪(55)13/25	45	1560	1770	0.88	1.16	434	4.08	6.0		
78		25	8	58	10	51	基下 19m	流速仪(55)13/25	17	1340	1660	0.81	1.25	433	3.83	5.8		

续表

施测号数	施测时间						断面位置	测验方法	基本水尺水位(m)	流量(m^3/s)	断面面积(m^2)	流速(m/s)		水面宽(m)	水深(m)		水面比降(‱)	糙率
	月	日	起		讫							平均	最大		平均	最大		
			时	分	时	分												
1973年信江梅港站																		
79	4	26	2	05	4	00	基下19m	流速仪(55)13/25	20.94	1240	1540	0.81	1.05	432	3.56	5.4		
80			9	57	11	39	基下19m	流速仪(55)13/25	21.57	1640	1830	0.90	1.25	435	4.21	6.1		
81			19	20	20	57	基下19m	流速仪(55)13/26	22.54	2470	2240	1.10	1.50	438	5.1	7.0		
82		27	5	38	7	23	基下19m	流速仪(55)13/26	23.46	3260	2750	1.19	1.54	486	5.7	8.1		
83			12	15	14	25	基下19m	流速仪(55)13/26	68	3390	2840	1.19	1.52	486	5.8	8.3		
84			23	10	1	15	基下19m	流速仪(55)13/26	19	2730	2630	1.04	1.37	485	5.4	7.9		
85		28	9	05	11	25	基下19m	流速仪(55)13/26	22.31	1980	2190	0.90	1.22	437	5.0	7.2		
86			20	45	22	55	基下19m	流速仪(55)13/25	21.38	1330	1750	0.76	1.05	434	4.03	6.0		
87		29	14	40	16	55	基下19m	流速仪(55)13/24	20.42	924	1350	0.68	0.90	430	3.14	5.1		
88		30	15	03	17	03	基下19m	流速仪(55)13/23	19.83	675	1120	0.60	0.80	425	2.64	4.50		
89	5	1	8	48	10	28	基下19m	流速仪(55)13/22	82	667	1080	0.62	0.80	425	2.54	4.40		
90			22	00	23	30	基下19m	流速仪(55)13/24	20.47	992	1330	0.75	1.01	431	3.09	4.90		
91		2	12	20	14	24	基下19m	流速仪(55)13/25	87	1230	1530	0.80	1.09	432	3.54	5.4		
92		3	9	25	11	10	基下19m	流速仪(55)13/25	79	1140	1510	0.76	1.03	432	3.50	5.4		
93		4	6	11	7	57	基下19m	流速仪(55)13/26	21.68	1700	1850	0.92	1.22	435	4.25	6.2		
94			20	28	22	15	基下19m	流速仪(55)13/26	22.29	2090	2140	0.98	1.40	437	4.90	6.8		
95		5	14	44	17	32	基下19m	流速仪(55)13/35	21.58	1510	1830	0.83	1.10	434	4.22	6.2		
96		6	15	00	16	55	基下19m	流速仪(55)13/25	20.64	1080	1450	0.75	0.99	431	3.36	5.4		
97		7	15	30	17	15	基下19m	流速仪(55)13/25	21.35	1530	1750	0.87	1.17	434	4.03	6.0		
98		8	5	40	7	35	基下19m	流速仪(55)13/25	22.42	2420	2220	1.09	1.44	438	5.1	7.1		
99			15	00	18	05	基下19m	流速仪(55)13/46	23.21	3070	2650	1.16	1.57	485	5.5	7.9		
100			21	30	23	50	基下19m	流速仪(55)13/25	38	3130	2740	1.14	1.48	486	5.6	8.1		
101		9	15	11	17	06	基下19m	流速仪(55)13/26	22.89	2490	2500	1.00	1.34	484	5.2	7.8		
102		10	14	15	16	00	基下19m	流速仪(55)13/25	21.83	1680	1950	0.86	1.15	435	4.48	6.7		
103		11	14	55	16	55	基下19m	流速仪(55)13/25	20.91	1180	1530	0.77	0.98	432	3.55	5.5		
104		13	6	20	8	17	基下19m	流速仪(55)13/25	21.10	1300	1620	0.80	1.04	433	3.74	5.7		
105		14	15	05	17	15	基下19m	流速仪(55)13/25	20.77	1140	1490	0.77	1.04	432	3.45	5.4		
106		15	8	38	10	28	基下19m	流速仪(55)13/25	87	1150	1520	0.76	1.02	432	3.52	5.5		
107		16	9	05	10	47	基下19m	流速仪(55)13/25	21.13	1280	1620	0.79	1.07	433	3.74	5.7		
108		17	6	00	10	00	基下19m	流速仪(55)13/61	82	1830	1910	0.96	1.21	436	4.38	6.2		
109			14	45	18	58	基下19m	流速仪(55)13/45	23.44	3340	2720	1.23	1.58	486	5.6	7.8		
110		18	3	23	8	45	基下19m	流速仪(55)13/66	24.73	4470	3400	1.31	1.73	492	6.9	9.3		
111		19	6	35	11	09	基下19m	流速仪(55)13/65	34	3800	3210	1.18	1.58	490	6.6	9.1		
112			19	20	23	20	基下19m	流速仪(55)13/65	23.92	3400	3040	1.12	1.52	487	6.2	8.7		
113		20	8	42	10	29	基下19m	流速仪(55)13/26	24.28	3960	3130	1.27	1.66	489	6.4	8.9		
114			18	47	20	50	基下19m	流速仪(55)13/26	66	4240	3370	1.26	1.67	492	6.8	9.3		
115		22	1	10	3	00	基下19m	流速仪(55)13/26	23.45	2830	2730	1.04	1.36	486	5.6	8.1		
116			8	50	10	42	基下19m	流速仪(55)13/26	24	2780	2680	1.04	1.36	485	5.5	8.0		

续表

施测号数	施测时间						断面位置	测验方法	基本水尺水位(m)	流量(m^3/s)	断面面积(m^2)	流速(m/s)		水面宽(m)	水深(m)		水面比降(‰)	糙率
	月	日	起		讫							平均	最大		平均	最大		
			时	分	时	分												
1973年信江梅港站																		
117	5	22	21	15	23	10	基下19m	流速仪(55)13/26	81	3460	2930	1.18	1.63	487	6.0	8.5		
118		23	6	50	8	45	基下19m	流速仪(55)13/26	24.16	3590	3130	1.15	1.55	488	6.4	8.9		
119		24	5	502	7	30	基下19m	流速仪(55)13/26	23.47	2880	2780	1.04	1.37	486	5.7	8.3		
120			22	40	0	20	基下19m	流速仪(55)13/26	22.64	2160	2360	0.92	1.22	439	5.4	7.4		
121		25	15	12	16	55	基下19m	流速仪(55)13/25	21.88	1570	1970	0.80	1.05	435	4.53	6.5		
122		26	8	20	10	10	基下19m	流速仪(55)13/25	66	1480	1880	0.79	1.05	435	4.32	6.2		
123			22	03	23	45	基下19m	流速仪(55)13/25	22.26	2150	2150	1.00	1.30	437	4.92	6.8		
124		27	13	00	14	40	基下19m	流速仪(55)13/26	87	2480	2450	1.01	1.35	484	5.1	7.4		
125		28	14	25	16	23	基下19m	流速仪(55)13/25	06	1720	2070	0.83	1.11	436	4.75	6.7		
126		29	14	30	16	15	基下19m	流速仪(55)13/25	21.69	1470	1910	0.77	1.02	435	4.39	6.3		
127		31	5	40	7	40	基下19m	流速仪(55)13/26	52	1440	1830	0.79	1.04	435	4.21	6.0		
128			12	35	14	18	基下19m	流速仪(55)13/26	22.99	2840	2530	1.12	1.55	485	5.2	7.4		
129			19	25	21	03	基下19m	流速仪(55)13/26	24.84	5140	3500	1.47	1.94	492	7.1	9.5		
130	6	1	3	20	5	40	基下19m	流速仪(55)14/28	26.36	7280	4280	1.70	2.13	501	8.5	10.3		
131			16	07	19	25	基下19m	流速仪(55)14/35	27.31	8580	4890	1.75	2.20	507	9.6	12.0		
132		2	14	20	16	34	基下19m	流速仪(55)14/28	26.56	6250	4340	1.44	1.94	503	8.6	11.2		
133		3	2	58	5	20	基下19m	流速仪(55)14/28	25.30	4570	3930	1.16	1.59	496	7.9	10.2		
134			15	10	16	48	基下19m	流速仪(55)13/26	24.05	3200	3070	1.04	1.42	487	6.3	9.0		
135		4	8	43	10	50	基下19m	流速仪(55)13/26	22.96	2340	2540	0.92	1.21	484	5.2	7.9		
136		5	14	05	16	01	基下19m	流速仪(55)13/25	36	1980	2230	0.89	1.21	437	5.1	7.3		
137		6	6	25	8	10	基下19m	流速仪(55)13/25	45	2060	2260	0.91	1.21	437	5.2	7.4		
138		7	15	10	17	10	基下19m	流速仪(55)13/25	21.56	1370	1890	0.73	0.95	434	4.35	6.8		
139		9	8	40	10	43	基下19m	流速仪(55)12/23	20.66	797	1500	0.53	0.76	431	3.48	5.7		
140		11	8	30	10	20	基下19m	流速仪(55)12/22	11	520	1240	0.42	0.62	428	2.90	4.90		
141		13	8	37	10	55	基下19m	流速仪(55)12/21	19.81	415	1130	0.37	0.54	425	2.66	4.75		
142		15	8	41	11	13	基下19m	流速仪(55)12/21	74	481	1090	0.44	0.64	424	2.54	4.60		
143		17	15	03	16	50	基下19m	流速仪(55)11/21	35	324	917	0.35	0.55	421	2.18	4.20		
144		18	16	13	18	15	基下19m	流速仪(55)12/20	83	601	1120	0.54	0.77	425	2.64	4.60		
145		19	15	00	16	44	基下19m	流速仪(55)12/23	20.37	954	1360	0.70	0.99	430	3.16	5.1		
146		20	0	10	2	00	基下19m	流速仪(55)12/24	21.38	1590	1770	0.90	1.22	434	4.08	6.0		
147			8	39	10	23	基下19m	流速仪(55)12/24	22.33	2300	2180	1.06	1.38	437	4.99	7.1		
148			23	54	3	36	基下19m	流速仪(55)13/33	23.39	3090	2810	1.10	1.43	486	5.8	8.3		
149		21	20	40	22	35	基下19m	流速仪(55)13/26	22.71	2330	2420	0.96	1.30	484	5.0	7.5		
150		22	8	54	10	44	基下19m	流速仪(55)13/26	24.00	3900	3090	1.26	1.66	488	6.3	8.7		
151			15	40	17	35	基下19m	流速仪(55)14/27	25.09	5110	3570	1.43	1.86	492	7.3	9.8		
152		23	1	00	3	06	基下19m	流速仪(55)14/28	26.40	6950	4380	1.59	2.07	502	8.7	11.2		
153			9	26	12	30	基下19m	流速仪(55)14/34	99	7550	4540	1.66	2.27	505	9.0	12.3		
154		24	6	10	8	20	基下19m	流速仪(55)14/28	55	6690	4480	1.49	1.97	502	8.9	11.5		
155		25	1	44	4	04	基下19m	流速仪(55)14/28	27.27	7970	4740	1.68	2.25	506	9.4	12.0		
156			16	50	20	06	基下19m	流速仪(55)14/35	91	9090	5080	1.79	2.29	510	10.0	12.7		
157		26	23	47	1	50	基下19m	流速仪(55)14/28	28.32	10300	5380	1.91	2.43	511	10.5	13.2		
158		27	22	13	0	05	基下19m	流速仪(55)14/28	27.61	8300	4950	1.68	2.25	498	9.9	12.7		
159		28	14	35	16	34	基下19m	流速仪(55)14/28	26.24	5970	4210	1.42	1.88	501	8.4	11.5		

续表

施测号数	施测时间						断面位置	测验方法	基本水尺水位(m)	流量(m^3/s)	断面面积(m^2)	流速(m/s)		水面宽(m)	水深(m)		水面比降(‱)	糙率
	月	日	起		讫							平均	最大		平均	最大		
			时	分	时	分												
1973年信江梅港站																		
160	6	29	8	00	10	00	基下19m	流速仪(55)14/28	25.58	5180	3840	1.35	1.80	498	7.7	10.6		
161		30	14	42	17	04	基下19m	流速仪(55)14/28	24.87	4130	3480	1.19	1.64	493	7.1	10.3		
162	7	1	15	15	17	00	基下19m	流速仪(55)13/26	23.26	2270	2700	0.84	1.14	485	5.6	8.6		
163		2	15	15	17	40	基下19m	流速仪(55)13/25	22.39	1440	2250	0.64	0.86	437	5.1	7.5		
164		4	8	33	10	45	基下19m	流速仪(55)13/25	02	925	2010	0.46	0.70	436	4.61	7.0		
165		5	8	50	10	36	基下19m	流速仪(55)13/26	23.11	2470	2590	0.95	1.25	485	5.3	8.0		
166			15	12	17	10	基下19m	流速仪(55)13/26	24.80	4790	3460	1.38	1.86	492	7.0	9.7		
167		6	1	08	4	52	基下19m	流速仪(55)14/34	25.89	5890	4060	1.45	1.84	499	8.1	10.9		
168			15	45	17	30	基下19m	流速仪(55)14/27	34	4840	3760	1.29	1.65	496	7.6	10.3		
169		7	9	13	11	13	基下19m	流速仪(55)14/27	24.06	3300	3080	1.07	1.41	487	6.3	9.1		
170		8	9	00	10	55	基下19m	流速仪(55)13/26	22.75	1780	2390	0.75	0.98	456	5.2	7.8		
171		10	8	36	11	12	基下19m	流速仪(55)13/25	11	1130	2090	0.54	0.76	436	4.79	7.1		
172		12	8	40	10	40	基下19m	流速仪(55)13/25	42	1710	2240	0.76	1.01	437	5.1	7.5		
173		13	15	47	17	45	基下19m	流速仪(55)13/26	58	2020	2310	0.87	1.16	438	5.3	7.7		
174		15	9	05	11	05	基下19m	流速仪(55)13/25	21.69	1010	1920	0.53	0.76	435	4.41	6.8		
175		18	8	50	11	20	基下19m	流速仪(55)12/23	22	544	1660	0.33	0.54	433	3.83	6.2		
176		20	15	00	17	05	基下19m	流速仪(55)12/23	20.99	610	1590	0.39	0.62	432	3.68	6.0		
177		24	8	53	10	50	基下19m	流速仪(55)12/24	50	357	1380	0.26	0.42	430	3.21	5.5		
178		27	9	30	11	30	基下19m	流速仪(55)12/22	18	423	1260	0.34	0.57	428	2.94	5.3		
179		31	8	25	10	15	基下19m	流速仪(55)11/19	19.72	245	1050	0.23	0.38	424	2.48	4.65		
180	8	3	8	30	10	15	基下19m	流速仪(55)11/19	50	279	981	0.28	0.41	422	2.32	4.55		
181		7	8	40	10	30	基下19m	流速仪(55)10/18	20	217	869	0.25	0.38	[illegible]	2.07	4.30		
182		13	8	21	10	06	基下19m	流速仪(55) 9/16	18.80	145	693	0.21	0.30	322	2.15	3.85		
183		15	8	30	10	35	基下19m	流速仪(55)10/17	98	206	755	0.27	0.38	349	2.16	4.00		
184		16	8	48	10	54	基下19m	流速仪(55)10/17	19.10	241	806	0.30	0.47	411	1.96	4.20		
185		21	8	44	10	20	基下19m	流速仪(55) 9/16	18.75	165	678	0.24	0.35	321	2.11	3.90		
186		29	8	46	11	32	基下19m	流速仪(55)8/14	23	65.6	511	0.13	0.19	293	1.74	3.20		
187		30	8	42	10	40	基于19m	流速仪(55)8/14	48	117	589	0.20	0.30	286	2.06	3.55		
188		31	8	45	10	45	基于19m	流速仪(55)9/16	68	159	647	0.25	0.36	316	2.05	3.80		
189	9	3	8	40	10	22	基于19m	流速仪(55)11/19	19.34	380	901	0.42	0.65	421	2.14	4.40		
190		4	14	39	17	37	基于19m	流速仪(55)11/20	71	544	1060	0.51	0.80	424	2.50	4.70		
191		5	8	30	10	30	基于19m	流速仪(55)12/22	94	654	1150	0.57	0.80	426	2.70	5.0		
192		7	15	05	16	41	基于19m	流速仪(55)11/19	39	425	928	0.46	0.69	422	2.20	4.50		
193		8	14	36	16	30	基于19m	流速仪(55)12/21	99	677	1180	0.57	0.78	426	2.77	5.1		
194		9	15	03	16	44	基于19m	流速仪(55)11/20	66	520	1050	0.50	0.73	423	2.48	4.80		
195		10	15	10	17	30	基于19m	流速仪(55)13/24	20.49	954	1400	0.68	0.98	430	3.26	5.6		
196		11	14	50	16	50	基于19m	流速仪(55)12/21	19.73	539	1080	0.50	0.73	424	2.55	4.80		

续表

施测号数	施测时间						断面位置	测验方法	基本水尺水位(m)	流量(m^3/s)	断面面积(m^2)	流速(m/s)		水面宽(m)	水深(m)		水面比降(‰)	糙率
	月	日	起		讫							平均	最大		平均	最大		
			时	分	时	分												
1973年信江梅港站																		
197	9	13	14	24	16	03	基于19m	流速仪(55)12/22	97	664	1160	0.57	0.84	426	2.72	4.80		
198		15	9	07	10	39	基于19m	流速仪(55)10/18	35	400	903	0.44	0.66	421	2.14	4.40		
199		17	8	25	10	00	基于19m	流速仪(55)10/18	22	371	861	0.43	0.62	421	2.05	4.20		
200		18	6	35	8	15	基于19m	流速仪(55)12/22	96	663	1140	0.58	0.83	426	2.68	4.90		
201		20	8	43	10	19	基于19m	流速仪(55)11/19	36	399	894	0.45	0.63	421	2.26	4.20		
202		21	8	35	10	15	基于19m	流速仪(55)11/19	57	496	1000	0.50	0.71	423	2.36	4.40		
203		24	9	00	10	45	基于19m	流速仪(55)10/18	09	268	782	0.34	0.50	412	1.90	4.00		
204		26	14	50	16	35	基于19m	流速仪(55)10/18	15	185	828	0.22	0.33	426	1.94	4.00		
205		29	8	52	10	07	基于19m	流速仪(55) 8/15	18.98	137	717	0.19	0.33	350	2.05	3.75		
206	10	4	8	50	10	50	基于19m	流速仪(55)10/17	98	163	719	0.23	0.34	350	2.05	3.75		
207		8	8	32	10	20	基于19m	流速仪(55) 7/14	19.18	142	771	0.18	0.29	406	1.90	3.90		
208		12	8	32	9	57	基于19m	流速仪(55) 8/15	18.81	161	669	0.24	0.34	330	2.03	3.60		
209		13	9	16	11	00	基于19m	流速仪(55)10/18	19.05	216	776	0.28	0.42	411	1.89	3.95		
210		17	8	58	10	12	基于19m	流速仪(55) 8/14	18.65	149	605	0.25	0.38	313	1.93	3.50		
211		20	9	00	10	20	基于19m	流速仪(55) 8/14	59	162	595	0.27	0.39	315	1.89	3.50		
212		21	13	52	16	30	基于19m	流速仪(55)10/23	19.24	379	834	0.45	0.67	426	1.96	4.00		
213		22	9	16	11	00	基于19m	流速仪(55)11/20	19.69	556	1030	0.54	0.75	429	2.40	4.50		
214		23	14	31	16	10	基于19m	流速仪(55)10/18	41	413	897	0.46	0.70	427	2.10	4.30		
215		25	9	00	10	26	基于19m	流速仪(55)9/16	18.85	234	667	0.35	0.52	332	2.01	3.70		
216		29	8	38	10	44	基于19m	流速仪(55)9/15	62	183	628	0.29	0.42	314	2.00	3.55		
217	11	2	8	43	9	47	基于19m	流速仪(55)8/14	50	160	579	0.28	0.50	308	1.88	3.45		
218		6	8	27	9	42	基于19m	流速仪(55)7/13	26	109	507	0.22	0.33	289	1.75	3.10		
219		8	9	10	11	10	基于19m	流速仪(55)8/13	28	109	511	0.21	0.29	300	1.70	3.20		
220		13	8	25	9	40	基于19m	流速仪(55)7/12	23	98.7	468	0.21	0.32	290	1.61	3.10		
221		18	8	40	10	00	基于19m	流速仪(55)7/12	22	94.9	478	0.20	0.23	294	1.63	3.05		
222		24	9	17	11	00	基于19m	流速仪(55)7/12	18	88.3	480	0.18	0.26	288	1.67	3.10		
223		27	14	20	16	19	基于19m	流速仪(55)7/12	13	79.6	461	0.17	0.24	289	1.59	3.00		
224	12	3	14	08	15	30	基于19m	流速仪(55)7/12	14	81.7	469	0.17	0.26	288	1.63	3.05		
225		7	9	10	10	05	基于19m	流速仪(55)7/12	10	72.8	461	0.16	0.22	285	1.62	3.00		
226		10	9	10	10	20	基于19m	流速仪(55)7/12	05	59.9	441	0.14	0.19	278	1.59	2.95		
227		13	9	00	10	10	基于19m	流速仪(55)7/12	00	52.7	427	0.12	0.17	274	1.56	2.90		
228		20	9	15	10	45	基于19m	流速仪(55)7/12	00	50.2	423	0.12	0.16	271	1.56	2.90		
229		25	9	40	10	50	基于19m	流速仪(55)7/12	04	62.1	439	0.14	0.20	277	1.58	2.93		
230		31	9	05	10	19	基于19m	流速仪(55)7/12	17.97	48.3	415	0.12	0.16	271	1.53	2.80		
附注：130～131次流量由于测流完毕发现顶锅藏满泥沙使流量显著偏小，经按原样泥沙的顶锅与正常流速仪比测发现同水位流量偏小5.1%，故将所测流量增加5.1%。																		

续表

施测号数	施测时间 月	日	起 时	起 分	讫 时	讫 分	断面位置	测验方法	基本水尺水位(m)	流量(m³/s)	断面面积(m²)	流速(m/s) 平均	流速(m/s) 最大	水面宽(m)	水深(m) 平均	水深(m) 最大	水面比降(‰)	糙率
1978年草尾河草尾站																		
1	1	3	15	05	16	25	基下235m	流速仪(55)10/30	28.36	345	892	0.39	0.56	221	4.04	5.2		
2		12	9	50	11	35	基下235m	流速仪(55)10/30	26	337	869	0.39	0.55	220	3.95	5.2		
3		20	10	10	12	00	基下235m	流速仪(55)10/30	61	455	956	0.48	0.61	222	4.31	5.5		
4		29	10	25	15	10	基下235m	流速仪(55)10/30	35	370	885	0.42	0.57	221	4.00	5.4		
5	2	13	11	20	12	50	基下235m	流速仪(55)10/30	18	306	842	0.36	0.52	220	3.83	5.2		
6		23	10	06	12	10	基下235m	流速仪(55)10/30	02	267	802	0.33	0.47	218	3.68	5.1		
7	3	2	14	43	16	17	基下235m	流速仪(55)10/30	27.92	245	785	0.31	0.41	217	3.62	4.90		
8		8	10	35	12	10	基下235m	流速仪(55)10/30	88	238	778	0.31	0.38	217	3.59	4.83		
9		22	9	40	11	10	基下235m	流速仪(55)10/30	28.43	426	899	0.47	0.65	221	4.07	5.4		
10		24	9	20	11	10	基下235m	流速仪(55)10/30	69	505	959	0.53	0.73	222	4.32	5.7		
11		28	10	30	12	00	基下235m	流速仪(55)10/30	34	394	883	0.45	0.61	220	4.01	5.3		
12	4	1	15	20	16	57	基下235m	流速仪(55)10/30	70	512	960	0.53	0.72	222	4.32	5.6		
13		4	9	24	11	05	基下235m	流速仪(55)10/30	79	528	982	0.54	0.76	222	4.42	5.8		
14		9	10	45	13	24	基下235m	流速仪(55)10/30	48	413	921	0.45	0.62	221	4.17	5.5		
15		17	16	00	17	48	基下235m	流速仪(55)10/30	04	297	822	0.36	0.51	218	3.77	5.2		
16		22	15	30	17	24	基下235m	流速仪(55)10/30	09	306	828	0.37	0.51	218	3.80	5.0		
17		24	15	16	16	46	基下235m	流速仪(55)10/30	71	514	962	0.53	0.76	222	4.33	5.7		
18		26	9	00	11	00	基下235m	流速仪(55)10/30	29.01	612	1030	0.59	0.84	223	4.62	5.9		
19		28	10	25	11	56	基下235m	流速仪(55)10/30	31	755	1100	0.69	0.98	224	4.91	6.3		
20		29	10	44	12	38	基下235m	流速仪(55)10/30	85	989	1240	0.80	1.10	227	5.5	6.8		
21	5	2	9	15	11	20	基下235m	流速仪(55)10/30	52	816	1150	0.71	0.99	225	5.1	6.5		
22		4	9	20	10	50	基下235m	流速仪(55)10/30	22	695	1080	0.64	0.90	224	4.82	6.2		
23		8	15	23	16	41	基下235m	流速仪(55)10/30	42	796	1130	0.70	0.96	225	5.0	6.5		
24		11	8	37	9	52	基下235m	流速仪(55)10/30	30.01	1020	1260	0.81	1.11	228	5.5	7.1		
25		14	15	00	16	15	基下235m	流速仪(55)10/30	29.75	928	1200	0.77	1.10	226	5.3	6.8		
26		19	9	04	13	18	基下235m	流速仪(55)19/95	28	734	1090	0.67	0.95	224	4.87	6.2		
27		21	5	58	7	18	基下235m	流速仪(55)10/30	30.05	992	1260	0.79	1.12	228	5.5	7.1		
28		22	8	30	9	39	基下235m	流速仪(55)10/30	47	1080	1360	0.79	1.06	230	5.9	7.4		
29		24	14	58	16	18	基下235m	流速仪(55)10/30	60	1130	1390	0.81	1.13	231	6.0	7.6		
30		26	8	40	10	30	基下235m	流速仪(55)10/30	50	1130	1370	0.82	1.10	230	6.0	7.6		
31		29	11	16	12	34	基下235m	流速仪(55)10/30	42	1160	1340	0.87	1.26	230	5.8	7.5		
32		31	15	10	16	30	基下235m	流速仪(55)10/30	31.26	1630	1540	1.06	1.43	235	6.6	8.3		
33	6	1	10	38	12	04	基下235m	流速仪(55)10/30	69	1860	1640	1.13	1.59	237	6.9	8.6		
34		2	17	02	18	16	基下235m	流速仪(55)10/30	32.09	2000	1720	1.16	1.65	237	7.3	9.1		
35		3	15	20	16	34	基下235m	流速仪(55)10/30	06	1930	1720	1.12	1.55	237	7.3	8.9		
36		5	8	55	10	10	基下235m	流速仪(55)10/30	31.79	1660	1670	0.99	1.39	237	7.0	8.8		
37		7	9	12	10	32	基下235m	流速仪(55)10/30	26	1380	1550	0.89	1.24	235	6.6	8.3		
38		9	16	08	17	55	基下235m	流速仪(55)10/30	30.74	1230	1430	0.86	1.17	232	6.2	7.8		
39		12	9	22	11	18	基下235m	流速仪(55)10/30	79	1240	1420	0.87	1.17	232	6.1	7.8		
40		13	9	04	11	20	基下235m	流速仪(55)10/30	31.22	1540	1530	1.01	1.39	234	6.5	8.3		

续表

施测号数	施测时间						断面位置	测验方法	基本水尺水位 (m)	流量 (m^3/s)	断面面积 (m^2)	流速 (m/s)		水面宽 (m)	水深 (m)		水面比降 (‰)	糙率
	月	日	起		讫							平均	最大		平均	最大		
			时	分	时	分												
1978年草尾河草尾站																		
41	6	16	8	46	10	12	基下235m	流速仪(55)10/30	42	1540	1590	0.97	1.37	236	6.7	8.4		
42		19	15	16	17	22	基下235m	流速仪(55)10/30	30.97	1340	1480	0.91	1.26	232	6.4	8.0		
43		21	9	02	10	46	基下235m	流速仪(55)10/30	31.22	1560	1550	1.01	1.41	234	6.6	8.2		
44		23	8	46	10	06	基下235m	流速仪(55)10/30	30	1540	1560	0.99	1.32	235	6.6	8.2		
45		25	14	58	16	16	基下235m	流速仪(55)10/30	38	1600	1570	1.02	1.41	235	6.7	8.3		
46		27	8	40	10	36	基下235m	流速仪(55)10/30	96	1910	1700	1.12	1.60	237	7.2	8.8		
47		28	14	48	16	16	基下235m	流速仪(55)10/30	32.35	2180	1800	1.21	1.69	238	7.6	9.4		
48		30	15	20	16	56	基下235m	流速仪(55)10/30	17	1830	1750	1.05	1.44	238	7.4	9.1		
49	7	3	8	35	10	30	基下235m	流速仪(55)10/30	31.60	1470	1620	0.91	1.32	236	6.9	8.5		
50		6	8	54	14	00	基下235m	流速仪(55)19/95	15	1410	1520	0.93	1.30	234	6.5	8.0		
51		8	9	22	10	48	基下235m	流速仪(55)10/30	34	1620	1570	1.03	1.41	235	6.7	8.3		
52		10	10	34	12	10	基下235m	流速仪(55)10/30	58	1750	1620	1.08	1.49	236	6.9	8.6		
53			23	20	0	50	基下235m	流速仪(55)10/30	54	1700	1610	1.06	1.48	236	6.8	8.6		
54		11	9	38	11	10	基下235m	流速仪(55)10/30	48	1640	1590	1.03	1.47	236	6.7	8.4		
55			15	40	16	56	基下235m	流速仪(55)10/30	42	1630	1580	1.03	1.47	236	6.7	8.3		
56		14	9	46	11	06	基下235m	流速仪(55)10/30	30.76	1280	1430	0.90	1.26	232	6.2	7.6		
57		17	9	20	11	00	基下235m	流速仪(55)10/30	24	1060	1310	0.81	1.09	229	5.7	7.2		
58		21	9	22	11	12	基下235m	流速仪(55)10/30	32	1230	1320	0.93	1.26	227	5.8	7.3		
59		24	9	40	11	00	基下235m	流速仪(55)10/30	41	1270	1350	0.94	1.27	230	5.9	7.3		
60	8	29	8	50	10	12	基下235m	流速仪(55)10/30	30	1170	1330	0.88	1.21	229	5.8	7.3		
61		1	8	30	10	20	基下235m	流速仪(55)10/30	27	1180	1320	0.89	1.20	229	5.8	7.3		
62		3	8	56	11	48	基下235m	流速仪(55)10/30	45	1280	1360	0.94	1.34	230	5.9	7.3		
63		6	9	15	10	45	基下235m	流速仪(55)10/30	54	1320	1380	0.96	1.34	231	6.0	7.5		
64		10	8	46	10	14	基下235m	流速仪(55)10/30	40	1210	1360	0.89	1.23	230	5.9	7.3		
65		12	15	44	17	02	基下235m	流速仪(55)10/30	70	1390	1420	0.98	1.39	231	6.1	7.7		
66		15	8	50	10	08	基下235m	流速仪(55)10/30	31.13	1590	1520	1.05	1.45	233	6.5	8.2		
67		18	8	40	10	15	基下235m	流速仪(55)10/30	30.83	1380	1440	0.96	1.30	232	6.2	7.7		
68		21	9	15	10	40	基下235m	流速仪(55)10/30	95	1470	1470	1.00	1.39	232	6.3	7.9		
69		24	9	15	10	45	基下235m	流速仪(55)10/30	80	1380	1450	0.95	1.30	232	6.3	7.8		
70		28	8	45	10	20	基下235m	流速仪(55)10/30	10	1040	1290	0.81	1.12	228	5.7	7.0		
71		31	8	30	10	05	基下235m	流速仪(55)10/30	29.75	901	1200	0.75	1.05	226	5.3	6.7		
72	9	4	9	05	10	55	基下235m	流速仪(55)10/30	42	801	1130	0.71	0.98	225	5.0	6.4		
73		7	8	55	10	30	基下235m	流速仪(55)10/30	41	791	1120	0.71	0.94	225	4.98	6.2		
74		8	8	55	10	25	基下235m	流速仪(55)10/30	98	1060	1250	0.85	1.18	228	5.5	6.8		
75		10	12	20	13	35	基下235m	流速仪(55)10/30	30.56	1310	1380	0.95	1.25	231	6.0	7.4		
76		12	15	10	16	45	基下235m	流速仪(55)10/30	59	1350	1390	0.97	1.28	231	6.0	7.6		
77		14	14	55	16	25	基下235m	流速仪(55)10/30	82	1460	1440	1.01	1.35	232	6.2	7.8		
78		16	14	00	15	40	基下235m	流速仪(55)10/30	62	1350	1390	0.97	1.33	231	6.0	7.5		
79		20	9	20	13	30	基下235m	流速仪(55)19/95	10	1080	1270	0.85	1.16	228	5.6	7.0		
80		23	15	15	16	50	基下235m	流速仪(55)10/30	12	1110	1280	0.87	1.18	228	5.6	7.0		

续表

施测号数	施测时间						断面位置	测验方法	基本水尺水位(m)	流量(m^3/s)	断面面积(m^2)	流速(m/s)		水面宽(m)	水深(m)		水面比降(‰)	糙率
	月	日	起		讫							平均	最大		平均	最大		
			时	分	时	分												
1978年草尾河草尾站																		
81	9	28	15	00	16	20	基下235m	流速仪(55)10/30	29.95	1020	1240	0.82	1.09	227	5.5	6.8		
82	10	4	15	15	16	40	基下235m	流速仪(55)10/30	66	883	1180	0.75	0.99	226	5.2	6.7		
83		11	8	30	10	20	基下235m	流速仪(55)10/30	29	717	1090	0.66	0.91	224	4.87	6.4		
84		19	15	45	17	25	基下235m	流速仪(55)10/30	02	593	1030	0.58	0.80	223	4.62	6.1		
85		25	15	15	16	40	基下235m	流速仪(55)10/30	28.91	570	1000	0.57	0.77	223	4.48	5.9		
86		30	9	50	11	55	基下235m	流速仪(55)10/30	29.37	769	1110	0.69	0.95	224	4.96	6.2		
87	11	3	10	30	12	00	基下235m	流速仪(55)10/30	32	677	1100	0.62	0.86	224	4.91	6.2		
88		8	15	45	17	22	基下235m	流速仪(55)10/30	28.97	595	1020	0.58	0.77	223	4.57	5.8		
89		11	14	45	16	10	基下235m	流速仪(55)10/30	29.27	711	1100	0.65	0.92	224	4.91	6.2		
90		15	15	10	16	30	基下235m	流速仪(55)10/30	72	866	1180	0.73	1.04	226	5.2	6.6		
91		19	9	37	11	43	基下235m	流速仪(55)10/30	59	820	1160	0.71	0.98	226	5.1	6.5		
92		29	9	25	11	30	基下235m	流速仪(55)10/30	53	825	1150	0.72	0.95	225	5.1	6.6		
93	12	5	13	25	14	45	基下235m	流速仪(55)10/30	07	633	1050	0.60	0.81	223	4.71	6.2		
94		12	10	30	12	07	基下235m	流速仪(55)10/30	28.65	493	954	0.52	0.74	221	4.32	5.7		
95		20	10	16	12	16	基下235m	流速仪(55)10/30	42	400	903	0.44	0.59	221	4.09	5.4		
96		26	10	10	16	16	基下235m	流速仪(55)19/93	28	361	882	0.41	0.56	220	4.01	5.4		
97		30	15	20	17	10	基下235m	流速仪(55)10/30	17	333	857	0.39	0.52	219	3.91	5.3		
1984年湘江衡山站																		
1	1	2	9	00	10	00	基	流速仪(251)7/13	40.64	518	1080	0.48	0.66	580	1.86	2.80		
2		6	15	00	16	40	基	流速仪(251)7/14	91	680	1240	0.55	0.81	591	2.10	3.16		
3		11	14	50	16	35	基	流速仪(251)7/11	32	371	903	0.41	0.62	563	1.60	2.54		
4		20	9	30	10	30	基	流速仪(251)7/11	25	313	857	0.37	0.63	560	1.53	2.40		
5		30	14	30	17	15	基	流速仪(251)7/12	45	407	990	0.41	0.68	571	1.73	2.70		
6	2	9	14	15	15	30	基	流速仪(251)7/13	64	503	1090	0.46	0.73	580	1.88	2.90		
7		20	8	50	10	20	基	流速仪(251)7/14	41.07	843	1340	0.63	0.86	594	2.26	3.40		
8		29	9	30	11	00	基	流速仪(251)7/14	40.96	729	1270	0.57	0.84	592	2.15	3.30		
9	3	9	15	00	17	00	基	流速仪(251)7/14	41.76	1330	1740	0.76	0.99	604	2.88	4.02		
10		20	9	10	10	30	基	流速仪(251)7/14	01	729	1290	0.57	0.84	593	2.18	3.30		
11		28	8	35	10	35	基	流速仪(251)7/14	20	889	1400	0.64	0.90	597	2.35	3.45		
12	4	2	15	00	16	25	基	流速仪(251)7/14	51	1130	1590	0.71	0.97	601	2.65	3.82		
13		5	8	50	10	30	基	流速仪(251)7/14	43.55	3240	2830	1.14	1.43	629	4.50	6.0		
14		6	8	50	10	30	基	流速仪(251)7/14	44.65	4350	3530	1.23	1.55	636	5.6	7.1		
15		7	22	40	1	10	基	流速仪(251)7/14	46.00	5990	4370	1.37	1.71	640	6.8	8.4		

续表

施测号数	施测时间						断面位置	测验方法	基本水尺水位(m)	流量(m^3/s)	断面面积(m^2)	流速(m/s)		水面宽(m)	水深(m)		水面比降(‰)	糙率
	月	日	起		讫							平均	最大		平均	最大		
			时	分	时	分												
1984年湘江衡山站																		
16	4	8	14	10	15	45	基	流速仪(251)7/14	50	6520	4660	1.40	1.75	642	7.3	8.8		
17		9	17	30	19	05	基	流速仪(251)7/14	45.95	5580	4330	1.29	1.68	640	6.8	8.4		
18		10	15	00	17	10	基	流速仪(251)7/14	13	4740	3840	1.23	1.56	637	6.0	7.6		
19		12	16	15	18	50	基	流速仪(251)7/14	44.36	3670	3340	1.10	1.37	634	5.3	6.7		
20		14	8	40	10	15	基	流速仪(251)7/14	42.93	2340	2440	0.96	1.22	618	3.95	5.3		
21		17	15	20	16	45	基	流速仪(251)7/14	33	1900	2060	0.92	1.20	610	3.38	4.67		
22		18	18	35	20	20	基	流速仪(251)7/14	43.51	3220	2770	1.16	1.52	627	4.42	5.7		
23		19	6	35	8	20	基	流速仪(251)7/14	45.15	5290	3800	1.39	1.73	637	6.0	7.3		
24		20	1	35	5	00	基	流速仪(251)7/14	46.30	6350	4580	1.39	1.76	641	7.1	8.6		
25		21	6	15	8	11	基	流速仪(251)7/14	45.83	5480	4250	1.29	1.65	639	6.7	8.3		
26		22	15	06	16	30	基	流速仪(251)7/14	44.59	4010	3470	1.16	1.46	635	5.5	7.0		
27		24	9	10	11	00	基	流速仪(251)7/14	43.22	2660	2610	1.02	1.22	623	4.19	5.5		
28		27	9	15	10	50	基	流速仪(251)7/14	42.89	2280	2410	0.95	1.16	618	3.90	5.3		
29		28	17	20	18	50	基	流速仪(251)7/14	44.56	4180	3480	1.20	1.53	635	5.5	7.1		
30		29	9	30	11	00	基	流速仪(251)7/14	78	4450	3590	1.24	1.53	636	5.6	7.3		
31		30	8	20	9	40	基	流速仪(251)7/14	86	4480	3640	1.23	1.58	636	5.7	7.1		
32	5	1	15	00	16	30	基	流速仪(251)7/14	43.89	3230	3050	1.06	1.33	630	4.84	6.3		
33		4	6	55	10	00	基	流速仪(251)7/14	44.37	4120	3350	1.23	1.48	634	5.3	6.8		
34			17	45	19	35	基	流速仪(251)7/14	45.31	5330	3960	1.35	1.65	638	6.2	8.2		
35		5	15	45	17	40	基	流速仪(251)7/14	46.11	5940	4440	1.34	1.70	641	6.9	8.7		
36		6	9	00	11	10	基	流速仪(251)7/14	29	6020	4560	1.32	1.68	641	7.1	8.7		
37		7	8	30	10	20	基	流速仪(251)7/14	45.50	5010	4080	1.23	1.58	638	6.4	8.1		
38		8	6	10	7	38	基	流速仪(251)7/14	44.14	3530	3210	1.10	1.44	633	5.1	6.6		
39		9	8	30	9	48	基	流速仪(251)7/14	42.94	2380	2440	0.98	1.12	618	3.95	5.3		
40		14	17	10	19	00	基	流速仪(251)7/14	34	1890	2090	0.90	1.10	611	3.42	4.80		
41		16	8	55	10	35	基	流速仪(251)7/14	43.66	3160	2920	1.08	1.36	629	4.64	6.0		
42			18	40	19	50	基	流速仪(251)7/14	44.86	4860	3680	1.32	1.65	636	5.8	7.4		
43		17	6	18	7	32	基	流速仪(251)7/14	46.43	6950	4670	1.49	1.92	642	7.3	9.0		
44			18	10	20	20	基	流速仪(251)7/14	98	7480	5040	1.48	1.82	646	7.8	9.3		
45		18	8	48	18	25	基	流速仪(251)23/115	73	7030	4990	1.41	1.82	643	7.8	9.3		
46		19	22	40	0	40	基	流速仪(251) 7/14	47.49	7960	5350	1.49	1.92	647	8.3	10.3		
47		20	16	28	17	55	基	流速仪(251)7/14	25	7280	5180	1.41	1.78	647	8.0	9.7	0.97	0.028
48		22	10	18	12	02	基	流速仪(251) 7/14	45.81	5380	4280	1.26	1.53	639	6.7	8.6		
49		23	15	30	16	40	基	流速仪(251) 7/14	44.33	3700	3320	1.11	1.41	634	5.2	6.6		
50		25	8	40	9	50	基	流速仪(251) 7/14	43.21	2640	2620	1.01	1.26	623	4.21	5.6		
51		28	9	15	10	30	基	流速仪(251) 7/14	44.25	3550	3290	1.08	1.40	634	5.2	6.6		
52		30	9	00	10	36	基	流速仪(251) 7/14	43.81	3140	3010	1.04	1.28	630	4.78	6.3		
53		31	8	50	10	20	基	流速仪(251) 7/14	50	3040	2830	1.07	1.41	629	4.50	5.8		
54			16	30	18	28	基	流速仪(251) 7/14	45.72	6640	4240	1.57	1.88	639	6.6	8.2		
55	6	1	3	00	5	45	基	流速仪(251)7/12	48.78	10900	6340	1.72	2.18	650	9.8	11.5	0.79	0.022

续表

施测号数	施测时间						断面位置	测验方法	基本水尺水位(m)	流量(m^3/s)	断面面积(m^2)	流速(m/s)		水面宽(m)	水深(m)		水面比降(‰)	糙率
	月	日	起		讫							平均	最大		平均	最大		
			时	分	时	分												
1984年湘江衡山站																		
56	6	1	15	50	17	20	基	流速仪(251)7/06	51.08	14900	7810	1.91	2.16	657	11.9	13.9	0.54	0.020
57		2	11	45	12	55	基	流速仪(251)7/0.6	86	14900	8350	1.78	2.09	658	12.7	15.3	1.10	0.031
58			14	35	22	12	基	流速仪(251)24/120	92	15400	8470	1.82	2.42	658	12.9	15.3	0.93	0.029
59		3	15	45	17	00	基	流速仪(251)7/0.6	51	13800	8110	1.70	2.03	658	12.3	14.7	0.93	0.030
60		4	12	35	13	45	基	流速仪(251)7/0.6	49.66	10600	6920	1.53	1.72	653	10.6	12.5	0.41	0.020
61		5	12	45	14	25	基	流速仪(251)7/14	46.70	6090	5060	1.20	1.51	643	7.9	9.5		
62		6	18	36	20	10	基	流速仪(251)7/14	44.16	3480	3240	1.07	1.36	633	5.1	6.6		
63		9	16	10	19	04	基	流速仪(251)7/14	42.32	1740	2080	0.84	1.06	611	3.40	4.80		
64		18	8	48	10	40	基	流速仪(251)7/14	89	2320	2430	0.95	1.17	617	3.94	5.3		
65		26	9	45	10	55	基	流速仪(251)7/14	41.57	1200	1640	0.73	0.92	601	2.73	3.93		
66	7	2	8	42	9	55	基	流速仪(251)7/14	83	1350	1770	0.76	0.97	605	2.93	4.25		
67		5	8	28	9	40	基	流速仪(251)7/14	42.09	1680	1930	0.87	1.08	608	3.17	4.30		
68		14	10	20	11	35	基	流速仪(251)7/14	40.73	617	1140	0.54	0.72	585	1.95	3.08		
69		23	15	35	17	00	基	流速仪(251)7/14	70	577	1100	0.52	0.72	583	1.89	2.98		
70		25	15	20	16	40	基	流速仪(251)7/11	15	300	809	0.37	0.60	552	1.47	2.45		
71	8	4	8	40	10	00	基	流速仪(251)7/12	31	383	894	0.43	0.64	563	1.59	2.60		
72		13	15	30	17	00	基	流速仪(251)7/12	60	539	1070	0.50	0.68	578	1.85	3.00		
73		24	15	50	17	05	基	流速仪(251)7/13	49	455	1010	0.45	0.65	573	1.76	2.90		
74		29	8	40	10	10	基	流速仪(251)7/14	41.60	1220	1650	0.74	0.93	603	2.74	3.93		
75	9	1	15	40	17	20	基	流速仪(251)7/14	42.68	2090	2280	0.92	1.19	615	3.71	5.1		
76		3	8	45	10	10	基	流速仪(251)7/14	43.85	3370	3030	1.11	1.38	630	4.81	6.2		
77		6	8	38	9	50	基	流速仪(251)7/14	41.91	1490	1830	0.81	1.03	606	3.02	4.20		
78		14	8	40	10	10	基	流速仪(251)7/14	40.77	613	1150	0.53	0.76	586	1.96	3.03		
79		21	15	45	17	25	基	流速仪(251)7/14	41.22	929	1420	0.65	0.87	597	2.38	3.58		
80		28	9	55	11	35	基	流速仪(251)7/14	40.87	645	1210	0.53	0.63	590	2.05	3.17		
81	10	6	9	25	10	50	基	流速仪(251)7/14	80	634	1180	0.54	0.75	588	2.01	3.15		
82		15	8	30	9	40	基	流速仪(251)7/14	41.22	891	1400	0.64	0.83	597	2.35	3.48		
83		24	9	20	10	52	基	流速仪(251)7/14	21	906	1420	0.64	0.82	597	2.38	3.50		
84	11	2	9	30	11	10	基	流速仪(251)7/12	40.45	395	963	0.41	0.63	571	1.69	2.60		
85		5	14	50	17	00	基	流速仪(251)7/12	35	325	922	0.35	0.58	565	1.63	2.53		
86		9	15	05	16	30	基	流速仪(251)7/10	24	303	849	0.36	0.55	560	1.52	2.39		
87		15	9	10	10	45	基	流速仪(251)7/14	99	700	1300	0.54	0.83	593	2.19	3.15		
88		22	9	20	10	50	基	流速仪(251)7/13	65	551	1080	0.51	0.78	581	1.86	2.80		
89	12	3	10	00	19	15	基	流速仪(251)22/97	48	455	997	0.46	0.75	573	1.74	2.50		
90		7	14	55	16	40	基	流速仪(251)7/10	23	308	845	0.36	0.65	559	1.51	2.38		
91		14	14	58	16	48	基	流速仪(251)7/12	56	427	1030	0.41	0.63	576	1.79	2.80		
92		20	15	00	16	42	基	流速仪(251) 7/13	82	617	1190	0.52	0.82	588	2.02	3.15		
93		24	8	40	10	30	基	流速仪(251)7/14	41.10	853	1350	0.63	0.86	596	2.27	3.25		
94		28	15	00	16	30	基	流速仪(251)7/12	40.69	519	1110	0.47	0.77	582	1.91	2.95		

续表

施测号数	施测时间						断面位置	测验方法	基本水尺水位(m)	流量(m^3/s)	断面面积(m^2)	流速(m/s)		水面宽(m)	水深(m)		水面比降(‱)	糙率	附注
	月	日	起		讫							平均	最大		平均	最大			
			时	分	时	分													
1984年长江奉节站																			
1	1	12	14	54	16	48	基上4000m	流速仪(25—1)7/14	77.17	4380	2320	1.89	3.44	350	6.6	10.3			
2		13	14	42	15	36	基上4000m	流速仪(25—1)7/14	76.97	4010	2250	1.78	3.12	348	6.5	9.2			
3		21	9	00	10	12	基上4000m	流速仪(25—1)7/14	56	3770	2110	1.79	2.99	342	6.2	9.1			
4		30	15	36	16	30	基上4000m	流速仪(25—1)7/14	42	3470	2100	1.65	3.22	340	6.2	9.5			
5	2	1	0	48	1	48	基上4000m	流速仪(25—1)7/14	29	3520	2050	1.72	3.09	339	6.0	9.3			
6		4	9	48	11	36	基上4000m	流速仪(25—1)7/14	18	3300	2000	1.65	2.85	338	5.9	9.0			
7		9	15	00	17	00	基上4000m	流速仪(25—1)7/14	00	3070	1920	1.60	2.79	336	5.7	8.9			
8		20	15	06	16	18	基上4000m	流速仪(25—1)7/14	74	3950	2230	1.77	2.89	344	6.5	10.0			
9	3	14	8	54	10	24	基上4000m	流速仪(25—1)7/14	77.05	4100	2320	1.77	3.02	348	6.7	9.9			
10		19	9	12	10	18	基上4000m	流速仪(25—1)7/14	76.75	3870	2230	1.74	3.05	344	6.5	9.9			
11		23	15	00	16	06	基上4000m	流速仪(25—1)7/14	77.42	4390	2500	1.76	3.05	354	7.1	10.6			
12		24	9	00	10	00	基上4000m	流速仪(25—1)7/14	95	4730	2640	1.79	3.12	359	7.4	11.2			
13		25	9	12	10	30	基上4000m	流速仪(25—1)7/14	78.38	5260	2800	1.88	3.09	363	7.7	11.5			
14	4	11	9	42	11	36	基上4000m	流速仪(25—1)7/14	09	4900	2650	1.85	3.01	360	7.4	11.0			
15		12	9	00	9	54	基上4000m	流速仪(25—1)7/14	77.72	4560	2590	1.76	3.01	357	7.3	11.0			
16		19	8	42	9	54	基上4000m	流速仪(25—1)7/14	78.67	5160	2860	1.80	3.01	365	7.8	11.9			
17		23	8	48	9	48	基上4000m	流速仪(25—1)7/14	99	5750	3020	1.90	3.15	368	8.2	12.2			
18	5	4	16	06	17	06	基上4000m	流速仪(25—1)7/14	79.98	6630	3370	1.97	2.99	378	8.9	13.0			
19		5	8	30	9	50	基上4000m	流速仪(25—1)8/16	81.56	8390	3960	2.12	3.12	394	10.1	14.7			
20		7	8	30	9	54	基上4000m	流速仪(25—1)8/16	83.50	10100	4760	2.12	2.89	408	11.7	16.8			
21		14	16	06	18	30	基上4000m	流速仪(25—1)8/16	82.42	9200	4340	2.12	2.95	400	10.9	15.3			
22		16	8	30	10	00	基上4000m	流速仪(25—1)9/18	84.39	10700	5150	2.08	2.92	415	12.4	17.2			
23		21	8	36	9	36	基上4000m	流速仪(25—1)9/18	86.95	14100	6360	2.22	3.06	436	14.6	20.3			
24		25	8	48	10	18	基上4000m	流速仪(25—1)9/18	89.90	17300	7380	2.34	3.39	450	16.4	22.4			
25		26	15	54	17	54	基上4000m	流速仪(25—1)9/18	94.32	21800	9400	2.32	3.36	474	19.8	27.0			
26		29	8	30	10	00	基上4000m	流速仪(25—1) 9/18	91.57	17400	8140	2.14	3.09	458	17.8	24.2			
27	6	1	16	00	17	18	基上4000m	流速仪(25—1) 9/18	92.62	20400	8660	2.36	3.25	464	18.7	25.4			
28		2	8	30	11	00	基上4000m	流速仪(25—1)10/20	97.91	27200	11200	2.43	3.63	498	22.5	30.5			
29		3	15	30	17	54	基上4000m	流速仪(25—1)10/20	103.19	31700	13700	2.31	3.21	527	26.0	34.4			
30		4	15	24	17	24	基上4000m	流速仪(25—1)10/20	101.42	27700	12900	2.15	2.92	518	24.9	33.0			
31		6	9	00	10	42	基上4000m	流速仪(25—1)9/18	92.67	17500	8490	2.06	2.98	464	18.3	24.4			
32		11	8	30	10	30	基上4000m	流速仪(25—1)9/18	94.35	19600	9080	2.16	3.04	474	19.2	24.4			
33		21	8	12	9	30	基上4000m	流速仪(25—1)9/18	88.20	14200	6640	2.14	3.14	439	15.1	21.2			
34		26	8	36	10	06	基上4000m	流速仪(25—1)9/18	97.26	25100	10600	2.37	3.27	494	21.5	30.5			
35			15	24	17	30	基上4000m	流速仪(25—1)10/20	100.08	28900	12200	2.37	3.27	511	23.9	32.4			
36		27	6	06	8	48	基上4000m	流速仪(25—1)10/20	105.43	36000	14800	2.43	3.25	537	27.6	37.2			
37			16	18	18	00	基上4000m	流速仪(25—1)11/22	107.52	37200	16000	2.33	3.18	548	29.2	39.4			
38		28	6	24	8	36	基上4000m	流速仪(25—1)11/22	109.23	37900	16200	2.26	2.93	557	30.2	41.3			
39		29	8	36	10	42	基上4000m	流速仪(25—1)11/22	106.23	31300	15200	2.06	2.77	541	28.1	33.1			
40			16	42	18	06	基上4000m	流速仪(25—1)10/20	104.78	30500	14400	2.12	2.74	534	27.0	36.9			

续表

施测号数	施测时间						断面位置	测验方法	基本水尺水位(m)	流量(m^3/s)	断面面积(m^2)	流速(m/s)		水面宽(m)	水深(m)		水面比降(‰)	糙率	附注
	月	日	起		讫							平均	最大		平均	最大			
			时	分	时	分													
1984年长江奉节站																			
41	7	2	8	42	10	30	基上4000m	流速仪(25—1)10/20	97.89	22500	10700	2.10	2.86	497	21.5	28.7			
42		4	15	42	18	00	基上4000m	流速仪(25—1)10/20	101.24	29200	12500	2.34	3.25	518	24.1	32.2			
43		6	6	06	8	12	基上4000m	流速仪(25—1)12/24	112.18	41800	13500	2.26	3.07	571	32.4	43.3			
44		7	8	30	10	24	基上4000m	流速仪(25—1)11/22	111.60	38900	18100	2.15	2.87	568	31.9	42.7			
45		9	6	00	7	48	基上4000m	流速仪(25—1)12/24	117.03	50300	21300	2.36	3.11	594	35.9	48.0			
46			17	06	19	12	基上4000m	流速仪(25—1)12/24	119.98	54900	23000	2.39	3.22	607	37.9	51.0			
47		10	8	00	9	42	基上4000m	流速仪(25—1)12/24	121.98	56700	24200	2.34	3.07	613	39.5	53.0			
48		11	8	30	10	12	基上4000m	流速仪(25—1)12/24	120.27	52700	23100	2.28	2.97	608	38.0	51.3			
49			16	06	17	36	基上4000m	流速仪(25—1)12/24	118.82	48400	22300	2.17	2.76	602	37.0	49.9			
50		12	8	12	9	36	基上4000m	流速仪(25—1)12/24	115.14	43900	20100	2.18	2.94	587	34.2	46.2			
51			16	24	18	06	基上4000m	流速仪(25—1)12/24	113.09	40400	18900	2.14	2.71	576	32.8	44.1			
52		17	8	24	10	42	基上4000m	流速仪(25—1)11/22	110.38	39500	17500	2.26	2.97	562	31.1	41.5			
53		18	8	12	9	48	基上4000m	流速仪(25—1)11/22	109.49	36000	16600	2.17	2.84	558	29.7	39.5			
54		23	15	54	17	48	基上4000m	流速仪(25—1)11/22	108.72	35400	16500	2.15	2.77	554	29.8	40.3			
55		27	15	48	17	30	基上4000m	流速仪(25—1)12/24	113.89	43400	19400	2.24	2.97	580	33.4	45.5			
56		28	8	18	11	00	基上4000m	流速仪(25—1)12/24	115.59	45400	20400	2.23	2.96	589	34.6	47.2			
57		30	16	30	18	00	基上4000m	流速仪(25—1)12/24	112.14	38800	18400	2.11	2.67	570	32.3	43.7			
58	8	8	8	30	11	00	基上4000m	流速仪(25—1)12/24	115.23	44500	20200	2.20	2.87	587	34.4	46.8			
59		17	6	36	12	00	基上4000m	流速仪(25—1)17/81	99.61	25100	11900	2.11	2.94	508	23.4	31.4			
60	9	2	8	18	11	06	基上4000m	流速仪(25—1)11/22	109.37	37000	17000	2.18	2.87	558	30.5	41.7			
61		7	6	48	11	06	基上4000m	流速仪(25—1)15/73	91.00	10400	8010	2.03	3.12	457	17.5	23.8			
62		25	15	42	17	30	基上4000m	流速仪(25—1)9/18	95.38	20800	9770	2.13	2.96	480	20.4	27.4			
63		28	9	12	11	30	基上4000m	流速仪(25—1)11/22	108.79	34200	16600	2.06	2.80	555	29.9	40.4			
64	10	10	15	00	16	18	基上4000m	流速仪(25—1)9/18	89.83	15200	7250	2.10	2.77	449	10.1	22.7			
65		11	16	48	17	48	基上4000m	流速仪(25—1)9/18	88.08	13700	6680	2.05	2.87	438	15.3	27.0			
66		22	8	30	9	42	基上4000m	流速仪(25—1)9/18	86.19	12100	5830	2.03	2.79	427	13.7	18.9			
67		27	8	36	9	54	基上4000m	流速仪(25—1)8/16	84.09	9900	4960	2.00	2.77	412	12.0	16.8			
68		29	8	12	10	00	基上4000m	流速仪(25—1)8/16	83.53	9410	4730	1.99	2.60	408	11.6	16.5			
69	11	4	8	18	9	30	基上4000m	流速仪(25—1)8/16	81.54	8360	3980	2.10	2.96	393	10.1	14.4			
70		13	8	30	9	42	基上4000m	流速仪(25—1)8/16	80.20	7140	3500	2.04	2.93	380	9.2	13.3			
71		23	9	18	10	30	基上4000m	流速仪(25—1)7/14	78.99	5500	3000	1.88	2.81	368	8.2	11.9			
72	12	11	9	00	10	24	基上4000m	流速仪(25—1)7/14	40	5190	2820	1.84	3.21	363	7.8	11.6			
73		29	9	00	10	30		流速仪(25—1)7/14	77.49	4560	2500	1.82	3.15	354	7.1	10.8			

续表

湘潭站 1992 年实测流量成果表					
测流时间（月日时）		实测水位（m）	实测流量（m^3/s）	断面面积（m^2）	平均流速（m/s）
10215.470	39.470	29.10	794.000	2080.000	0.382
10409.560	81.560	29.33	949.000	2240.000	0.424
10609.350	129.350	29.69	1150.000	2470.000	0.466
10709.590	153.590	30.20	1550.000	2810.000	0.552
10909.160	201.160	31.00	2200.000	3350.000	0.657
11115.550	255.550	30.51	1730.000	3020.000	0.573
11509.440	345.440	30.10	1440.000	2730.000	0.527
12009.360	465.360	29.86	1290.000	2600.000	0.496
12611.960	611.960	29.32	918.000	2230.000	0.412
20609.910	873.910	29.85	1270.000	2580.000	0.492
20910.490	946.490	31.54	2930.000	3720.000	0.788
21010.029	970.030	32.51	3860.000	4370.000	0.883
21110.551	994.550	32.77	4080.000	4560.000	0.895
21409.510	1065.510	32.44	3510.000	4330.000	0.811
21709.490	1137.490	32.00	3180.000	4040.000	0.787
22109.381	1233.380	32.62	4000.000	4450.000	0.899
22209.350	1257.350	33.60	5300.000	5160.000	1.027
22221.561	1269.560	33.85	5500.000	5360.000	1.026
22409.000	1305.000	32.97	3970.000	4720.000	0.841
22509.721	1329.720	32.09	3080.000	4110.000	0.749
22709.131	1377.130	31.21	2380.000	3520.000	0.676
22912.240	1428.240	30.73	1970.000	3190.000	0.618
30310.000	1498.000	30.36	1680.000	2940.000	0.571
30415.660	1527.660	31.44	2890.000	3670.000	0.787
30509.260	1545.260	32.57	4060.000	4440.000	0.914
30609.109	1569.110	33.05	4390.000	4800.000	0.915
30715.500	1599.500	32.62	3690.000	4470.000	0.826
30909.189	1641.190	31.67	2750.000	3830.000	0.718
31109.080	1689.080	31.08	2210.000	3450.000	0.641
31408.961	1760.960	30.63	1960.000	3110.000	0.630
31709.080	1833.080	31.10	2200.000	3430.000	0.641
31909.660	1881.660	32.31	3640.000	4270.000	0.852
31918.211	1890.210	33.05	4560.000	4780.000	0.954
32009.410	1905.410	34.78	6850.000	6000.000	1.142
32018.170	1914.170	35.83	8220.000	6750.000	1.218
32109.500	1929.500	36.69	9320.000	7380.000	1.263
32213.881	1957.880	37.41	9900.000	7900.000	1.253
32310.641	1978.640	37.56	10100.000	8010.000	1.261
32510.039	2026.040	38.64	12500.000	8750.000	1.429
32623.750	2063.750	39.72	14700.000	9550.000	1.539
32816.172	2104.170	39.35	13700.000	9310.000	1.472
33016.340	2152.340	37.42	9360.000	7890.000	1.186
40109.059	2193.060	36.31	8290.000	7130.000	1.163
40415.480	2271.480	34.62	5600.000	5870.000	0.954
40609.219	2313.220	33.08	3870.000	4790.000	0.808

续表

测流时间（月日时）		实测水位（m）	实测流量（m³/s）	断面面积（m²）	平均流速（m/s）
41015.730	2415.730	32.24	3170.000	4190.000	0.757
41409.051	2505.050	33.08	4240.000	4760.000	0.891
41512.480	2532.480	33.09	4150.000	4810.000	0.863
41808.980	2600.980	31.49	2390.000	3690.000	0.648
42109.352	2673.350	30.92	2040.000	3310.000	0.616
42215.641	2703.640	31.98	3080.000	4070.000	0.757
42409.398	2745.400	32.06	3220.000	4100.000	0.785
42509.371	2769.370	33.44	4490.000	5080.000	0.884
42809.090	2841.090	34.76	6160.000	6010.000	1.025
42909.059	2865.060	33.67	4560.000	5260.000	0.867
43015.461	2895.460	32.69	3410.000	4550.000	0.749
50308.762	2960.760	32.05	3050.000	4080.000	0.748
50616.289	3040.290	33.15	4370.000	4880.000	0.895
50716.469	3064.470	34.13	5670.000	5560.000	1.020
50809.070	3081.070	34.64	5900.000	5940.000	0.993
50908.980	3104.980	33.52	4270.000	5130.000	0.832
51210.270	3178.270	32.29	3080.000	4280.000	0.720
51516.320	3256.320	32.91	3890.000	4710.000	0.826
51709.172	3297.170	35.82	7880.000	6800.000	1.159
51718.922	3306.920	37.19	9740.000	7740.000	1.258
51806.672	3318.670	37.46	9640.000	7960.000	1.211
52115.859	3399.860	35.50	6310.000	6540.000	0.965
52308.859	3440.860	34.09	4480.000	5520.000	0.812
52608.910	3512.910	33.08	3480.000	4810.000	0.723
52808.828	3560.830	32.59	3220.000	4450.000	0.724
60208.922	3680.920	32.92	3970.000	4730.000	0.839
60609.180	3777.180	31.41	2270.000	3660.000	0.620
60908.930	3848.930	31.95	2860.000	4050.000	0.706
61308.750	3944.750	30.79	1820.000	3260.000	0.558
61516.352	4000.350	30.32	1490.000	2930.000	0.509
61616.531	4024.530	31.33	2610.000	3640.000	0.717
61715.859	4047.860	32.32	3250.000	4300.000	0.756
61909.871	4089.870	32.91	4330.000	4720.000	0.917
62009.129	4113.130	33.46	4750.000	5110.000	0.930
62208.762	4160.760	33.30	4180.000	4980.000	0.839
62308.941	4184.940	34.34	5600.000	5700.000	0.982
62319.430	4195.430	34.57	5830.000	5890.000	0.990
62508.809	4232.810	33.95	4580.000	5450.000	0.840
62608.789	4256.790	35.48	6900.000	6540.000	1.055
62708.859	4280.860	36.41	8030.000	7210.000	1.114
62908.789	4328.790	35.48	6070.000	6520.000	0.931
70109.078	4377.080	33.98	3720.000	5490.000	0.678
70309.156	4425.160	34.08	4100.000	5550.000	0.739
70408.922	4448.920	35.79	6260.000	6760.000	0.926
70609.000	4497.000	37.58	9900.000	8040.000	1.231
70709.211	4521.210	39.17	13000.000	9170.000	1.418

续表

测流时间 （月日时）		实测水位 （m）	实测流量 （m^3/s）	断面面积 （m^2）	平均流速 （m/s）
70816.828	4552.830	40.39	15600.000	10000.000	1.560
70909.039	4569.040	39.81	13500.000	9650.000	1.399
71008.992	4592.990	38.15	9880.000	8490.000	1.164
72008.891	4832.890	32.28	1760.000	4270.000	0.412
72208.820	4880.820	32.56	1430.000	4440.000	0.322
72508.883	4952.880	32.41	1380.000	4330.000	0.319
72809.133	5025.130	31.60	1170.000	3790.000	0.309
73108.922	5096.920	30.80	996.000	3220.000	0.309
80308.719	5168.720	30.22	1010.000	2850.000	0.354
80608.852	5240.850	29.92	990.000	2650.000	0.374
81008.828	5336.830	29.55	901.000	2410.000	0.374
81308.930	5408.930	29.41	867.000	2320.000	0.374
81709.063	5505.060	29.23	790.000	2220.000	0.356
82008.859	5576.860	29.16	766.000	2160.000	0.355
82216.078	5632.080	29.03	681.000	2100.000	0.324
82408.820	5672.820	28.87	580.000	1990.000	0.291
82809.352	5769.350	29.17	837.000	2200.000	0.380
90208.852	5888.850	29.01	709.000	2100.000	0.338
90516.273	5968.270	28.76	569.000	1920.000	0.296
91008.828	6080.830	28.90	707.000	2020.000	0.350
91208.711	6128.710	29.39	978.000	2330.000	0.420
91609.141	6225.140	29.75	1170.000	2570.000	0.455
92109.023	6345.020	29.24	857.000	2240.000	0.383
92609.227	6465.230	28.81	673.000	1970.000	0.342
101209.102	6849.100	28.59	538.000	1840.000	0.292
101908.859	7016.860	28.61	575.000	1850.000	0.311
102208.977	7088.980	28.45	502.000	1750.000	0.287
102608.930	7184.930	28.39	460.000	1710.000	0.269
102709.039	7209.040	28.25	400.000	1610.000	0.248
110311.172	7379.170	28.10	389.000	1520.000	0.256
110409.039	7401.040	28.25	448.000	1600.000	0.280
111315.844	7623.840	28.25	399.000	1610.000	0.248
111409.289	7641.290	28.17	371.000	1560.000	0.238
111715.703	7719.700	28.02	346.000	1470.000	0.235
111910.461	7762.460	27.95	329.000	1420.000	0.232
112016.398	7792.400	28.31	476.000	1640.000	0.290
112509.422	7905.420	27.90	298.000	1400.000	0.213
113016.102	8032.100	27.72	268.000	1280.000	0.209
120809.438	8217.440	28.20	434.000	1580.000	0.275
121615.563	8415.560	28.50	546.000	1760.000	0.310
121915.648	8487.650	28.66	576.000	1860.000	0.310
122209.500	8553.500	28.50	515.000	1770.000	0.291
122609.078	8649.080	28.37	441.000	1690.000	0.261
122815.461	8703.460	28.72	621.000	1890.000	0.329
123109.078	8769.080	29.03	753.000	2000.000	0.377

附表二　洪水水文要素摘录表

1975年长江奉节站

日期 月	日	时：分	水位 (m)	流量 (m^3/s)
4	16	8：00	77.36	4490
		20：00	33	4470
	17	8：00	59	4690
		20：00	78.46	5440
	18	8：00	88	5820
		20：00	79.37	6270
	19	8：00	80.29	7110
		20：00	81.21	7980
	20	8：00	93	8660
		20：00	82.30	9010
	21	5：00	32	9030
		8：00	27	8980
		20：00	81.81	8550
	22	8：00	29	8050
		20：00	80.98	7760
	23	8：00	79	7580
		20：00	68	7480
	24	8：00	53	7340
		20：00	33	7150
	25	8：00	10	6940
		20：00	79.76	6620
	26	8：00	44	6330
		11：30	36	6260
		20：00	42	6310
	27	8：00	92	6770
		20：00	80.55	7360
	28	8：00	81.26	8030
		11：30	76	8500
		20：00	83.52	10200
	29	8：00	85.59	12200
		14：00	86.16	12700
		20：00	50	13100
	30	2：00	57	13100
		8：00	48	13000
		14：00	20	12800
		20：00	04	12600
5	1	8：00	85.33	11900
		20：00	84.57	11200
	2	8：00	16	10800
		20：00	05	10700
	3	20：00	16	10800
	4	8：00	04	10700

日期 月	日	时：分	水位 (m)	流量 (m^3/s)
5	4	20：00	83.91	10600
	5	8：00	84	10500
		20：00	90	10500
	6	8：00	84.04	10700
		20：00	25	10900
	7	8：00	80	11400
		20：00	85.74	12300
	8	8：00	86.33	12900
		14：00	44	13000
		20：00	37	12900
	9	8：00	86.00	12600
		20：00	85.24	11800
	10	8：00	84.38	11000
		20：00	83.82	10500
	11	8：00	54	10200
		20：00	30	9970
	12	20：00	82.41	9120
	13	8：00	37	9080
		20：00	82.65	9350
	14	8：00	90	9580
		20：00	97	9650
	15	8：00	94	9620
		20：00	83.60	10300
	16	8：00	84.69	11300
		20：00	85.97	12500
	17	8：00	87.04	13600
		20：00	64	14200
	18	2：00	66	14200
		8：00	59	14100
		20：00	35	13900
	19	8：00	00	13500
		14：00	86.99	13500
		20：00	87.12	13700
	20	8：00	86	14400
		20：00	88.75	15300
	21	8：00	89.11	15600
		20：00	03	15500
	22	8：00	88.58	15100
		20：00	19	14700
	23	8：00	87.58	14100
	24	8：00	86.01	12600
		20：00	85.16	11800

日期 月	日	时：分	水位 (m)	流量 (m^3/s)
5	25	8：00	84.74	11400
	26	8：00	29	10900
		20：00	06	10700
	27	2：00	27	10900
		8：00	74	11400
		20：00	86.50	13100
	28	8：00	87.54	14100
		20：00	88.05	14600
	29	8：00	54	15000
		20：00	89.56	16000
	30	8：00	90.99	17500
		20：00	92.33	18800
	31	2：00	71	19200
		8：00	88	19400
		14：00	86	19400
		20：00	75	19200
6	1	8：00	15	18600
	2	8：00	90.19	16700
	3	8：00	87.69	14200
		20：00	18	13700
	4	8：00	21	13700
		20：00	86.99	13500
	5	8：00	64	13200
		20：00	30	12900
	6	2：00	31	12900
		8：00	46	13000
		20：00	87.16	13700
	7	8：00	88	14400
		20：00	88.36	14900
	8	2：00	29	14800
		8：00	02	14500
		20：00	87.31	13800
	9	8：00	86.62	13200
		9：00	67	13200
		11：00	87.17	13500
		14：00	88.53	14200
		20：00	90.41	15800
	10	8：00	91.82	17400
		14：00	88	17500
		20：00	91	17500
	11	2：00	92.11	17800
		8：00	63	18400
		14：00	93.24	19200

日期 月	日	时：分	水位 (m)	流量 (m^3/s)
6	11	20：00	93.97	20100
	12	2：00	94.49	20700
		8：00	78	21100
		10：00	84	21300
		11：00	83	21300
		14：00	79	21300
		20：00	66	21200
	13	8：00	93.78	20400
		20：00	92.57	19100
	14	20：00	89.84	16300
	15	8：00	88.52	15000
		20：00	87.54	14100
	16	2：00	49	14000
		8：00	88.05	14600
		14：00	89.00	15800
		20：00	90.37	18000
	17	8：00	93.99	22600
		14：00	95.80	24400
		20：00	97.00	25300
	18	2：00	92	25900
		8：00	98.63	26400
		14：00	99.06	26500
		17：00	21	26500
		20：00	29	26400
		21：00	30	26300
		22：00	29	26300
	19	8：00	03	25600
		20：00	98.17	24300
	20	8：00	97.06	23100
		20：00	95.92	21900
	21	8：00	94.65	20600
		20：00	93.32	19300
	22	8：00	92.06	18200
		20：00	90.75	17000
	23	8：00	89.44	15700
		20：00	88.11	14600
	24	8：00	86.83	13400
		20：00	16	12700
	25	2：00	11	12700
		8：00	26	12800
		14：00	87	13400
		20：00	88.06	14600
	26	2：00	89.75	16600

续表

1975 年长江奉节站

月	日	时：分	水位(m)	流量(m³/s)
6	26	8：00	94.08	22200
		14：00	99.25	27200
		17：00	101.12	28500
		20：00	102.12	29200
	27	2：00	103.13	30200
		8：00	94	31000
		20：00	105.23	32900
	28	2：00	75	33700
		8：00	106.14	34100
		14：00	57	34300
	28	20：00	106.82	34000
		21：00	83	33900
	29	2：00	83	33600
		8：00	68	33000
		14：00	41	32300
		20：00	105.73	31300
	30	8：00	104.29	29300
		20：00	102.85	27500
7	1	8：00	101.12	25700
		20：00	99.31	24100
	2	8：00	98.20	23100
		20：00	97.82	22900
	3	8：00	69	22800
		20：00	35	22700
	4	8：00	96.79	22500
		20：00	36	22400
	5	2：00	64	23000
		8：00	97.05	23500
		20：00	37	23900
	6	2：00	44	24000
		8：00	65	24300
		14：00	98.20	24800
		20：00	99.24	26100
	7	8：00	101.81	30200
		14：00	103.18	32700
		20：00	104.23	34300
	8	2：00	105.25	35300
		8：00	92	35500
		14：00	106.24	35200
		17：00	27	34900
		18：00	27	34600
		20：00	106.23	34000
	9	8：00	105.30	31100
		20：00	103.53	28300
	10	9：00	101.64	26300

月	日	时：分	水位(m)	流量(m³/s)
7		11：00	102.08	27300
		14：00	94	29000
		20：00	104.51	32200
		2：00	105.10	33000
	11	8：00	104.99	32700
		17：00	92	32600
		20：00	92	32600
	12	2：00	105.17	33000
		8：00	81	34000
		14：00	106.72	35300
		20：00	107.54	36500
	13	2：00	108.22	37100
		8：00	63	37000
		14：00	80	36600
		15：00	81	36500
		17：00	77	36200
		20：00	58	35700
	14	8：00	107.41	33500
		20：00	105.49	31100
	15	8：00	103.36	28700
		20：00	101.31	26600
	16	8：00	99.42	24700
		20：00	97.78	23100
	17	8：00	96.37	21700
		20：00	95.20	20600
	18	8：00	94.32	19800
		20：00	93.72	19300
	19	8：00	19	18900
		20：00	92.77	18600
	20	8：00	15	18100
		20：00	91.50	17700
	21	8：00	90.74	17200
		20：00	19	16700
	22	5：00	02	16500
		8：00	03	16500
		20：00	50	17000
	23	8：00	91.20	17700
		20：00	92.01	18500
	24	2：00	37	18900
		14：00	71	19200
		20：00	77	19300
	25	8：00	72	19200
		14：00	72	19200

月	日	时：分	水位(m)	流量(m³/s)
7	25	20：00	92.74	19200
	26	8：00	81	19300
		20：00	73	19200
	27	8：00	49	19000
		20：00	08	18600
	28	2：00	91.96	18400
		8：00	90	18400
		14：00	92.20	18700
		20：00	93.07	19600
	29	2：00	94.83	22100
		8：00	97.11	25100
		14：00	99.33	27700
		20：00	101.40	30000
	30	2：00	102.99	31500
		8：00	104.04	32300
		14：00	63	32400
		17：00	86	32200
		20：00	97	31800
		21：00	95	31600
	31	2：00	66	30700
		8：00	25	29900
		20：00	103.15	28400
8	1	8：00	102.33	27500
		11：00	17	27400
		20：00	22	27700
	2	8：00	61	28200
		17：00	67	28100
		20：00	56	27800
	3	8：00	02	27000
		20：00	101.07	26000
	4	8：00	99.81	24800
		20：00	98.64	23700
	5	8：00	97.56	22700
		20：00	96.72	21900
	6	8：00	95.89	21200
		20：00	12	20500
	7	8：00	94.78	20200
		20：00	70	20100
	8	8：00	67	20100
		20：00	54	20000
	9	8：00	42	20000
		11：00	38	20100
		20：00	53	20400

月	日	时：分	水位(m)	流量(m³/s)
8	10	2：00	94.75	20800
		14：00	91.81	20900
		20：00	80	20800
	11	2：00	79	20800
		8：00	79	20800
		14：00	92	21000
		20：00	95.29	21600
	12	2：00	94	22500
		8：00	96.75	23700
		14：00	97.92	25300
		20：00	99.29	27200
	13	2：00	100.96	29500
		8：00	102.89	32100
		14：00	104.79	34500
		20：00	106.34	36300
	14	2：00	107.51	37100
		8：00	108.14	37300
		11：00	30	37200
		14：00	39	37100
		15：00	40	37000
		17：00	38	36800
		20：00	25	36400
	15	8：00	107.55	35000
		20：00	106.35	33200
	16	8：00	105.42	31800
		20：00	104.64	30800
	17	8：00	103.56	29300
		20：00	102.08	27500
	18	8：00	100.07	25100
		20：00	97.93	22800
	19	8：00	95.82	20700
		20：00	93.85	19000
	20	8：00	92.08	17400
		20：00	90.61	16200
	21	8：00	89.31	15300
		20：00	88.33	14500
	22	8：00	87.59	13900
		20：00	11	13600
	23	20：00	86.45	13000
	24	20：00	85.73	12300
	25	8：00	50	12100
		20：00	42	12000
	26	2：00	44	12000
		8：00	48	12100
		20：00	45	12000

续表

日期			水位 (m)	流量 (m³/s)	日期			水位 (m)	流量 (m³/s)	日期			水位 (m)	流量 (m³/s)	日期			水位 (m)	流量 (m³/s)
月	日	时：分			月	日	时：分			月	日	时：分			月	日	时：分		
1975年长江奉节站																			
8	27	8：00	85.33	11900	9	10	14：00	109.67	36900	9	26	20：00	95.36	21900	10	7	8：00	108.89	34300
		14：00	22	11800			20：00	108.98	35500		27	8：00	94.79	21400			20：00	106.22	31200
		20：00	21	11800		11	8：00	107.04	32500			20：00	39	20900		8	8：00	103.56	28200
	28	8：00	29	11900			20：00	104.76	29600		28	8：00	93.91	20400			20：00	101.14	25600
		20：00	44	12000		12	8：00	102.24	26900			20：00	39	19900		9	8：00	98.94	23300
	29	8：00	80	12400			20：00	99.89	24600		29	8：00	15	19700			20：00	97.07	21600
		20：00	86.39	12900		13	8：00	98.01	23100			14：00	17	19700		10	8：00	95.49	20400
	30	8：00	91	13500			20：00	96.61	22100			20：00	45	20000			20：00	94.40	20200
		20：00	87.21	13700		14	8：00	95.95	21800		30	2：00	94.09	20600		11	2：00	16	20300
	31	8：00	21	13700			20：00	87	21900			8：00	96	21500			8：00	39	20900
		20：00	14	13700		15	2：00	87	21900			14：00	96.02	22600			14：00	36	20900
9	1	8：00	86.97	13500			8：00	86	22000			20：00	97.00	23700			20：00	15	20700
		20：00	73	13300			14：00	94	22400	10	1	2：00	96	24900		12	8：00	93.62	20100
	2	2：00	62	13200			20：00	96.10	22700			8：00	96.73	25900			20：00	93.02	19500
		8：00	67	13200		16	2：00	23	22900			14：00	99.38	26700		13	8：00	92.68	19200
		20：00	98	13500			8：00	96.38	23000			20：00	100.12	27700			20：00	47	19000
	3	20：00	87.94	14500			20：00	64	23300		2	2：00	86	28600		14	2：00	56	19100
	4	8：00	88.47	15000		17	8：00	71	23400			8：00	101.67	29800			8：00	79	19300
		20：00	89.47	16000			20：00	83	23500			14：00	102.71	31300			20：00	93.32	19800
	5	8：00	90.24	16700		18	2：00	79	23500			20：00	104.26	33500		15	8：00	82	20300
		20：00	53	17000			8：00	64	23300		3	2：00	105.60	35400			20：00	94.22	20800
	6	2：00	49	17000			20：00	11	22700			8：00	106.79	37200		16	8：00	72	21300
		8：00	37	16800		19	8：00	95.69	22300			14：00	108.08	39000			20：00	95.25	21800
		14：00	29	16800			20：00	67	22300			20：00	109.69	41200		17	2：00	48	22100
		17：00	40	16900		20	2：00	96.35	23000		4	2：00	111.20	43100			8：00	60	22200
		20：00	59	17300			8：00	97.24	23900			5：00	78	43800			14：00	95.62	22200
	7	2：00	91.29	18500			14：00	98.15	24900			8：00	112.29	44300			20：00	71	22300
		8：00	92.50	20500			20：00	90	25800			11：00	72	44700		18	2：00	69	22300
		14：00	94.13	22800		21	2：00	99.25	26200			14：00	113.11	44900			8：00	56	22200
		20：00	96.00	25300			8：00	31	26200			17：00	44	45000			20：00	17	21700
	8	2：00	98.13	27900			14：00	19	26100			20：00	67	45000		19	8：00	94.52	21100
		8：00	100.45	30600			20：00	16	26100			23：00	89	45000			20：00	93.59	20100
		14：00	102.84	33200		22	2：00	18	26100		5	2：00	114.08	44900		20	8：00	92.67	19200
		20：00	105.11	35500			8：00	31	26200			5：00	22	44800			20：00	91.65	18100
	9	2：00	107.02	37100			14：00	62	26600			8：00	30	44600		21	8：00	90.67	17100
		8：00	108.52	38200			20：00	92	26900			11：00	38	44200			20：00	89.87	16400
		14：00	109.49	38700		23	2：00	100.18	27200			12：00	38	44100		22	8：00	89.09	15600
		20：00	110.13	38800			8：00	44	27500			14：00	35	43800			20：00	88.49	15000
		23：00	32	38700			14：00	67	27800			17：00	32	43400		23	8：00	87.93	14400
	10	0：00	35	38600			20：00	74	27800			20：00	23	43000			20：00	50	14000
		2：00	38	38500		24	2：00	68	27800			23：00	04	42500		24	8：00	11	13600
		3：00	38	38400			8：00	45	27500		6	2：00	113.79	41800			20：00	86.81	13400
		5：00	35	38200			20：00	99.71	26700			8：00	17	40500		25	8：00	54	13100
		8：00	18	37900		25	8：00	98.61	25400			14：00	112.32	39000			20：00	42	13000
							20：00	97.39	24100			20：00	111.34	37600		26	8：00	37	12900
						26	8：00	96.25	22900	7		2：00	110.10	35900			20：00	38	12900

续表

日期			水位	日期			水位	日期			水位	日期			水位	日期			水位
月	日	时：分	(m)	月	日	时：分	(m)	月	日	时：分	(m)	月	日	时：分	(m)	月	日	时：分	(m)
1975年长江巫山站																			
4	15	20：00	66.85	5	1	2：00	78.19	5	17	20：00	79.65	5	31	8：00	85.05	6	16	20：00	85.30
	16	8：00	75			8：00	77.77		18	2：00	71			11：00	15		14	20：00	82.35
		20：00	75			20：00	76.86			8：00	76			17：00	15		15	8：00	81.01
	17	8：00	94		2	8：00	20			14：00	76			20：00	12			20：00	79.90
		20：00	68.16			20：00	75.95			20：00	65	6	1	8：00	84.60		16	2：00	66
	18	8：00	69.10		3	8：00	93		19	8：00	25			20：00	83.80			8：00	89
		20：00	70			20：00	96			14：00	10		2	8：00	82.75			14：00	80.61
	19	8：00	70.72		4	8：00	92			20：00	15			20：00	81.13			20：00	81.80
		20：00	71.95			20：00	70		20	8：00	81		3	8：00	80.22		17	2：00	83.37
	20	8：00	73.00		5	8：00	55			20：00	80.70			20：00	79.11			14：00	87.26
		14：00	30			20：00	58		21	2：00	81.00		4	8：00	44			20：00	88.77
		20：00	55		6	8：00	67			8：00	23			20：00	22		18	2：00	89.97
	21	2：00	66			20：00	90			14：00	31		5	8：00	78.87			8：00	90.75
		8：00	66		7	8：00	76.40			20：00	31			20：00	47			14：00	91.32
		14：00	48			20：00	77.36		22	8：00	80.96		6	8：00	47			20：00	70
		20：00	17		8	8：00	78.16		23	8：00	79.85			14：00	74			23：00	82
	22	8：00	72.47			14：00	35			20：00	10			20：00	79.10		19	2：00	77
		20：00	71.90			20：00	36		24	8：00	78.22		7	8：00	78			8：00	57
	23	8：00	58		9	8：00	15			20：00	77.30			20：00	80.35			20：00	90.91
		20：00	36			20：00	77.47		25	8：00	76.70		8	2：00	40		20	8：00	89.84
	24	8：00	18		10	8：00	76.46		26	2：00	46			8：00	25		21	8：00	87.36
		20：00	70.86			20：00	75.80			8：00	33			14：00	79.96			20：00	86.01
	25	8：00	60		11	8：00	37			14：00	13			20：00	55		22	8：00	84.72
		20：00	30		12	8：00	74.55			20：00	75.95		9	8：00	78.85			20：00	83.30
	26	8：00	69.96			20：00	73.87		27	2：00	95			20：00	83.07		23	8：00	81.96
		20：00	62		13	8：00	70			8：00	76.40		10	2：00	84.15		24	8：00	79.30
	27	8：00	70.05			14：00	76			14：00	77.25			8：00	58			20：00	78.30
		20：00	71.05			20：00	95			20：00	78.30			14：00	68		25	8：00	21
	28	8：00	72.26		14	8：00	74.27		28	2：00	79.05			20：00	84.68			14：00	53
		20：00	74.46			20：00	42			8：00	65		11	8：00	85.00			20：00	79.60
	29	8：00	77.01		15	8：00	45			20：00	80.22			20：00	86.22		26	8：00	84.60
		20：00	78.30			14：00	93		29	8：00	64		12	2：00	76			14：00	90.62
	30	2：00	50			20：00	75.23			20：00	81.52			8：00	87.18			20：00	94.63
		8：00	60		16	8：00	76.25		30	8：00	82.86			14：00	36		27	2：00	96.01
		14：00	78.40			20：00	77.72			20：00	84.37			17：00	33			8：00	84
		20：00	37		17	8：00	78.83		31	2：00	85			20：00	23			20：00	97.99
													13	8：00	86.18				

续表

1975年长江巫山站

月	日	时：分	水位（m）
6	28	2：00	98.59
		8：00	95
		20：00	99.71
		23：00	83
	29	2：00	83
		8：00	71
		14：00	43
		20：00	98.90
	30	2：00	24
		8：00	97.47
		14：00	96.84
		20：00	17
7	1	8：00	94.58
		20：00	92.71
	2	8：00	91.37
		20：00	90.90
	3	8：00	63
		20：00	36
	4	8：00	89.70
		20：00	24
	5	8：00	67
		14：00	99
		20：00	90.13
	6	8：00	27
		14：00	69
		20：00	91.47
	7	2：00	92.64
		8：00	93.93
		14：00	95.34
		20：00	96.56
	8	2：00	97.67
		8：00	98.51
		14：00	90
		20：00	99.09

月	日	时：分	水位（m）
7	8	23：00	99.09
	9	2：00	98.88
		8：00	34
		14：00	97.64
		20：00	96.71
	10	8：00	94.78
		20：00	97.92
	11	2：00	98.46
		8：00	46
		11：00	29
		14：00	24
		20：00	07
	12	2：00	16
		8：00	67
		14：00	99.50
		20：00	100.27
	13	2：00	101.02
		8：00	45
		11：00	73
		14：00	82
		17：00	82
		20：00	72
	14	2：00	32
		8：00	100.67
		14：00	99.80
		20：00	96.84
	15	8：00	96.59
		20：00	94.52
	16	8：00	92.58
		20：00	90.87
	17	8：00	89.27
		20：00	88.04
	18	8：00	87.09
		20：00	86.31
	19	8：00	85.76

月	日	时：分	水位（m）
7	19	20：00	85.30
	20	20：00	84.00
	21	8：00	83.25
		20：00	82.60
	22	8：00	30
		14：00	30
		20：00	58
	23	8：00	83.25
		20：00	84.15
	24	8：00	82
		20：00	85.13
		23：00	15
	25	2：00	12
		8：00	12
		14：00	84.95
		20：00	98
	26	2：00	85.16
		8：00	16
		14：00	10
		20：00	15
	27	2：00	09
		8：00	84.94
		20：00	52
	28	8：00	25
		14：00	25
		20：00	95
	29	2：00	86.36
		8：00	88.49
		14：00	90.92
		20：00	93.09
	30	2：00	94.88
		8：00	96.18
		14：00	97.19

月	日	时：分	水位（m）
7	30	20：00	97.64
		23：00	70
	31	2：00	61
		8：00	24
		14：00	96.72
		20：00	16
8	1	8：00	95.13
		20：00	94.88
	2	2：00	95.09
		8：00	33
		14：00	38
		20：00	38
	3	8：00	94.88
		20：00	93.93
	4	8：00	92.67
		20：00	91.52
	5	8：00	90.40
		20：00	89.44
	6	8：00	88.54
		20：00	87.86
	7	8：00	31
		20：00	17
	8	2：00	11
		14：00	11
		20：00	05
	9	8：00	86.84
		20：00	87.43
	10	2：00	64
		8：00	64
		20：00	41
	11	8：00	33
		14：00	37
		20：00	60

月	日	时：分	水位（m）
8	12	8：00	88.86
		14：00	89.94
		20：00	91.27
	13	2：00	92.86
		8：00	94.73
		14：00	96.69
		20：00	98.49
	14	2：00	99.90
		8：00	100.72
		14：00	101.17
		17：00	32
		20：00	22
	15	2：00	07
		8：00	100.67
		14：00	13
		20：00	99.49
	16	8：00	98.39
		20：00	97.59
	17	8：00	96.54
		20：00	95.08
	18	8：00	93.18
		20：00	91.07
	19	8：00	88.88
		20：00	86.76
	20	8：00	84.88
		20：00	83.25
	21	8：00	81.86
		20：00	80.71
	22	8：00	79.80
		20：00	16
	23	8：00	78.68
	24	8：00	77.85
		20：00	40

续表

1975 年长江巫山站

日期			水位(m)
月	日	时：分	
8	25	8：00	77.05
		20：00	76.85
	26	8：00	97
		20：00	97
	27	8：00	95
		20：00	73
	28	2：00	79
		8：00	87
		20：00	77.05
	29	8：00	35
		20：00	78.05
	30	8：00	69
		14：00	95
		29：00	79.10
	31	2：00	24
		8：00	25
		20：00	20
9	1	2：00	17
		14：00	78.93
	2	8：00	70
		14：00	80
		20：00	79.00
	3	20：00	80.00
	4	8：00	50
		20：00	81.38
	5	8：00	82.35
		20：00	68
	6	2：00	71
		8：00	67
		14：00	58
		20：00	64
	7	8：00	84.20

日期			水位(m)
月	日	时：分	
9	7	14：00	85.66
		20：00	87.41
	8	8：00	91.93
		20：00	96.89
	9	2：00	99.11
		8：00	100.87
		20：00	102.84
	10	2：00	103.23
		5：00	27
		8：00	17
		14：00	102.74
		20：00	14
	11	2：00	101.34
		8：00	100.35
		20：00	98.09
9	12	8：00	95.46
		20：00	93.06
	13	8：00	91.09
		20：00	89.49
	14	8：00	88.61
		14：00	46
		20：00	41
	15	8：00	41
		14：00	53
		20：00	70
	16	8：00	89
		20：00	89.11
	17	2：00	26
		8：00	29
		14：00	89.29
		20：00	35
	18	2：00	35
		8：00	24

日期			水位(m)
月	日	时：分	
9	18	20：00	88.82
	19	8：00	31
		20：00	14
	20	2：00	65
		8：00	89.78
		20：00	91.55
	21	8：00	92.12
		14：00	91.97
		20：00	92
	22	8：00	92.02
		20：00	56
	23	8：00	93.02
		20：00	41
		23：00	43
	24	2：00	40
		8：00	25
		20：00	92.56
	25	8：00	91.58
	26	8：00	89.04
		20：00	88.04
	27	8：00	87.36
	28	8：00	86.18
		20：00	85.91
	29	8：00	55
		14：00	50
		20：00	66
	30	2：00	86.11
		8：00	94
		20：00	89.02
10	1	8：00	90.95
		20：00	92.31
	2	8：00	93.93
		14：00	94.98

日期			水位(m)
月	日	时：分	
10	2	20：00	96.69
	3	8：00	99.38
		14：00	100.69
		20：00	102.24
	4	2：00	103.80
		8：00	105.05
		14：00	90
		20：00	106.55
	5	2：00	94
		5：00	107.10
		8：00	20
		11：00	26
		14：00	29
		17：00	29
		20：00	20
	6	2：00	106.90
		8：00	35
		14：00	105.60
		20：00	104.71
	7	8：00	102.29
		14：00	100.92
		20：00	99.65
	8	8：00	96.89
		20：00	94.37
	9	8：00	92.07
		20：00	90.10
	10	8：00	88.34
		20：00	87.21
	11	8：00	66
		14：00	71
		20：00	41
	12	8：00	86.66

日期			水位(m)
月	日	时：分	
10	12	20：00	85.96
	13	8：00	42
		20：00	15
	14	2：00	15
		8：00	25
		20：00	76
	15	8：00	86.23
		20：00	86.64
	16	20：00	87.61
	17	8：00	88.09
		20：00	24
	18	2：00	24
		8：00	16
		14：00	87.94
		20：00	76
	19	8：00	87.18
		20：00	86.31
	20	8：00	85.28
	21	8：00	83.20
	22	8：00	81.46
		20：00	80.76
	23	20：00	79.56
	24	8：00	05
		20：00	78.68
	25	8：00	35
		20：00	12
	26	8：00	10
		14：00	08
	27	2：00	08
		8：00	10

续表

1974年赣江外洲站

日期			水位 (m)	流量 (m^3/s)
月	日	时：分		
3	27	20：00	17.11	586
	28	8：00	10	580
		20：00	12	591
	29	8：00	12	591
		20：00	16	613
	30	8：00	19	630
		20：00	30	702
	31	8：00	38	770
		20：00	42	805
4	1	8：00	44	823
		20：00	48	859
	2	8：00	53	906
		20：00	64	1010
	3	8：00	78	1160
	4	8：00	18.16	1590
		20：00	34	1800
	5	8：00	55	2060
	6	8：00	19.25	2970
		20：00	49	3300
	7	8：00	19.64	3480
		14：00	68	3480
		20：00	68	3460
		22：00	68	3440
	8	2：00	66	3340
		8：00	61	3200
		14：00	56	3100
	9	20：00	20	2530
	10	20：00	18.95	2190
	11	20：00	66	1870
	12	8：00	50	1700
	13	8：00	25	1470
	14	8：00	04	1290
	15	8：00	17.89	1170
	16	8：00	75	1070
		20：00	72	1040
	17	8：00	66	998
		20：00	63	977
	18	8：00	61	960
	19	8：00	17.55	913
	20	8：00	49	863
	21	8：00	44	823
	22	8：00	40	787
		20：00	36	753
	26	8：00	17.59	963

日期			水位 (m)	流量 (m^3/s)
月	日	时：分		
4	26	20：00	17.53	906
	27	8：00	50	877
		20：00	17.56	935
	28	8：00	69	1060
		20：00	86	1240
	29	8：00	18.08	1490
		20：00	22	1660
	30	8：00	17	1600
		20：00	01	1450
5	1	8：00	17.95	1340
		20：00	94	1330
	2	8：00	91	1300
		20：00	96	1350
	3	8：00	18.10	1520
		20：00	15	1580
	4	20：00	00	1400
	5	8：00	17.96	1350
		20：00	18.02	1420
	6	8：00	67	2240
		14：00	19.33	3260
		17：00	61	3730
		23：00	20.04	4500
	7	5：00	33	4980
		8：00	40	5060
		11：00	47	5100
		14：00	50	5100
		17：00	51	5090
	8	2：00	51	5020
		8：00	46	4830
		20：00	27	4360
	9	2：00	14	4130
		8：00	20.10	4070
		14：00	11	4100
		20：00	19	4320
	10	8：00	44	4800
		14：00	54	4910
		20：00	59	4920
		23：00	60	4900
	11	2：00	60	4880
		5：00	59	4820
		11：00	56	4720
		20：00	49	4520
	12	8：00	43	4400
		14：00	41	4360

日期			水位 (m)	流量 (m^3/s)
月	日	时：分		
5	13	8：00	20.31	4180
		14：00	25	4080
	14	2：00	16	3930
		14：00	19.97	3620
	15	20：00	45	2890
	16	20：00	04	2360
	17	20：00	18.71	2030
	18	20：00	51	1870
	19	8：00	46	1820
		20：00	48	1840
	20	8：00	48	1840
		20：00	45	1800
	21	20：00	24	1570
	22	20：00	03	1350
	23	20：00	17.88	1200
	24	20：00	76	1080
	25	20：00	64	966
	26	8：00	59	921
		20：00	57	904
	27	8：00	61	939
	28	8：00	74	1060
		20：00	83	1150
	29	8：00	99	1310
		20：00	18.28	1610
	30	14：00	91	2350
	31	17：00	19.74	3490
6	1	2：00	93	3790
		5：00	97	3850
		8：00	99	3880
		11：00	20.00	3900
		14：00	00	3900
		17：00	19.99	3880
		20：00	97	3850
		23：00	94	3800
	2	20：00	60	3280
	3	20：00	21	2740
	4	20：00	18.82	2240
	5	20：00	42	1770
	6	20：00	07	1390
	7	8：00	17.93	1250
		20：00	82	1140
	8	8：00	75	1070
	9	20：00	63	957
	10	8：00	60	930
		20：00	56	896

日期			水位 (m)	流量 (m^3/s)
月	日	时：分		
6	11	8：00	17.54	878
	12	8：00	40	762
		20：00	36	733
	13	20：00	40	762
	14	8：00	37	740
		20：00	36	733
	15	8：00	38	748
		20：00	45	803
	16	8：00	17.64	966
		20：00	18.40	1750
	17	2：00	81	2230
		8：00	19.12	2620
		17：00	19.43	3040
		20：00	49	3120
	18	2：00	58	3250
		5：00	61	3290
		8：00	63	3320
		11：00	65	3350
	19	5：00	65	3350
		8：00	64	3340
		17：00	64	3340
		20：00	67	3380
		23：00	69	3410
	20	2：00	70	3430
		8：00	71	3440
		11：00	72	3460
		17：00	75	3500
		20：00	75	3500
	21	8：00	67	3380
	22	8：00	56	3220
		14：00	56	3220
	23	2：00	62	3310
		20：00	72	3460
	24	2：00	75	3500
		8：00	80	3580
		14：00	93	3790
		20：00	20.16	4160
	25	8：00	69	5100
		17：00	96	5600
		23：00	21.03	5730
	26	5：00	06	5780
		11：00	06	5780
		17：00	04	5740
		20：00	05	5760
		23：00	07	5800

续表

日期			水位	流量	日期			水位	流量	日期			水位	流量	日期			水位	流量
月	日	时：分	(m)	(m³/s)	月	日	时：分	(m)	(m³/s)	月	日	时：分	(m)	(m³/s)	月	日	时：分	(m)	(m³/s)
1974年赣江外洲站																			
6	27	2：00	21.10	5860	7	11	20：00	20.11	3800	7	29	20：00	19.71	1920	8	17	20：00	20.70	4660
		8：00	17	5980		12	8：00	05	3660		30	8：00	60	1810		18	2：00	65	4490
		14：00	26	6150			20：00	01	3580			20：00	46	1690			5：00	62	4400
		20：00	37	6360		13	8：00	19.99	3530		31	8：00	35	1590			8：00	58	4310
	28	2：00	49	6590			20：00	99	3530			20：00	21	1470			14：00	20.52	4160
		8：00	56	6720		14	8：00	20.01	3580	8	1	8：00	14	1410			20：00	43	3980
		23：00	76	7110			20：00	12	3790			20：00	04	1320		19	8：00	27	3670
	29	5：00	82	7230		15	2：00	23	3940		2	8：00	18.97	1270			20：00	12	3400
		14：00	86	7310			14：00	42	4080			20：00	83	1160		20	8：00	19.94	3080
		20：00	89	7370			20：00	51	4120		3	8：00	78	1130			20：00	77	2770
	30	2：00	92	7430		16	8：00	57	4150			20：00	69	1070		21	8：00	66	2570
		8：00	93	7150			14：00	58	4160		4	8：00	63	1040			20：00	59	2430
		11：00	94	7470			20：00	62	4190			20：00	52	980		22	20：00	29	1880
		17：00	98	7550		17	2：00	70	4270		5	8：00	48	960		23	8：00	20	1720
		23：00	22.03	7660			14：00	95	4610			20：00	39	915			20：00	17	1660
7	1	5：00	09	7780			20：00	21.10	4890		6	8：00	36	904		24	8：00	15	1630
		8：00	10	7800		18	2：00	27	5230			20：00	31	880		25	8：00	18.98	1370
		14：00	10	7800			8：00	42	5470		7	8：00	28	870		26	8：00	91	1280
		23：00	07	7740			14：00	51	5570			20：00	22	845			20：00	84	1200
	2	8：00	01	7620			20：00	59	5600		8	20：00	15	820		27	8：00	84	1200
		14：00	21.96	7510		19	2：00	63	5570		9	20：00	06	801			20：00	81	1170
		23：00	85	7290			11：00	63	5520		10	8：00	04	800		28	20：00	81	1170
	3	8：00	75	7090			14：00	62	5470			20：00	13	980		29	8：00	76	1130
		14：00	71	7010			20：00	61	5440		11	8：00	05	830			20：00	68	1070
	4	2：00	62	6840		20	2：00	59	5380			20：00	09	920		30	8：00	58	995
		8：00	60	6800			8：00	58	5340		12	8：00	25	1190			20：00	54	973
		14：00	59	6780			14：00	58	5320			20：00	52	1630		31	8：00	48	940
		20：00	57	6740			20：00	60	5220		13	8：00	93	2250			20：00	42	903
	5	2：00	54	6690		21	2：00	62	5140			20：00	19.30	2790	10	20	20：00	17.40	520
		8：00	49	6590			8：00	21.62	5110		14	8：00	61	3220		21	8：00	34	545
		14：00	47	6550			14：00	61	5060			20：00	20.04	3850			20：00	34	565
	6	2：00	18	6000			20：00	58	4980		15	2：00	25	4180		22	8：00	37	646
		14：00	20.90	5490		22	8：00	48	4740			5：00	33	4300			20：00	60	930
		20：00	79	5280			20：00	37	4500			8：00	39	4390		23	8：00	47	775
	7	2：00	69	5090		23	8：00	26	4270			11：00	44	4460			20：00	73	1050
		8：00	62	4940			20：00	12	4000			14：00	49	4530		24	8：00	18.58	1950
		14：00	59	4880		24	20：00	20.81	3440			17：00	52	4580			14：00	88	2310
	8	2：00	20.50	4670		25	20：00	47	2880		16	2：00	59	4670			20：00	19.07	2560
		8：00	44	4530		26	20：00	23	2520			8：00	62	4720		25	2：00	16	2670
		20：00	28	4180		27	8：00	19	2470			11：00	65	4740			8：00	18	2700
	9	8：00	23	4060			20：00	09	2340			17：00	69	4780			11：00	17	2690
		20：00	21	4010		28	8：00	04	2290			23：00	71	4780			17：00	11	2610
	10	20：00	21	4010			20：00	19.92	2150		17	14：00	71	4730			20：00	07	2560
	11	8：00	17	3930		29	8：00	83	2050			17：00	71	4700		26	8：00	18.86	2290

续表

日期			水位	日期			水位	日期			水位	日期			水位	日期			水位
月	日	时：分	（m）	月	日	时：分	（m）	月	日	时：分	（m）	月	日	时：分	（m）	月	日	时：分	（m）
1974年赣江南昌站																			
1	27	20：00	16.82	2	20	20：00	17.14	5	8	11：00	19.81	5	24	20：00	17.44	6	15	8：00	17.06
	28	8：00	80		21	20：00	10			23：00	64		25	8：00	36			20：00	12
		20：00	79		22	20：00	05		9	2：00	19.58		26	8：00	27		16	8：00	26
	29	8：00	79		23	8：00	10			8：00	53			20：00	24			20：00	83
		20：00	81		26	20：00	17.22			14：00	52		27	8：00	27		17	8：00	18.50
	30	8：00	86		27	8：00	19			20：00	53		28	8：00	38			14：00	72
		20：00	96			20：00	23		10	2：00	63			20：00	46			20：00	86
	31	8：00	17.01		28	8：00	32			8.00	77		29	8：00	57		18	2：00	96
		20：00	08			20：00	48			14：00	86			20：00	82			8：00	19.02
2	1	8：00	10		29	8：00	66			20：00	92		30	20：00	18.51			14：00	05
		20：00	14			20：00	79		11	2.00	93		31	8：00	84			20：00	06
	2	8：00	19		30	8：00	80			14.00	90			14：00	99		19	8：00	19.06
		20：00	28			20：00	70		12	2：00	82			20：00	19.16			14：00	05
	3	8：00	39	5	1	8：00	60			8：00	79	6	1	2：00	28			20：00	10
		20：00	55			20：00	58			14.00	77			5：00	33		20	8：00	12
	4	8：00	73		2	8：00	54			20：00	76			8：00	35			20：00	18
	5	8：00	18.06			20：00	59		13	2.00	74			20：00	35		21	2：00	16
		20：00	38		3	8：00	70			8：00	70		2	8：00	24			8：00	12
	6	20：00	88			20：00	75			20：00	60		3	2：00	18.97			20：00	07
	7	2：00	97		4	8：00	72		14	8.00	51			8：00	89		22	8：00	01
		14：00	19.08			20：00	65			20：00	33			20：00	72			14：00	00
		20：00	09		5	8：00	59		15	20：00	18.95		4	2：00	36			20：00	01
	8	2：00	09			14：00	57		16	20.00	58		5	8：00	15		23	8：00	07
		14：00	02			20：00	59		17	14：00	34		6	8：00	17.86			14：00	10
	9	8：00	18.83		6	2：00	76			20：00	28		7	8：00	58			20：00	14
	10	8：00	58			8：00	18.14		18	8：00	18			20：00	49		24	8：00	20
	11	8：00	38			14：00	65			20：00	10		8	20：00	35			14：00	30
	12	8：00	11			20：00	19.12		19	8：00	05		9	8：00	32			20：00	48
		20：00	17.96		7	2：00	44			20：00	03			20：00	30		25	2：00	70
	13	20：00	76			5：00	57		20	8：00	05		10	20：00	24			11：00	20.05
	14	20：00	58			11：00	73			20：00	03		11	8：00	20			14：00	15
	15	8：00	51			14：00	78		21	8：00	17.97			20：00	14			17：00	23
	16	8：00	40			17：00	81		22	8：00	76		12	8：00	09			20：00	28
		20：00	34			20：00	82			20：00	66			20：00	05			23：00	32
	17	20：00	29			23：00	82		23	8：00	59		13	20：00	17.05		26	8：00	36
	18	20：00	24		8	2：00	84			20：00	54		14	8：00	05			20：00	36
	19	20：00	17			8：00	84		24	8：00	48			20：00	04		27	2：00	20.38

续表

日期			水位	日期			水位	日期			水位	日期			水位	日期			水位
月	日	时：分	（m）	月	日	时：分	（m）	月	日	时：分	（m）	月	日	时：分	（m）	月	日	时：分	（m）
1974年赣江南昌站																			
6	27	5：00	40	7	10	2：00	19.66	7	22	8：00	21.11	8	7	20：00	18.04	8	21	20：00	19.05
	28	8：00	80			8：00	66			14：00	05		8	8：00	00		22	8：00	18.95
		23：00	99			20：00	69			20：00	01			20：00	17.95			20：00	97
	29	2：00	21.02		11	2：00	69		23	20：00	20.80		9	8：00	17.93		23	8：00	92
		14：00	10			8：00	67		24	8：00	68			20：00	89		24	8：00	76
	30	14：00	18			14：00	64			20：00	52		10	8：00	87			20：00	72
		23：00	23			20：00	61		25	8：00	40			20：00	85		25	20：00	65
7	1	2：00	25		12	2：00	59			20：00	23		11	8：00	87		26	20：00	60
		8：00	30			14：00	57		26	2：00	18			20：00	90		27	20：00	60
		14：00	32		13	8：00	19.56			8：00	15		12	8：00	18.00		28	8：00	58
		17：00	33			14：00	57			14：00	08			20：00	14			20：00	50
		20：00	33		14	8：00	61			20：00	03		13	8：00	48		29	8：00	40
	2	8：00	26			14：00	64		27	8：00	19.98			14：00	67			20：00	34
		14：00	19		15	2：00	80			14：00	91			20：00	78		30	8：00	29
		20：00	15			20：00	20.06			20：00	88		14	2：00	91			20：00	23
	3	2：00	11		16	2：00	12		28	8：00	82			8：00	19.06		31	8：00	17.16
		8：00	04			5：00	14			14：00	76			14：00	22			20：00	14
		14：00	20.99			8：00	14			20：00	72			20：00	41		21	8：00	16
		20：00	96			14：00	17		29	8：00	64		15	2：00	59			20：00	32
	4	8：00	91			20：00	21			14：00	55			8：00	74		22	8：00	22
		20：00	87			23：00	25			20：00	52			14：00	83			20：00	32
	5	8：00	80		17	8：00	20.40		30	8：00	44			20：00	90		23	8：00	98
		14：00	75			17：00	58			14：00	35		16	2：00	94			20：00	18.44
		20：00	66			20：00	62			20：00	28			8：00	97		24	8：00	60
	6	8：00	41			23：00	67		31	8：00	20			14：00	20.02			20：00	54
		14：00	28		18	2：00	74			20：00	06			20：00	06		25	8：00	36
		20：00	17			8：00	95	8	1	8：00	18.98		17	2：00	08			20：00	06
	7	2：00	08			20：00	21.14			20：00	86			8：00	09		26	8：00	17.94
		8：00	00		19	2：00	19		2	8：00	79			20：00	09			20：00	80
		20：00	19.92			5：00	20			20：00	66		18	2：00	07		27	8：00	68
	8	8：00	84			23：00	20		3	8：00	60			14：00	19.97			20：00	58
		14：00	79		20	2：00	19		4	8：00	44			20：00	66		28	8：00	48
		20：00	75			14：00	19			20：00	36		19	14：00	45			20：00	40
	9	2：00	72			20：00	20		5	8：00	31			20：00	38		29	8：00	28
		8：00	70		21	2：00	22			20：00	24		20	8：00	33			20：00	22
		14：00	68			8：00	24		6	20：00	13		21	14：00	30		30	8：00	18
						20：00	20		7	8：00	10			20：00	28		31	20：00	16

续表

日期			水位	流量	日期			水位	流量	日期			水位	流量	日期			水位	流量
月	日	时：分	(m)	(m^3/s)	月	日	时：分	(m)	(m^3/s)	月	日	时：分	(m)	(m^3/s)	月	日	时：分	(m)	(m^3/s)
1973年信江梅港站																			
1	13	8：00	18.55	203	1	24	5：00	19.60	582	2	22	8：00	19.96	747	3	8	20：00	19.36	483
		20：00	52	194			8：00	63	593			14：00	20.04	787		9	8：00	27	448
	14	8：00	52	194			11：00	63	593			18：00	07	802			20：00	22	429
	15	0：00	52	194			14：00	65	604			20：00	09	812		10	8：00	16	406
		2：00	53	197			20：00	19.70	626		23	2：00	27	904			12：00	16	406
		8：00	58	211			23：00	72	635			8：00	53	1040			14：00	17	410
		11：00	64	229		25	2：00	75	649			12：00	63	1100			20：00	23	433
		14：00	72	253			8：00	75	649			14：00	65	1110		11	8：00	19.59	590
		20：00	91	316			10：00	75	649			15：00	65	1110			14：00	74	660
	16	2：00	19.07	373			11：00	74	644			16：00	64	1100			20：00	94	760
		8：00	27	448			20：00	66	608			20：00	58	1070		12	8：00	20.33	975
		14：00	60	600		26	8：00	51	544		24	2：00	44	995			20：00	99	1360
		20：00	20.02	820			20：00	38	491			8：00	30	920		13	2：00	21.43	1650
	17	2：00	48	1090		27	8：00	29	456			20：00	01	772			8：00	65	1810
		8：00	21.04	1440			20：00	23	433		25	8：00	19.76	653			14：00	83	1940
		14：00	52	1760		28	8：00	16	406			20：00	60	582			20：00	22.12	2190
		17：00	71	1890			20：00	10	384		26	8：00	48	532		14	2：00	36	2380
		20：00	87	2000	2	17	8：00	18.83	288			20：00	41	503			4：00	40	2410
	18	2：00	22.12	2170			20：00	78	272		27	8：00	38	491			6：00	43	2420
		5：00	20	2210		18	2：00	76	266			20：00	35	480			7：00	44	2420
		8：00	25	2230			5：00	75	263		28	8：00	33	472			8：00	45	2420
		9：00	27	2230			5：18	76	266	3	1	8：00	26	444			9：00	45	2410
		11：00	27	2220			8：00	77	269		2	8：00	22	429			11：00	44	2400
		12：00	26	2190			14：00	86	298		3	8：00	17	410			14：00	43	2390
		14：00	24	2160			20：00	19.00	348			16：00	17	410			15：00	42	2400
		20：00	07	1970		19	2：00	11	388			18：00	18	414			17：00	42	2400
	19	2：00	21.79	1750			8：00	14	399			20：00	20	421			18：00	43	2410
		8：00	44	1510			12：00	14	399		4	2：00	33	472			20：00	44	2420
		14：00	11	1310			14：00	16	406			8：00	51	544			22：00	46	2440
		20：00	20.80	1130			17：00	19	417			14：00	68	617		15	1：00	48	2440
	20	2：00	57	1000			20：00	24	437			17：00	74	644			2：00	49	2440
		8：00	36	898		20	2：00	43	511			20：00	77	658			3：00	49	2430
		14：00	21	826			8：00	63	593			23：00	78	662			4：00	48	2400
		20：00	07	765			14：00	75	649		5	2：00	78	662			6：00	47	2380
	21	2：00	19.95	712			20：00	82	680			5：00	76	653			8：00	44	2330
		8：00	84	670			23：00	83	685			8：00	73	640			14：00	27	2120
		14：00	75	635		21	0：00	84	690			20：00	63	593			20：00	00	1880
		20：00	67	605			8：00	84	690			23：00	61	586		16	2：00	21.70	1650
	22	8：00	55	558			14：00	81	676		6	8：00	57	569			8：00	40	1450
		20：00	44	518			17：00	79	667			20：00	51	544			14：00	13	1290
	23	2：00	43	515			20：00	78	662		7	8：00	46	524			20：00	20.87	1150
		8：00	41	503			22：00	78	662			14：00	45	520		17	2：00	66	1050
		14：00	41	503			23：00	79	667			20：00	45	520			8：00	48	955
		17：00	43	511		22	2：00	83	685		8	8：00	41	503			14：00	34	890
		20：00	47	528													20：00	21	835
	24	2：00	56	565												18	8：00	19.95	725
																	20：00	76	645
																19	8：00	59	580

续表

日期			水位	流量	日期			水位	流量	日期			水位	流量	日期			水位	流量
月	日	时：分	(m)	(m³/s)	月	日	时：分	(m)	(m³/s)	月	日	时：分	(m)	(m³/s)	月	日	时：分	(m)	(m³/s)
1973年信江梅港站																			
3	19	20：00	19.46	524	3	31	13：00	20.84	1250	4	7	16：00	20.04	772	4	15	3：00	20.88	1230
	20	8：00	38	491			17：00	83	1230			19：00	04	780			8：00	92	1270
		14：00	35	480			20：00	80	1200			20：00	05	790			14：00	99	1320
		20：00	31	464	4	1	2：00	70	1120			22：00	06	797			20：00	21.04	1340
	21	8：00	29	456			5：00	64	1070		8	2：00	11	822			23：00	05	1340
		16：00	29	456			7：00	61	1060			8：00	27	904		16	6：00	05	1310
		17：00	30	460			8：00	61	1060			14：00	49	1020			8：00	03	1260
		20：00	31	464			9：00	61	1070			20：00	65	1110			11：00	00	1210
	22	2：00	34	476			10：00	62	1070		9	2：00	72	1150			12：00	20.99	1210
		8：00	35	480			11：00	64	1090			5：00	74	1160			14：00	99	1210
		16：00	35	480			14：00	76	1180			7：00	75	1170			16：00	98	1210
		18：00	34	476			20：00	21.22	1530			8：00	75	1170			17：00	98	1220
		20：00	32	468		2	2：00	22.15	2280			14：00	20.75	1170			18：00	99	1240
	23	8：00	26	444			8：00	93	2940			16：00	74	1160			20：00	21.01	1260
	24	2：00	26	444			14：00	23.35	3220			20：00	73	1160		17	2：00	18	1400
		8：00	24	437			16：00	41	3240		10	8：00	68	1130			8：00	45	1600
	25	0：00	24	437			17：00	43	3240			20：00	52	1040			14：00	74	1830
		2：00	25	441			18：00	44	3240		11	1：00	44	995			20：00	22.02	2050
		5：00	25	441			19：00	44	3230			1：12	46	1010		18	2：00	23	2210
		8：00	23	433			20：00	43	3180			2：00	45	1000			5：00	31	2260
		20：00	16	406		3	2：00	24	2840			3：00	45	1000			8：00	36	2270
	26	2：00	13	395			8：00	22.93	2540			4：00	46	1010			9：00	38	2270
		8：00	07	373			14：00	62	2310			8：00	66	1140			11：00	39	2270
		20：00	18.97	337			20：00	40	2160			14：00	21.65	1900			12：00	39	2260
	27	8：00	86	298		4	2：00	27	2090			20：00	22.71	2840			14：00	22.38	2230
	28	8：00	70	247			4：00	25	2070		12	2：00	23.59	3630			20：00	29	2100
		20：00	65	232			6：00	22	2060			8：00	24.01	3830		19	2：00	11	1930
	29	4：00	64	229			8：00	22	2070			9：00	05	3840			8：00	21.88	1750
		6：00	65	232			10：00	22	2080			10：00	07	3840			14：00	65	1610
		8：00	67	240			12：00	23	2090			11：00	09	3830			20：00	44	1490
		11：00	18.74	265			16：00	25	2100			13：00	09	3800		20	2：00	30	1420
		20：00	19.04	395			18：00	26	2100			14：00	08	3770			8：00	18	1370
	30	2：00	38	553			20：00	26	2090			15：00	06	3710			10：00	16	1360
		8：00	75	730			21：00	25	2070			20：00	23.86	3410			11：00	15	1360
		14：00	20.18	950			23：00	24	2060		13	2：00	44	2880			12：00	15	1360
		16：00	32	1030		5	2：00	20	2020			8：00	22.92	2420			13：00	16	1380
		18：00	44	1090			8：00	03	1870			14：00	38	2030			15：00	17	1390
		20：00	54	1150			14：00	21.78	1680			20：00	21.90	1740			17：00	19	1410
	31	0：00	69	1220			20：00	49	1490		14	2：00	50	1510			20：00	23	1450
		2：00	74	1240		6	8：00	20.89	1140			8：00	18	1350		21	2：00	37	1560
		4：00	77	1260			20：00	44	925			14：00	20.98	1250			8：00	61	1720
		8：00	84	1270		7	2：00	28	860			20：00	88	1210			14：00	83	1850
		9：00	85	1270			8：00	16	812			23：00	87	1210			20：00	21.94	1900
		12：00	85	1250			14：00	06	776		15	2：00	87	1220			22：00	95	1900
							15：00	05	775								23：00	96	1900

续表

日期			水位	流量	日期			水位	流量	日期			水位	流量	日期			水位	流量
月	日	时：分	(m)	(m^3/s)	月	日	时：分	(m)	(m^3/s)	月	日	时：分	(m)	(m^3/s)	月	日	时：分	(m)	(m^3/s)
1973年信江梅港站																			
4	22	2：00	21.96	1890	4	28	20：00	21.51	1450	5	5	14：00	21.71	1600	5	12	8：00	20.97	1260
		3：00	95	1870			2：00	09	1230			20：00	35	1400			14：00	21.04	1300
		8：00	87	1760		29	8：00	20.75	1060		6	2：00	03	1240			20：00	10	1340
		14：00	68	1600			14：00	49	940			8：00	20.75	1130			22：00	12	1340
		20：00	46	1460			20：00	29	860			12：00	61	1080		13	0：00	13	1340
	23	2：00	23	1330		30	2：00	12	790			14：00	65	1080			3：00	13	1330
		8：00	02	1220			8：00	19.98	738			15：00	64	1070			4：00	12	1320
		11：00	20.96	1200			14：00	87	697			16：00	63	1070			8：00	10	1300
		13：00	94	1190			20：00	78	662			18：00	63	1080			14：00	21.02	1250
		16：00	94	1200	5	1	0：00	73	640			19：00	64	1090			20：00	20.94	1200
		17：00	95	1210			1：00	72	635			20：00	65	1100		14	8：00	78	1130
		18：00	95	1210			3：00	72	635		7	2：00	78	1170			9：00	77	1130
		20：00	96	1220			4：00	73	640			5：00	89	1240			12：00	76	1130
	24	2：00	21.04	1290			8：00	77	658			8：00	98	1300			15：00	20.76	1130
		8：00	24	1440			11：00	86	699			14：00	21.22	1460			17：00	77	1140
		14：00	40	1550			14：00	97	752			20：00	60	1730			20：00	79	1150
		16：00	43	1560			20：00	20.24	889		8	2：00	22.06	2090		15	2：00	83	1160
		18：00	46	1560		2	2：00	51	1030			8：00	57	2530			5：00	86	1160
		19：00	46	1560			8：00	72	1150			10：00	78	2720			8：00	87	1160
		20：00	47	1560			14：00	89	1240			14：00	23.08	2990			11：00	87	1150
		21：00	47	1550			19：00	97	1260			18：00	27	3110			12：00	86	1140
		22：00	46	1540			20：00	98	1260			20：00	33	3130			16：00	84	1120
	25	2：00	41	1500			22：00	98	1250			23：00	39	3130			19：00	82	1120
		8：00	23	1570			23：00	97	1250		9	0：00	40	3130			21：00	82	1130
		14：00	00	1240		3	2：00	94	1220			1：00	41	3130			22：00	83	1130
		20：00	20.81	1150			8：00	81	1150			2：00	41	3100		16	2：00	93	1190
		21：00	80	1150			9：00	79	1140			3：00	40	3070			8：00	21.10	1290
		22：00	80	1150			10：00	20.78	1140			5：00	37	3010			11：00	14	1310
		23：00	81	1160			11：00	78	1150			8：00	27	2870			14：00	17	1330
	26	2：00	88	1200			14：00	80	1160			14：00	22.98	2570			16：00	19	1340
		8：00	21.31	1480			20：00	94	1240			20：00	64	2270			20：00	24	1380
		14：00	90	1910		4	2：00	21.33	1480			23：00	49	2150		17	2：00	36	1460
		20：00	22.52	2440			8：00	73	1730		10	2：00	35	2040			8：00	82	1810
	27	2：00	23.10	2970			14：00	22.07	1970			8：00	11	1870			14：00	22.91	2800
		8：00	55	3340			18：00	23	2080			14：00	21.88	1720			20：00	23.92	3830
		11：00	66	3400			19：00	26	2090			20：00	63	1570		18	0：00	24.37	4220
		12：00	68	3400			20：00	28	2090		11	2：00	38	1420			2：00	53	4350
		13：00	69	3390			21：00	29	2090			8：00	13	1290			6：00	74	4480
		14：00	69	3380			22：00	30	2090			14：00	20.94	1190			8：00	81	4510
		15：00	67	3340			23：00	30	2080			19：00	87	1150			9：00	83	4520
		20：00	47	3030		5	0：00	29	2060			20：00	86	1150			11：00	86	4520
		2：00	05	2590			2：00	27	2030			22：00	86	1160			12：00	86	4520
	28	8：00	22.51	2110			4：00	21	1960		12	0：00	87	1180			13：00	87	4510
		14：00	21.99	1740			8：00	04	1810			2：00	89	1190			14：00	87	4500
																	16：00	86	4470

续表

日期			水位	流量	日期			水位	流量	日期			水位	流量	日期			水位	流量
月	日	时：分	(m)	(m^3/s)	月	日	时：分	(m)	(m^3/s)	月	日	时：分	(m)	(m^3/s)	月	日	时：分	(m)	(m^3/s)
1973年信江梅港站																			
5	18	20：00	24.83	4410	5	26	8：00	21.66	1520	6	2	0：00	27.40	8500	6	11	20：00	20.02	490
	19	2：00	71	4210			14：00	74	1610			1：00	39	8360		12	8：00	19.95	460
		8：00	40	3840			17：00	84	1710			2：00	38	8280			20：00	88	440
		14：00	04	3510			20：00	22.03	1920			4：00	33	8010		13	8：00	81	415
		16：00	23.97	3460		27	2：00	46	2270			8：00	15	7460			20：00	74	405
		18：00	92	3410			6：00	65	2400			14：00	26.69	6510		14	2：00	71	410
		19：00	91	3410			8：00	74	2450			20：00	14	5640			8：00	71	440
		22：00	91	3430			14：00	87	2490		3	2：00	25.52	4800			14：00	73	490
		23：00	92	3450			16：00	87	2460			8：00	24.89	4070			20：00	78	525
	20	0：00	94	3500			17：00	86	2430			14：00	25	3400			23：00	79	525
		2：00	98	3560			18：00	85	2410			20：00	23.70	2910		15	4：00	79	510
		8：00	24.22	3890			20：00	81	2350		4	2：00	33	2610			5：00	19.78	500
		14：00	48	4140		28	2：00	60	2130			8：00	04	2390			8：00	76	490
		20：00	66	4250			8：00	33	1900			14：00	22.79	2210			14：00	69	450
		21：00	68	4250			14：00	11	1750			20：00	59	2070			20：00	64	430
		22：00	69	4240			20：00	21.94	1630		5	2：00	45	1990		16	2：00	59	405
	21	1：00	69	4190		29	2：00	83	1570			8：00	36	1940			8：00	52	370
		2：00	68	4170			5：00	80	1550			10：00	35	1930			14：00	46	345
		5：00	62	4010			8：00	76	1520			11：00	34	1930			20：00	42	330
		8：00	50	3820			14：00	70	1490			12：00	34	1940			22：00	42	340
		14：00	16	3430			17：00	67	1470			14：00	35	1970			23：00	43	350
		20：00	23.77	3070			20：00	62	1440			16：00	22.36	1990		17	2：00	43	340
	22	2：00	45	2820		30	2：00	49	1360			20：00	41	2050			4：00	42	335
		4：00	36	2770			8：00	33	1260		6	0：00	44	2070			8：00	40	330
		8：00	24	2720			14：00	14	1170			2：00	45	2070			14：00	36	320
		9：00	23	2720			17：00	07	1130			4：00	46	2060			17：00	35	320
		10：00	23	2740			20：00	04	1110			5：00	46	2050			18：00	34	320
		11：00	24	2780			23：00	01	1100			8：00	44	2020			20：00	35	340
		12：00	26	2820		31	0：00	20.99	1090			11：00	41	1990			23：00	37	357
		20：00	68	3330			1：00	21.07	1150			14：00	36	1940		18	2：00	40	370
	23	2：00	24.00	3580			2：00	08	1160			20：00	21	1810			6：00	50	420
		5：00	10	3620			8：00	69	1600		7	2：00	03	1670			8：00	59	470
		8：00	16	3640			11：00	22.29	2150			8：00	21.82	1530			14：00	79	590
		9：00	17	3630			14：00	23.11	2970			14：00	63	1410			17：00	82	609
		12：00	17	3610			20：00	24.84	5120			20：00	45	1290			19：00	83	617
		13：00	16	3590			23：00	25.50	6020		8	2：00	28	1190			23：00	83	617
		14：00	15	3580	6	1	2：00	26.03	6790			8：00	13	1090		19	0：00	84	620
		20：00	00	3380			4：00	34	7250			14：00	20.99	1000			2：00	87	640
	24	8：00	23.45	2830			8：00	80	7950			20：00	87	930			8：00	20.01	720
		20：00	22.83	2310			11：00	27.02	8250		9	2：00	77	870			14：00	19	830
	25	2：00	52	2050			14：00	18	8460			8：00	68	820			20：00	82	1220
		8：00	23	1830			17：00	29	8570			14：00	60	775		20	2：00	21.47	1670
		14：00	21.96	1640			20：00	37	8600			20：00	53	735			8：00	22.13	2150
		20：00	75	1510			22：00	39	8600		10	8：00	36	655			12：00	61	2530
	26	0：00	64	1470			23：00	40	8580			20：00	24	585			14：00	79	2670
		1：00	65	1500							11	8：00	13	535			20：00	23.24	3030
		2：00	65	1500													22：00	33	3090
		3：00	64	1470												21	0：00	39	3120
		5：00	64	1470													1：00	40	3120
		6：00	65	1500															

续表

日期			水位	流量	日期			水位	流量	日期			水位	流量	日期			水位	流量
月	日	时：分	(m)	(m^3/s)	月	日	时：分	(m)	(m^3/s)	月	日	时：分	(m)	(m^3/s)	月	日	时：分	(m)	(m^3/s)
1973年信江梅港站																			
6	21	2：00	23.40	3100	6	27	1：00	28.33	10300	7	6	0：00	25.81	5850	7	14	0：00	22.60	1980
		3：00	39	3060			2：00	31	10200			1：00	86	5880			2：00	57	1920
		8：00	23	2790			4：00	29	10100			2：00	89	5890			8：00	41	1680
		14：00	22.88	2430			8：00	20	9750			3：00	91	5890			14：00	22.22	1500
		19：00	69	2260			14：00	06	9340			4：00	92	5870			20：00	03	1310
		20：00	68	2260			20：00	27.82	8730			5：00	91	5810		15	2：00	21.87	1170
		21：00	69	2290		28	2：00	42	7860			8：00	84	5620			8：00	73	1040
		22：00	71	2330			8：00	26.90	6950			14：00	52	5070			14：00	62	945
	22	2：00	94	2590			14：00	37	6170			20：00	09	4500			20：00	55	867
		8：00	23.70	3470			20：00	25.89	5540		7	2：00	24.65	3950			23：00	53	845
		11：00	24.17	4030		29	0：00	66	5260			8：00	23	3450		16	8：00	42	715
		14：00	67	4650			2：00	59	5190			14：00	23.79	2930			20：00	31	585
		17：00	25.11	5220			3：00	58	5180			20：00	31	2500		17	8：00	27	547
		20：00	65	5930			5：00	56	5170		8	2：00	11	2170			20：00	22	520
	23	2：00	26.40	6940			7：00	56	5180			8：00	22.83	1870		18	8：00	22	525
		4：00	58	7160			8：00	57	5200			14：00	62	1650			14：00	23	532
		8：00	87	7470			11：00	59	5200			20：00	47	1490			20：00	22	542
		11：00	27.00	7550			15：00	59	5180		9	2：00	36	1380		19	2：00	16	536
		14：00	08	7590			17：00	57	5120			8：00	26	1270			8：00	10	535
		17：00	08	7560			20：00	57	5040			14：00	19	1200			11：00	07	535
		18：00	07	7520		30	2：00	43	4830			20：00	14	1150			14：00	07	538
		20：00	01	7380			8：00	26	4580		10	2：00	11	1120			16：00	08	550
	24	2：00	26.74	6940			14：00	24.99	4230			8：00	11	1120			18：00	09	557
		5：00	63	6770			20：00	61	3800			13：00	12	1180			20：00	11	580
		8：00	54	6680	7	1	2：00	24.21	3310			14：00	11	1170			20：30	11	580
		9：00	53	6680			8：00	23.75	2850			20：00	09	1170		20	2：00	05	571
		10：00	52	6670			14：00	38	2450		11	5：00	09	1170			8：00	02	570
		11：00	52	6680			20：00	06	2100			8：00	11	1210			14：00	00	570
		12：00	53	6690		2	2：00	22.79	1810			11：00	12	1240			16：00	20.99	570
		14：00	56	6750			8：00	58	1580			14：00	14	1270			17：00	99	615
		20：00	80	7140			14：00	43	1400			20：00	23	1430			20：00	21.01	640
	25	2：00	27.21	7830			20：00	32	1270		12	2：00	36	1640		21	0：00	05	675
		5：00	40	8160		3	2：00	23	1160			4：00	39	1680			2：00	08	695
		8：00	55	8470			4：00	23	1160			8：00	41	1700			4：00	09	700
		11：00	68	8730			8：00	18	1100			14：00	43	1710			5：00	09	700
		14：00	80	8970			14：00	13	1040			20：00	46	1700			8：00	08	698
		17：00	69	9090			20：00	10	1000			22：00	46	1680			14：00	02	675
		18：00	91	9150		4	2：00	04	920		13	0：00	45	1650			20：00	20.96	642
		20：00	93	9210			8：00	01	900			2：00	43	1610		22	8：00	84	552
		22：00	95	9270			9：00	02	930			6：00	40	1590			20：00	75	472
	26	0：00	96	9300			10：00	03	950			8：00	40	1600		23	8：00	66	395
		2：00	98	9370			12：00	06	1000			12：00	46	1780			15：00	59	357
		5：00	28.02	9500			14：00	06	1000			16：00	55	1980			17：00	60	370
		8：00	10	9790			16：00	07	1010			20：00	61	2010			20：00	61	382
		10：00	13	9900			20：00	11	1070			22：00	61	2000			23：00	60	380
		14：00	21	10200		5	2：00	27	1330							24	0：00	59	375
		17：00	27	10300			8：00	77	2060										
		18：00	28	10300			14：00	24.27	4060										
		20：00	31	10300			20：00	25.49	5550										
		21：00	33	10300			22：00	69	5750										

续表

1973年信江梅港站

月	日	时：分	水位(m)	流量(m³/s)
7	24	2：00	20.57	372
		8：00	52	362
		14：00	47	355
		17：00	47	355
		20：00	45	353
	25	2：00	43	352
		8：00	38	349
		14：00	30	345
		16：00	28	345
		20：00	30	392
	26	0：00	30	392
		8：00	21	388
		10：00	21	390
		12：00	26	403
		14：00	23	398
		18：00	17	390
		20：00	19	403
	27	8：00	18	408
		14：00	17	407
		17：00	17	407
		20：00	19	445
	28	0：00	21	475
		2：00	22	499
		8：00	20	485
		20：00	09	425
	29	8：00	19.99	370
	30	8：00	83	295
	31	8：00	72	254
8	1	8：00	56	225
		20：00	19.52	223
	2	8：00	48	222
		11：00	46	222
		16：00	45	223
		18：00	45	223
		20：00	49	253
		22：00	54	278
		23：30	56	287
	3	0：00	56	287
		2：00	55	286
		8：00	50	278
		20：00	43	265
	4	8：00	38	253
		14：00	36	247
		16：00	35	245
		17：00	35	245
		20：00	36	250
		23：00	37	255
	5	5：00	40	266
		8：00	40	266
		14：00	39	263
		20：00	37	258
	6	8：00	29	238
		20：00	22	220

月	日	时：分	水位(m)	流量(m³/s)
8	7	8：00	19.20	215
		20：00	15	208
	8	8：00	11	195
		20：00	07	185
	9	8：00	02	174
		20：00	18.95	157
	10	8：00	90	147
		20：00	84	135
	11	2：00	81	129
		8：00	82	135
		14：00	80	130
		20：00	79	127
	12	2：00	80	133
		8：00	81	137
		17：55	81	137
		18：00	83	146
		19：00	82	145
		19：30	83	150
		20：00	82	149
	13	8：00	80	147
9	1	8：00	18.57	143
		20：00	52	135
		23：00	52	135
	2	2：00	54	142
		8：00	61	160
		14：00	72	189
		20：00	89	238
	3	2：00	19.07	293
		8：00	29	367
		10：00	34	385
		12：00	38	400
		14：00	39	402
		20：00	39	402
		22：00	40	407
	4	2：00	45	425
		8：00	58	480
		14：00	67	520
		20：00	73	550
	5	2：00	78	572
		8：00	91	637
		11：00	95	660
		14：00	97	670
		14：42	99	680
		15：20	99	680
		16：00	98	679
		20：00	97	675
	6	0：00	96	670
		5：00	19.91	647
		8：00	85	620
		20：00	60	507
	7	8：00	45	445
		14：00	39	423
		18：00	39	427

月	日	时：分	水位(m)	流量(m³/s)
9	7	20：00	19.42	440
		23：00	52	483
	8	4：00	82	611
		8：00	20.00	698
		11：00	04	709
		12：00	04	708
		13：00	03	701
		17：00	19.96	638
		20：00	90	627
	9	8：00	69	531
		12：00	67	523
		14：00	66	520
		18：00	67	528
		20：00	70	544
	10	2：00	88	639
		8：00	20.25	838
		12：00	44	939
		14：00	49	963
		15：00	50	964
		16：00	50	963
		17：00	49	954
		20：00	44	916
	11	8：00	00	655
		20：00	19.62	498
	12	8：00	39	421
		14：00	32	398
		20：00	29	390
		22：00	29	391
		23：00	30	395
	13	2：00	39	431
		8：00	76	586
		11：00	89	641
		14：00	96	664
		16：00	97	664
		17：00	97	663
		19：00	96	652
		20：00	95	643
	14	8：00	74	636
		20：00	54	461
	15	8：00	37	407
		20：00	22	363
	16	8：00	13	340
		15：48	08	329
		16：00	10	336
		16：30	08	331
		18：00	08	331
		20：00	07	328
		22：00	06	327
	17	0：00	07	331
		6：00	11	342
		8：00	15	352
		11：00	35	414
		14：00	57	490
		17：00	73	554

月	日	时：分	水位(m)	流量(m³/s)
9	17	20：00	19.83	600
	18	0：00	92	645
		2：00	95	660
		3：00	96	662
		6：00	96	660
		8：00	95	643
		20：00	79	558
	19	8：00	59	479
		20：00	42	417
	20	2：00	38	402
		8：00	35	395
		11：00	36	401
		12：00	19.37	406
		16：00	40	421
		20：00	47	455
	21	2：00	54	486
		5：00	56	494
		8：00	57	496
		14：00	57	494
		17：00	56	486
		20：00	55	481
	22	2：00	53	471
		8：00	50	457
		20：00	39	406
	23	8：00	27	346
		20：00	17	302
	24	8：00	10	272
		20：00	01	224
	25	8：00	18.99	212
		20：00	96	189
10	19	8：00	18.50	131
		20：00	51	137
		21：00	52	140
		23：00	52	141
	20	0：00	51	139
		3：00	51	139
		8：00	56	152
		14：00	66	183
		20：00	71	199
	21	2：00	81	231
		8：00	19.03	302
		14：00	21	368
		20：00	36	426
	22	8：00	66	546
		12：00	69	556
		14：00	70	559
		16：00	72	561
		18：00	72	560
		20：00	71	550
	23	2：00	65	514
		8：00	55	466
		20：00	32	378
	24	8：00	12	312

续表

日期			水位（m）	日期			水位（m）	日期			水位（m）	日期			水位（m）	日期			水位（m）
月	日	时：分		月	日	时：分		月	日	时：分		月	日	时：分		月	日	时：分	
1973年信江大溪渡站																			
1	13	8：00	17.37	2	23	8：00	18.93	3	15	5：00	20.67	4	1	13：00	19.20	4	11	14：00	19.53
		20：00	35			20：00	19.16			7：00	67			14：00	21			20：00	20.32
	14	8：00	33		24	8：00	06			8：00	66			20：00	37			2：00	21.13
		20：00	34			20：00	18.86			11：00	64		2	2：00	86		12	8：00	66
	15	8：00	37		25	8：00	56			20：00	45			8：00	20.55			11：00	82
		20：00	60			20：00	41		16	8：00	03			14：00	21.03			14：00	91
	16	8：00	87		26	8：00	28			20：00	19.60			20：00	34			15：00	92
		20：00	18.38			20：00	23		17	8：00	20			23：00	21.39			16：00	94
	17	8：00	19.26		27	8：00	17			20：00	01		3	2：00	40			18：00	94
		20：00	88			20：00	13		18	8：00	18.70			3：00	38			19：00	93
	18	8：00	20.31		28	8：00	17			20：00	61			6：00	29			20：00	91
		20：00	35			20：00	25		19	8：00	42			8：00	22		13	2：00	68
	19	8：00	19.99	3	1	8：00	25			20：00	29			14：00	20.98			8：00	36
		20：00	54			20：00	16		20	8：00	21			20：00	78			14：00	20.99
	20	8：00	13		2	8：00	14			20：00	15		4	2：00	64			20：00	61
		20：00	18.92			20：00	08		21	8：00	11			8：00	53		14	2：00	27
	21	8：00	64		3	8：00	05			20：00	11			9：00	52			8：00	04
		20：00	50			20：00	02		22	8：00	13			10：00	51			14：00	19.85
	22	8：00	36		4	8：00	15			20：00	14		5	2：00	51			20：00	72
		20：00	25			20：00	17		23	8：00	09			3：00	50		15	0：00	65
	23	8：00	21		5	8：00	17			20：00	06			8：00	44			1：00	64
		20：00	23			20：00	42		24	8：00	04			20：00	12			2：00	63
	24	8：00	33		6	8：00	34		25	8：00	03		6	2：00	19.89			8：00	63
		20：00	35			20：00	29			20：00	00			8：00	68			12：00	63
	25	8：00	39		7	8：00	25		26	8：00	17.93			14：00	50			13：00	64
		20：00	46			20：00	20			20：00	84			20：00	33			20：00	68
	26	8：00	32		8	8：00	18.18		27	8：00	73			8：00	06		16	2：00	71
		20：00	21			20：00	15			20：00	64		7	20：00	18.90			8：00	71
	27	8：00	03		9	8：00	09		28	8：00	58			23：00	89			12：00	71
		20：00	03			20：00	00			20：00	51		8	5：00	89			13：00	72
	28	8：00	17.98		10	8：00	17.98		29	8：00	47			6：00	90			20：00	75
		20：00	94			14：00	98			14：00	51			8：00	92		17	2：00	77
2	17	8：00	17.63			20：00	99			20：00	66			14：00	19.06			8：00	88
		20：00	64		11	8：00	18.22		30	8：00	18.15			20：00	21			14：00	20.02
	18	8：00	61			20：00	52			20：00	79		9	2：00	30			20：00	25
		20：00	70		12	8：00	81		31	2：00	19.07			8：00	33		18	2：00	43
	19	8：00	90			20：00	19.23			8：00	23			14：00	34			8：00	56
		20：00	18.00		13	8：00	81			10：00	24		10	2：00	34			11：00	62
	20	8：00	21			20：00	20.18			12：00	27			8：00	31			12：00	63
		20：00	46		14	8：00	57			14：00	29			14：00	29			13：00	64
	21	8：00	55			10：00	59			15：00	30			20：00	23			19：00	64
		20：00	53			12：00	61			22：00	30		11	2：00	21			20：00	63
	22	8：00	55			13：00	62			23：00	29			8：00	21		19	2：00	54
		20：00	67			21：00	62	4	1	2：00	25			9：00	22			8：00	39
						22：00	63			8：00	20			10：00	25				

续表

日期			水位	日期			水位	日期			水位	日期			水位	日期			水位
月	日	时：分	(m)	月	日	时：分	(m)	月	日	时：分	(m)	月	日	时：分	(m)	月	日	时：分	(m)
1973年信江大溪渡站																			
4	19	14：00	20.25	4	27	15：00	21.63	5	5	4：00	20.54	5	12	23：00	19.75	5	20	14：00	22.25
		20：00	08			16：00	64			5：00	53		13	8：00	75			20：00	40
	20	8：00	19.87			18：00	64			8：00	48			12：00	75			23：00	45
		13：00	81			19：00	63			14：00	30			13：00	74		21	1：00	46
		19：00	81			20：00	62			20：00	07			20：00	70			2：00	47
		20：00	82		28	2：00	43		6	2：00	19.83		14	8：00	59			5：00	47
	21	2：00	87			8：00	05			8：00	64			20：00	54			6：00	46
		8：00	95			14：00	20.69			14：00	50			23：00	54			8：00	42
		14：00	20.11			20：00	36			20：00	43		15	0：00	55			20：00	01
		20：00	23		29	2：00	03		7	1：00	43			1：00	55		22	2：00	21.79
	22	1：00	30			8：00	19.77			2：00	44			2：00	19.56			8：00	63
		2：00	31			14：00	55			8：00	53			8：00	61			11：00	58
		7：00	31			20：00	37			14：00	69			14：00	62			12：00	57
		8：00	30		30	8：00	07			20：00	88			18：00	62			13：00	57
		14：00	22			20：00	18.84		8	2：00	20.19			19：00	61			14：00	58
		20：00	09	5	1	2：00	80			8：00	55			20：00	60			20：00	70
	23	2：00	19.91			5：00	79			14：00	94		16	2：00	68		23	2：00	92
		8：00	79			8：00	79			20：00	21.28			8：00	79			8：00	22.06
		14：00	72			9：00	80			23：00	35			14：00	89			11：00	11
		16：00	70			14：00	18.89		9	2：00	42			20：00	98			12：00	12
		17：00	69			20：00	19.03			3：00	44		17	2：00	20.05			16：00	12
		18：00	68		2	2：00	18			6：00	44			8：00	21			17：00	11
	24	3：00	68			8：00	32			7：00	43			14：00	75		24	2：00	21.95
		4：00	69			14：00	46			8：00	42			20：00	21.51			8：00	43
		8：00	75			17：00	51			14：00	28		18	2：00	22.13			20：00	26
		14：00	84			20：00	54			20：00	05			8：00	45		25	8：00	05
		20：00	93			22：00	56		10	2：00	20.84			11：00	52			20：00	20.73
		21：00	94			23：00	57			8：00	65			12：00	54		26	2：00	65
	25	3：00	94		3	4：00	57			14：00	46			13：00	55			3：00	64
		4：00	93			5：00	56			20：00	28			23：00	55			8：00	64
		8：00	88			8：00	54		11	8：00	19.93		19	0：00	54			13：00	64
		14：00	75			17：00	54			14：00	78			2：00	52			14：00	65
		20：00	67			18：00	55			20：00	70			8：00	40			20：00	71
	26	2：00	67			20：00	57			23：00	66			14：00	18		27	2：00	94
		3：00	68		4	2：00	71		12	0：00	65			20：00	03			8：00	21.13
		8：00	79			8：00	96			1：00	64			22：00	01			14：00	26
		14：00	20.13			14：00	20.22			7：00	64			23：00	00			17：00	30
		20：00	52			20：00	44			8：00	65		20	2：00	00			21：00	30
	27	2：00	96		5	0：00	53			14：00	69			3：00	01			22：00	29
		8：00	21.36			1：00	54			20：00	73			8：00	10		28	2：00	23
		14：00	62																

续表

1973年信江大溪渡站

日期			水位
月	日	时：分	(m)
5	28	8：00	21.11
		20：00	20.86
	29	8：00	73
		20：00	20.63
	30	2：00	57
		8：00	49
		14：00	39
		20：00	30
		23：00	30
	31	0：00	31
		2：00	34
		8：00	62
		14：00	21.18
		20：00	22.16
6	1	2：00	23.05
		8：00	64
		14：00	24.01
		18：00	16
		20：00	19
		23：00	24
	2	0：00	25
		1：00	26
		2：00	27
		5：00	27
		6：00	26
		8：00	22
		14：00	23.98
		20：00	66
	3	2：00	29
		8：00	22.91
		14：00	52
		20：00	15
	4	2：00	21.91
		8：00	67
		14：00	51
		20：00	36
	5	2：00	26
		8：00	17
		14：00	12
		17：00	11
		23：00	11
	6	0：00	12
		1：00	13
		8：00	13
		10：00	13
		12：00	12
		20：00	04
	7	2：00	20.94
		8：00	85
		20：00	64

日期			水位
月	日	时：分	(m)
6	8	8：00	20.46
		20：00	29
	9	8：00	17
		20：00	05
	10	8：00	19.96
		20：00	84
	11	8：00	76
		20：00	70
	12	8：00	66
		20：00	58
	13	8：00	52
		20：00	40
	14	8：00	33
		14：00	30
		20：00	30
	15	8：00	25
		20：00	12
	16	8：00	02
		20：00	18.93
	17	8：00	93
		14：00	88
		20：00	84
	18	8：00	84
		9：00	84
		10：00	85
		14：00	92
		20：00	18.99
	19	5：00	99
		6：00	19.00
		8：00	02
		14：00	08
		20：00	28
	20	2：00	65
		8：00	20.11
		14：00	62
		20：00	21.05
	21	2：00	36
		4：00	39
		5：00	40
		6：00	40
		7：00	39
		8：00	38
		14：00	23
		20：00	05
		22：00	02
		23：00	01
	22	0：00	02
		1：00	02
		2：00	04
		8：00	38

日期			水位
月	日	时：分	(m)
6	22	14：00	22.07
		20：00	73
	23	2：00	23.34
		8：00	72
		14：00	93
		16：00	96
		17：00	98
		18：00	99
		22：00	99
		23：00	98
	24	2：00	95
		8：00	80
		11：00	76
		12：00	75
		14：00	75
		15：00	76
		20：00	84
	25	2：00	24.06
		8：00	32
		14：00	52
		17：00	57
		20：00	63
	26	0：00	67
		2：00	68
		8：00	73
		11：00	76
		14：00	81
		20：00	88
		23：00	92
	27	0：00	93
		1：00	94
		2：00	92
		4：00	92
		8：00	88
		14：00	82
		17：00	75
		20：00	70
	28	2：00	46
		8：00	15
		14：00	23.85
		20：00	60
	29	2：00	38
		5：00	34
		8：00	32
		17：00	32
		20：00	31
	30	2：00	25
		8：00	20
		14：00	08
		20：00	22.93

日期			水位
月	日	时：分	(m)
7	1	8：00	22.56
		20：00	25
	2	2：00	11
		8：00	01
		14：00	21.94
		20：00	90
	3	8：00	85
		20：00	81
	4	8：00	77
		14：00	81
		22：00	81
		23：00	82
	5	2：00	85
		5：00	91
		8：00	99
		14：00	22.42
		17：00	74
		20：00	23.09
		23：00	24
	6	0：00	29
		2：00	35
		4：00	43
		6：00	45
		7：00	46
		8：00	46
		9：00	45
		10：00	44
		14：00	35
		20：00	15
	7	2：00	22.90
		8：00	73
		14：00	54
		20：00	38
	8	2：00	24
		8：00	16
		14：00	05
		20：00	00
	9	8：00	21.93
		20：00	85
	10	8：00	81

日期			水位
月	日	时：分	(m)
7	10	14：00	21.80
		20：00	81
	11	2：00	80
		8：00	77
		14：00	76
		20：00	77
	12	2：00	80
		5：00	83
		8：00	84
		11：00	84
		14：00	83
		20：00	80
	13	2：00	79
		8：00	77
		20：00	77
	14	2：00	79
		8：00	71
		20：00	55
	15	8：00	39
		20：00	28
	16	8：00	22
		20：00	15
	17	8：00	12
		14：00	07
	18	2：00	07
		8：00	06
		14：00	06
		20：00	03
	19	2：00	00
		8：00	20.94
		14：00	87
		20：00	95
	20	8：00	20.81
		20：00	78
	21	2：00	79
		8：00	79
		20：00	71
	22	8：00	65
		14：00	60
		20：00	59
	23	8：00	52
		14：00	47
		20：00	49
	24	8：00	39
		20：00	32

续表

日期			水位	日期			水位	日期			水位	日期			水位	日期			水位
月	日	时：分	(m)	月	日	时：分	(m)	月	日	时：分	(m)	月	日	时：分	(m)	月	日	时：分	(m)
1973年信江大溪渡站																			
7	25	8：00	20.26	8	5	20：00	18.91	9	5	8：00	18.58	9	14	0：00	18.63	9	22	8：00	18.62
		14：00	17		6	8：00	85			14：00	61			2：00	62			14：00	61
		20：00	18			20：00	78			20：00	63			8：00	55			20：00	59
	26	8：00	09		7	8：00	74			21：00	64			20：00	42		23	2：00	57
		14：00	09			20：00	70		6	2：00	64		15	8：00	32			8：00	55
		20：00	05		8	8：00	61			8：00	62			20：00	23			14：00	54
	27	8：00	19.99			20：00	57			20：00	35		16	2：00	21			20：00	18.56
		20：00	93		9	8：00	52		7	8：00	29			8：00	19		24	2：00	56
	28	2：00	91			20：00	47			14：00	24			14：00	16			8：00	55
		8：00	91		10	8：00	42			20：00	21		17	2：00	16			14：00	56
		14：00	86			20：00	32		8	2：00	29			8：00	19			20：00	57
		20：00	82		11	8：00	26			8：00	43			14：00	34		25	2：00	60
	29	8：00	77			20：00	23			20：00	63			20：00	49			8：00	60
		14：00	75		12	8：00	17		9	2：00	59		18	2：00	62			14：00	61
		20：00	69			20：00	12			8：00	53			8：00	18.72			20：00	64
	30	8：00	65		13	8：00	05			20：00	43			14：00	73	10	19	8：00	17.85
		20：00	59	9	1	2：00	17.55		10	2：00	49			20：00	73			20：00	80
	31	2：00	56			8：00	52			8：00	62		19	2：00	70		20	8：00	84
		8：00	56			14：00	50			20：00	99			8：00	64			20：00	93
		20：00	50			20：00	47			21：00	19.00			20：00	51		21	8：00	99
8	1	8：00	39		2	2：00	46			23：00	00		20	2：00	47			20：00	18.15
		20：00	34			8：00	46		11	0：00	18.99			8：00	46		22	8：00	35
	2	8：00	30			14：00	47			8：00	18.72			14：00	47			20：00	44
		20：00	28			20：00	55			20：00	54			20：00	50		23	8：00	38
	3	8：00	20		3	8：00	83		12	8：00	38		21	2：00	54			20：00	27
		20：00	11			20：00	18.08			20：00	22			8：00	58		24	8：00	21
	4	8：00	07		4	8：00	17		13	2：00	25			14：00	61			20：00	02
		20：00	01			20：00	39			8：00	31			20：00	60				
	5	8：00	18.95		5	2：00	51			20：00	63		22	2：00	60				

日期			水位	流量	日期			水位	流量	日期			水位	流量	日期			水位	流量
月	日	时：分	(m)	(m^3/s)	月	日	时：分	(m)	(m^3/s)	月	日	时：分	(m)	(m^3/s)	月	日	时：分	(m)	(m^3/s)
1980年赣江外洲站																			
3	2	8：00	18.85	2300	3	6	8：00	19.12	2700	3	10	2：00	21.51	7380	3	14	8：00	20.22	4050
		12：00	82	2260			9：00	13	2720			8：00	73	7770			20：00	19.96	3640
		14：00	81	2250			14：00	19	2820			11：00	83	7970		15	8：00	73	3290
		20：00	81	2250		7	8：00	49	3330			14：00	89	8050			20：00	51	2980
	3	8：00	77	2200			20：00	68	3670			17：00	94	8050		16	8：00	31	2740
		14：00	76	2190		8	2：00	76	3820			20：00	96	8000			14：00	22	2620
		20：00	77	2200			8：00	81	3920			23：00	97	7970			20：00	15	2540
	4	6：00	76	2190			11：00	86	4020		11	0：00	97	7960		17	2：00	08	2470
		8：00	76	2190			14：00	90	4100			5：00	95	7850			8：00	02	2400
		14：00	76	2190			20：00	20.04	4380			8：00	92	7720			14：00	18.95	2320
		20：00	79	2210		9	2：00	26	4820			23：00	64	7020			20：00	92	2290
	5	6：00	85	2290			8：00	59	5480		12	8：00	41	6470		18	0：00	91	2280
		8：00	86	2300			14：00	95	6220		13	8：00	20.81	5120			8：00	88	2240
		20：00	98	2470			20：00	21.28	6900			20：00	50	4540			18：00	83	2180

续表

1980年赣江外洲站

日期 月	日期 日	日期 时：分	水位 (m)	流量 (m^3/s)
3	18	20：00	82	2170
	19	8：00	75	2100
		20：00	70	2030
	20	8：00	66	1990
		12：00	64	1980
		20：00	61	1950
	21	8：00	57	1920
		12：00	56	1910
		14：00	55	1900
	22	0：00	55	1950
		8：00	55	1950
		20：00	56	1970
	23	8：00	65	2070
		14：00	70	2120
		16：00	71	2140
		20：00	72	2150
	24	8：00	72	2150
		11：00	71	2140
		14：00	70	2120
		20：00	18.65	2070
	25	0：00	62	2030
		8：00	55	1950
		12：00	52	1920
		14：00	50	1900
		16：00	49	1890
		20：00	48	1880
		21：00	48	1880
	26	8：00	45	1840
		14：00	44	1830
	27	8：00	50	1900
		20：00	56	1970
	28	2：00	57	1980
		8：00	57	1980
	29	8：00	59	2000
	30	8：00	60	2010
	31	0：00	59	2000
		8：00	58	1990
		14：00	56	1970
		20：00	56	1970
4	1	0：00	59	2000
		8：00	66	2080
		9：00	67	2090
		20：00	80	2240
		22：00	82	2260
	2	8：00	89	2350

日期 月	日期 日	日期 时：分	水位 (m)	流量 (m^3/s)
4	2	14：00	18.89	2350
		19：00	87	2320
		20：00	87	2320
	3	2：00	84	2290
		8：00	82	2260
		14：00	81	2250
		18：00	80	2240
	4	0：00	79	2230
		2：00	79	2230
		8：00	80	2240
		18：00	86	2310
	5	2：00	90	2360
		8：00	92	2380
		12：00	93	2390
		14：00	93	2390
		20：00	91	2370
	6	0：00	91	2370
		6：00	92	2380
		8：00	92	2380
		14：00	89	2350
		20：00	84	2290
	7	8：00	72	2150
		12：00	67	2090
		14：00	65	2070
		20：00	62	2030
	8	8：00	50	1900
		12：00	48	1880
		20：00	43	1820
	9	0：00	45	1840
		8：00	48	1880
		12：00	55	1950
		20：00	70	2120
	10	0：00	78	2220
		2：00	82	2260
		8：00	90	2360
		14：00	96	2430
		17：00	96	2430
		20：00	97	2440
		21：00	97	2440
	11	2：00	96	2430
		8：00	95	2420
		14：00	94	2410
		17：00	94	2400
	12	2：00	96	2430
		8：00	97	2450

日期 月	日期 日	日期 时：分	水位 (m)	流量 (m^3/s)
4	12	12：00	18.99	2480
	13	2：00	19.06	2600
		5：00	09	2650
		8：00	11	2680
		14：00	19.18	2800
		20：00	26	2930
		21：00	28	2960
	14	2：00	40	3150
		8：00	70	3730
		10：00	86	4010
		20：00	20.66	5740
	15	4：00	21.26	7040
		8：00	52	7590
		11：00	70	7950
		12：00	75	8050
		18：00	22.03	8550
		20：00	09	8630
		23：00	17	8790
	16	0：00	20	8800
		1：00	21	8800
		4：00	25	8760
		5：00	26	8730
		6：00	26	8730
		8：00	27	8700
		12：00	27	8650
		15：00	24	8440
		17：00	22	8380
		20：00	18	8230
	17	0：00	11	8030
		2：00	08	7950
		5：00	01	7780
		6：00	21.98	7700
		8：00	93	7580
		9：00	90	7500
		17：00	69	6970
		20：00	60	6750
	18	8：00	18	5810
		13：00	00	5400
	19	2：00	20.54	4490
		8：00	35	4160
		14：00	16	3840
		20：00	19.99	3590
	20	2：00	82	3370
		8：00	66	3180
		14：00	53	3010

日期 月	日期 日	日期 时：分	水位 (m)	流量 (m^3/s)
4	20	20：00	19.42	2870
	21	2：00	32	2760
		8：00	23	2670
		14：00	14	2580
		18：00	11	2550
		20：00	09	2540
	22	2：00	05	2500
		8：00	07	2570
		12：30	12	2630
		14：00	14	2660
	23	8：00	57	3270
		9：00	59	3300
		14：00	71	3500
		20：00	81	3660
	24	3：00	96	3890
		6：00	20.03	4010
		8：00	07	4080
		14：00	22	4330
	25	1：00	45	4750
		6：00	56	4960
		8：00	60	5030
		12：00	69	5210
		14：00	73	5300
	26	0：00	21.00	5870
		8：00	24	6390
		19：00	62	7250
		21：00	70	7440
	27	2：00	88	7850
		5：00	97	8070
		8：00	22.09	8360
		10：00	16	8540
		22：00	53	9520
	28	0：00	61	9730
		7：00	82	10300
		8：00	22.85	10400
		12：00	99	10800
		14：00	23.05	10900
		15：00	09	11100
		22：00	32	11800
		23：30	36	11900
	29	0：00	37	11900
		4：00	49	12300

续表

日期			水位	流量	日期			水位	流量	日期			水位	流量	日期			水位	流量
月	日	时：分	(m)	(m^3/s)	月	日	时：分	(m)	(m^3/s)	月	日	时：分	(m)	(m^3/s)	月	日	时：分	(m)	(m^3/s)
1980年赣江外洲站																			
4	29	7：00	23.57	12500	5	3	20：00	23.00	10100	5	9	16：00	23.01	10700	5	17	8：00	21.6	6580
		8：00	59	12600			21：00	02	10200		10	2：00	68	12000			20：00	42	6180
		10：30	65	12800		4	0：00	07	10300			6：00	83	12400		18	2：00	32	5970
		12：00	68	12800			2：00	11	10400			8：00	88	12500			8：00	20	5710
		14：00	72	13000			4：00	16	10500			12：00	97	12800		19	8：00	20.85	5020
		18：00	78	13100			8：00	22	10700			13：00	98	12800			11：00	82	4970
		20：00	80	13200			12：00	27	10900			14：00	24.00	12900			14：00	80	4930
	29	21：00	81	13200			16：00	31	11000			17：00	05	13100			20：00	74	4820
		22：00	82	13300			18：00	32	11000			18：30	08	13200		20	4：00	62	4600
	30	2：00	84	13300			23：00	32	11000			20：00	10	13200			8：00	57	4510
		5：00	84	13300			2：00	29	10900		11	0：00	14	13400		21	8：00	21	3870
		8：00	85	13300		5	3：00	28	10900			2：00	16	13400			20：00	05	3590
		10：30	85	13400			8：00	22	10700			6：00	18	13500		22	8：00	19.90	3340
		19：00	85	13400			10：00	19	10600			8：00	18	13500			20：00	78	3150
		20：00	84	13300			13：00	15	10500			11：00	18	13500		23	8：00	65	2950
5	1	0：00	80	13100			14：00	14	10500			12：00	20	13600		24	2：00	46	2670
		2：00	78	12900			20：00	05	10200			14：00	21	13600			3：00	40	2590
		3：00	77	12900		6	2：00	22.97	10000			17：00	21	13600			14：00	34	2510
		6：00	73	12700			5：00	94	9940			18：00	20	13600			20：00	27	2420
		8：00	70	12600			8：00	92	9880			20：00	20	13600		25	2：00	21	2340
		12：00	64	12400			11：00	89	9800		12	1：00	17	13500			8：00	16	2280
		14：00	60	12300			13：00	87	9740			2：00	17	13500			12：00	15	2270
		18：00	53	12000			14：00	86	9720			5：00	18	13500			14：00	14	2260
		20：00	49	11800			20：00	22.80	9550			7：00	18	13500			18：00	11	2220
	2	2：00	37	11400		7	2：00	73	9360			8：00	17	13500		26	4：00	19.06	2170
		3：00	34	11300			7：00	65	9140			10：00	16	13400			7：00	05	2150
		5：00	29	11100			8：00	63	9090			18：00	14	13400			8：00	05	2150
		6：30	25	10900			11：00	58	8960			20：00	13	13300			14：00	05	2150
		8：00	21	10800			17：00	53	8830		13	2：00	07	13100			20：00	04	2140
		9：00	19	10700			19：00	52	8800			8：00	23.97	12800		27	0：00	05	2170
		10：00	17	10700			23：00	49	8720			19：00	70	12100			2：00	05	2170
		14：00	08	10400		8	2：00	47	8670			20：00	68	12000			8：00	08	2220
		19：00	22.97	10100			5：00	47	8670		14	6：00	42	11300			11：00	10	2260
		20：00	95	9990			7：00	46	8650			8：00	34	11100		28	0：00	20	2430
		21：00	94	9960			8：00	46	8650			20：00	22.99	10100			8：00	26	2550
		23：00	91	9860			12：00	48	8700		15	0：00	85	9690			13：00	28	2590
	3	2：00	88	9770			14：00	51	8780			8：00	58	8960			16：00	29	2600
		5：00	87	9730			17：00	53	8830			14：00	40	8490			20：00	31	2640
		6：00	87	9730			20：00	58	8960			22：00	20	7990		29	0：00	31	2640
		8：00	86	9700		9	0：00	66	9170			23：00	17	7910			4：00	32	2650
		10：00	87	9740			2：00	71	9300		16	5：00	05	7620			8：00	32	2650
		12：00	88	9770			8：00	89	9800			8：00	01	7520			14：00	32	2660
		14：00	90	9830			11：00	23.01	10100			11：00	21.96	7400			17：00	31	2650
		16：00	93	9910			14：00	13	10500			12：00	94	7360			22：00	31	2650
												14：00	89	7240		30	2：00	32	2660

续表

1980年赣江外洲站

月	日	时：分	水位(m)	流量(m³/s)
5	30	7：00	19.34	2690
		8：00	35	2700
		12：00	38	2740
		17：00	42	2800
		20：00	45	2840
	31	0：00	47	2870
		2：00	48	2880
		8：00	48	2880
		10：00	47	2870
		14：00	45	2840
		18：00	42	2800
		20：00	40	2770
		21：00	39	2760
6	1	0：00	37	2730
		2：00	35	2700
		4：00	35	2700
		8：00	34	2690
		19：00	25	2570
		20：00	24	2550
	2	2：00	21	2510
		8：00	21	2510
		20：00	18	2470
	3	2：00	18	2470
		8：00	20	2500
		14：00	21	2510
		20：00	24	2550
		21：00	25	2570
	4	2：00	28	2610
		8：00	31	2650
		14：00	32	2660
		20：00	31	2650
	5	8：00	24	2550
		20：00	15	2440
	6	0：00	13	2410
		8：00	09	2360
		20：00	09	2360
	7	2：00	08	2350
		8：00	09	2360
		12：00	12	2400
		20：00	19	2490
	8	2：00	25	2570
		8：00	34	2690
	9	2：00	62	3090
		8：00	68	3180

月	日	时：分	水位(m)	流量(m³/s)
6	9	14：00	76	3300
		20：00	78	3330
	10	2：00	82	3390
		8：00	83	3410
		11：00	83	3410
		20：00	84	3420
		21：00	83	3410
	11	2：00	81	3380
		8：00	78	3330
		9：00	77	3310
		12：00	75	3280
		14：00	74	3270
		20：00	73	3250
	12	8：00	73	3250
		14：00	73	3250
		20：00	74	3270
	13	0：00	74	3270
		8：00	75	3280
		20：00	79	3340
		23：00	81	3380
	14	8：00	87	3470
		14：00	89	3500
		20：00	89	3500
	15	2：00	87	3470
		8：00	83	3400
		10：00	19.81	3370
		19：00	72	3210
	16	8：00	57	2970
		14：00	49	2860
		20：00	42	2750
	17	8：00	23	2470
		20：00	18.97	2130
	18	8：00	86	1990
		20：00	71	1800
	19	8：00	59	1660
		20：00	53	1600
	20	8：00	50	1570
		20：00	46	1530
	21	2：00	43	1500
		8：00	42	1490
		12：00	40	1460
		20：00	37	1430
	22	2：00	34	1400
		8：00	33	1390
	23	8：00	33	1390

月	日	时：分	水位(m)	流量(m³/s)
6	23	12：00	18.34	1400
		14：00	34	1400
		18：00	35	1410
		20：00	36	1420
	24	8：00	39	1450
		9：00	39	1450
		15：00	40	1460
		19：00	41	1470
		20：00	41	1470
		23：00	40	1460
	25	3：00	39	1450
		8：00	38	1440
		20：00	29	1350
	26	0：00	28	1340
		2：00	27	1330
		8：00	23	1290
		12：00	20	1260
		17：00	17	1230
		20：00	15	1210
	27	0：00	12	1180
		2：00	10	1160
		8：00	07	1120
		14：00	01	1040
		18：00	17.98	1010
		20：00	97	990
	28	8：00	94	930
		12：00	93	918
		14：00	93	918
		20：00	90	860
	29	8：00	91	890
		14：00	91	890
		20：00	90	860
	30	8：00	93	790
		12：00	92	800
		14：00	92	800
		20：00	94	782
7	1	0：00	96	770
		8：00	99	762
		14：00	97	766
		20：00	99	762
	2	8：00	18.05	750
		14：00	07	757
		20：00	12	800

月	日	时：分	水位(m)	流量(m³/s)
7	3	8：00	18.13	810
		14：00	09	774
		18：00	08	762
		20：00	07	757
	4	8：00	08	762
		12：00	07	757
		14：00	06	753
		20：00	14	821
	5	2：00	17	860
		6：00	18	873
		8：00	18	873
	6	8：00	16	847
		12：00	17	860
		14：00	18	873
		20：00	18	873
	7	0：00	20	900
		8：00	23	944
		15：00	28	1030
	8	5：00	39	1240
		8：00	41	1280
		10：00	42	1300
		14：00	43	1310
		18：00	47	1400
		20：00	49	1430
	9	0：00	53	1480
		4：00	58	1510
		8：00	62	1550
		12：00	18.66	1570
		19：00	73	1580
		20：00	74	1580
	10	0：00	77	1540
		6：00	81	1450
		8：00	82	1400
		11：00	82	1400
		17：00	81	1450
		20：00	81	1450
	11	8：00	80	1480
		12：00	82	1400
		14：00	83	1290
		18：00	83	1290
	12	8：00	82	1400
		14：00	83	1290
		18：00	86	1100
		20：00	87	1070
	13	2：00	90	1070
		6：00	91	1080

续表

日期			水位	流量	日期			水位	流量	日期			水位	流量	日期			水位	流量
月	日	时：分	(m)	(m^3/s)	月	日	时：分	(m)	(m^3/s)	月	日	时：分	(m)	(m^3/s)	月	日	时：分	(m)	(m^3/s)
1980年赣江外洲站																			
7	13	8：00	18.92	1090	7	20	18：00	19.44	1960	7	30	8：00	18.63	753	8	8	20：00	19.65	2020
		14：00	87	1070			20：00	42	1900			14：00	55	733		9	2：00	65	2020
		20：00	90	1070			23：00	42	1900			20：00	55	733			8：00	66	2000
	14	2：00	93	1100		21	2：00	40	1830		31	8：00	53	713			12：00	65	1900
		8：00	98	1190			5：00	40	1830			12：00	47	689			20：00	64	1830
		12：00	19.01	1250			8：00	39	1800			14：00	44	680		10	0：00	64	1760
		14：00	02	1280			12：00	37	1720			20：00	59	748			8：00	64	1760
		20：00	09	1500			20：00	32	1520	8	1	0：00	55	733			12：00	65	1690
	15	2：00	24	1940			22：00	32	1520			8：00	48	692			14：00	65	1690
		3：00	26	2000		22	8：00	31	1490			14：00	42	660		11	0：00	71	1650
		8：00	43	2460			12：00	28	1380			20：00	48	692			8：00	76	1650
		20：00	96	3720			14：00	27	1340		2	2：00	51	704			12：00	77	1650
	16	7：00	20.43	4690		23	2：00	27	1340			8：00	47	689			14：00	77	1650
		8：00	47	4760			8：00	25	1270			14：00	41	650			20：00	19.86	1720
		14：00	76	5300			12：00	21	1130		3	0：00	52	757		12	2：00	82	1680
		20：00	21.05	5840			14：00	19	1070			2：00	54	762			8：00	81	1670
	17	0：00	19	6070		24	2：00	21	1130			8：00	49	750			14：00	81	1670
		2：00	25	6160			8：00	21	1130			14：00	49	750			18：00	80	1660
		5：00	32	6220			12：00	18	1050			20：00	51	761			20：00	79	1650
		6：00	33	6220			14：00	17	1030		4	8：00	64	796		13	2：00	86	1720
		8：00	35	6210		25	0：00	16	1010			14：00	68	814			8：00	89	1760
		9：00	35	6210			2：00	16	1010			20：00	76	863			9：00	90	1770
		10：00	36	6190			8：00	15	990		5	0：00	78	876			18：00	97	1890
		12：00	37	6150			12：00	12	934			8：00	81	897			20：00	98	1900
		14：00	36	6080			14：00	10	900			14：00	84	920		14	2：00	20.02	1980
		18：00	32	5950		26	8：00	10	900			18：00	92	990			6：00	09	2120
		20：00	29	5860			12：00	10	900			20：00	96	1030			8：00	13	2220
		23：00	23	5710			20：00	09	884		6	6：00	19.04	1130			14：00	16	2290
	18	2：00	16	5600		27	0：00	08	870			8：00	06	1160		15	8：00	37	2840
		3：00	13	5530			8：00	05	830			12：00	11	1240			10：00	39	2890
		8：00	20.98	5220			14：00	18.98	764			14：00	13	1270			15：00	45	3060
		11：00	89	5040			20：00	97	757			20：00	22	1430			17：00	47	3110
		23：00	49	4270		28	8：00	94	740		7	0：00	27	1520			20：00	51	3250
	19	2：00	40	4100			12：00	91	732			8：00	38	1740		16	2：00	57	3420
		8：00	20	3720			14：00	89	728			12：00	43	1820			8：00	62	3540
		17：00	19.93	3180			20：00	78	736			19：00	51	1930			11：00	66	3630
		20：00	87	3040		29	2：00	76	737			20：00	52	1950			14：00	69	3690
		23：00	80	2890			8：00	70	740		8	2：00	57	2010			19：00	75	3790
	20	6：00	66	2550			12：00	69	741			8：00	62	2040			20：00	76	3810
		8：00	62	2450			14：00	68	742			13：00	64	2030			23：00	79	3850
		14：00	49	2110			20：00	66	743			14：00	64	2030		17	3：00	83	3890
						30	2：00	68	742										

续表

1980年赣江外洲站

日期			水位	流量
月	日	时：分	(m)	(m³/s)
8	17	8：00	19.88	3920
		14：00	94	3910
		18：00	96	3900
		20：00	97	3880
		22：00	97	3880
	18	2：00	98	3860
		6：00	99	3820
		8：00	99	3820
		12：00	98	3610
		14：00	98	3610
		20：00	96	3360
	19	2：00	92	3090
		3：00	91	3030
		7：00	89	2920
		8：00	88	2870
		9：00	87	2820
		14：00	83	2630
		18：00	82	2590
		20：00	81	2550
	20	0：00	80	2510
		2：00	80	2510
		8：00	77	2390
	21	2：00	75	2310
		6：00	74	2290
		8：00	73	2250
		14：00	70	2110
		18：00	73	2250
		20：00	75	2310
	22	2：00	76	2350
		8：00	75	2310
		18：00	77	2390
		20：00	77	2390
	23	8：00	80	2510
		20：00	80	2510
	24	2：00	82	2590
		8：00	81	2550
		14：00	77	2390
		20：00	77	2390
	25	0：00	20.78	2430
		2：00	78	2430
		8：00	74	2290

日期			水位	流量
月	日	时：分	(m)	(m³/s)
8	25	12：00	20.69	2060
		14：00	67	1950
		20：00	77	1860
	26	8：00	74	1870
		12：00	74	1870
	27	8：00	73	1880
		14：00	73	1880
		20：00	71	1890
	28	2：00	71	1890
		8：00	75	1870
		12：00	78	1870
		20：00	84	1850
	29	2：00	87	1820
		8：00	88	1800
		12：00	85	1690
		14：00	83	1660
		20：00	82	1640
	30	2：00	78	1400
		14：00	78	1400
		20：00	83	1420
	31	8：00	94	1690
		12：00	97	1790
		20：00	21.04	2070
9	1	2：00	11	2390
		8：00	16	2700
		11：00	18	2820
		14：00	19	2870
	2	2：00	20	2930
		8：00	20	2930
		14：00	19	2870
		15：00	19	2870
		20：00	22	3040
	3	0：00	25	3200
		4：00	29	3410
		8：00	32	3560
		12：00	35	3710
		14：00	36	3770
		22：00	45	4170
	4	2：00	49	4320
		8：00	55	4520
		12：00	57	4570
		18：00	61	4650
		20：00	62	4650
	5	1：00	64	4670
		5：00	66	4650
		8：00	67	4620

日期			水位	流量
月	日	时：分	(m)	(m³/s)
9	5	14：00	21.67	4540
		23：00	62	4320
	6	2：00	60	4240
		8：00	52	3930
		14：00	45	3660
	7	0：00	38	3400
		8：00	33	3210
		14：00	29	3080
		20：00	28	3050
	8	0：00	25	2950
		8：00	18	2750
		14：00	15	2660
		20：00	09	2470
	9	8：00	00	2230
		18：00	20.97	2160
		20：00	96	2140
		23：00	94	2100
	10	8：00	20.88	2000
		14：00	88	2000
		18：00	82	1910
		20：00	79	1870
	11	8：00	68	1740
		12：00	64	1700
		20：00	57	1630
	12	8：00	49	1570
		12：00	46	1550
		20：00	40	1500
	13	8：00	33	1450
		20：00	24	1390
	14	8：00	17	1340
		12：00	12	1310
		14：00	10	1300
		20：00	05	1280
	15	0：00	04	1270
		2：00	03	1270
		8：00	00	1250
		14：00	19.96	1230
		17：00	93	1220
		20：00	90	1200
	16	8：00	91	1210
		14：00	96	1230

日期			水位	流量
月	日	时：分	(m)	(m³/s)
9	16	20：00	19.97	1240
	17	8：00	81	1160
		14：00	74	1150
		20：00	70	1150
	18	8：00	58	1160
		14：00	54	1170
		20：00	55	1170
	19	8：00	48	1170
		20：00	40	1180
	20	0：00	38	1180
		8：00	35	1190
		12：00	32	1200
		20：00	25	1220
	21	8：00	16	1250
		12：00	13	1260
		14：00	11	1270
	22	8：00	13	1260
		12：00	18	1250
		14：00	21	1240
		20：00	12	1270
	23	8：00	01	1310
		14：00	01	1310
		20：00	18.98	1320
	24	8：00	92	1330
		12：00	91	1330
		14：00	91	1330
		20：00	86	1350
	25	8：00	80	1360
		20：00	74	1370
	26	8：00	70	1370
		12：00	68	1370
		20：00	64	1360
	27	8：00	61	1350
		12：00	59	1350
		20：00	54	1330
	28	8：00	48	1300
	29	8：00	32	1200
		12：00	31	1190
		20：00	28	1170
	30	8：00	23	1140
		12：00	22	1130
		20：00	19	1110

续表

日期			水位	日期			水位	日期			水位	日期			水位	日期			水位
月	日	时：分	(m)	月	日	时：分	(m)	月	日	时：分	(m)	月	日	时：分	(m)	月	日	时：分	(m)
1980年赣江市汊站																			
3	1	8：00	20.84	3	23	20：00	20.54	4	15	8：00	24.24	4	30	8：00	26.41	5	11	0：00	26.76
	2	8：00	73		24	8：00	51			11：00	38			12：00	41			2：00	76
	3	8：00	63		25	8：00	27			14：00	48			14：00	40			6：00	78
	4	8：00	63			20：00	20			17：00	56			20：00	35			8：00	78
		20：00	68		26	8：00	20			20：00	66	5	1	2：00	26			14：00	79
	5	8：00	83			20：00	24			23：00	69			8：00	15			20：00	73
		20：00	21.00		27	8：00	33		16	2：00	70			14：00	02		12	8：00	73
	6	8：00	19			20：00	40			5：00	70		2	8：00	25.52			20：00	66
	7	8：00	68		28	8：00	39			8：00	67			12：00	41		13	0：00	59
	8	8：00	22.01		29	8：00	42			11：00	63			18：00	30			2：00	56
		20：00	43			20：00	44			17：00	49			22：00	26			8：00	41
	9	8：00	23.22		30	8：00	41			20：00	43		3	2：00	26			17：00	14
		14：00	61			20：00	35		17	8：00	11			6：00	28		14	8：00	25.63
		20：00	91		31	8：00	33			20：00	23.70			8：00	30		15	8：00	24.75
	10	5：00	24.24			20：00	38		18	8：00	17			14：00	40			14：00	55
		8：00	29	4	1	8：00	58			20：00	22.69		4	6：00	75			20：00	40
		11：00	32			20：00	76		19	8：00	26			8：00	77		16	8：00	16
		14：00	34		2	8：00	79			20：00	21.85			12：00	79		17	8：00	23.78
		23：00	34		3	8：00	64		20	8：00	51			14：00	81		18	8：00	28
	11	5：00	22			20：00	64			20：00	27			18：00	80		19	8：00	22.94
		8：00	18		4	8：00	72		21	8：00	06			23：00	75			20：00	79
		20：00	23.90			20：00	80			20：00	20.96		5	8：00	58		20	8：00	58
	12	8：00	54		5	8：00	84		22	8：00	21.11			14：00	48			20：00	36
	13	8：00	22.82		6	8：00	76			20：00	54			20：00	41		21	8：00	17
		20：00	49			20：00	67		23	8：00	88		6	8：00	29		22	8：00	21.84
	14	8：00	11		7	8：00	48			20：00	22.10			20：00	13			20：00	71
	15	8：00	21.56			20：00	34		24	8：00	42		7	2：00	04		23	8：00	55
	16	8：00	10		8	8：00	22			20：00	75			8：00	24.93		24	8：00	25
		20：00	20.92			20：00	18		25	8：00	23.02			20：00	80			20：00	12
	17	8：00	76		9	8：00	41			20：00	34		8	2：00	80		25	8：00	01
		20：00	69			20：00	71		26	8：00	77			5：00	81			20：00	20.93
	18	8：00	65		10	8：00	91		27	8：00	24.68			8：00	84		26	8：00	89
		20：00	58		11	8：00	84			17：00	99			11：00	88			20：00	91
	19	8：00	52		12	8：00	91			22：00	25.14			14：00	93		27	8：00	21.07
		20：00	50			20：00	20.90		28	2：00	29			20：00	25.07			20：00	21
	20	8：00	43		13	8：00	21.16			8：00	49			23：00	17		28	8：00	29
		20：00	35			20：00	44			12：00	63		9	8：00	54			20：00	34
	21	8：00	31		14	8：00	22.34		29	8：00	26.25		10	2：00	26.42		29	8：00	33
		20：00	30			14：00	91			10：00	29			4：00	49			20：00	33
	22	8：00	32			20：00	23.42			16：00	36			8：00	55		30	8：00	46
	23	8：00	50		15	6：00	24.14			20：00	38			20：00	75			20：00	58

续表

1980年赣江市汉站

月	日	时：分	水位（m）
5	31	8：00	21.52
		20：00	35
6	1	8：00	14
		20：00	07
	2	8：00	07
		20：00	07
	3	8：00	11
		20：00	25
	4	8：00	32
		20：00	25
	5	8：00	13
	6	8：00	20.96
		20：00	93
	7	8：00	98
		20：00	21.14
	8	8：00	35
		20：00	61
	9	8：00	76
		20：00	86
	10	8：00	89
		14：00	21.89
		20：00	81
	11	8：00	76
	12	8：00	78
		20：00	79
	13	8：00	77
		20：00	81
	14	8：00	90
		20：00	88
	15	8：00	74
	16	8：00	42
		20：00	22
	17	8：00	20.98
	18	8：00	49
	19	8：00	22
	20	8：00	13
	21	8：00	06
		20：00	19.99
	22	8：00	97
		20：00	95
	23	8：00	96
	24	8：00	20.02
		20：00	05
	25	8：00	19.96
		20：00	87

月	日	时：分	水位（m）
6	26	8：00	19.76
	27	8：00	51
		20：00	45
	28	8：00	37
		20：00	24
	29	8：00	19
		20：00	15
	30	8：00	14
		20：00	10
7	1	8：00	08
		20：00	06
	2	8：00	06
	3	8：00	11
	4	8：00	22
		20：00	28
	5	8：00	29
	6	8：00	26
		20：00	28
	7	8：00	43
		20：00	50
	8	8：00	61
		20：00	85
	9	8：00	20.06
		20：00	24
	10	8：00	19
	11	8：00	19.96
		20：00	85
	12	8：00	76
	13	8：00	70
		20：00	84
	14	8：00	20.18
		20：00	60
	15	5：00	21.36
		8：00	57
		11：00	80
	16	5：00	22.75
		8：00	94
		17：00	23.42
		20：00	53
	17	5：00	64
		6：00	64

月	日	时：分	水位（m）
7	17	8：00	23.63
		11：00	59
		14：00	53
		20：00	37
	18	8：00	22.89
	19	8：00	21.85
		20：00	34
	20	8：00	20.93
		20：00	60
	21	8：00	20.41
		20：00	22
	22	8：00	08
		20：00	19.94
	23	8：00	84
		20：00	74
	24	8：00	70
	25	8：00	57
	26	8：00	43
	27	8：00	41
	28	8：00	30
	29	8：00	11
		20：00	06
	30	8：00	03
		20：00	03
	31	8：00	06
		20：00	18.96
8	1	8：00	93
		20：00	90
	2	8：00	94
		20：00	90
	3	8：00	98
	4	8：00	19.16
		20：00	27
	5	8：00	32
		20：00	47
	6	8：00	64
		20：00	99
	7	8：00	20.39
		20：00	63
	8	8：00	69
		14：00	69
		20：00	64
	9	8：00	47
		20：00	27

月	日	时：分	水位（m）
8	10	8：00	20.13
		20：00	27
	11	8：00	47
		20：00	56
	12	8：00	56
		20：00	55
	13	8：00	61
		20：00	72
	14	8：00	94
	15	8：00	21.58
		20：00	82
	16	8：00	95
	17	8：00	22.30
		20：00	40
	18	2：00	40
		8：00	32
		20：00	12
	19	8：00	21.88
	20	8：00	53
		20：00	42
	21	8：00	34
		20：00	31
	22	8：00	30
		20：00	31
	23	8：00	37
		20：00	37
	24	8：00	40
		20：00	36
	25	8：00	23
		20：00	18
	26	8：00	07
		20：00	20.98
	27	8：00	94
		20：00	90
	28	8：00	94
	29	8：00	21.12
		20：00	00
	30	8：00	10
		20：00	06
	31	8：00	30
		20：00	21.57
9	1	8：00	80
		23：00	81
	2	8：00	71
		20：00	74

月	日	时：分	水位（m）
9	3	8：00	22.05
		20：00	45
	4	8：00	77
		14：00	88
		20：00	94
	5	2：00	94
		8：00	22.90
		20：00	70
	6	8：00	47
	7	8：00	05
	8	8：00	21.73
	9	8：00	41
		20：00	36
	10	8：00	25
		20：00	17
	11	8：00	06
		20：00	20.93
	12	8：00	20.83
		20：00	73
	13	8：00	66
	14	8：00	46
		20：00	36
	15	8：00	30
		20：00	21
	16	8：00	28
		20：00	29
	17	8：00	14
		20：00	19.93
	18	8：00	19.89
	19	8：00	79
	20	8：00	69
	21	8：00	59
		20：00	61
	22	8：00	75
		20：00	79
	23	8：00	79
		20：00	85
	24	8：00	89
	25	8：00	87
	26	8：00	19.91
		20：00	88
	27	8：00	78
	28	8：00	63
		20：00	60
	29	8：00	53
	30	8：00	41
		20：00	35

续表

日期			水位	日期			水位	日期			水位	日期			水位	日期			水位
月	日	时：分	(m)	月	日	时：分	(m)	月	日	时：分	(m)	月	日	时：分	(m)	月	日	时：分	(m)
1980年赣江南昌站																			
3	1	8：00	18.44	3	16	8：00	18.88	4	9	8：00	18.05	4	25	8：00	20.02	5	6	20：00	22.14
		20：00	44			20：00	75			14：00	13			20：00	26		7	2：00	07
	2	8：00	41		17	8：00	60		10	2：00	37		26	5：00	48			8：00	21.99
	3	8：00	35			20：00	51			8：00	44			8：00	58			14：00	91
	4	8：00	34		18	8：00	47			20：00	54		27	8：00	21.35			20：00	86
		20：00	36			20：00	41		11	8：00	53		28	8：00	22.10		8	5：00	82
	5	8：00	42		19	8：00	36			20：00	52			12：00	25			8：00	81
		20：00	52			20：00	30		12	8：00	54		29	0：00	63			11：00	81
	6	8：00	64		20	8：00	26			20：00	58			8：00	82			14：00	82
		20：00	80			20：00	21		13	8：00	63			12：00	92			17：00	85
	7	8：00	99		21	8：00	17			14：00	72			14：00	96			20：00	89
		20：00	19.17			20：00	15			20：00	84			20：00	23.05		9	2：00	22.02
	8	5：00	29		22	8：00	15		14	5：00	19.04		30	0：00	09			8：00	17
		8：00	31			20：00	16			8：00	14			4：00	11			14：00	39
		14：00	39		23	8：00	20		15	8：00	20.77			8：00	11		10	2：00	93
		20：00	50		24	8：00	30			14：00	21.10			10：00	12			6：00	23.07
	9	2：00	68			20：00	26			20：00	37	5	1	0：00	09			8：00	13
		5：00	79		25	8：00	18		16	2：00	52			2：00	06			12：00	22
		8：00	94			20：00	11			5：00	56			8：00	22.99			14：00	26
		14：00	20.28		26	8：00	07			8：00	57			14：00	90			16：00	29
		20：00	58			20：00	07			14：00	58		2	2：00	69			18：00	31
	10	2：00	84		27	8：00	11			20：00	53			8：00	55			22：00	37
		8：00	21.03			20：00	15		17	2：00	44			17：00	22.34		11	2：00	41
		14：00	18		28	8：00	18			8：00	31		3	2：00	19			6：00	44
		17：00	23		29	8：00	20			20：00	02			5：00	17			8：00	44
		20：00	25		30	8：00	21		18	5：00	20.76			8：00	17			14：00	47
	11	8：00	26		31	8：00	18			8：00	65			11：00	18			18：00	47
		14：00	24	4	1	8：00	22			20：00	22			14：00	20			22：00	45
		17：00	21			20：00	36		19	8：00	19.85			17：00	23		12	0：00	45
		23：00	10		2	8：00	45		20	8：00	21		4	4：00	43			2：00	44
	12	8：00	20.88			20：00	44			20：00	18.98			8：00	50			5：00	43
		14：00	73		3	8：00	41		21	8：00	79			18：00	61			8：00	43
		20：00	60		4	8：00	38			14：00	71			20：00	62			14：00	43
	13	8：00	30		5	8：00	18.48			20：00	64		5	2：00	61			20：00	41
		20：00	00		6	8：00	50		22	8：00	61			8：00	53		13	2：00	36
	14	8：00	19.74			20：00	44			20：00	76			14：00	46			5：00	32
	15	8：00	28		7	8：00	34		23	8：00	19.04			20：00	37			8：00	27
						20：00	21			20：00	30		6	2：00	29			14：00	15
					8	8：00	12		24	8：00	51			5：00	26		14	2：00	22.87
						20：00	06			14：00	63			8：00	24			8：00	70
									25	2：00	92			14：00	20				

续表

1980年赣江南昌站

月	日	时：分	水位（m）
5	15	2：00	22.18
		5：00	09
		8：00	21.99
		14：00	80
		20：00	65
	16	8：00	41
		20：00	21
	17	8：00	05
		20：00	20.87
	18	2：00	79
		8：00	66
		14：00	20.56
		20：00	48
	19	2：00	38
		8：00	30
		14：00	23
		20：00	18
	20	8：00	04
	21	8：00	19.72
		20：00	56
	22	8：00	43
	23	8：00	20
	24	8：00	18.96
		20：00	84
	25	8：00	74
		14：00	71
		20：00	69
	26	8：00	63
		14：00	62
		20：00	62
	27	2：00	63
		8：00	65
	28	2：00	77
		8：00	80
		20：00	84
	29	8：00	86
		20：00	86
	30	8：00	88

月	日	时：分	水位（m）
5	30	14：00	18.91
		20：00	97
	31	2：00	19.00
		8：00	01
		20：00	18.97
6	1	2：00	94
		8：00	90
		14：00	86
		20：00	81
	2	8：00	77
	3	2：00	74
		8：00	74
		20：00	78
	4	8：00	84
		14：00	85
		20：00	85
	5	8：00	80
		14：00	77
		20：00	73
	6	8：00	67
	7	2：00	65
		8：00	67
		14：00	70
	8	2：00	80
		8：00	87
		14：00	95
	9	2：00	19.13
		8：00	20
	10	2：00	32
		8：00	34
		20：00	36
	11	2：00	36
		8：00	34
		14：00	30
		20：00	27
	12	2：00	25
		8：00	25

月	日	时：分	水位（m）
6	13	8：00	19.27
		14：00	29
	14	2：00	34
		8：00	37
		14：00	40
		20：00	40
	15	2：00	19.38
		8：00	35
		20：00	25
	16	8：00	12
		20：00	00
	17	8：00	18.82
	18	8：00	47
		20：00	34
	19	8：00	24
		20：00	16
	20	8：00	13
		20：00	11
	21	8：00	07
	22	8：00	00
	23	8：00	00
		20：00	02
	24	8：00	05
		20：00	06
	25	2：00	06
		8：00	05
		14：00	02
		20：00	17.97
	26	8：00	92
	27	8：00	82
	28	8：00	72
		20：00	69
	29	8：00	69
		20：00	71
	30	8：00	74
		20：00	78
7	1	8：00	81
		20：00	84

月	日	时：分	水位（m）
7	2	8：00	17.88
		20：00	93
	3	8：00	94
		20：00	90
	4	8：00	90
		20：00	93
	5	8：00	95
	6	8：00	96
		20：00	98
	7	8：00	18.02
		20：00	11
	8	2：00	15
		8：00	18
		14：00	20
		20：00	24
	9	2：00	29
		8：00	36
	10	2：00	51
		8：00	54
		14：00	55
	11	2：00	56
		8：00	56
		20：00	60
	12	8：00	62
		20：00	65
	13	2：00	71
		8：00	73
		14：00	69
	14	2：00	73
		8：00	78
		14：00	81
		20：00	85
	15	2：00	95
		8：00	19.09
		14：00	28
	16	8：00	93
		20：00	20.43
	17	2：00	62
		5：00	20.70

月	日	时：分	水位（m）
7	17	8：00	20.74
		11：00	76
		14：00	77
		17：00	77
		20：00	75
		23：00	70
	18	8：00	48
	19	2：00	00
		8：00	19.83
		20：00	53
	20	2：00	42
		8：00	34
		14：00	25
		20：00	19
	21	2：00	17
		8：00	16
		14：00	16
		20：00	14
	22	8：00	14
		14：00	12
	23	8：00	09
		14：00	06
		20：00	05
	24	8：00	05
		14：00	04
		20：00	02
	25	8：00	02
		14：00	18.97
	26	8：00	97
	27	8：00	93
		14：00	85
		20：00	84
	28	8：00	81
		14：00	76
		20：00	65
	29	8：00	57
		20：00	55
	30	8：00	51
		14：00	42

续表

1980年赣江南昌站

月	日	时：分	水位(m)
7	31	2：00	18.41
		8：00	40
		14：00	32
		20：00	42
8	1	8：00	35
		14：00	18.29
		20：00	37
	2	2：00	38
		8：00	34
		14：00	28
		20：00	34
	3	2：00	36
		8：00	36
		14：00	36
		20：00	38
	4	2：00	43
		8：00	49
		14：00	53
		20：00	60
	5	8：00	68
		14：00	70
		20：00	81
	6	2：00	87
		8：00	91
		14：00	96
	7	2：00	19.10
		8：00	18
		14：00	25
		20：00	31
	8	2：00	36
		8：00	40
	9	8：00	48
	10	2：00	48
		8：00	49
		20：00	52
	11	8：00	60
		14：00	61
		20：00	70

月	日	时：分	水位(m)
8	12	2：00	19.66
		8：00	66
		20：00	63
	13	2：00	70
		8：00	74
		14：00	77
		20：00	81
	14	2：00	86
		8：00	96
		14：00	98
		20：00	20.02
	15	8：00	14
		20：00	20.27
	16	8：00	37
		14：00	42
		20：00	49
	17	2：00	54
		8：00	60
		14：00	65
		17：00	67
	18	2：00	70
		5：00	70
		8：00	71
		17：00	71
	19	8：00	66
		14：00	62
	20	2：00	60
		8：00	60
		14：00	59
	21	8：00	58
		14：00	56
	22	2：00	61
		8：00	60
		20：00	61
	23	8：00	63
		20：00	65
	24	8：00	66

月	日	时：分	水位(m)
8	24	14：00	20.63
	25	2：00	62
		8：00	60
		14：00	55
		20：00	62
	26	2：00	62
		8：00	60
		14：00	58
	27	8：00	58
		20：00	57
	28	2：00	57
		8：00	58
		14：00	61
		20：00	66
	29	8：00	73
		14：00	68
	30	8：00	67
	31	2：00	74
		8：00	80
		20：00	90
9	1	2：00	20.96
		8：00	21.00
		17：00	03
	2	2：00	03
		8：00	05
		14：00	05
		23：00	08
	3	8：00	14
		17：00	20
		20：00	21
		23：00	23
	4	2：00	26
		8：00	30
		11：00	32
	5	5：00	38
		8：00	40
		14：00	42

月	日	时：分	水位(m)
9	5	20：00	21.42
		23：00	40
	6	8：00	31
		14：00	26
	7	8：00	17
		14：00	13
		23：00	12
	8	2：00	11
		8：00	05
		17：00	20.97
		20：00	96
	9	5：00	89
		8：00	88
		14：00	87
		20：00	85
	10	2：00	81
		8：00	76
		14：00	73
	11	8：00	55
	12	2：00	39
		8：00	36
		20：00	27
	13	8：00	21
		14：00	15
	14	8：00	03
		14：00	19.97
		20：00	93
	15	2：00	90
		8：00	19.88
		14：00	82
		20：00	77
	16	2：00	76
		8：00	77
		14：00	80
		20：00	82
	17	2：00	80
		8：00	72
		14：00	62

月	日	时：分	水位(m)
9	17	20：00	19.58
	18	8：00	48
		14：00	42
		20：00	40
	19	8：00	34
	20	8：00	18
		20：00	11
	21	2：00	06
		8：00	00
		14：00	18.96
		20：00	94
	22	2：00	94
		8：00	96
		14：00	19.00
	23	2：00	18.88
		8：00	84
		20：00	80
	24	2：00	77
		8：00	72
		20：00	68
	25	2：00	65
		8：00	60
		14：00	56
	26	2：00	50
		8：00	48
		20：00	42
	27	8：00	38
		14：00	36
		20：00	32
	28	8：00	27
	29	8：00	14
		20：00	10
	30	8：00	04
		20：00	17.94

续表

日期			水位	流量	日期			水位	流量	日期			水位	流量	日期			水位	流量
月	日	时：分	(m)	(m^3/s)	月	日	时：分	(m)	(m^3/s)	月	日	时：分	(m)	(m^3/s)	月	日	时：分	(m)	(m^3/s)
1978年草尾河草尾站																			
3	18	20：00	27.93	254	4	14	8：00	28.20	338	5	6	20：00	29.29	735	5	27	8：00	30.39	1100
	19	8：00	92	251		15	8：00	15	322		7	8：00	36	763			20：00	33	1090
		20：00	92	251		16	8：00	07	297			20：00	42	787		28	2：00	31	1100
	20	8：00	94	257		17	8：00	04	287		8	8：00	43	792			8：00	31	1100
	21	8：00	28.05	291		18	8：00	03	284			20：00	38	771			20：00	34	1120
		20：00	15	322		19	8：00	01	278		9	8：00	38	771		29	8：00	40	1150
	22	8：00	38	397			20：00	27.99	272			20：00	44	796		30	2：00	54	1230
		14：00	52	445		20	8：00	93	254		10	8：00	61	867			8：00	67	1300
	23	2：00	67	499		21	8：00	91	248			20：00	85	969			20：00	76	1350
		8：00	70	509		22	8：00	28.02	281		11	8：00	30.01	1040		31	2：00	83	1390
		14：00	72	516			14：00	07	297			20：00	07	1060			8：00	31.00	1490
		20：00	72	516		23	8：00	30	371		12	2：00	08	1070			17：00	30	1650
	24	8：00	70	509		24	8：00	59	470			8：00	07	1060	6	1	0：00	47	1740
	25	8：00	61	478			14：00	67	499			20：00	04	1050			8：00	63	1830
	26	8：00	51	442		25	2：00	84	560		13	8：00	29.98	1020			17：00	80	1920
	27	8：00	43	414			8：00	90	582			20：00	91	995		2	2：00	94	1980
	28	8：00	35	388			20：00	98	613		14	8：00	81	951			8：00	32.01	2010
	29	8：00	29	368		26	8：00	29.01	625		15	8：00	63	875			14：00	06	2010
		20：00	27	361		27	8：00	01	625		16	8：00	48	813			20：00	09	2000
	30	8：00	28	364			20：00	05	641			20：00	43	792		3	2：00	09	1990
		20：00	31	374		28	2：00	09	656		17	8：00	41	783			8：00	08	1970
	31	8：00	39	401			8：00	2	699		18	8：00	34	755			20：00	04	1900
		20：00	49	435			14：00	42	787			20：00	29	735		4	8：00	01	1850
4	1	8：00	62	481			20：00	63	875		19	8：00	27	727			14：00	31.97	1810
		14：00	68	502			23：00	70	904			20：00	34	755		5	8：00	80	1670
	2	8：00	78	538		29	8：00	82	956		20	2：00	41	783			20：00	66	1580
	3	8：00	82	552			14：00	86	973			8：00	51	821		6	8：00	54	1520
		20：00	82	552			20：00	87	978			23：00	29.85	942			20：00	40	1450
	4	8：00	80	545		30	2：00	86	973		21	8：00	30.08	998		7	8：00	28	1390
		20：00	77	534			8：00	84	965			20：00	32	1040			20：00	12	1330
	5	8：00	72	516			20：00	78	938		22	8：00	46	1080		8	8：00	00	1290
	6	8：00	66	495	5	1	8：00	70	904			14：00	50	1090			20：00	30.86	1250
	7	8：00	61	478		2	8：00	53	834		23	8：00	53	1100		9	8：00	80	1240
	8	8：00	55	456		3	8：00	36	763			20：00	55	1100			20：00	72	1220
	9	8：00	49	435		4	8：00	22	707		24	8：00	58	1120		10	2：00	70	1220
	10	8：00	43	414			20：00	20	699			20：00	60	1130			8：00	71	1220
	11	8：00	37	394		5	8：00	29.22	707		25	2：00	61	1140			14：00	71	1220
	12	8：00	30	371			20：00	22	707			8：00	59	1150			20：00	73	1230
	13	8：00	24	351		6	8：00	29.25	719			14：00	58	1150		11	2：00	70	1220
											26	8：00	51	1130			8：00	71	1220
												20：00	44	1110			14：00	73	1230

续表

日期			水位	流量	日期			水位	流量	日期			水位	流量	日期			水位	流量
月	日	时：分	(m)	(m³/s)	月	日	时：分	(m)	(m³/s)	月	日	时：分	(m)	(m³/s)	月	日	时：分	(m)	(m³/s)
1978年草尾河草尾站																			
6	12	2：00	30.73	1230	6	28	8：00	32.28	2150	7	14	2：00	30.85	1320	8	2	8：00	30.37	1240
		8：00	77	1240			14：00	34	2180			8：00	79	1300		3	8：00	44	1280
		14：00	84	1280			20：00	37	2180			20：00	67	1240		4	8：00	48	1300
		20：00	94	1380		29	2：00	39	2170		15	8：00	57	1200		5	8：00	50	1310
	13	8：00	31.18	1530			8：00	40	2130			20：00	46	1150			20：00	51	1310
		20：00	30	1560			14：00	37	2050		16	8：00	38	1120		6	8：00	54	1330
	14	2：00	28	1560		30	2：00	30	1950			20：00	31	1090			14：00	54	1330
		8：00	30	1560			8：00	25	1900		17	8：00	25	1070			20：00	55	1330
		14：00	32	1570			14：00	20	1850			20：00	20	1050		7	2：00	54	1330
		20：00	32	1570	7	1	8：00	05	1730		18	2：00	17	1040			8：00	54	1330
	15	8：00	34	1570			20：00	31.94	1650			8：00	16	1040		8	8：00	49	1300
		20：00	40	1580		2	8：00	84	1590			20：00	14	1040			20：00	43	1270
	16	2：00	42	1580			20：00	72	1520		19	2：00	14	1050		9	8	40	1250
		8：00	43	1560		3	8：00	61	1480			8：00	16	1070			14：00	39	1250
		14：00	41	1530			20：00	31.49	1430			14：00	19	1100			20：00	37	1240
		20：00	40	1520		4	8：00	40	1410			20：00	20	1110		10	8：00	40	1250
	17	8：00	34	1480			20：00	32	1400		20	8：00	24	1150			20：00	43	1270
		20：00	26	1440		5	8：00	27	1400			20：00	27	1170		11	8：00	30.49	1300
	18	8：00	19	1410			20：00	20	1400		21	8：00	32	1200		12	8：00	64	1380
	19	8：00	02	1350		6	2：00	18	1400			20：00	35	1220			20：00	72	1420
	20	2：00	30.90	1340			8：00	17	1410		22	8：00	40	1250		13	8：00	82	1460
		8：00	90	1340			14：00	14	1410			14：00	42	1260		14	8：00	31.01	1550
		14：00	94	1380			20：00	13	1420		23	2：00	44	1280			20：00	06	1570
	21	2：00	31.13	1500		7	2：00	13	1430			8：00	30.44	1280		15	2：00	10	1590
		8：00	20	1540			8：00	16	1470			14：00	44	1280			8：00	12	1590
		20：00	31	1580			14：00	18	1490		24	2：00	42	1260			14：00	13	1590
	22	8：00	36	1600		8	8：00	32	1610			8：00	41	1260		16	2：00	11	1550
		14：00	37	1600			20：00	39	1650			20：00	39	1250			8：00	10	1540
		20：00	36	1600		9	8：00	50	1710		25	8：00	36	1230		17	8：00	30.97	1470
	23	8：00	32	1580			14：00	54	1730			20：00	34	1220		18	8：00	83	1390
		14：00	28	1560			20：00	56	1750		26	8：00	35	1220			20：00	79	1370
	24	2：00	26	1560		10	2：00	59	1750		27	8：00	35	1220		19	2：00	78	1370
		8：00	25	1550			8：00	59	1750			20：00	33	1210			8：00	30.78	1370
		20：00	25	1550			14：00	57	1730		28	8：00	33	1210			14：00	79	1370
	25	8：00	31	1580			20：00	54	1700		29	8：00	30	1190		20	8：00	88	1420
		20：00	43	1630		11	8：00	50	1670		30	8：00	26	1160		21	8：00	95	1460
	26	8：00	59	1720			20：00	39	1600			20：00	25	1150		22	8：00	95	1460
	27	2：00	83	1880		12	8：00	29	1540		31	8：00	25	1150			20：00	93	1450
		8：00	93	1940			20：00	15	1460			20：00	24	1150		23	8：00	90	1430
		20：00	32.10	2050		13	2：00	09	1440	8	1	8：00	26	1160			20：00	86	1410
	28	2：00	18	2090			8：00	04	1410			20：00	30	1190		24	8：00	80	1380

续表

日期			水位	流量	日期			水位	流量	日期			水位	流量	日期			水位	流量
月	日	时：分	(m)	(m^3/s)	月	日	时：分	(m)	(m^3/s)	月	日	时：分	(m)	(m^3/s)	月	日	时：分	(m)	(m^3/s)
1978年草尾河草尾站																			
8	25	8：00	30.67	1310	9	9	20：00	30.50	1290	9	22	8：00	30.16	1120	10	11	8：00	29.29	717
	26	8：00	51	1230		10	8：00	55	1310			20：00	16	1120		12	8：00	23	690
	27	8：00	31	1130			14：00	56	1320		23	8：00	13	1110		13	8：00	17	667
	28	8：00	11	1040			20：00	56	1320			20：00	10	1090		14	8：00	14	655
	29	8：00	29.94	976		11	2：00	55	1310		24	8：00	08	1090			20：00	13	652
	30	8：00	79	924			8：00	55	1310		25	8：00	06	1080		15	8：00	10	640
	31	8：00	75	909			14：00	53	1300		26	8：00	02	1060		16	8：00	10	640
		20：00	70	892			20：00	53	1300		27	8：00	00	1050			20：00	09	637
9	1	8：00	65	874		12	8：00	55	1310		28	8：00	29.96	1030		17	8：00	09	637
		20：00	58	848			20：00	60	1340		29	8：00	92	1010		18	8：00	07	629
	2	8：00	54	833		13	8：00	69	1390		30	8：00	88	995			20：00	06	626
	3	8：00	46	802		14	8：00	81	1450	10	1	8：00	83	973		19	8：00	03	614
	4	8：00	42	788			14：00	30.82	1460		2	8：00	78	950		20	8：00	28.98	596
	5	8：00	35	759			20：00	81	1450		3	8：00	73	927			20：00	98	596
		20：00	32	747		15	8：00	80	1450		4	8：00	67	900		21	8：00	97	592
	6	8：00	31	743		16	8：00	68	1380		5	8：00	62	878			20：00	96	589
		20：00	31	743		17	8：00	49	1280		6	8：00	60	869		22	8：00	96	589
	7	8：00	38	771		18	8：00	30.29	1180		7	8：00	58	860			20：00	96	589
		20：00	64	887		19	8：00	15	1120			20：00	56	850		23	8：00	95	585
	8	8：00	93	1020		20	8：00	09	1090		8	8：00	29.52	832		24	8：00	92	574
		20：00	30.19	1140		21	8：00	16	1120		9	8：00	45	798		25	8：00	89	564
	9	8：00	38	1230			20：00	18	1130		10	8：00	37	756			20：00	91	570
																26	8：00	92	574
1984年湘江衡山站																			
4	1	8：00	41.66	1260	4	8	4：00	46.20	6230	4	12	20：00	44.27	3580	4	20	0：00	46.26	6360
	2	8：00	52	1150			8：00	35	6380		13	8：00	43.84	3170			3：00	30	6360
		20：00	50	1130			12：00	44	6470			20：00	31	2700			4：00	31	6340
	3	8：00	52	1150			16：00	52	6520		14	8：00	42.96	2380			5：00	31	6300
		14：00	57	1190			19：00	54	6500			20：00	77	2210			8：00	28	6190
		20：00	66	1260			20：00	54	6490		15	8：00	72	2170			16：00	13	5910
	4	0：00	76	1340			22：00	52	6420			20：00	71	2160		21	0：00	45.99	5700
		8：00	42.15	1680		9	0：00	48	6340		16	8：00	45	1930			8：00	80	5450
		20：00	96	2560			8：00	46.28	6010		17	8：00	13	1640			20：00	43	4990
	5	0：00	43.17	2810			20：00	45.88	5480			18：00	38	1910		22	8：00	44.98	4450
		8：00	43	3110		10	8：00	36	4940		18	0：00	43	1970			20：00	44	3850
		16：00	44.02	3770			16：00	13	4740			8：00	64	2210		23	8：00	00	3400
	6	0：00	37	4140			20：00	11	4720			16：00	43.16	2810			20：00	43.58	2990
		8：00	60	4320		11	4：00	14	4750		19	0：00	44.07	3910		24	8：00	25	2680
		18：00	74	4420			8：00	09	4690			4：00	67	4670			20：00	10	2530
	7	0：00	82	4500			20：00	44.90	4370			8：00	45.22	5380		25	8：00	42.97	2400
		8：00	45.11	4850		12	8：00	68	4050			16：00	92	6150		26	8：00	68	2130
		20：00	77	5690								20：00	46.14	6310			20：00	42.55	2020
																27	0：00	62	2080
																	8：00	84	2280

续表

日期			水位	流量	日期			水位	流量	日期			水位	流量	日期			水位	流量
月	日	时：分	(m)	(m^3/s)	月	日	时：分	(m)	(m^3/s)	月	日	时：分	(m)	(m^3/s)	月	日	时：分	(m)	(m^3/s)
1984年湘江衡山站																			
4	27	20：00	43.35	2780	5	10	20：00	42.28	1770	5	23	20：00	44.19	3560	6	2	6：00	51.76	15300
	28	8：00	44.19	3690		11	8：00	13	1640		24	8：00	43.73	3120			8：00	82	15300
		20：00	60	4160		12	8：00	41.92	1470			20：00	35	2780			10：00	85	15200
	29	8：00	75	4340			18：00	83	1390		25	0：00	27	2700			12：00	86	15200
		16：00	82	4430		13	8：00	88	1430			8：00	21	2640			14：00	88	15200
		20：00	44.85	4470			20：00	84	1400		26	0：00	23	2660			16：00	91	15200
	30	0：00	84	4450		14	4：00	84	1400			8：00	29	2720			18：00	93	15100
		4：00	86	4480			8：00	88	1430			20：00	43	2860			20：00	93	15000
		8：00	86	4480			12：00	42.04	1560		27	8：00	65	3090		3	0：00	92	14900
		12：00	82	4430		15	0：00	59	2050			20：00	98	3450			4：00	91	14800
		20：00	69	4270			8：00	72	2170		28	8：00	44.24	3750			8：00	87	14700
5	1	8：00	27	3780			12：00	75	2200			20：00	29	3800			10：00	82	14500
	2	20：00	43.76	3210			20：00	91	2340		29	4：00	37	3900			16：00	52	13800
		8：00	52	2960		16	8：00	43.55	3030			8：00	42	3950		4	0：00	50.97	12800
		16：00	38	2810			16：00	44.32	4080			12：00	40	3930			4：00	62	12200
		20：00	40	2830			20：00	99	5050			20：00	28	3790			8：00	22	11500
	3	8	55	2990		17	2：00	45.88	6280		30	8：00	43.89	3350			16：00	49.35	10100
		12：00	58	3020			8：00	46.53	7090			20：00	44	2870		5	0：00	48.40	8600
		18：00	56	3000			12：00	78	7350		31	2：00	28	2710			8：00	47.37	7150
	4	0：00	69	3150			16：00	93	7470			4：00	27	2700			16：00	46.41	5900
		4：00	91	3460			18：00	97	7480			6：00	28	2710		6	0：00	45.57	4960
		8：00	44.30	4030			20：00	99	7460			8：00	32	2760			8：00	44.84	4180
		14：00	96	4840			22：00	99	7430			10：00	56	3140			20：00	12	3460
		20：00	45.39	5320		18	0：00	98	7400			12：00	44.04	3920		7	8：00	43.66	3020
	5	8：00	84	5800			4：00	92	7250			14：00	64	4880			20：00	31	2740
		20：00	46.21	6120			8：00	81	7070			16：00	45.23	5790		8	8：00	07	2500
	6	0：00	29	6160			16：00	67	6980			18：00	88	6800			20：00	42.78	2220
		4：00	33	6160			20：00	69	7060			20：00	46.52	7810		9	8：00	49	1960
		6：00	34	6140		19	0：00	80	7300			22：00	47.08	8700			20：00	27	1760
		8：00	33	6100			8：00	47.09	7680	6	1	0：00	58	9500		10	8：00	11	1620
		12：00	22	5920			16：00	38	7930			2：00	48.08	10300			14：00	10	1620
		20：00	03	5660			20：00	48	7960			4：00	57	11100		11	8：00	33	1820
	7	8：00	45.60	5130			22：00	49	7960			6：00	49.06	11800			14：00	48	1950
		14：00	13	4590		20	1：00	50	79 40			8：00	53	12600		12	8：00	36	1840
		20：00	44.76	4180			5：00	50	7880			10：00	97	13300			20：00	33	1820
	8	8：00	07	3460			8：00	43	7640			12：00	50.34	13900		13	8：00	20	1700
		14：00	43.63	3050		21	20：00	18	7140			16：00	51.01	14800			20：00	31	1800
		20：00	29	2720			8：00	46.84	6620			20：00	37	15100		14	8：00	43	1910
	9	2：00	08	2510			20：00	54	6230			22：00	43	15200			20：00	25	1750
		8：00	42.96	2390		22	8：00	00	5590		2	0：00	44	15200		15	8：00	17	1670
		20：00	64	2100			20：00	45.33	4800			4：00	67	15300			16：00	07	1590
	10	8：00	44	1920		23	8：00	44.74	4140										

续表

1984年湘江衡山站

月	日	时：分	水位(m)	流量(m^3/s)
6	16	8：00	42.35	1840
		16：00	40	1880
	17	8：00	74	2190
		20：00	93	2360
	18	0：00	97	2400
		8：00	90	2340
	19	8：00	51	1980
		20：00	24	1740
	20	8：00	41.94	1480
	21	8：00	77	1350
	22	0：00	85	1410
		8：00	76	1340
	23	2：00	81	1380
		8：00	74	1320
	24	8：00	53	1150
	25	8：00	44	1080
		20：00	42	1070
	26	8：00	54	1160
	27	8：00	96	1500
	28	8：00	42.35	1840
		22：00	51	1980
	29	8：00	42	1900
	30	8：00	24	1740
7	1	8：00	11	1620
	2	0：00	41.98	1510
		8：00	85	1410
	3	8：00	57	1190
	4	8：00	37	1030
		12：00	34	1000
	5	8：00	42.05	1570
		23：00	51	1980
	6	8：00	43	1910
	7	8：00	05	1570
	8	8：00	41.81	1380
	9	8：00	58	1190
	10	8：00	38	1030
	11	8：00	18	883
	12	8：00	01	767
	13	8：00	40.88	684
	14	8：00	74	599
	15	8：00	69	569
	16	8：00	63	535

月	日	时：分	水位(m)	流量(m^3/s)
7	17	8：00	40.58	508
	18	8：00	54	487
	19	8：00	52	476
	20	8：00	40.44	435
	21	8：00	41	419
	22	8：00	51	471
	23	8：00	74	599
	24	8：00	35	390
	25	8：00	20	322
		20：00	14	298
	26	8：00	19	318
	27	8：00	26	348
	28	8：00	24	339
	29	8：00	30	365
	30	8：00	30	365
	31	8：00	24	339
8	1	8：00	35	390
	2	8：00	28	356
		22：00	13	294
	3	0：00	14	298
		8：00	26	348
	4	2：00	38	404
		8：00	31	370
	5	8：00	32	375
	6	8：00	79	629
		23：00	41.01	767
	7	8：00	40.99	754
	8	8：00	93	715
		18：00	41.02	774
	9	8：00	40.95	728
	10	8：00	83	653
	11	8：00	76	611
	12	8：00	63	535
	13	8：00	62	529
	14	8：00	62	529
	15	8：00	68	564
	16	8：00	93	715
	17	2：00	41.05	794
		8：00	00	760
		20：00	04	787
	18	8：00	09	821

月	日	时：分	水位(m)	流量(m^3/s)
8	19	2：00	41.12	842
		8：00	07	808
	20	8：00	40.95	728
	21	8：00	78	623
	22	2：00	79	629
		8：00	68	564
	23	8：00	49	461
	24	8：00	47	450
	25	8：00	54	487
	26	8：00	92	709
		18：00	74	599
	27	8：00	95	728
	28	8：00	41.34	1000
		20：00	42	1070
	29	8：00	57	1190
		20：00	75	1330
	30	8：00	73	1310
8		12：00	41.66	1260
	31	8：00	87	1430
		12：00	96	1500
		20：00	87	1430
9	1	0：00	91	1460
		8：00	42.53	2000
		12：00	67	2120
		14：00	69	2140
		16：00	68	2130
	2	0：00	59	2050
		4：00	62	2080
		8：00	78	2220
		15：00	43.22	2650
	3	0：00	69	3130
		4：00	83	3280
		7：00	87	3330
		8：00	86	3320
		20：00	66	3100
	4	8：00	38	2810
		20：00	42.93	2360
	5	8：00	54	2010
	6	8：00	41.92	1470
	7	8：00	59	1200
		20：00	55	1170

月	日	时：分	水位(m)	流量(m^3/s)
9	8	8：00	41.35	1010
		20：00	27	950
	9	8：00	25	935
	10	8：00	17	876
	11	8：00	01	767
	12	8：00	40.91	702
	13	8：00	82	647
	14	8：00	77	617
	15	8：00	79	629
	16	8：00	68	564
	17	8：00	60	518
	18	0：00	78	623
		8：00	72	587
	19	0：00	80	635
		8：00	77	617
		20：00	92	709
	20	8：00	41.08	814
	21	0：00	27	950
		8：00	13	849
		16：00	22	912
		20：00	21	905
	22	2：00	27	950
		8：00	14	856
		18：00	09	821
	23	8：00	09	821
		20：00	03	780
	24	8：00	04	787
		18：00	09	821
	25	8：00	40.93	715
	26	8：00	73	593
		20：00	69	569
	27	8：00	71	581
	28	8：00	86	672
	29	0：00	41.00	760
		8：00	40.85	666
	30	0：00	41.00	760
		8：00	40.87	678
		20：00	85	666

续表

1984年湘江祁阳站

月	日	时：分	水位(m)
3	31	20：00	78.42
4	1	8：00	58
		20：00	68
	2	8：00	79.03
	3	8：00	10
		14：00	26
		20：00	27
	4	8：00	82
		14：00	80.33
		18：00	45
		20：00	45
	5	2：00	28
		8：00	28
		20：00	14
	6	8：00	81.26
		11：00	30
		14：00	30
		20：00	26
	7	8：00	80.83
		14：00	57
		20：00	64
	8	8：00	42
		14：00	36
	9	2：00	52
		8：00	40
		20：00	81.03
	10	2：00	09
		8：00	02
		14：00	80.99
		20：00	81.17
	11	2：00	03
		8：00	80.75
		14：00	43
		20：00	46
	12	8：00	79.93
		14：00	63
	13	2：00	74

月	日	时：分	水位(m)
4	13	8：00	79.50
		14：00	35
	14	8：00	41
		20：00	27
	15	8：00	37
		20：00	18
	16	8：00	34
		20：00	50
	17	8：00	44
		12：00	52
		16：00	91
		20：00	80.89
	18	0：00	81.82
		4：00	82.03
		8：00	81.99
		20：00	82.30
	19	8：00	31
		20：00	34
	20	2：00	82.28
		8：00	81.93
		14：00	64
		20：00	55
	21	8：00	80.64
		14：00	33
		20：00	38
	22	8：00	16
		20：00	20
	23	8：00	79.87
	24	8：00	37
		14：00	29
	25	8：00	34
	26	8：00	34
		15：00	29
	27	2：00	81
		8：00	83
		14：00	74

月	日	时：分	水位(m)
4	28	8：00	79.91
		20：00	80.60
	29	0：00	62
		8：00	56
	30	8：00	79.99
5	1	2：00	55
		8：00	55
	2	2：00	93
		8：00	93
	3	8：00	80.57
		20：00	81
	4	8：00	81.64
		14：00	82.35
		20：00	53
		22：00	53
	5	8：00	23
		20：00	81.50
	6	8：00	80.88
		20：00	01
	7	8：00	79.80
	8	8：00	57
	9	8：00	27
	10	8：00	25
		20：00	26
	11	8：00	16
		20：00	09
	12	8：00	14
	13	8：00	21
	14	8：00	80.04
		16：00	23
		20：00	24
	15	8：00	02
		14：00	33
		20：00	82.13
	16	2：00	84.08
		8：00	72
		10：00	73

月	日	时：分	水位(m)
5	16	20：00	83.87
	17	8：00	82.53
		20：00	81.86
	18	2：00	76
		8：00	85
		20：00	82.83
	19	0：00	90
		2：00	87
		8：00	73
		20：00	34
	20	8：00	81.78
		20：00	82.06
	21	8：00	81.28
		14：00	06
		20：00	14
	22	8：00	80.62
	23	8：00	79.97
		14：00	69
		20：00	93
	24	8：00	73
		20：00	82
	25	8：00	80.17
		14：00	05
		20：00	20
	26	8：00	19
		14：00	18
		20：00	29
	27	8：00	31
	28	2：00	76
		8：00	62
	29	8：00	00
		14：00	79.80
		20：00	89
	30	8：00	70
		11：00	60
	31	2：00	96
		5：00	80.31
		8：00	82.08
		12：00	84.27
		17：00	85.59

月	日	时：分	水位(m)
5	31	23：00	86.24
6	1	8：00	87.28
		11：00	41
		16：00	41
	2	6：00	63
		8：00	63
		14：00	24
		20：00	86.43
	3	2：00	85.39
		8：00	84.26
		20：00	82.51
	4	8：00	81.59
		14：00	80.95
		20：00	67
	5	8：00	36
		20：00	80.44
	6	8：00	26
		20：00	19
	7	8：00	79.52
		14：00	30
		20：00	51
	8	8：00	35
		20：00	39
	9	8：00	35
		20：00	30
	10	8：00	39
		20：00	69
	11	8：00	45
		14：00	27
		20：00	46
	12	8：00	29
		20：00	18
	13	8：00	30
	14	8：00	17
	15	8：00	15
		20：00	63
	16	4：00	80.41
		6：00	49
		8：00	49
		20：00	10
	17	8：00	79.73

续表

1984年湘江祁阳站

月	日	时：分	水位(m)
6	17	20：00	79.65
	18	8：00	27
	19	8：00	18
	20	8：00	17
		20：00	28
	21	8：00	12
	22	8：00	78.97
	23	8：00	90
	24	8：00	74
		20：00	86
	25	8：00	59
		20：00	81
	26	8：00	60
		21：00	79.73
	27	0：00	73
		8：00	80
		20：00	39
	28	8：00	12
		20：00	31
	29	8：00	31
	30	8：00	78.87
		20：00	88
7	1	8：00	78
	2	8：00	49
		20：00	38
	3	8：00	49
	4	8：00	57
	5	8：00	76
	6	8：00	99
		14：00	79.00
		20：00	15
	7	8：00	78.93
		20：00	79.10
	8	8：00	73.78
		20：00	45
	9	8：00	43

月	日	时：分	水位(m)
7	9	20：00	73.19
	10	8：00	13
		20：00	21
	11	8：00	11
		20：00	12
	12	8：00	24
	13	8：00	19
		20：00	04
	14	8：00	10
	15	8：00	08
	16	8：00	03
	17	8：00	01
		20：00	77.93
	18	8：00	77.98
	19	8：00	78.01
	20	8：00	77.79
	21	8：00	69
		20：00	65
	22	8：00	74
	23	8：00	74
		20：00	90
	24	8：00	86
	25	8：00	73
		20：00	86
	26	8：00	72
		20：00	65
	27	8：00	77
	28	8：00	73
		20：00	78.00
	29	0：00	30
		6：00	43
		8：00	40
	30	8：00	02
	31	8：00	77.69
		20：00	82
8	1	8：00	87

月	日	时：分	水位(m)
8	2	8：00	77.91
		20：00	80
	3	8：00	82
		20：00	78.47
	4	0：00	49
		8：00	43
		11：00	43
		20：00	18
	5	8：00	55
		14：00	57
	6	8：00	13
		14：00	77.99
	7	8：00	78.12
		20：00	29
	8	8：00	26
		20：00	12
	9	8：00	12
	10	8：00	77.87
	11	8：00	63
		20：00	68
	12	8：00	78.22
		20：00	24
	13	8：00	60
	14	8：00	46
	15	8：00	42
		20：00	78.64
	16	8：00	50
		20：00	85
	17	8：00	48
		20：00	39
	18	8：00	54
		20：00	30
	19	8：00	78.30
	20	8：00	77.96
		20：00	93
	21	8：00	78.10

月	日	时：分	水位(m)
8	21	20：00	77.91
	22	8：00	93
	23	8：00	78.18
		20：00	27
	24	8：00	16
	25	8：00	17
	26	8：00	16
		20：00	37
	27	8：00	08
	28	8：00	77.99
		13：00	78.29
	29	0：00	39
		8：00	62
		20：00	47
	30	8：00	51
	31	8：00	27
		20：00	78.18
9	1	8：00	11
		20：00	96
	2	8：00	79.09
		17：00	33
	3	8：00	08
		20：00	78.99
	4	8：00	68
		20：00	77
	5	8：00	48
		20：00	51
	6	8：00	42
	7	8：00	28
		20：00	58
	8	8：00	31
		20：00	50
	9	8：00	37
	10	8：00	28
		20：00	14

月	日	时：分	水位(m)
9	11	8：00	78.21
		20：00	78.07
	12	8：00	15
		20：00	40
	13	8：00	24
		20：00	03
	14	8：00	15
		20：00	77.89
	15	8：00	78.07
	16	8：00	08
	17	8：00	15
	18	8：00	19
	19	8：00	28
		20：00	03
	20	8：00	16
		20：00	77.97
	21	8：00	78.09
		20：00	47
	22	8：00	27
		20：00	08
	23	8：00	08
		20：00	78.02
	24	8：00	06
		20：00	77.97
	25	8：00	78.20
	26	8：00	77.96
	27	8：00	78.19
		20：00	00
	28	8：00	08
		20：00	77.91
	29	8：00	98
	30	8：00	89
		20：00	89

续表

日期			水位	日期			水位	日期			水位	日期			水位	日期			水位
月	日	时：分	(m)	月	日	时：分	(m)	月	日	时：分	(m)	月	日	时：分	(m)	月	日	时：分	(m)
1984年湘江长沙（二）站																			
3	30	8：00	28.70	4	8	14：00	32.53	4	20	14：00	31.51	5	3	8：00	31.22	5	15	8：00	29.33
		20：00	53			20：00	95			17：00	81		4	8：00	34			20：00	64
	31	8：00	47			23：00	33.13			20：00	32.10			20：00	40		16	8：00	30.02
		20：00	57		9	2：00	28			23：00	37		5	8：00	67			20：00	36
4	1	8：00	75			8：00	53		21	2：00	55			20：00	32.06		17	8：00	66
		20：00	93			11：00	61			5：00	70			23：00	15			14：00	91
	2	8：00	29.00			14：00	66			8：00	83		6	2：00	24			23：00	31.50
		20：00	28.99			15：00	67			11：00	93			5：00	32		18	8：00	32.15
	3	2：00	29.18			17：00	68			14：00	97			8：00	40			14：00	49
		8：00	43			20：00	68			17：00	33.02			11：00	47			17：00	61
		14：00	78			23：00	65			20：00	03			14：00	53			20：00	72
		17：00	30.00		10	2：00	61			23：00	02			17：00	58			23：00	80
		20：00	21			8：00	51		22	2：00	32.99			20：00	62		19	2：00	86
		23：00	38			14：00	40			8：00	87			23：00	66			8：00	96
	4	2：00	50			20：00	23			20：00	59		7	2：00	69			14：00	33.04
		5：00	60		11	2：00	04		23	8：00	22			5：00	70			20：00	11
		8：00	69			8：00	32.87			20：00	31.83			8：00	71		20	8：00	30
		11：00	73			14：00	72		24	8：00	46			11：00	71			20：00	52
		14：00	77			20：00	60			20：00	16			14：00	69		21	2：00	61
		17：00	77		12	8：00	39		25	8：00	30.98			17：00	67			8：00	67
		30：00	74			20：00	18			20：00	87			20：00	64			14：00	71
		23：00	69		13	8：00	31.93		26	2：00	80			23：00	59			17：00	72
	5	2：00	63			20：00	66			8：00	70		8	2：00	53			23：00	69
		8：00	51		14	8：00	33			20：00	52			8：00	40		22	8：00	57
		14：00	46			20：00	30.97		27	8：00	46			14：00	23			20：00	35
		17：00	43		15	8：00	62			20：00	60			20：00	04		23	8：00	01
		20：00	42			20：00	32		28	8：00	71		9	8：00	31.60			20：00	32.63
		23：00	42		16	8：00	07			20：00	85			20：00	15		24	8：00	25
	6	2：00	45			14：00	29.97		29	8：00	31.08		10	8：00	30.73			20：00	31.91
		8：00	53		17	8：00	77			20：00	30			20：00	36		25	8：00	31.70
		14：00	66			20：00	74		30	8：00	46		11	8：00	05			20：00	49
		20：00	85		18	8：00	77			20：00	56			20：00	29.78		26	8：00	27
	7	8：00	31.21		19	8：00	84	5	1	8：00	31.59		12	8：00	56			20：00	10
		20：00	63			20：00	30.17			20：00	55			20：00	42		27	8：00	02
	8	2：00	31.87		20	2：00	53		2	8：00	43		13	8：00	30		28	8：00	01
		8：00	32.16			8：00	99			20：00	28			20：00	23		29	8：00	19
													14	8：00	26		30	8：00	36

续表

日期			水位(m)	日期			水位(m)	日期			水位(m)	日期			水位(m)	日期			水位(m)
月	日	时：分		月	日	时：分		月	日	时：分		月	日	时：分		月	日	时：分	
1984年湘江长沙（二）站																			
5	30	20：00	31.38	6	6	8：00	34.82	6	28	8：00	29.98	7	23	20：00	31.16	8	15	20：00	30.90
	31	8：00	56			14：00	46		29	8：00	30.15		24	8：00	16		16	8：00	66
		17：00	76			20：00	12			20：00	35			20：00	13		17	8：00	40
		23：00	32.04		7	8：00	33.55		30	8：00	44		25	8：00	16			20：00	40
6	1	2：00	32			20：00	01			20：00	42			20：00	12		18	8：00	31
		5：00	62		8	8：00	32.58	7	1	8：00	44		26	8：00	14		19	8：00	22
		8：00	33.07			14：00	40			20：00	41			20：00	16		20	8：00	10
		14：00	93			20：00	26		2	8：00	40		27	8：00	26			20：00	05
		20：00	34.71		9	2：00	14			20：00	36			20：00	32		21	8：00	29.95
		23：00	35.05			8：00	07		3	8：00	39		28	8：00	46		22	8：00	76
	2	2：00	36		10	8：00	31.69		4	8：00	35			20：00	66			20：00	60
		8：00	86		11	8：00	48		5	8：00	33		29	8：00	80		23	8：00	53
		14：00	36.22			20：00	51			20：00	34			20：00	93			20：00	39
		20：00	48		12	8：00	56		6	8：00	50		30	8：00	32.03		24	8：00	33
		23：00	60			20：00	54		7	8：00	72			20：00	16			20：00	13
	3	2：00	70		13	8：00	47		8	8：00	82		31	8：00	23		25	8：00	14
		5：00	79			20：00	32			20：00	30.87			20：00	31		26	8：00	28.98
		8：00	86		14	8：00	24		9	8：00	96	8	1	8：00	30			20：00	92
		11：00	92			20：00	29			20：00	31.00			20：00	34		27	8：00	97
		14：00	98		15	8：00	54		10	8：00	10		2	8：00	27			20：00	99
		17：00	37.02			14：00	65			20：00	15			20：00	21		28	8：00	98
		20：00	05			20：00	69		11	8：00	33		3	8：00	10			20：00	98
		23：00	06		16	8：00	70		12	8：00	70		4	8：00	31.90		29	8：00	29.03
	4	0：00	07		17	8：00	77			20：00	80		5	8：00	78			20：00	04
		2：00	06			20：00	75		13	8：00	32.00			20：00	72		30	8：00	11
		5：00	04		18	8：00	75			20：00	03		6	8：00	31.62			20：00	22
		8：00	36.99			20：00	70		14	8：00	13		7	8：00	43		31	8：00	30
		11：00	93		19	8：00	60			20：00	14			20：00	37			20：00	41
		14：00	86			20：00	50		15	8：00	10		8	8：00	34	9	1	8：00	63
		17：00	77		20	8：00	32			20：00	03			20：00	39			20：00	95
		20：00	67		21	8：00	30.96		16	8：00	31.92		9	8：00	33		2	8：00	30.53
		23：00	55			20：00	74		17	8：00	74			20：00	33			11：00	69
	5	2：00	41		22	8：00	58		18	8：00	60		10	8：00	38			14：00	80
		8：00	16		23	8：00	25			20：00	54		11	8：00	48			17：00	86
		14：00	35.86		24	8：00	00		19	8：00	70			20：00	45			20：00	30.88
		20：00	53		25	8：00	29.74		20	8：00	57		12	8：00	45			23：00	86
	6	2：00	17		26	8：00	56		21	8：00	43		13	8：00	27		3	2：00	83
						20：00	80			20：00	39			20：00	16			8：00	75
					27	8：00	94		22	8：00	34		14	8：00	12			14：00	71
										20：00	27			20：00	14			20：00	74
									23	8：00	23		15	8：00	30.96		4	8：00	82

续表

日期			水位	日期			水位	日期			水位	日期			水位	日期			水位
月	日	时：分	(m)	月	日	时：分	(m)	月	日	时：分	(m)	月	日	时：分	(m)	月	日	时：分	(m)
1984年湘江长沙（二）站																			
9	4	14：00	30.86	9	8	20：00	72	9	15	8：00	70	9	22	8：00	53	9	27	20：00	20
		20：00	88		9	8：00	59		16	8：00	74		23	8：00	49		28	8：00	26
	5	2：00	87			20：00	40		17	8：00	78		24	8：00	36			20：00	43
		8：00	84		10	8：00	37		18	8：00	75			20：00	34		29	8：00	58
		14：00	78		11	8：00	16			20：00	79		25	8：00	37		30	8：00	29.03
		20：00	72		12	8：00	28.93		19	8：00	75			20：00	33			20：00	22
	6	8：00	58			20：00	83		20	8：00	65		26	8：00	25				
	7	8：00	26		13	8：00	77		21	8：00	56			20：00	21				
	8	8：00	29.93		14	8：00	72			20：00	51		27	8：00	20				
1978年草尾河黄茅洲站																			
5	1	8：00	28.88	5	14	20：00	87	5	22	20：00	90	6	2	20：00	31.04	6	16	8：00	56
		20：00	82		15	8：00	80		23	8：00	92		3	8：00	09			20：00	54
	2	8：00	75			20：00	75			20：00	91			20：00	11		17	8：00	50
		20：00	69		16	8：00	70		24	8：00	90		4	8：00	11			20：00	44
	3	8：00	63			20：00	67			20：00	90			20：00	06		18	8：00	37
		20：00	57		17	8：00	64		25	8：00	88		5	8：00	00			20：00	30
	4	8：00	53			20：00	63			20：00	84			20：00	30.91		19	8：00	23
		20：00	50		18	8：00	60		26	8：00	77		6	8：00	79			20：00	15
	5	8：00	52			20：00	55			20：00	71			20：00	63		20	8：00	10
		20：00	51		19	8：00	50		27	8：00	65		7	8：00	50			20：00	14
	6	8：00	52			20：00	55			20：00	58			20：00	36		21	8：00	24
		20：00	54		20	2：00	65		28	8：00	52		8	8：00	28			20：00	32
	7	8：00	58			8：00	77			20：00	50			20：00	15		22	8：00	37
		20：00	63			14：00	90		29	8：00	52		9	8：00	07			20：00	39
	8	8：00	64			17：00	97			20：00	56			20：00	29.98		23	8：00	39
		20：00	65			20：00	29.04		30	8：00	65		10	8：00	95			14：00	37
	9	8：00	63			23：00	11			20：00	80			20：00	96			20：00	37
		20：00	66		21	2：00	20		31	2：00	89		11	8：00	98		24	8：00	36
	10	8：00	77			5：00	28			8：00	99			20：00	30.01			20：00	36
		20：00	89			8：00	37			14：00	30.17		12	8：00	02		25	8：00	40
	11	2：00	29.02			11：00	44			20：00	32			20：00	09			20：00	47
		8：00	07			14：00	52	6	1	2：00	30.44		13	8：00	24		26	2：00	54
		14：00	11			17：00	58			8：00	54			14：00	31			8：00	61
		20：00	12			20：00	64			14：00	64			20：00	35			14：00	67
	12	8：00	13		22	23：00	70			20：00	74		14	8：00	38			20：00	75
		20：00	12			2：00	75		2	2：00	84			20：00	41		27	2：00	89
	13	8：00	07			8：00	82			8：00	91		15	8：00	46			8：00	91
		20：00	03			14：00	86			14：00	98			20：00	51			14：00	98
	14	8：00	28.94																

续表

日期			水位	日期			水位	日期			水位	日期			水位	日期			水位
月	日	时：分	(m)	月	日	时：分	(m)	月	日	时：分	(m)	月	日	时：分	(m)	月	日	时：分	(m)
1978年草尾河黄茅洲站																			
6	27	20：00	31.12	7	14	20：00	29.85	8	3	20：00	29.42	8	24	20：00	29.78		11	8：00	48
	28	2：00	14		15	8：00	74		4	8：00	43		25	8：00	72			20：00	48
		8：00	22			20：00	64			20：00	44			20：00	65	9	12	8：00	29.49
		14：00	32		16	8：00	56		5	8：00	45		26	8：00	58			20：00	53
		20：00	39			20：00	48			20：00	47			20：00	49		13	8：00	59
	29	2：00	42		17	8：00	41		6	8：00	48		27	8：00	41			20：00	65
		8：00	43			20：00	34			20：00	48			20：00	32		14	8：00	70
		14：00	43		18	8：00	29		7	8：00	50		28	8：00	24			20：00	73
		20：00	43			14：00	27			20：00	48			20：00	16		15	8：00	73
	30	8：00	40			20：00	24		8	8：00	47		29	8：00	09			20：00	70
		20：00	35		19	8：00	24			20：00	44			20：00	02		16	8：00	65
7	1	8：00	31.28			20：00	26		9	8：00	40		30	8：00	28.95			20：00	58
		20：00	20		20	8：00	27			20：00	37			20：00	92		17	8：00	50
	2	8：00	11			20：00	30		10	8：00	39		31	8：00	91			20：00	42
		20：00	30.99		21	8：00	32			20：00	41			20：00	87		18	8：00	35
	3	8：00	88			20：00	35		11	8：00	45	9	1	8：00	28.82			20：00	29
		20：00	76		22	8：00	39			20：00	50			20：00	78		19	8：00	23
	4	8：00	68			20：00	42		12	8：00	56		2	8：00	74			20：00	18
		20：00	58		23	8：00	42			20：00	32			20：00	70		20	8：00	16
	5	8：00	52			20：00	41		13	8：00	70		3	8：00	67			20：00	17
		20：00	44		24	8：00	41			20：00	78			20：00	66		21	8：00	19
	6	8：00	39			20：00	40		14	8：00	87		4	8：00	64			20：00	21
		20：00	33		25	8：00	3/8			20：00	93			20：00	61		22	8：00	20
	7	8：00	32			20：00	37		15	8：00	99		5	8：00	59			20：00	20
		14：00	31		26	8：00	36			20：00	30.02			20：00	58		23	8：00	17
		20：00	33			20：00	36		16	8：00	03		6	8：00	57			20：00	15
	8	8：00	39		27	8：00	36			20：00	29.99			20：00	56		24	8：00	14
		20：00	45			20：00	35		17	8：00	95		7	8：00	60			20：00	13
	9	8：00	50		28	8：00	35			20：00	90			20：00	77		25	8：00	12
		20：00	54			20：00	32		18	8：00	86		8	2：00	86			20：00	10
	10	8：00	58		29	8：00	32			20：00	83			8：00	97		26	8：00	09
		20：00	57			20：00	30		19	8：00	82			14：00	29.07			20：00	08
	11	8：00	56		30	8：00	29			20：00	83			20：00	17		27	8：00	07
		20：00	53			20：00	27		20	8：00	88		9	2：00	24			20：00	05
	12	8：00	41		31	8：00	27			20：00	89			8：00	32		28	8：00	04
		14：00	35			20：00	25		21	8：00	91			14：00	38			20：00	03
		20：00	31	8	1	8：00	29.27			20：00	90			20：00	42		29	8：00	02
	13	8：00	21			20：00	29		22	8：00	90		10	2：00	44			20：00	00
		20：00	09		2	8：00	34			20：00	92			8：00	48		30	8：00	28.99
	14	8：00	29.97			20：00	37		23	8：00	88			14：00	49			20：00	95
		14：00	89		3	8：00	40			20：00	86			20：00	48				
									24	8：00	83								

续表

日期			水位	流量	日期			水位	流量	日期			水位	流量	日期			水位	流量
月	日	时：分	(m)	(m³/s)	月	日	时：分	(m)	(m³/s)	月	日	时：分	(m)	(m³/s)	月	日	时：分	(m)	(m³/s)
1984年长江奉节站																			
5	1	2：00	78.58	5290	5	13	20：00	53	8090	5	23	8：00	38	12500	6	3	20：00	24	31100
		8：00	56	5300		14	2：00	71	8300			11：00	38	12600			22：00	24	31000
		14：00	56	5300			8：00	89	8420			18：00	47	12800		4	2：00	13	30800
		19：00	58	5330		15	8：00	83.41	10000			20：00	50	12800			8：00	102.54	29500
		20：00	58	5330			19：00	84.07	10600		24	2：00	63	12900			20：00	100.84	26800
	2	2：00	63	5370			20：00	12	10600			8：00	88	13200		5	8：00	98.50	23700
		8：00	66	5390		16	2：00	31	10700			20：00	87.84	14400			18：00	96.27	21200
		14：00	69	5450			5：00	39	10700		25	6：00	89.60	16500		6	6：00	93.04	18000
		19：00	73	5480			8：00	39	10700		26	2：00	92.87	19800			9：00	92.84	17900
		20：00	74	5490			10：00	39	10700			8：00	93.56	20300			14：00	91.85	17100
	3	2：00	77	5460			11：00	39	10600			8：30	61	20300			20：00	93	18000
		8：00	83	5500			14：00	39	10600			14：00	94.17	20900			23：00	92.00	18000
		14：00	95	5570			17：00	46	10600			15：48	26	20900		7	2：00	04	17900
		20：00	79.10	5790			19：00	46	10700			17：48	36	21000			8：00	00	17700
	4	8：00	45	6090			20：00	46	10700			20：00	48	21000			20：00	90.58	15900
		14：00	78	6490		17	2：00	84.49	10800			23：00	58	20900		8	2：00	89.66	15000
	5	8：00	81.43	8250			8：00	53	10800		27	5：00	94.56	20700			8：00	00	14500
		14：00	82.06	8880			19：00	85.00	11400			8：00	55	20600			14：00	88.64	14400
	6	8：00	83.23	9800			20：00	05	11500			14：00	49	20600			20：00	46	14400
		14：00	43	9960		18	8	59	12000			19：00	41	20500		9	2：00	54	14600
		19：00	51	9990			19：00	86.01	12600			20：00	39	20500			8：00	89.03	15400
		20：00	53	10000			20：00	04	12600		28	8：00	93.79	19400		10	8：00	92.71	19500
		23：00	59	10000		19	2：00	14	12500			19：00	92.95	18800			20：00	94.18	20900
	7	2：00	59	10100			8：00	19	12500		29	8：00	91.69	17300		11	2：00	44	20900
		8：00	51	9870			14：00	24	12500			14：00	11	16900			5：00	44	20800
		14：00	44	9770			19：00	86.32	12700		30	2：00	89.99	15700			8：00	39	20600
		20：00	37	9720			20：00	34	12700			8：00	43	15200			14：00	17	20100
	8	8：00	03	9350		20	2：00	34	12500			19：00	88.67	14600			20：00	93.66	19600
		19：00	82.61	8950			8：00	34	12600			20：00	61	14500		12	2：00	41	19100
	9	8：00	81.91	8230			14：00	39	12700		31	2：00	33	14300			8：00	92.77	18300
		14：00	57	7950			19：00	51	12800			8：00	17	14200			14：00	92.18	17800
		20：00	34	7820			20：00	53	12800			14：00	88.32	14600			19：30	05	17400
	10	8：00	80.83	7270		21	2：00	70	13000			20：00	73	15200			20：00	04	17400
		14：00	66	7180			8：00	93	13300	6	1	2：00	89.38	16100		13	8：00	91.69	16600
		20：00	49	7010			14：00	87.11	13500			8：00	90.38	17300			11：00	92.36	16900
	11	2：00	80.38	6950			19：00	14	13400		2	8：00	97.44	25600			14：00	94.14	18100
		8：00	23	6780			20：00	15	13400			8：30	57	25700			16：48	95.34	16200
		20：00	19.98	6570			23：00	87.15	13400		3	2：00	101.71	30300			17：00	40	16200
	12	8：00	73	6300		22	2：00	10	13300			8：00	102.59	31100			17：18	48	18200
		14：00	80.66	7250			8：00	86.93	13000			10：00	75	31200			19：00	78	18100
		20：00	87	7410			9：00	90	12600			14：00	103.07	31300			20：00	90	18000
		23：00	80.90	7430			14：00	73	12800			15：30	15	31300			23：30	96.32	19000
	13	2：00	93	7440			19：00	61	12700			17：00	22	31200		14	2：00	79	20200
		8：00	81.15	7750			20：00	29	12700			17：54	23	31200			5：00	96	20500
		14：00	41	7980								19：00	24	31100			6：30	97.00	20500

续表

日期			水位	流量	日期			水位	流量	日期			水位	流量	日期			水位	流量
月	日	时：分	(m)	(m^3/s)	月	日	时：分	(m)	(m^3/s)	月	日	时：分	(m)	(m^3/s)	月	日	时：分	(m)	(m^3/s)
1984年长江奉节站																			
6	14	7：00	00	20600	6	24	8：00	91	12200	7	3	2：00	80	21900	7	10	11：00	02	56500
		8：00	96.88	20600			14：00	86.32	12500			8：00	65	21800			12：00	02	56500
		14：00	00	19500			18：30	84	12900			12：30	53	21900			14：00	02	56300
	15	2：00	94.07	18800		25	2：00	88.02	14000			14：00	53	21900			14：06	02	56300
		8：00	93.86	18000			8：00	89.04	15400			16：00	59	22200			15：00	02	56200
		20：00	91.68	16000		26	8：00	96.73	24600			20：00	97.13	22700			16：00	00	56100
	16	2：00	90.59	15100		27	8：00	105.64	35400		4	2：00	59	23600			20：00	00	55700
		8：00	89.71	14700			8：48	105.82	35500			8：00	98.48	25000		11	5：00	120.94	53200
		14：00	17	14600			13：54	106.96	36400		5	8：00	107.15	37600			6：00	49	52200
		19：00	24	14900			14	96	36400			20：00	110.80	41200			17：00	118.78	49100
		20：00	25	15000			14：30	107.07	36500		6	2：00	111.71	41700			23：00	117.58	46800
	17	2：00	67	15800			18：24	74	36900			3：00	80	41800		12	8：00	115.38	43300
		8：00	90.08	16200			18：54	82	37000			6：06	112.09	41900			8：30	112.79	39700
		17：00	77	17000			20：00	108.01	37100			6：54	16	41900		13	8：00	109.78	35900
		19：00	90	17100		28	1：00	54	37300			8：00	26	42000			20：00	107.50	33400
		20：00	97	17200			2：00	64	37300			8：12	27	42000	7	14	2：00	106.66	32600
	18	2：00	91.08	17100			5：00	83	37200			9：00	31	41900			8：00	07	32300
		8：00	01	16800			6：24	109.07	37300			10：24	31	41800			14：00	51	33200
		14：00	90.88	16700			7：00	16	37300			11：06	31	41800			17：00	51	33400
		19：00	74	16500			7：30	27	37400	7	6	12：24	112.32	41600			19：00	58	33500
		20：00	71	16400			8：00	37	37400			13：00	32	41600			20：00	61	33600
	19	2：00	52	16300			9：30	39	37100			14：00	32	41400		15	2：00	75	33900
		8：00	31	16100			10：24	39	36900			15：00	28	41200			8：00	95	34400
		14：00	15	16100			10：30	109.39	36900			16：00	25	41100			14：00	107.17	34700
		19：00	89.98	15900			11：00	39	36800			16：36	23	41000		16	8：00	108.71	37000
		20：00	95	15900			11：06	39	36800			17：00	22	41000			20：00	109.78	38400
	20	8：00	89.33	15400			12：00	37	36400			20：00	11	40500		17	2：00	110.17	38700
		19：00	02	14900			13：00	28	35900		7	2：00	111.55	39200			8：00	38	38700
	21	8：00	88.25	14000			14：00	15	35700			8：00	44	38400			9：24	38	38700
		19：00	87.61	13400			17：00	03	35300			14：00	112.03	38400			10：42	38	38600
		20：00	55	13300			17：06	02	35300			17：00	03	38300			12：00	38	38600
	22	8：20	86.88	12700		29	2	107.72	33200			19：00	111.96	38200			13：00	38	38500
		9：00	85	12700			8：00	106.53	31800			20：00	111.93	38100			15：00	38	38500
		14：00	66	12600			14：00	105.42	30600		8	2：00	56	37500			16：00	38	38400
		19：30	46	12400		30	2：00	103.14	28000			8：00	64	38700			17：00	38	38400
		20：00	41	12400			8：00	102.23	27300			11：00	94	39900			18：00	36	38300
	23	2：00	18	12200			14：00	101.44	26500			14：00	112.42	41400			19：00	35	38300
		8：00	85.91	11900			19：00	04	26400		9	8：00	117.37	50600			20：00	34	38200
		14：00	75	11800			20：00	100.96	26400			17：00	119.71	54200		18	8：00	109.57	36800
		17：00	66	11700	7	1	8：00	99.94	25200			17：06	73	54200			20：00	108.42	35300
		19：00	62	11600			20：00	98.99	24300		10	2：00	121.35	56300		19	8：00	106.99	33200
		20：00	60	11600		2	8：00	02	23200			5：00	70	56600			8：06	98	33200
		23：00	60	11800			8：30	97.98	23200			7：00	87	56700			20：00	105.68	31900
	24	2：00	67	11900			20：00	06	22200			8：00	94	56700		20	8：00	104.64	30900
							23：00	96.80	22100			10：00	122.02	56600			14：00	14	30400

续表

日期			水位	流量	日期			水位	流量	日期			水位	流量	日期			水位	流量
月	日	时：分	(m)	(m^3/s)	月	日	时：分	(m)	(m^3/s)	月	日	时：分	(m)	(m^3/s)	月	日	时：分	(m)	(m^3/s)
1984年长江奉节站																			
7	20	19：00	103.89	30200	7	29	2：00	81	45600	8	8	8：00	21	45700	8	20	8：00	95.23	20000
		20：00	84	30200			5：00	77	45600			9：00	23	45500			20：00	93.67	18700
	21	2：00	103.75	30300			8：00	62	45300			10：00	23	45500		21	8：00	92.70	18000
		5：00	75	30600			11：00	46	45200			11：00	115.21	45400			14：00	40	17800
		8：00	92	30900			14：00	38	45000			14：00	05	44700			19：00	29	17900
		14：00	104.44	31900			17：00	16	44700			20：00	114.57	43600		22	2：00	17	17900
	22	8：00	107.56	36600			20：00	114.95	44300		9	8：00	112.67	40000			8：00	21	18000
		20：00	108.97	37700			23：00	114.70	43800			20：00	110.09	36300			14：00	92.29	18300
	23	2：00	109.27	37700		30	8：00	113.53	41400		10	8：00	107.42	32900			19：00	52	18500
		5：00	27	37400			20：00	111.69	38700			10：24	106.87	32300			20：00	57	18500
		7：00	23	37200		31	8：00	109.31	35300			15：12	105.76	31000		23	2：00	79	18700
		8：00	109.17	37100			20：00	105.96	32500			20：00	104.70	29700			8：00	89	18800
		8：18	16	37100	8	1	8：00	105.04	30800		11	6：06	102.57	27200			14：00	93.09	19000
		9：18	11	37000			14：00	104.54	30600			8：00	14	26700			20：00	18	19000
		11：00	03	36900			20：00	54	31300			15：00	100.82	25200		24	2：00	24	19100
		18：00	108.66	36100			23：00	63	31500		12	1：00	99.02	23400			8：00	38	19300
		20：00	108.56	35800		2	2：00	56	32100			1：36	98.92	23400			14：00	47	19400
	24	8：00	107.02	33400			8：00	105.52	33300			2：00	86	23600			20：00	52	19400
		19：00	105.79	31700			18：30	106.61	34600			8：00	00	22600		25	2：00	55	19300
		20：00	69	31500			20：00	76	34800			14：00	97.16	21900			8：00	55	19300
	25	2：00	36	31700		3	2：00	107.06	34800			19：00	96.77	21600			14：00	55	19200
		5：00	30	31700			8：00	12	34500			20：00	69	21500			19：00	58	19300
		8：00	30	31700			9：00	12	34400		13	8：00	95.49	20500			20：00	59	19300
		14：00	58	32300			10：00	10	34300			19：00	94.81	20000		26	2：00	68	19400
		20：00	106.03	33200			14：00	106.86	34000			20：00	76	20000			8：00	80	19400
	26	2：00	107.26	34400			19：00	44	33300		14	2：00	50	19900			14：00	95	19700
		8：00	109.18	35300		4	8：00	104.96	31000			8：00	40	19900			19：00	97	19800
	27	8：00	112.76	42000			19：00	103.66	29300			19：00	50	20200			20：00	98	19800
		11：00	113.08	42600			20：00	54	29100			20：00	51	20200		27	2：00	90	19700
		17：00	94	44000		5	8：00	102.34	27900		15	2：00	60	20400			8：00	68	19300
		18：00	114.03	44100			14：00	101.94	27600			8：00	81	20700			14：00	56	19000
		20：00	20	44400			19：00	69	27500			14：00	95.15	21100			17：00	58	19300
	28	1：48	96	15600			20：00	64	27500		16	8：00	96.86	23400		28	8：00	94.80	20800
		2：00	98	45600		6	2：00	64	27900		17	8：00	99.54	26100			19：00	95.39	21500
		8：00	115.50	46300			3：00	70	28300			9：00	61	26200			20：00	44	21500
		8：18	52	46300			8：00	102.76	30200			12：00	81	26300		29	2：00	57	21500
		11：00	66	46500			14：00	104.44	33000			19：00	100.16	26600			8：00	43	21100
		14：00	73	46300		7	8：00	111.46	43100			23：00	34	26600			14：00	22	20700
		15：00	78	46300			17：00	113.84	45500		18	2：00	34	26600			19：00	94.95	20500
		16：00	85	46200			19：12	114.13	45600			5：00	28	26300			20：00	90	20400
		17：00	85	46200			20：00	26	45600			8：00	18	26100		30	2：00	94.80	20400
		18：00	85	46100		8	1：00	85	45900			14：00	99.94	25700			8：00	90	20700
		19：00	85	46100			2：00	95	46000		19	2：00	03	24300			14：00	95.37	21600
		20：00	82	46000			5：00	115.15	45900			8：00	98.39	23500		31	8：00	98.56	25900
		23：00	82	45800			7：00	19	45700	8	19	20：00	96.96	21900	9	1	8：00	105.96	35800

续表

日期			水位	流量	日期			水位	流量	日期			水位	流量	日期			水位	流量
月	日	时：分	(m)	(m^3/s)	月	日	时：分	(m)	(m^3/s)	月	日	时：分	(m)	(m^3/s)	月	日	时：分	(m)	(m^3/s)
1984年长江奉节站																			
9	1	14：00	107.47	37000	9	12	2：00	96.57	21600	9	23	11：00	44	17500	10	5	14：00	16	21500
		20：00	108.51	37600			8：00	32	21500			14：00	43	17400			18：00	21	21600
	2	2：00	109.10	37800			11：00	30	21600			18：00	43	17300			20：00	24	21700
		5：00	25	37700			14：00	37	21900		24	2：00	43	17300		6	8：00	51	22100
		8：00	35	37700			20：00	73	22500			8：00	43	17400			14：00	64	22200
		8：16	35	37700		13	8：00	97.79	23900			14：00	51	17600			17：00	65	22200
		9：30	37	37600			14：00	98.15	24200			20：00	84	18000			20：00	66	22300
		11：00	37	37400			19：00	33	24300		25	8：00	94.60	19700			23：00	66	22300
		11：06	37	37400			23：00	46	24300			14：00	95.11	20300		7	2：00	66	22200
		12：00	35	37400		14	2：00	44	24300			17：30	46	20800			8：00	59	22100
		20：00	108.94	36300			8：00	39	24000			20：00	95.72	21200			14：00	46	22000
	3	8：00	107.33	33800			14：00	27	23800		26	8：00	98.44	25400			20：00	22	21600
		20：00	105.29	31000			20：00	97.98	23300		27	8：00	105.74	33700	10	8	8：00	95.45	20600
	4	8：00	102.79	27900		15	2：00	64	23100			20：00	107.74	35400			20：00	94.39	19300
		20：00	100.31	25200			8：00	26	22700		28	2：00	108.47	35400		9	8：00	93.12	18200
	5	8：00	97.97	22700			19：00	96.56	22100			8：00	76	35200			20：00	91.81	17100
		19：00	96.04	21000		16	8：00	95.56	20800			9：00	79	35100		10	8：00	90.52	15900
	6	8：00	94..04	19100			14：00	95.01	20200			9：12	79	35100			14：00	89.94	15400
		14：00	93.19	18400			19：00	94.61	20000			10：00	79	35000			15：00	87	15400
		19：00	92.64	18100		17	8：00	93.52	18900			11：00	79	35000			16：18	78	15300
	7	6：48	91.51	17200			19：00	92.66	18300			11：30	78	35000			20：00	52	15200
		8：00	41	17100		18	8：00	91.76	17400			12：00	76	34900		11	8：00	88.60	14500
		9：00	34	17100			14：00	39	17100			14：00	65	34700			8：30	57	14500
		11：06	18	16900			18：00	22	17000		29	2：00	107.51	33000			14：00	28	14400
		14：00	90.97	16800			20：00	14	17000			8：00	106.83	32300		12	2：00	87.61	13900
		19：00	76	16700		19	2：00	90.90	16800			20：00	105.65	31300			8：00	44	13800
		20：00	72	16700			8：00	63	16500		30	2：00	22	31100			14：00	33	13800
	8	2：00	43	16500			14：00	42	16300			8：00	104.98	31100			18：00	23	13700
		8：00	26	16400			20：00	30	16300	9	30	14：00	104.77	30700			20：00	18	13700
		11：00	22	16400		20	2：00	19	16400			18：00	72	30600		13	8：00	86.81	13200
		14：00	24	16600			8：00	17	16400			20：00	70	30500			14：00	62	13100
		19：00	42	16900			11：00	15	16400	10	1	2：00	53	30200			20：00	54	13100
		20：00	46	16900			14：00	90.15	16400			8：00	104.14	29600		14	2：00	45	12900
	9	8：00	91.44	18100			18：00	22	16500			14：00	103.66	28900			8：00	40	12900
	10	8：00	93.62	19900			20：00	26	16600			20：00	102.95	28200			14：00	44	12900
		14：00	95.83	22100		21	8：00	54	16800		2	8：00	101.35	26100			18：00	60	13000
		17：00	96.36	22100			14：00	68	16900			20：00	99.95	24300			20：00	66	13100
		19：00	73	22200			20：00	86	17200		3	8：00	04	22700		15	2：00	77	13200
	11	20：00	90	22200		22	8：00	91.05	17200			14：00	98.79	22700			8：00	90	13300
		2：00	97.59	22800			10：00	08	17200		4	2：00	97.86	22100			8：30	92	13300
		5：00	71	22700			14：00	15	17300			8：00	38	21800			18：00	87.27	13600
		8：00	73	22600			17：00	22	17300			14：00	96.96	21500			20：00	35	13700
		9：30	70	22500			20：00	29	17400			18：00	67	21400		16	8：00	88.16	14300
		11：00	62	22500		23	2：00	43	17400		5	2：00	22	21100			14：00	29	14300
		20：00	01	21800			8：00	45	17500			5：00	13	21200					
												8：00	13	21300					

续表

日期			水位	流量	日期			水位	流量	日期			水位	流量	日期			水位	流量
月	日	时：分	(m)	(m^3/s)	月	日	时：分	(m)	(m^3/s)	月	日	时：分	(m)	(m^3/s)	月	日	时：分	(m)	(m^3/s)
1984年长江奉节站																			
10	16	20：00	32	14300	10	21	20：00	41	13400	10	24	14：00	84.92	11500	10	28	8：00	94	10800
	17	8：00	64	14700			8：00	86.96	13000			18：00	88	11400			14：00	77	10700
		14：00	88.80	14800			14：00	80	12900			20：00	86	11400			18：00	72	10600
		20：00	80	14800		21	18：00	86.67	12800		25	8：00	70	11300			20：00	69	10500
	18	8：00	59	14500			20：00	61	12700			14：00	84.60	11200		29	8：00	53	10300
		14：00	57	14500		22	8：00	21	12400			20：00	53	11200			14：00	83.42	10200
		20：00	52	14500			11：00	15	12400		26	8：00	37	11100			18：00	39	10100
	19	8：00	37	14300			14：00	06	12300			14：00	29	11000			20：00	37	10100
		14：00	27	14200			20：00	85.91	12300			20：00	23	11000		30	8：00	15	9830
		18：00	20	14100		23	8：00	62	12000		27	8：00	10	10800			20：00	82.99	9700
		20：00	17	14100			14：00	47	11900			8：30	10	10800		31	8：00	79	9440
	20	8：00	87.78	13700			18：00	39	11800			14：00	04	10800			14：00	71	9320
		14：00	56	13600			20：00	35	11800			18：00	01	10700			20：00	56	9200
		18：00	46	13500		24	8：00	07	11600			20：00	83.99	10700					

附表三　实测水文过程表

日期（月日时）	水位（m）	日期（月日时）	水位（m）	日期（月日时）	水位（m）	日期（月日时）	水位（m）	日期（月日时）	水位（m）
1992年湘江湘潭站									
10100.00	28.96	10420.00	29.39	10820.00	30.91	11214.00	30.38	11600.00	30.02
10108.00	28.98	10423.40	29.43	10900.00	30.96	11220.00	30.39	11602.00	30.01
10114.00	28.98	10500.00	29.43	10902.00	30.98	11300.00	30.39	11608.00	29.98
10120.00	29.00	10508.00	29.47	10908.00	31.00	11302.00	30.39	11614.00	29.96
10200.00	29.03	10514.00	29.49	10914.00	30.99	11308.00	30.37	11620.00	29.95
10202.00	29.04	10520.00	29.53	10920.00	30.97	11314.00	30.35	11700.00	29.96
10208.00	29.08	10600.00	29.57	11000.00	30.94	11320.00	30.35	11702.00	29.96
10214.00	29.09	10602.00	20.59	11002.00	30.92	11400.00	30.34	1170.00	29.98
10220.00	29.11	10608.00	29.67	11008.00	30.85	11402.00	30.34	11714.00	29.98
10300.00	29.16	10614.00	29.78	11020.00	30.72	11405.00	30.32	11720.00	30.00
10302.00	29.18	10620.00	29.89	11100.00	30.68	11408.00	30.29	11800.01	30.01
10308.00	29.24	10700.00	29.98	11102.00	30.66	11414.00	30.24	11802.00	30.01
10314.00	29.28	10708.00	30.16	11108.00	30.59	11420.00	30.20	11808.00	30.01
10320.00	29.30	10714.00	30.32	11114.00	30.52	11500.00	30.17	11814.00	30.00
10400.00	29.32	10720.00	30.47	11115.33	30.51	11502.00	30.16	11820.00	30.01
10402.00	29.33	10800.00	30.56	11120.00	30.47	11508.00	30.10	11900.00	30.02
10408.00	29.33	10802.00	30.61	11200.00	30.45	11514.00	30.05	11902.00	30.02
10414.00	29.35	10808.00	30.72	11208.00	30.40	11520.00	30.03	11908.00	30.01

续表

日期（月日时）	水位（m）	日期（月日时）	水位（m）	日期（月日时）	水位（m）	日期（月日时）	水位（m）	日期（月日时）	水位（m）
1992年湘江湘潭站									
11920.00	29.94	12708.00	29.29	20308.00	29.22	20910.30	31.55	21408.00	32.45
12000.00	29.92	12714.00	29.28	20314.00	29.20	20914.00	31.71	21414.00	32.36
12002.00	29.91	12720.00	29.29	20320.00	29.20	20917.00	31.85	21420.00	32.28
12008.00	29.86	12800.00	29.31	20323.00	29.22	20920.00	32.00	21500.00	32.23
12014.00	29.81	12802.00	29.32	20400.00	29.23	21000.00	32.16	21502.00	32.20
12020.00	29.78	12808.00	29.37	20402.00	29.26	21002.00	32.24	21508.00	32.13
12100.00	29.77	12814.00	29.42	20405.00	29.33	21005.00	32.35	21520.00	32.00
12102.00	29.76	12820.00	29.46	20408.00	29.42	21008.00	32.45	21600.00	31.96
12108.00	29.74	12900.00	29.49	20414.00	29.55	21009.20	32.49	21602.00	31.94
12114.00	29.71	12902.00	29.50	20420.00	29.64	21010.02	32.51	21607.30	31.91
12120.00	29.69	12908.00	29.53	20500.00	29.68	21010.35	32.53	21608.00	31.89
12200.00	29.68	12914.00	29.52	20502.00	29.70	21014.00	32.61	21614.00	31.89
12202.00	29.68	12920.00	29.52	20508.00	29.75	21020.00	32.70	21620.00	31.91
12208.00	29.68	13000.00	29.53	20520.00	29.82	21100.00	32.73	21700.00	31.94
12220.00	29.64	13002.00	29.54	20600.00	29.83	21102.00	32.75	21708.00	31.99
12300.00	29.64	13008.00	29.55	20602.00	29.84	21108.00	32.77	21720.00	32.11
12302.00	29.64	13020.00	29.53	20608.00	29.85	21109.25	32.77	21800.00	32.15
12308.00	29.64	13100.00	29.54	20609.55	29.85	21110.33	32.77	21802.00	32.17
12320.00	29.60	13102.00	29.55	20620.00	29.88	21111.25	32.77	21808.00	32.23
12400.00	29.59	13108.00	29.55	20700.00	29.90	21114.00	32.75	21814.00	32.25
12402.00	29.58	13111.00	29.54	20702.00	29.91	21120.00	32.71	21820.00	32.23
12408.00	29.56	13114.00	29.52	20708.00	29.99	21200.00	32.68	21900.00	32.20
12420.00	29.47	13120.00	29.49	20714.00	30.10	21202.00	32.66	21902.00	32.19
12500.00	29.46	20100.00	29.47	20720.00	30.21	21208.00	32.62	21908.00	32.14
12502.00	29.46	20102.00	29.46	20800.00	30.32	21214.00	32.62	21920.00	32.03
12508.00	29.44	20108.00	29.41	20802.00	30.37	21220.00	32.63	22000.00	32.00
12514.00	29.40	20120.00	29.31	20805.00	30.47	21300.00	32.64	22002.00	31.98
12520.00	29.38	20200.00	29.28	20808.00	30.58	21302.10	32.65	22008.00	31.98
12600.00	29.37	20202.00	29.27	20814.00	30.78	21308.00	32.66	22014.00	32.04
12602.00	29.37	20208.00	29.24	20820.00	30.98	21314.00	32.65	22020.00	32.14
12608.00	29.35	20214.00	29.20	20900.00	31.13	21316.30	32.63	22100.00	32.25
12612.40	29.33	20220.00	29.20	20902.00	31.20	21320.00	32.61	22102.00	32.31
12620.00	29.30	20300.00	29.21	20905.00	31.32	21400.00	32.56	22105.00	32.44
12700.00	29.30	20302.00	29.21	20908.00	31.44	21402.00	32.54	22108.00	32.56

续表

日期（月日时）	水位（m）	日期（月日时）	水位（m）	日期（月日时）	水位（m）	日期（月日时）	水位（m）	日期（月日时）	水位（m）
1992年湘江湘潭站									
22108.40	32.59	22706.10	31.25	30600.00	33.00	31714.00	31.07	32114.00	36.77
22109.23	32.62	22708.00	31.22	30602.00	33.03	31720.00	31.06	32120.00	36.94
22110.00	32.65	22714.00	31.12	30608.00	33.05	31800.00	31.05	32200.00	37.08
22114.00	32.83	22720.00	31.08	30608.30	33.05	31802.00	31.05	32202.00	37.15
22117.00	32.96	22800.00	31.06	30609.05	33.05	31808.00	31.09	32208.00	37.31
22120.00	33.09	22802.00	31.05	30609.42	33.05	31814.00	31.19	32210.20	37.36
22200.00	33.25	22808.00	31.02	30614.00	33.03	31820.00	31.35	32213.53	37.40
22202.00	33.33	22814.00	30.98	30620.00	32.95	31822.00	31.47	32214.00	37.40
22205.00	33.45	22820.00	30.95	30700.00	32.88	31900.00	31.58	32217.30	37.45
22208.00	33.56	22900.00	30.90	30708.00	32.75	31902.00	31.70	32220.00	37.48
22208.30	33.58	22902.00	30.88	30714.00	32.65	31904.00	31.83	32300.00	37.51
22209.21	33.61	22908.00	30.80	30720.00	32.53	31906.00	32.01	32302.00	37.53
22209.55	33.63	22908.50	30.79	30800.00	32.43	31908.00	32.18	32308.00	37.56
22214.00	33.75	22912.15	30.74	30808.00	32.24	31910.00	32.35	32309.40	37.56
22218.00	33.83	22914.00	30.71	30814.00	32.11	31912.00	32.53	32310.39	37.56
22220.00	33.85	22915.45	30.69	30820.00	32.00	31914.00	32.68	32311.25	37.56
22220.40	33.85	22920.00	30.64	30900.00	31.90	31915.45	32.86	32314.00	37.57
22221.34	33.86	30100.00	30.60	30908.00	31.70	31917.30	32.98	32320.00	37.66
22222.25	33.86	30102.00	30.58	30914.00	31.59	31918.13	33.06	32400.00	37.71
22300.00	33.86	30108.00	30.50	30920.00	31.49	31918.50	33.13	32402.00	37.73
22302.00	33.85	30114.00	30.45	31000.00	31.42	31920.00	33.24	32408.00	37.82
22308.00	33.77	30120.00	30.42	31002.00	31.39	31921.30	33.40	32414.00	37.95
22314.00	33.63	30200.00	30.40	31008.00	31.30	31923.00	33.56	32420.00	38.14
22320.00	33.44	30202.00	30.39	31020.00	31.21	32000.00	33.67	32423.00	38.26
22400.00	33.31	30208.00	30.38	31100.00	31.18	32001.00	33.76	32500.00	38.30
22402.00	33.24	30214.00	30.36	31102.00	31.16	32002.00	33.88	32502.00	38.37
22405.00	33.12	30220.00	30.35	31108.00	31.09	32003.30	34.05	32505.00	38.47
22408.00	33.01	30300.00	30.34	31120.00	30.95	32005.00	34.23	32508.00	38.57
22408.20	33.00	30302.00	30.34	31200.00	30.90	32006.30	34.43	32508.55	38.60
22409.00	32.98	30308.00	30.35	31208.00	30.80	32008.00	34.59	32510.03	38.64
22409.32	32.96	30314.00	30.41	31220.00	30.70	32008.30	34.66	32510.55	38.67
22414.00	32.77	30320.00	30.54	31300.00	30.67	32009.25	34.78	32514.00	38.78
22417.00	32.65	30400.00	30.67	31308.00	30.61	32010.05	34.87	32517.00	38.90
22420.00	32.54	30402.00	30.74	31312.00	30.60	32011.23	35.01	32520.00	39.02
22500.00	32.41	30405.00	30.85	31320.00	30.61	32012.42	35.20	32600.00	39.19
22502.00	32.34	30408.00	30.97	31400.00	30.61	32014.00	35.37	32602.00	39.28
22508.00	32.14	30411.00	31.13	31408.00	30.62	32015.40	35.58	32605.00	39.39
22508.50	32.12	30414.00	31.33	31420.00	30.77	32017.20	35.74	32608.00	39.50
22509.43	32.10	30415.40	31.45	31500.00	30.84	32018.10	35.84	32614.00	39.63
22510.30	32.07	30417.50	31.59	31502.00	30.87	32018.55	35.91	32620.00	39.70
22514.00	31.98	30420.00	31.74	31508.00	30.98	32020.00	35.99	32622.15	39.70
22520.00	31.85	30422.00	31.88	31514.00	31.12	32022.00	36.12	32623.45	39.72
22600.00	31.77	30500.00	31.99	31520.00	31.22	32100.00	36.26	32700.00	39.72
22602.00	31.73	30502.00	32.12	31600.00	31.25	32102.00	36.39	32701.15	39.73
22608.00	31.59	30505.00	32.31	31602.00	31.27	32105.00	36.52	32702.00	39.73
22614.00	31.50	30508.00	32.50	31608.00	31.27	32108.00	36.64	32705.00	39.74
22620.00	31.41	30511.00	32.65	31620.00	31.24	32108.40	36.67	32708.00	39.73
22700.00	31.35	30514.00	32.78	31700.00	31.20	32109.30	36.68	32714.00	39.69
22702.00	31.32	30520.00	32.94	31708.00	31.11	32110.20	36.71	32720.00	39.64

续表

日期（月日时）	水位（m）	日期（月日时）	水位（m）	日期（月日时）	水位（m）	日期（月日时）	水位（m）	日期（月日时）	水位（m）
1992年湘江湘潭站									
32800.00	39.61	40500.00	34.21	41500.00	33.18	42323.00	31.80	43020.00	32.62
32802.00	39.59	40502.00	34.11	41502.00	33.18	42400.00	31.82	50100.00	32.54
32808.00	39.54	40505.00	33.98	41504.00	33.18	42402.00	31.85	50102.00	32.50
32814.00	39.41	40508.00	33.84	41508.00	33.15	42405.00	31.90	50108.00	32.34
32815.15	39.38	40511.00	33.73	41509.00	33.14	42408.00	31.98	50114.00	32.17
32816.10	39.35	40514.00	33.62	41512.29	33.11	42410.00	32.08	50120.00	32.02
32817.10	39.33	40517.00	33.50	41514.00	33.08	42412.00	32.23	50123.00	31.96
32820.00	39.22	40520.00	33.40	41515.50	33.05	42414.00	32.44	50200.00	31.95
32900.00	39.07	40600.00	33.28	41520.00	32.96	42416.00	32.63	50208.00	31.91
32902.00	38.99	40602.00	33.22	41600.00	32.87	42418.00	32.85	50220.00	31.89
32905.00	38.87	40608.00	33.09	41608.00	32.69	42420.00	33.02	50300.00	31.96
32908.00	38.73	40614.00	33.02	41614.00	32.53	42422.00	33.15	50302.00	31.99
32911.00	38.61	40620.00	32.96	41620.00	32.38	42500.00	33.23	50308.00	32.05
32914.00	38.50	40700.00	32.93	41700.00	32.29	42502.00	33.33	50315.00	32.04
32917.00	38.37	40708.00	32.86	41708.00	32.10	42505.00	33.39	50320.00	32.07
32920.00	38.25	40714.00	32.79	41714.00	31.99	42508.00	33.43	50400.00	32.14
33000.00	38.08	40720.00	32.69	41720.00	31.84	42511.00	33.45	50402.00	32.17
33002.00	38.00	40800.00	32.62	41800.00	31.73	42514.00	33.44	50408.00	32.30
33005.00	37.88	40808.00	32.49	41804.00	31.63	42520.00	33.51	50414.00	32.39
33008.00	37.74	40814.00	32.38	41808.00	31.51	42600.00	33.64	50420.00	32.46
23011.00	37.62	40818.00	32.29	41814.00	31.37	42602.00	33.71	50500.00	32.51
33014.00	37.51	40820.00	32.26	41820.00	31.24	42608.00	33.86	50508.00	32.61
33017.00	37.38	40900.00	32.18	41900.00	31.16	42614.00	33.95	50514.00	32.72
33020.00	37.27	40902.00	32.16	41902.00	31.12	42620.00	34.00	50520.00	32.83
33100.00	37.12	40908.00	32.09	41908.00	31.04	42700.00	34.04	50600.00	32.91
33102.00	37.04	40914.00	32.06	41920.00	30.88	42702.00	34.06	50608.00	33.08
33105.00	36.94	40920.00	32.08	42000.00	30.84	42708.00	34.16	50614.00	33.14
33108.00	36.82	41000.00	32.11	42002.00	30.82	42714.00	34.33	50616.18	33.15
33114.00	36.64	41002.00	32.13	42008.00	30.77	42720.00	34.51	50620.00	33.19
33120.00	36.48	41008.00	32.20	42014.00	30.75	42723.00	34.66	50700.00	33.32
40100.00	36.40	41014.00	32.23	42020.00	30.76	42800.00	34.68	50702.00	33.38
40108.00	36.31	41020.00	32.24	42100.00	30.79	42802.00	34.73	50705.00	33.48
40114.00	36.30	41100.00	32.27	42102.00	30.80	42808.00	34.77	50708.00	33.61
40120.00	36.30	41102.00	32.29	42105.00	30.83	42808.25	34.77	50711.00	33.79
40200.00	36.31	41108.00	32.32	42108.00	30.90	42809.06	34.76	50714.00	33.96
40208.00	36.27	41120.00	32.32	42114.00	31.06	42809.50	34.75	50716.28	34.14
40214.00	36.19	41200.00	32.33	42117.00	31.19	42811.00	34.72	50718.14	34.26
40220.00	36.08	41202.00	32.34	42120.00	31.32	42814.00	34.61	50720.00	34.37
40300.00	35.99	41208.00	32.39	42122.00	31.44	42817.00	34.47	50723.00	34.52
40302.00	35.94	41214.00	32.45	42200.00	31.55	42820.00	34.32	50800.00	34.55
40308.00	35.79	41220.00	32.51	42202.00	31.66	42900.00	34.13	50802.00	34.62
40314.00	35.62	41300.00	32.58	42205.00	31.78	42902.00	34.03	50806.00	34.66
40320.00	35.43	41302.00	32.62	42208.00	31.89	42905.00	33.90	50808.00	34.65
40400.00	35.29	41308.00	32.73	42211.00	31.96	42908.00	33.72	50808.20	34.65
40402.00	35.22	41314.00	32.81	42214.00	31.98	42912.00	33.55	50809.04	34.63
40405.00	35.11	41320.00	32.87	42215.39	31.98	42916.00	33.35	50809.45	34.61
40408.00	34.98	41400.00	32.93	42220.00	31.95	42920.00	33.20	50814.00	34.45
40411.00	34.84	41402.00	32.96	42300.00	31.91	43000.00	33.07	50817.00	34.30
40414.00	34.70	41408.00	33.07	42308.00	31.83	43004.00	32.95	50820.00	34.15
40417.00	34.54	41414.00	33.14	42314.00	31.79	43008.00	32.82	50822.00	34.03
40420.00	34.40	41420.00	33.17	42320.00	31.79	43015.28	32.69	50900.00	33.94

续表

日期（月日时）	水位（m）	日期（月日时）	水位（m）	日期（月日时）	水位（m）	日期（月日时）	水位（m）	日期（月日时）	水位（m）
1992年湘江湘潭站									
50902.00	33.84	51702.00	34.35	52115.52	35.51	60102.00	32.22	61300.00	30.94
50905.00	33.72	51702.40	34.49	52120.00	35.33	60108.00	32.36	61302.00	30.91
50908.00	33.57	51703.20	34.63	52200.00	35.18	60111.00	32.47	61308.00	30.80
50911.00	33.43	51704.00	34.78	52202.00	35.11	60114.00	32.58	61314.00	30.69
50914.00	33.30	51704.40	34.92	52205.00	34.99	60120.00	32.75	61320.00	30.63
50917.00	33.17	51705.20	35.07	52208.00	34.85	60200.00	32.83	61400.00	30.58
50920.00	33.05	51706.00	35.21	52211.00	34.72	60202.00	32.87	61402.00	30.56
51000.00	32.93	51707.00	35.41	52214.00	34.60	60208.00	32.92	61408.00	30.48
51002.00	32.87	51708.00	35.61	52217.00	34.48	60214.00	32.90	61414.00	30.43
51008.00	32.76	51709.00	35.78	52220.00	34.37	60220.00	32.82	61420.00	30.41
51020.00	32.69	51710.00	35.98	52300.00	34.26	60300.00	32.75	61500.00	30.40
51100.00	32.70	51711.00	36.12	52302.00	34.21	60308.00	32.61	61502.00	30.39
51102.00	32.71	51712.00	36.29	52308.00	34.09	60314.00	32.49	61508.00	30.35
51108.00	32.72	51713.00	36.46	52314.00	34.04	60320.00	32.42	61514.00	30.33
51114.00	32.67	51714.00	36.61	52320.00	34.02	60400.00	32.38	61516.21	30.32
51120.00	32.56	51715.23	36.80	52400.00	34.01	60402.00	32.36	61519.20	30.34
51200.00	32.48	51716.47	36.97	52402.00	34.01	60408.00	32.31	61600.00	30.44
51208.00	32.32	51718.00	37.10	52408.00	33.97	60420.00	32.15	61608.00	30.61
51220.00	32.12	51718.55	37.17	52414.00	33.89	60500.00	32.07	61610.00	30.76
51300.00	32.08	51719.40	37.24	52420.00	33.78	60508.00	31.91	61612.00	30.94
51302.00	32.06	51720.00	37.26	52500.00	33.71	60514.00	31.76	61614.00	31.10
51308.00	32.03	51722.00	37.38	52502.00	33.68	60520.00	31.63	61615.16	31.23
51314.00	32.00	51800.00	37.46	52508.00	33.57	60600.00	31.56	61616.32	31.33
51320.00	31.95	51802.00	37.50	52514.00	33.43	60602.00	31.52	61618.16	31.47
51400.00	31.92	51803.00	37.51	52520.00	33.30	60608.00	31.41	61620.00	31.60
51402.00	31.91	51805.00	37.49	52600.00	33.23	60614.00	31.41	61622.00	31.72
51408.00	31.87	51805.50	37.47	52608.00	33.09	60620.00	31.47	61700.00	31.81
51411.30	31.86	51806.40	37.45	52620.00	32.89	60700.00	31.52	61702.00	31.92
51414.00	31.89	51807.30	37.43	52700.00	32.83	60708.00	31.61	61705.00	32.04
51420.00	32.03	51808.00	37.42	52708.00	32.72	60720.00	31.71	61708.00	32.15
51422.00	32.16	51811.00	37.29	52720.00	32.59	60800.00	31.76	61711.00	32.24
51500.00	32.29	51814.00	37.12	52800.00	32.58	60808.00	31.85	61714.00	32.29
51502.00	32.42	51817.00	36.95	52802.00	32.57	60814.00	31.92	61715.52	32.31
51505.00	32.60	51820.00	36.78	52808.00	32.58	60820.00	31.95	61720.00	32.32
51508.00	32.78	51900.00	36.59	52820.00	32.61	60900.00	31.96	61800.00	32.31
51510.00	32.85	51902.00	36.50	52900.00	32.62	60902.00	31.96	61802.00	32.30
51512.00	32.89	51908.00	36.32	52908.00	32.65	60908.00	31.95	61808.00	32.26
51514.00	32.91	51911.00	36.28	52914.00	32.67	60920.00	31.90	61814.00	32.23
51515.30	32.91	51914.00	36.26	52920.00	32.65	61000.00	31.90	61820.00	32.29
51520.00	32.86	51920.00	36.26	53000.00	32.66	61002.00	31.90	61823.00	32.37
51600.00	32.84	52000.00	36.29	53002.00	32.67	61008.00	31.91	61900.00	32.41
51602.00	32.83	52002.00	36.30	53008.00	32.67	61014.00	31.89	61902.00	32.49
51608.00	32.88	52008.00	36.32	53014.00	32.64	61020.00	31.84	61905.00	32.64
51611.00	32.94	52011.00	36.31	53020.00	32.56	61100.00	31.79	61908.00	32.79
51614.00	33.05	52014.00	36.27	53100.00	32.50	61102.00	31.76	61909.53	32.90
51617.00	33.24	52020.00	36.17	53102.00	32.47	61108.00	31.67	61911.57	33.00
51620.00	33.45	52100.00	36.06	53108.00	32.37	61114.00	31.57	61914.00	33.12
51621.30	33.64	52102.00	36.01	53114.00	32.28	61120.00	31.45	61917.00	33.23
51623.00	33.80	52108.00	35.83	53120.00	32.19	61200.00	31.36	61920.00	33.33
51700.00	33.98	52111.00	35.70	53122.00	32.18	61208.00	31.18	61923.00	33.40
51701.00	34.15	52114.00	35.59	60100.00	32.20	61220.00	31.00	62000.00	33.41

续表

日期（月日时）	水位（m）	日期（月日时）	水位（m）	日期（月日时）	水位（m）	日期（月日时）	水位（m）	日期（月日时）	水位（m）
1992年湘江湘潭站									
62002.00	33.43	62700.00	36.24	70414.00	35.96	70917.00	39.33	71608.00	33.45
62008.00	33.46	62702.00	36.31	70420.00	36.07	70920.00	39.13	71614.00	33.27
62020.00	33.47	62705.00	36.37	70500.00	36.12	70922.00	38.97	71620.00	33.11
62100.00	33.46	62708.00	36.40	40502.00	36.14	71000.00	38.84	71700.00	33.02
62102.00	33.45	62708.12	36.40	70508.00	36.21	71002.00	38.70	71708.00	32.85
62108.00	33.40	62708.52	36.41	70511.00	36.26	71004.00	38.57	71714.00	32.72
62120.00	33.30	62709.30	36.41	70514.00	36.33	71006.00	38.40	71720.00	32.61
62200.00	33.28	62714.00	36.39	70517.00	36.43	71008.00	38.23	71800.00	32.56
62202.00	33.27	62720.00	36.37	70520.00	36.58	71010.00	38.07	71808.00	32.46
62205.00	33.26	62800.00	36.34	70522.00	36.72	71012.00	37.92	71814.00	32.39
62208.00	33.28	62802.00	36.32	70600.00	36.87	71014.00	37.76	71820.00	32.36
62214.00	33.45	62808.00	36.22	70602.00	37.01	71016.00	37.59	71900.00	32.35
62217.00	33.56	62814.00	36.06	70604.00	37.15	71018.00	37.43	71902.00	32.34
62220.00	33.67	62820.00	35.89	70606.00	37.32	71020.00	37.28	71908.00	32.31
62300.00	33.83	62900.00	35.77	70608.00	37.49	71022.00	37.11	71914.00	32.24
62302.00	33.91	62902.00	35.71	70610.00	37.65	71100.00	36.98	71918.00	32.22
62305.00	34.10	62908.00	35.51	70612.00	37.80	71102.00	36.83	72000.00	32.27
62308.00	34.29	62912.00	35.37	70614.00	37.95	71104.00	36.71	72002.00	32.29
62311.00	34.44	62916.00	35.20	70616.00	38.11	71106.00	36.55	72008.00	32.29
62314.00	34.53	62920.00	35.06	70618.00	38.27	71108.00	36.40	72012.00	32.26
62318.40	34.57	63000.00	34.92	70620.00	38.41	71110.00	36.26	72014.00	32.28
62319.26	34.56	63004.00	34.78	70622.00	38.56	71112.00	36.12	72017.00	32.28
62320.00	34.55	63008.00	34.63	70700.00	38.66	71114.00	35.99	72020.00	32.33
62323.20	34.48	63014.00	34.45	70702.00	38.79	71117.00	35.80	72023.00	32.38
62400.00	34.45	63020.00	34.28	70705.00	38.95	71120.00	35.64	72100.00	32.39
62404.00	34.29	70100.00	34.19	70708.00	39.10	71200.00	35.44	72102.00	32.41
62408.00	34.11	70102.00	34.14	70708.15	39.11	71202.00	35.34	72108.00	32.42
62411.00	33.99	70108.00	34.00	70709.13	39.16	71205.00	35.21	72114.00	32.41
62414.00	33.89	70114.00	33.86	70710.00	39.19	71208.00	35.06	72120.00	32.46
62420.00	33.74	70120.00	33.76	70714.00	39.38	71211.00	34.94	72200.00	32.51
62422.00	33.73	70200.00	33.77	70717.00	39.54	71214.00	34.85	72202.00	32.53
62500.00	33.75	70202.00	33.78	70720.00	39.70	71217.00	34.78	72208.00	32.56
62502.00	33.77	70208.00	33.86	70722.00	39.82	71220.00	34.75	72214.00	32.56
62508.00	33.91	70214.00	33.87	70800.00	39.91	71223.00	34.73	72220.00	32.59
62509.00	33.95	70220.00	33.89	70802.00	40.01	71300.00	34.73	72300.00	32.62
62511.30	34.05	70300.00	33.92	70805.00	40.14	71302.00	34.74	72302.00	32.63
62514.00	34.19	70302.00	33.93	70808.00	40.27	71308.00	34.76	72308.00	32.63
62516.00	34.32	70306.00	33.97	70814.00	40.38	71314.00	34.77	72314.00	32.59
62518.00	34.47	70308.00	34.03	70815.45	40.39	71320.00	34.76	72320.00	32.59
62520.00	34.60	70309.10	34.07	70816.50	40.38	71400.00	34.75	72400.00	32.59
62522.00	34.75	70311.35	34.19	70817.40	40.38	71402.00	34.74	72402.00	32.59
62600.00	34.87	70314.00	34.36	70820.00	40.34	71408.00	34.69	72408.00	32.56
62602.00	35.00	70316.00	34.51	70900.00	40.23	71414.00	34.59	72414.00	32.51
62604.00	35.12	70318.00	34.67	70902.00	40.15	71420.00	34.46	72420.00	32.48
62606.00	35.27	70320.00	34.82	70905.00	40.01	71500.00	34.36	72500.00	32.47
62608.00	35.42	70322.00	35.01	70908.00	39.87	71504.00	34.27	72502.00	32.47
62611.00	35.61	70400.00	35.17	70908.10	39.86	71508.00	34.15	72508.00	32.42
62614.00	35.78	70402.00	35.35	70909.03	39.81	71514.00	33.95	72514.00	32.34
62617.00	35.94	70405.00	35.55	70909.50	39.77	71520.00	33.76	72520.00	32.29
62620.00	36.08	70408.00	35.74	70911.55	39.67	71600.00	33.66	72600.00	32.28
62623.00	36.21	70411.00	35.86	70914.00	39.52	71604.00	33.57	72602.00	32.27

续表

日期（月日时）	水位（m）	日期（月日时）	水位（m）	日期（月日时）	水位（m）	日期（月日时）	水位（m）	日期（月日时）	水位（m）
1992年湘江湘潭站									
72608.00	32.22	80708.00	29.74	81920.00	29.16	90300.00	29.02	91602.00	29.78
72620.00	32.06	80720.00	29.63	82000.00	29.17	90302.00	29.03	91608.00	29.75
72700.00	32.03	80800.00	29.60	82002.00	29.17	90308.00	29.04	91614.00	28.72
72702.00	32.02	80808.00	29.54	82008.00	29.16	90314.00	29.02	91620.00	29.69
72708.00	31.93	80814.00	29.51	82020.00	29.12	90320.00	28.98	91700.00	29.67
72720.00	31.75	80820.00	29.51	82100.00	29.12	90400.00	28.96	91702.00	29.66
72800.00	31.73	80900.00	29.52	82108.00	29.11	90408.00	28.91	91708.00	29.61
72802.00	31.72	80902.00	29.53	82120.00	29.08	90420.00	28.83	91714.00	29.55
72808.00	31.62	80908.00	29.55	82200.00	29.07	90500.00	28.82	91720.00	29.53
72814.00	31.50	80916.00	29.54	82208.00	29.04	90508.00	28.79	91800.00	29.52
72820.00	31.42	80922.00	29.53	82220.00	29.02	90516.16	28.76	91808.00	29.49
72900.00	31.40	81000.00	29.53	82300.00	29.01	90520.00	28.74	91820.00	29.43
72902.00	31.39	81002.00	29.54	82308.00	28.99	90600.00	28.72	91900.00	29.40
72908.00	31.34	81008.00	29.55	82320.00	28.92	90608.00	28.69	91902.00	29.39
72920.00	31.20	81014.00	29.54	82400.00	28.90	90620.00	28.68	91908.00	29.35
73000.00	31.17	81100.00	29.51	82402.00	28.89	90700.00	28.67	91920.00	29.32
73002.00	31.16	81102.00	29.50	82408.00	28.87	90708.00	28.66	92000.00	29.30
73008.00	31.08	81108.00	29.47	82420.00	28.83	90720.00	28.60	92002.00	29.29
73020.00	30.90	81118.00	29.41	82500.00	28.83	90800.00	28.60	92008.00	29.27
73100.00	30.87	81200.00	29.40	82502.00	28.83	90808.00	28.59	92014.00	29.23
73102.00	30.86	81208.00	29.38	82508.00	28.85	90820.00	28.58	92020.00	29.21
73108.00	30.81	81212.00	29.36	82514.00	28.87	90900.00	28.58	92100.00	29.22
73120.00	30.67	81218.00	29.37	82520.00	28.89	90908.00	28.59	92102.00	29.22
80100.00	30.64	81300.00	29.40	82600.00	28.92	90920.00	28.68	92108.00	29.23
80102.00	30.63	81303.00	29.41	82608.00	28.98	91000.00	28.75	92114.00	29.26
80108.00	30.56	81308.00	29.41	82620.00	29.01	91008.00	28.89	92120.00	29.27
80120.00	30.43	81320.00	29.36	82700.00	29.02	91020.00	29.06	92200.00	29.28
80200.00	30.42	81323.00	29.35	82702.00	29.02	91100.00	29.12	92208.00	29.30
80202.00	30.41	81400.00	29.35	82708.00	29.06	91108.00	29.24	92220.00	29.31
80208.00	30.36	81403.00	29.37	82714.00	29.09	91120.00	29.33	92300.00	29.31
80214.00	30.29	81408.00	29.36	82720.00	29.11	91200.00	29.35	92302.00	29.31
80220.00	30.26	81420.00	29.32	82800.00	29.13	91202.00	29.36	92304.00	29.30
80300.00	30.25	81500.00	29.31	82808.00	29.16	91208.00	29.38	92308.00	29.29
80302.00	30.25	81508.00	29.30	82820.00	29.23	91212.00	29.40	92320.00	29.16
80308.00	30.22	81514.00	29.29	82900.00	29.25	91214.00	29.43	92400.00	29.11
80320.00	30.12	81520.00	29.30	82908.00	29.29	91220.00	29.57	92402.00	29.08
80400.00	30.11	81600.00	29.30	82918.00	29.30	91300.00	29.69	92408.00	29.02
80402.00	30.11	81608.00	29.30	83000.00	29.28	91304.00	29.81	92420.00	28.93
80408.00	30.08	81614.00	29.29	83008.00	29.26	91308.00	29.93	92500.00	28.91
80414.00	30.04	81620.00	29.27	83020.00	29.23	91314.00	30.03	92508.00	28.87
80420.00	30.03	81700.00	29.25	83100.00	29.22	91320.00	30.09	92520.00	28.81
80500.00	30.03	81702.00	29.24	83108.00	29.20	91323.00	30.10	92600.00	28.80
80502.00	30.03	81708.00	29.23	83120.00	29.16	91400.00	30.10	92602.00	28.80
80508.00	30.00	81720.00	29.22	90100.00	29.15	91402.00	30.09	92608.00	28.81
80520.00	29.94	81800.00	29.21	901081.00	29.12	91408.00	30.06	92620.00	28.77
80600.00	29.93	81808.00	29.20	90120.00	29.06	91420.00	29.95	92700.00	28.76
80608.00	29.92	81820.00	29.17	90200.00	29.04	91500.00	29.92	92702.00	28.76
80611.00	29.91	81900.00	29.15	90202.00	29.03	91508.00	29.87	92708.00	28.76
80614.00	29.88	81908.00	29.12	90208.00	29.01	91514.00	29.82	92720.00	28.74
80620.00	29.82	81911.00	29.11	90214.00	29.00	91520.00	29.79	92800.00	28.74
80700.00	29.79	81917.00	29.13	90220.00	29.00	91600.00	29.78	92802.00	28.74

续表

日期（月日时）	水位（m）	日期（月日时）	水位（m）	日期（月日时）	水位（m）	日期（月日时）	水位（m）	日期（月日时）	水位（m）
1992 年湘江湘潭站									
92808.00	28.76	101600.00	28.41	110214.00	28.20	111600.00	28.13	112708.00	27.96
92820.00	28.77	101608.00	28.44	110220.00	28.16	111602.00	28.13	112720.00	27.93
92900.00	28.78	101620.00	28.46	110300.00	28.13	111608.00	28.11	112800.00	27.92
92908.00	28.80	101700.00	28.47	110302.00	28.12	111614.00	28.10	112808.00	27.89
92920.00	28.79	101708.00	28.50	110308.00	28.10	111620.00	28.08	112820.00	27.84
93000.00	28.79	101720.00	28.51	110310.39	28.10	111700.00	28.07	112900.00	27.82
93008.00	28.79	101800.00	28.52	110311.42	28.10	11702.00	28.07	112902.00	27.81
93018.00	28.74	101808.00	28.54	110314.00	28.10	111708.00	28.05	112908.00	27.78
100100.00	28.72	101820.00	28.57	110320.00	28.12	111714.00	28.03	112914.00	27.77
100108.00	28.68	101900.00	28.58	110400.00	28.16	111715.05	28.02	112920.00	27.76
100120.00	28.56	101908.00	28.61	110408.00	28.23	111716.24	28.02	113000.00	27.75
100200.00	28.53	101920.00	28.61	110408.29	28.24	111720.00	28.01	113002.00	27.75
100208.00	28.47	102000.00	28.61	110409.35	28.25	111800.00	28.00	113008.00	27.72
100220.00	28.38	102008.00	28.61	110420.00	28.35	111802.00	28.00	113014.00	27.72
100300.00	28.36	102020.00	28.58	110500.00	28.37	111808.00	27.98	113015.25	27.72
100308.00	28.32	102100.00	28.56	110508.00	28.42	111814.00	27.96	113016.43	27.72
100320.00	28.31	102108.00	28.52	110509.50	28.43	111820.00	27.93	113020.00	27.72
100400.00	28.31	102120.00	28.45	110510.54	28.44	111900.00	27.93	120100.00	27.72
100402.00	28.31	102200.00	28.45	110520.00	28.43	111902.00	27.93	120102.00	27.72
100408.00	28.32	102208.00	28.45	110600.00	28.42	111908.00	27.93	120108.00	27.71
100420.00	28.35	102220.00	28.42	110608.00	28.40	111909.45	27.94	120114.00	27.71
100500.00	28.37	102300.00	28.41	110620.00	28.34	111911.05	27.95	120120.00	27.71
100508.00	28.40	102308.00	28.40	110700.00	28.31	111920.00	28.03	120200.00	27.71
100520.00	28.44	102320.00	28.40	110708.00	28.26	112000.00	28.07	120202.00	27.71
100600.00	28.46	102400.00	28.41	110720.00	28.23	112008.00	28.14	120208.00	27.72
100608.00	28.50	102408.00	28.42	110800.00	28.24	112015.55	28.32	120214.00	27.76
100620.00	28.57	102420.00	28.40	110808.00	28.26	112016.58	28.31	120220.00	27.79
100700.00	28.57	102500.00	28.40	110820.00	28.34	112020.00	28.32	120300.00	27.81
100708.00	28.57	102508.00	28.39	110900.00	28.33	112100.00	28.31	120308.00	27.84
100720.00	28.56	102520.00	28.42	110908.00	28.30	112108.00	28.30	120320.00	27.88
100800.00	28.55	102600.00	28.41	110920.00	28.31	112120.00	28.24	120400.00	27.88
100808.00	28.54	102608.00	28.39	111000.00	28.31	112200.00	28.22	120408.00	27.89
100820.00	28.46	102620.00	28.32	111008.00	28.30	112208.00	28.17	120420.00	27.91
100900.00	28.46	102700.00	28.30	111020.00	28.30	112220.00	28.13	120500.00	27.91
100908.00	28.46	102708.00	28.25	111100.00	28.31	112300.00	28.12	120508.00	27.92
100920.00	28.44	102709.35	28.24	111108.00	28.32	112308.00	28.10	120520.00	27.94
101000.00	28.44	102720.00	28.24	111120.00	28.39	112320.00	28.07	120600.00	27.94
101008.00	28.45	102800.00	28.26	111200.00	28.41	112400.00	28.05	120608.00	27.95
101020.00	28.46	102808.00	28.31	111208.00	28.45	112408.00	28.02	120620.00	28.02
101100.00	28.48	102820.00	28.39	111220.00	28.40	112420.00	27.96	120700.00	28.04
101108.00	28.52	102900.00	28.40	111300.00	28.37	112500.00	27.94	120708.00	28.07
101120.00	28.56	102908.00	28.41	111308.00	28.30	112502.00	27.93	120715.40	28.11
101200.00	28.57	102920.00	28.40	111315.15	28.25	112508.00	27.91	120720.00	28.14
101208.00	28.59	103000.00	28.40	111316.30	28.24	112508.48	27.90	120800.00	28.16
101220.00	28.58	103008.00	28.39	111320.00	28.23	112510.00	27.90	120808.00	28.20
101300.00	28.58	103020.00	28.40	111400.00	28.21	112514.00	27.90	120808.55	28.20
101308.00	28.59	103100.00	28.42	111408.00	28.17	112520.00	27.87	120809.58	28.20
101320.00	28.59	103108.00	28.45	111408.35	28.17	112600.00	27.86	120814.00	28.22
101400.00	28.59	103120.00	28.44	111409.55	28.16	112602.00	27.86	120820.00	28.25
101408.00	28.58	110100.00	28.42	111420.00	28.15	112608.00	27.87	120900.00	28.28
101420.00	28.50	110108.00	28.37	111500.00	28.15	112614.00	27.89	120908.00	28.33
101500.00	28.48	110120.00	28.31	111502.00	28.15	112620.00	27.91	120914.00	28.33
101508.00	28.43	110200.00	28.29	111508.00	28.16	112700.00	27.92	120920.00	28.32
101520.00	28.40	110208.00	28.24	111520.00	28.14	112702.00	27.93	121000.00	28.33

续表

日期（月日时）	水位（m）	日期（月日时）	水位（m）	日期（月日时）	水位（m）	日期（月日时）	水位（m）	日期（月日时）	水位（m）
1992年湘江湘潭站									
121008.00	28.34	121508.00	28.35	121914.59	28.66	122320.00	28.45	122820.00	28.72
121014.00	28.36	121514.00	28.36	121916.18	28.65	122400.00	28.44	122900.00	28.72
121020.00	28.34	121520.00	28.38	121920.00	28.65	122408.00	28.41	122908.00	28.71
121100.00	28.33	121600.00	28.41	122000.00	28.65	122414.00	28.38	122908.28	28.71
121108.00	28.32	121608.00	28.47	122008.00	28.64	122420.00	28.35	122909.37	28.71
121114.00	28.30	121614.00	28.50	122014.00	28.64	122500.00	28.35	122920.00	28.71
121120.00	28.29	121615.01	28.50	122020.00	28.59	122508.00	28.34	123000.00	28.75
121200.00	28.28	121616.07	28.50	122100.00	28.58	122520.00	28.34	123008.00	28.84
121208.00	28.27	121620.00	28.51	122108.00	28.56	122600.00	28.35	123020.00	28.95
121214.00	28.24	121700.00	28.53	122114.00	28.54	122608.00	28.37	123100.00	28.97
121220.00	28.24	121708.00	28.56	122120.00	28.52	122608.30	28.37	123108.00	29.02
121300.00	28.23	121714.00	28.59	122200.00	28.51	122609.40	28.37	123108.25	29.02
121308.00	28.21	121720.00	28.61	122208.00	28.50	122620.00	28.45	123109.40	29.03
121314.00	28.19	121800.00	28.64	122208.45	28.50	122700.00	28.50	123114.00	29.03
121320.00	28.19	121808.00	28.69	122210.10	28.50	122708.00	28.60	123120.00	29.02
121400.00	28.22	121814.00	28.69	122214.00	28.48	122720.00	28.74	123124.00	29.03
121408.00	28.27	121820.00	28.68	122220.00	28.46	122800.00	28.74		
121414.00	28.31	121900.00	28.68	122300.00	28.45	122808.00	28.74		
121420.00	28.32	121908.00	28.68	122308.00	28.43	122814.50	28.72		
121500.00	28.33	121914.00	28.66	122314.00	28.44	122816.05	28.72		
1992年湘江长沙站									
10100.00	27.11	10805.00	28.56	11220.00	28.55	12108.00	27.93	13000.00	27.65
10108.00	27.14	10808.00	28.63	11300.00	28.55	12120.00	27.89	13008.00	27.68
10120.00	27.17	10811.00	28.68	11308.00	28.54	12200.00	27.88	13020.00	27.71
10200.00	27.18	10814.00	28.72	11320.00	28.50	12208.00	27.85	13100.00	27.71
10208.00	27.21	10817.00	28.79	11400.00	28.49	12220.00	27.81	13108.00	27.71
10220.00	27.27	10820.00	28.83	11408.00	28.47	12300.00	27.80	13120.00	27.70
10300.00	27.30	10823.00	28.87	11420.00	28.40	12308.00	27.79	20100.00	27.67
10308.00	27.36	10900.00	28.89	11500.00	28.37	12320.00	27.76	20108.00	27.62
10320.00	27.43	10902.00	28.92	11508.00	28.32	12400.00	27.75	20120.00	27.55
10400.00	27.45	10905.00	28.96	11520.00	28.24	12408.00	27.73	20200.00	27.53
10408.00	27.50	10908.00	29.00	11600.00	28.22	12420.00	27.67	20208.00	27.48
10420.00	27.54	10911.00	29.05	11608.00	28.18	12500.00	27.65	20220.00	27.42
10500.00	27.56	10914.00	29.03	11620.00	28.13	12508.00	27.62	20300.00	27.41
10508.00	27.60	10917.00	29.03	11700.00	28.13	12520.00	27.58	20308.00	27.40
10520.00	27.66	10920.00	29.03	11708.00	28.12	12600.00	27.56	20320.00	27.40
10600.00	27.69	10923.00	29.03	11720.00	28.12	12608.00	27.52	20400.00	27.41
10608.00	27.74	11000.00	29.03	11800.00	28.13	12620.00	27.49	20408.00	27.42
10620.00	27.90	11002.00	29.03	11808.00	28.14	12700.00	27.48	20420.00	27.62
10700.00	27.96	11008.00	29.00	11820.00	28.15	12708.00	27.46	20423.00	27.67
10708.00	28.09	11014.00	28.96	11900.00	28.15	12720.00	27.44	20500.00	27.69
10714.00	28.21	11020.00	28.91	11908.00	28.15	12800.00	27.45	20502.00	27.72
10717.00	28.29	11100.00	28.87	11920.00	28.13	12808.00	27.46	20508.00	27.80
10720.00	28.34	11108.00	28.80	12000.00	28.11	12820.00	27.52	20514.00	27.87
10723.00	28.42	11120.00	28.69	12008.00	28.07	12900.00	27.55	20520.00	27.91
10800.00	28.45	11200.00	28.66	12020.00	28.03	12908.00	27.60	20600.00	27.94
10802.00	28.50	11208.00	28.60	12100.00	28.00	12920.00	27.64	20602.00	27.95

续表

日期（月日时）	水位（m）	日期（月日时）	水位（m）	日期（月日时）	水位（m）	日期（月日时）	水位（m）	日期（月日时）	水位（m）
1992年湘江长沙站									
20608.00	27.98	21408.00	30.45	22502.00	30.57	30620.00	30.82	31902.00	29.72
20614.00	28.00	21420.00	30.34	22508.00	30.41	30623.00	30.82	31905.00	29.90
20620.00	28.03	21500.00	30.29	22514.00	30.25	30700.00	30.81	31908.00	30.09
20700.00	28.04	21508.00	30.20	22520.00	30.12	30702.00	30.80	31911.00	30.31
20708.00	28.07	21520.00	30.09	22523.00	30.05	30708.00	30.76	31914.00	30.59
20720.00	28.19	21600.00	30.05	22600.00	30.03	30714.00	30.70	31917.00	30.89
20800.00	28.25	21608.00	29.98	22608.00	29.88	30720.00	30.63	31920.00	31.18
20802.00	28.28	21620.00	29.93	22620.00	29.66	30800.00	30.56	31923.00	31.46
20808.00	28.40	21700.00	29.94	22700.00	29.61	30808.00	30.42	32000.00	31.56
20812.00	28.53	21708.00	29.95	22708.00	29.50	30820.00	30.22	32002.00	31.76
20814.00	28.58	21720.00	30.00	22720.00	29.33	30900.00	30.14	32005.00	32.05
20817.00	28.66	21800.00	30.03	22800.00	29.29	30908.00	29.98	32008.00	32.35
20820.00	28.76	21808.00	30.10	22808.00	29.22	30920.00	29.77	32011.00	32.63
20823.00	28.85	21820.00	30.15	22820.00	29.15	31000.00	29.71	32014.00	32.99
20900.00	28.88	21900.00	30.15	22900.00	29.11	31008.00	29.58	32017.00	33.32
20902.00	28.94	21908.00	30.15	22908.00	29.04	31020.00	29.44	32020.00	33.57
20905.00	29.04	21920.00	30.10	22920.00	28.90	31100.00	29.40	32023.00	33.76
20908.00	29.14	22000.00	30.07	30100.00	28.86	31108.00	29.33	32100.00	33.82
20911.00	29.25	22008.00	30.02	30108.00	28.78	31120.00	29.19	32102.00	33.93
20914.00	29.36	22020.00	30.06	30120.00	28.68	31200.00	29.15	32105.00	34.05
20917.00	29.48	22100.00	30.11	30200.00	28.67	31208.00	29.06	32108.00	34.17
20920.00	29.60	22108.00	30.22	30208.00	28.64	31220.00	28.94	32111.00	34.28
20923.00	29.71	22111.00	30.31	30220.00	28.60	31300.00	28.91	32114.00	34.38
21000.00	29.75	22114.00	30.40	30300.00	28.58	31308.00	28.85	32117.00	34.48
21002.00	29.84	22117.00	30.49	30308.00	28.55	31320.00	28.78	32120.00	34.60
21005.00	29.94	22120.00	30.58	30320.00	28.60	31400.00	28.78	32123.00	34.73
21008.00	30.05	22123.00	30.68	30400.00	28.67	31408.00	28.77	32200.00	34.77
21011.00	30.14	22200.00	30.72	30402.00	28.70	31420.00	28.81	32202.00	34.86
21014.00	30.22	22202.00	30.79	30405.00	28.75	31500.00	28.86	32205.00	34.98
21017.00	30.29	22205.00	30.88	30408.00	28.81	31508.00	28.97	32208.00	35.06
21020.00	30.36	22208.00	30.98	30411.00	28.90	31511.00	29.03	32209.00	35.09
21023.00	30.42	22211.00	31.08	30414.00	29.04	31520.00	29.17	32210.00	35.11
21100.00	30.43	22214.00	31.18	30417.00	29.16	31600.00	29.24	32211.00	35.13
21105.00	30.48	22217.00	31.25	30420.00	29.30	31602.00	29.28	32212.00	35.15
21108.00	30.52	22220.00	31.33	30423.00	29.46	31605.00	29.34	32213.00	35.17
21111.00	30.55	22223.00	31.38	30500.00	29.51	31608.00	29.36	32214.00	35.19
21114.00	30.57	22300.00	31.40	30502.00	29.62	31611.00	29.38	32215.00	35.21
21117.00	30.57	22302.00	31.43	30505.00	29.78	31614.00	29.40	32216.00	35.22
21120.00	30.57	22305.00	31.45	30508.00	29.93	31617.00	29.40	32217.00	35.23
21122.00	30.57	22308.00	31.46	30511.00	30.09	31620.00	29.42	32218.00	35.25
21200.00	30.57	22311.00	31.46	30514.00	30.23	31623.00	29.42	32219.00	35.27
21202.00	30.56	22314.00	31.44	30517.00	30.36	31700.00	29.41	32220.00	35.28
21208.00	30.54	22317.00	31.42	30520.00	30.47	31702.00	29.40	32221.00	35.30
21214.00	30.52	22320.00	31.38	30523.00	30.59	31708.00	29.36	32222.00	35.31
21220.00	30.52	22323.00	31.33	30600.00	30.61	31714.00	29.35	32223.00	35.32
21300.00	30.52	22400.00	31.31	30602.00	30.65	31720.00	29.35	32300.00	35.33
21302.00	30.52	22402.00	31.26	30605.00	30.71	31800.00	29.36	32301.00	35.35
21308.00	30.52	22408.00	31.12	30608.00	30.76	31808.00	29.37	32302.00	35.34
21314.00	30.52	22414.00	30.95	30611.00	30.80	31820.00	29.52	32303.00	35.35
21320.00	30.52	22420.00	30.78	30614.00	30.82	31823.00	29.59	32304.00	35.35
21400.00	30.50	22500.00	30.64	30617.00	30.82	31900.00	29.63	32305.00	35.36

续表

日期（月日时）	水位（m）	日期（月日时）	水位（m）	日期（月日时）	水位（m）	日期（月日时）	水位（m）	日期（月日时）	水位（m）
1992年湘江长沙站									
32306.00	35.36	32515.00	36.41	32718.00	37.08	32921.00	35.96	40800.00	31.04
32307.00	35.36	32516.00	36.45	32719.00	37.08	32922.00	35.94	40808.00	30.91
32308.00	35.36	32517.00	36.48	32720.00	37.07	32923.00	35.91	40820.00	30.73
32309.00	35.36	32518.00	36.52	32721.00	37.05	33000.00	35.87	40900.00	30.68
32310.00	35.35	32519.00	36.56	32722.00	37.05	33003.00	35.75	40902.00	30.66
32311.00	35.35	32520.00	36.60	32723.00	37.05	33005.00	35.69	40908.00	30.62
32312.00	35.34	32521.00	36.62	32800.00	37.05	33008.00	35.60	40914.00	30.63
32313.00	35.33	32522.00	36.65	32801.00	37.04	33011.00	35.49	40920.00	30.70
32314.00	35.33	32523.00	36.68	32802.00	37.03	33014.00	35.39	41000.00	30.71
32317.00	35.33	32600.00	36.72	32803.00	37.03	33017.00	35.29	41002.00	30.71
32320.00	35.33	32601.00	36.74	32804.00	37.02	33020.00	35.19	41008.00	30.72
32323.00	35.35	32602.00	36.76	32805.00	37.01	33023.00	35.09	41014.00	30.74
32400.00	35.35	32603.00	36.79	32806.00	37.00	33100.00	35.06	41020.00	30.71
32401.00	35.36	32604.00	36.82	32807.00	37.00	33102.00	34.99	41100.00	30.70
32402.00	35.38	32605.00	36.84	32808.00	36.99	33105.00	34.89	41108.00	30.69
32403.00	35.40	32606.00	36.87	32809.00	36.97	33108.00	34.79	41120.00	30.65
32404.00	35.41	32607.00	36.89	32810.00	36.96	33111.00	34.73	41200.00	30.64
32405.00	35.42	32608.00	36.91	32811.00	36.95	33114.00	34.65	41208.00	30.63
32406.00	35.44	32609.00	36.93	32812.00	36.94	33117.00	34.57	41220.00	30.69
32407.00	35.46	32610.00	36.95	32813.00	36.92	33120.00	34.49	41300.00	30.72
32408.00	35.48	32611.00	36.97	32814.00	36.91	33123.00	34.42	41308.00	30.79
32409.00	35.51	32612.00	36.99	32815.00	36.89	40100.00	34.40	41320.00	30.93
32410.00	35.54	32613.00	37.01	32816.00	36.87	40102.00	34.35	41400.00	30.98
32411.00	35.57	32614.00	37.02	32817.00	36.86	40105.00	34.28	41408.00	31.07
32412.00	35.60	32615.00	37.03	32818.00	36.84	40108.00	34.25	41420.00	31.20
32413.00	35.63	32616.00	37.05	32819.00	36.82	40111.00	34.21	41500.00	31.22
32414.00	35.65	32617.00	37.06	32820.00	36.79	40114.00	34.17	41508.00	31.25
32415.00	35.68	32618.00	37.06	32821.00	36.76	40117.00	34.15	41520.00	31.24
32416.00	35.71	32619.00	37.05	32822.00	36.74	40120.00	34.13	41600.00	31.18
32417.00	35.74	32620.00	37.06	32823.00	36.71	40123.00	34.12	41608.00	31.07
32418.00	35.76	32621.00	37.08	32900.00	36.68	40200.00	34.11	41620.00	30.85
32419.00	35.78	32622.00	37.09	32901.00	36.64	40202.00	34.10	41700.00	30.78
32420.00	35.81	32623.00	37.09	32902.00	36.62	40208.00	34.05	41708.00	30.63
32421.00	35.84	32700.00	37.11	32903.00	36.59	40214.00	34.01	41720.00	30.42
32422.00	35.86	32701.00	37.11	32904.00	36.56	40220.00	33.95	41800.00	30.34
32423.00	35.89	32702.00	37.12	32905.00	36.52	40300.00	33.88	41808.00	30.17
32500.00	35.92	32703.00	37.12	32906.00	36.49	40308.00	33.75	41813.00	30.08
32501.00	35.94	32704.00	37.13	32907.00	36.46	40320.00	33.48	41820.00	29.98
32502.00	35.96	32705.00	37.13	32908.00	36.42	40400.00	33.37	41900.00	29.90
32503.00	35.99	32706.00	37. 13	32909.00	36.39	40408.00	33.15	41908.00	29.75
32504.00	36.02	32707.00	37.13	32910.00	36.36	40414.00	32.97	41920.00	29.57
32505.00	36.05	32708.00	37.13	32911.00	36.32	40420.00	32.75	42000.00	29.51
32506.00	36.08	32709.00	37.12	32912.00	36.29	40500.00	32.60	42008.00	29.40
32507.00	36.11	32710.00	37.12	32913.00	36.25	40508.00	32.29	42020.00	29.28
32508.00	36.15	32711.00	37.12	32914.00	36.22	40520.00	31.93	42100.00	29.30
32509.00	36.19	32712.00	37.11	32915.00	36.19	40600.00	31.83	42108.00	29.33
32510.00	36.22	32713.00	37.11	32916.00	36.15	40608.00	31.62	42115.00	29.50
32511.00	36.26	32714.00	37.10	32917.00	36.12	40620.00	31.40	42120.00	29.74
32512.00	36.29	32715.00	37.10	32918.00	36.09	40700.00	31.35	42123.00	29.85
32513.00	36.33	32716.00	37.10	32919.00	36.04	40708.00	31.24	42200.00	29.89
32514.00	36.38	32717.00	37.09	32920.00	36.01	40720.00	31.10	42202.00	29.97

续表

日期（月日时）	水位（m）	日期（月日时）	水位（m）	日期（月日时）	水位（m）	日期（月日时）	水位（m）	日期（月日时）	水位（m）
1992年湘江长沙站									
42205.00	30.06	42814.00	32.62	50808.00	32.55	51711.00	34.02	52100.00	34.42
42208.00	30.14	42817.00	32.59	50811.00	32.59	51712.00	34.17	52102.00	34.39
42211.00	30.23	42820.00	32.52	50814.00	32.59	51714.00	34.49	52105.00	34.34
42214.00	30.28	42823.00	32.44	50817.00	32.55	51716.00	34.73	52108.00	34.29
42217.00	30.31	42900.00	32.40	50820.00	32.47	51717.00	34.82	52111.00	34.22
42220.00	30.32	42902.00	32.33	50823.00	32.39	51720.00	35.07	52114.00	34.15
42223.00	30.32	42908.00	32.13	50900.00	32.35	51721.00	35.14	52117.00	34.07
42300.00	30.31	42914.00	31.93	50902.00	32.27	51722.00	35.20	52120.00	33.99
42302.00	30.30	42917.00	31.80	50905.00	32.17	51723.00	35.25	52123.00	33.91
42308.00	30.25	42920.00	31.70	50908.00	32.05	51800.00	35.29	52200.00	33.84
42314.00	30.21	43000.00	31.57	50914.00	31.84	51801.00	35.33	52202.00	33.71
42320.00	30.15	43003.00	31.48	50920.00	31.62	51802.00	35.35	52208.00	33.65
42400.00	30.16	43008.00	31.34	51000.00	31.49	51803.00	35.38	52214.00	33.48
42402.00	30.17	43014.00	31.22	51002.00	31.42	51804.00	35.40	52220.00	33.31
42408.00	30.22	43020.00	31.10	51008.00	31.27	51805.00	35.41	52300.00	33.21
42414.00	30.42	50100.00	31.03	51014.00	31.17	51806.00	35.41	52305.00	33.09
42417.00	30.62	50102.00	31.00	51020.00	31.11	51807.00	35.40	52308.00	33.04
42420.00	30.83	50108.00	30.86	51100.00	31.09	51808.00	35.40	52320.00	32.91
42423.00	31.08	50114.00	30.77	51102.00	31.08	51809.00	35.40	52400.00	32.88
42500.00	31.14	50118.00	30.67	51108.00	31.04	51810.00	35.39	52408.00	32.82
42502.00	31.26	50120.00	30.62	51114.00	31.02	51811.00	35.37	52420.00	32.69
42505.00	31.38	50200.00	30.57	51120.00	30.98	51812.00	35.36	52500.00	32.63
42508.00	31.51	50208.00	30.46	51200.00	30.94	51813.00	35.34	52508.00	32.52
42511.00	31.60	50220.00	30.42	51208.00	30.85	51814.00	35.30	52520.00	32.32
42514.00	31.66	50300.00	30.41	51220.00	30.70	51815.00	35.28	52600.00	32.25
42517.00	31.72	50308.00	30.40	51300.00	30.66	51816.00	35.25	52608.00	32.12
42520.00	31.82	50320.00	30.37	51308.00	30.59	51817.00	35.21	52620.00	31.94
42523.00	31.91	50400.00	30.39	51320.00	30.54	51818.00	35.18	52623.00	31.89
42600.00	31.95	50408.00	30.43	51400.00	30.52	51819.00	35.15	52700.00	31.87
42602.00	32.02	50420.00	30.56	51408.00	30.48	51820.00	35.10	52708.00	31.73
42605.00	32.11	50500.00	30.60	51420.00	30.59	51821.00	35.05	52720.00	31.57
42608.00	32.17	50508.00	30.67	51500.00	30.72	51822.00	35.01	52800.00	31.53
42611.00	32.24	50520.00	30.78	51502.00	30.78	51823.00	34.98	52808.00	31.44
42614.00	32.29	50600.00	30.84	51505.00	30.90	51900.00	34.94	52820.00	31.37
42617.00	32.30	50608.00	30.96	51508.00	31.02	51902.00	34.85	52900.00	31.35
42620.00	32.31	50614.00	31.07	51511.00	31.13	51905.00	34.76	52908.00	31.31
42623.00	32.31	50617.00	31.12	51514.00	31.22	51908.00	34.67	52920.00	31.30
42700.00	32.31	50620.00	31.19	51517.00	31.26	51911.00	34.61	53000.00	31.32
42702.00	32.31	50623.00	31.28	51520.00	31.29	51914.00	34.55	53008.00	31.36
42705.00	32.31	50700.00	31.32	51523.00	31.30	51917.00	34.53	53020.00	31.30
42708.00	32.31	50702.00	31.39	51600.00	31.30	51920.00	34.50	53100.00	31.24
42711.00	32.32	50705.00	31.50	51602.00	31.29	51923.00	34.49	53108.00	31.12
42714.00	32.34	50708.00	31.62	51608.00	31.28	52000.00	34.49	53120.00	30.94
42717.00	32.37	50711.00	31.74	51614.00	31.36	52002.00	34.49	60100.00	30.91
42720.00	32.41	50714.00	31.89	51617.00	31.49	52005.00	34.49	60108.00	30.85
42723.00	32.47	50717.00	32.02	51620.00	31.70	52008.00	34.49	60120.00	30.98
42800.00	32.49	50720.00	32.17	51623.00	32.15	52011.00	34.50	60200.00	31.03
42802.00	32.53	50723.00	32.29	51700.00	32.28	52014.00	34.50	60208.00	31.12
42805.00	32.59	50800.00	32.33	51702.00	32.55	52017.00	34.50	60220.00	31.13
42808.00	32.62	50802.00	32.41	51705.00	33.09	52020.00	34.47	60300.00	31.09
42811.00	32.63	50805.00	32.49	51708.00	33.51	52023.00	34.44	60308.00	31.02

续表

日期（月日时）	水位（m）	日期（月日时）	水位（m）	日期（月日时）	水位（m）	日期（月日时）	水位（m）	日期（月日时）	水位（m）
1992年湘江长沙站									
60320.00	30.98	61714.00	30.86	62402.00	32.99	62920.00	34.07	70512.00	35.07
60400.00	30.91	61717.00	30.88	62405.00	32.93	62923.00	34.00	70513.00	35.09
60408.00	30.78	61720.00	30.89	62408.00	32.89	63000.00	33.98	70514.00	35.11
60420.00	30.67	61723.00	30.87	62411.00	32.84	63002.00	33.93	70515.00	35.12
60500.00	30.62	61800.00	30.86	62414.00	32.79	63005.00	33.85	70516.00	35.14
60508.00	30.53	61802.00	30.83	62417.00	32.75	63008.00	33.80	70517.00	35.16
60520.00	30.34	61808.00	30.76	62420.00	32.74	63011.00	33.75	70518.00	35.17
60600.00	30.28	61814.00	30.69	62423.00	32.75	63014.00	33.69	70519.00	35.20
60608.00	30.17	61820.00	30.63	62500.00	32.76	63017.00	33.61	70520.00	35.23
60620.00	30.35	61900.00	30.67	62502.00	32.77	63020.00	33.56	70521.00	35.27
60700.00	30.41	61908.00	30.75	62505.00	32.81	63023.00	33.51	70522.00	35.31
60702.00	30.44	61911.00	30.85	62508.00	32.86	70100.00	33.49	70523.00	35.34
60708.00	30.41	61917.00	31.06	62511.00	32.93	70102.00	33.46	70600.00	35.39
60714.00	30.40	61920.00	31.18	62514.00	33.02	70108.00	33.37	70601.00	35.43
60720.00	30.40	61923.00	31.26	62517.00	33.13	70114.00	33.28	70602.00	35.48
60800.00	30.39	62000.00	31.29	62520.00	33.24	70120.00	33.19	70603.00	35.54
60808.00	30.38	62002.00	31.36	62523.00	33.38	70200.00	33.16	70604.00	35.58
60820.00	30.39	62005.00	31.43	62600.00	33.42	70202.00	33.14	70605.00	35.63
60900.00	30.39	62008.00	31.47	62602.00	33.51	70208.00	33.14	70606.00	35.68
60908.00	30.39	62011.00	31.53	62605.00	33.65	70214.00	33.14	70607.00	35.72
60920.00	30.34	62014.00	31.56	62608.00	33.79	70220.00	33.16	70608.00	35.78
61000.00	30.33	62017.00	31.59	62611.00	33.95	70300.00	33.19	70609.00	35.82
61008.00	30.32	62020.00	31.62	62614.00	34.09	70302.00	33.20	70610.00	35.87
61020.00	30.28	62023.00	31.65	62617.00	34.23	70305.00	33.25	70611.00	35.92
61100.00	30.25	62100.00	31.65	62620.00	34.36	70308.00	33.32	70612.00	35.96
61108.00	30.20	62102.00	31.66	62623.00	34.47	70311.00	33.50	70613.00	36.00
61120.00	30.06	62105.00	31.66	62700.00	34.50	70314.00	33.75	70614.00	36.05
61200.00	30.01	62108.00	31.67	62702.00	34.57	70317.00	33.94	70615.00	36.09
61208.00	29.90	62111.00	31.69	62705.00	34.64	70320.00	34.14	70616.00	36.13
61220.00	29.69	62114.00	31.69	62708.00	34.69	70323.00	34.35	70617.00	36.17
61300.00	29.63	62117.00	31.68	62711.00	34.74	70400.00	34.41	70618.00	36.21
61308.00	29.52	62120.00	31.68	62714.00	34.76	70402.00	34.54	70619.00	36.26
61320.00	29.33	62123.00	31.67	62717.00	34.77	70405.00	34.69	70620.00	36.31
61400.00	29.29	62200.00	31.67	62720.00	34.78	70408.00	34.80	70621.00	36.34
61408.00	29.20	62202.00	31.67	62723.00	34.78	70411.00	34.89	70622.00	36.38
61420.00	29.12	62208.00	31.69	62800.00	34.78	70414.00	34.93	70623.00	36.43
61500.00	29.10	62211.00	31.74	62802.00	34.77	70417.00	34.96	70700.00	36.47
61508.00	29.06	62214.00	31.80	62805.00	34.76	70420.00	34.97	70701.00	36.50
61520.00	29.01	62217.00	31.89	62808.00	34.74	70423.00	35.00	70702.00	36.55
61600.00	29.04	62220.00	32.03	62811.00	34.70	70500.00	35.00	70703.00	36.58
61608.00	29.10	62223.00	32.17	62814.00	34.66	70501.00	35.00	70704.00	36.62
61611.00	29.20	62300.00	32.22	62817.00	34.61	70502.00	35.00	70705.00	36.65
61614.00	29.37	62302.00	32.31	62820.00	34.57	70503.00	35.01	70706.00	36.69
61617.00	29.60	62305.00	32.44	62823.00	34.51	70504.00	35.02	70707.00	36.72
61620.00	29.85	62308.00	32.59	62900.00	34.49	70505.00	35.02	70708.00	39.75
61623.00	30.10	62311.00	32.72	62902.00	34.45	70506.00	35.03	70709.00	36.78
61700.00	30.19	62314.00	32.83	62905.00	34.39	70507.00	35.03	70710.00	36.81
61702.00	30.36	62317.00	32.96	62908.00	34.33	70508.00	35.04	70711.00	36.84
61705.00	30.54	62320.00	32.98	62911.00	34.26	70509.00	35.04	70712.00	36.87
61708.00	30.69	62323.00	33.00	62914.00	34.20	70510.00	35.05	70713.00	36.90
61711.00	30.78	62400.00	33.00	62917.00	34.14	70511.00	35.06	70714.00	36.94

续表

日期（月日时）	水位（m）	日期（月日时）	水位（m）	日期（月日时）	水位（m）	日期（月日时）	水位（m）	日期（月日时）	水位（m）
1992年湘江长沙站									
70715.00	36.97	70920.00	37.15	71900.00	32.06	80520.00	29.50	82308.00	27.62
70716.00	37.00	70921.00	37.11	71908.00	32.03	80600.00	29.49	82320.00	27.53
70717.00	37.03	70922.00	37.06	71920.00	32.02	80608.00	27.47	82400.00	27.50
70718.00	37.06	70923.00	37.01	72000.00	32.05	80620.00	29.34	82408.00	27.45
70719.00	37.09	71000.00	36.96	72008.00	32.10	80700.00	29.31	82420.00	27.39
70720.00	37.13	71002.00	36.84	72020.00	32.20	80708.00	29.25	82500.00	27.38
70721.00	37.17	71005.00	36.64	72100.00	32.23	80720.00	29.13	82508.00	27.36
70722.00	37.20	71008.00	36.52	72108.00	32.28	80800.00	29.10	82520.00	27.37
70723.00	37.24	71011.00	36.35	72120.00	32.34	80808.00	29.03	82600.00	27.38
70080.00	37.28	71014.00	36.18	72200.00	32.37	80820.00	28.92	82608.00	27.40
70801.00	37.32	71017.00	36.02	72208.00	32.44	80900.00	28.91	82620.00	27.44
70802.00	37.37	71020.00	35.86	72220.00	32.49	80908.00	28.89	82700.00	27.45
70803.00	37.41	71023.00	35.68	72300.00	32.50	80920.00	28.84	82708.00	27.48
70804.00	37.44	71100.00	35.63	72308.00	32.52	81000.00	28.84	82720.00	27.54
70805.00	37.48	71104.00	35.42	72320.00	32.49	81008.00	28.83	82800.00	27.55
70806.00	37.52	71105.00	35.35	72400.00	32.48	81020.00	28.78	82808.00	27.58
70807.00	37.56	71108.00	35.21	72408.00	32.46	81100.00	28.77	82820.00	27.67
70808.00	37.59	71111.00	35.05	72420.00	32.37	81108.00	28.76	82900.00	27.68
70809.00	37.63	71114.00	34.90	72500.00	32.35	81120.00	28.66	82908.00	27.70
70810.00	37.66	71117.00	34.77	72508.00	32.32	81200.00	28.65	82920.00	27.73
70811.00	37.69	71120.00	34.64	72520.00	32.19	81208.00	28.63	83000.00	27.73
70812.00	37.72	71123.00	34.52	72600.00	32.16	81220.00	28.53	83008.00	27.73
70813.00	37.75	71200.00	34.48	72608.00	32.10	81300.00	28.53	83020.00	27.73
70814.00	37.77	71202.00	34.41	72620.00	31.93	81308.00	28.53	83100.00	27.72
70815.00	37.79	71205.00	34.31	72700.00	31.90	81320.00	28.46	83108.00	27.70
70816.00	37.81	71208.00	34.21	72708.00	31.83	81400.00	28.48	83120.00	27.66
70817.00	37.52	71211.00	34.12	72720.00	31.64	81408.00	28.51	90100.00	27.63
70818.00	37.83	71214.00	34.04	72800.00	31.60	81420.00	28.38	90108.00	27.58
70819.00	37.84	71217.00	33.98	72808.00	31.52	81500.00	28.35	90120.00	27.48
70820.00	37.85	71220.00	33.93	72820.00	31.33	81508.00	28.28	90200.00	27.44
70821.00	37.85	71223.00	33.89	72900.00	31.30	81520.00	28.25	90208.00	27.37
70822.00	37.84	71300.00	33.88	72908.00	31.24	81600.00	28.24	90220.00	27.30
70823.00	37.84	71302.00	33.85	72920.00	31.05	81608.00	28.21	90300.00	27.29
70900.00	37.82	71308.00	33.81	73000.00	31.01	81620.00	28.19	90308.00	27.27
70901.00	37.81	71314.00	33.78	73008.00	30.93	81700.00	28.15	90320.00	27.25
70902.00	37.80	71320.00	33.75	73020.00	30.74	81708.00	28.08	90400.00	27.23
70903.00	37.78	71400.00	33.73	73100.00	30.70	81720.00	28.05	90408.00	27.20
70904.00	37.76	71402.00	33.72	73108.00	30.63	81800.00	28.01	90420.00	27.13
70905.00	37.74	71408.00	33.66	73120.00	30.47	81808.00	27.94	90500.00	27.11
70906.00	37.71	71414.00	33.57	80100.00	30.43	81820.00	27.89	90508.00	27.07
70907.00	37.69	71420.00	33.49	80108.00	30.34	81900.00	27.88	90520.00	27.05
70908.00	37.65	71500.00	33.42	80120.00	30.19	81908.00	27.85	90600.00	27.04
70909.00	37.62	71508.00	33.28	80200.00	30.16	81920.00	27.85	90608.00	27.03
70910.00	37.59	71520.00	33.03	80208.00	30.10	82000.00	27.85	90620.00	27.07
70911.00	37.56	71600.00	32.95	80220.00	29.98	82008.00	27.85	90700.00	27.06
70912.00	37.52	71608.00	32.79	80300.00	29.96	82020.00	27.82	90708.00	27.05
70913.00	37.47	71620.00	32.54	80308.00	29.93	82100.00	27.81	90720.00	27.00
70914.00	37.44	71700.00	32.48	80320.00	29.80	82108.00	27.78	90800.00	26.98
70915.00	37.39	71708.00	32.35	80400.00	29.78	82120.00	27.78	90808.00	26.94
70916.00	37.34	71720.00	32.19	80408.00	29.73	82200.00	27.77	90820.00	26.94
70917.00	37.30	71800.00	32.16	80420.00	29.65	82208.00	27.75	90900.00	26.94
70918.00	37.26	71808.00	32.09	80500.00	29.63	82220.00	27.73	90908.00	26.94
70919.00	37.22	71820.00	32.07	80508.00	29.59	82300.00	27.69	90920.00	26.94

续表

日期（月日时）	水位（m）	日期（月日时）	水位（m）	日期（月日时）	水位（m）	日期（月日时）	水位（m）	日期（月日时）	水位（m）
1992 年湘江长沙站									
91000.00	26.96	92808.00	26.95	101620.00	26.79	110400.00	26.29	112208.00	26.31
91008.00	27.00	92820.00	26.96	101700.00	26.78	110408.00	26.28	112220.00	26.27
91020.00	27.11	92900.00	26.97	101708.00	26.77	110420.00	26.32	112300.00	26.25
91100.00	27.15	92908.00	26.98	101720.00	26.75	110500.00	26.35	112308.00	26.21
91108.00	27.23	92920.00	27.00	101800.00	26.75	110508.00	26.41	112320.00	26.18
91120.00	27.35	93000.00	27.01	101808.00	26.75	110520.00	26.48	112400.00	26.16
91200.00	27.37	93008.00	27.03	101820.00	26.76	110600.00	26.48	112408.00	26.13
91208.00	27.42	93020.00	27.04	101900.00	26.77	110608.00	26.49	112420.00	26.09
91220.00	27.50	100100.00	27.04	101908.00	26.78	110620.00	26.48	112500.00	26.07
91300.00	27.58	100108.00	27.04	101920.00	26.80	110700.00	26.47	112508.00	26.03
91308.00	27.73	100120.00	27.01	102000.00	26.80	110708.00	26.44	112520.00	25.97
91320.00	27.99	100200.00	27.00	102008.00	26.80	110720.00	26.44	112600.00	25.96
91400.00	28.03	100208.00	26.97	102020.00	26.79	110800.00	26.43	112608.00	25.93
91408.00	28.10	100220.00	26.94	102100.00	26.78	110808.00	26.42	112620.00	25.88
91420.00	28.08	100300.00	26.95	102108.00	26.76	110820.00	26.44	112700.00	25.88
91500.00	28.06	100308.00	26.96	102120.00	26.70	110900.00	26.44	112708.00	25.88
91508.00	28.01	100320.00	27.29	102200.00	26.68	110908.00	26.44	112720.00	25.92
91520.00	27.95	100400.00	27.33	102208.00	26.65	110920.00	26.44	112800.00	25.92
91600.00	27.93	100408.00	27.40	102220.00	26.63	111000.00	26.43	112808.00	25.92
91608.00	27.89	100420.00	27.41	102300.00	26.62	111008.00	26.42	112820.00	25.90
91620.00	27.84	100500.00	27.40	102308.00	26.61	111020.00	26.42	112900.00	25.89
91700.00	27.84	100508.00	27.38	102320.00	26.59	111100.00	26.41	112908.00	25.86
91708.00	27.84	100520.00	27.36	102400.00	26.59	111108.00	26.40	112920.00	25.83
91720.00	27.79	100600.00	27.38	102408.00	26.58	111120.00	26.42	113000.00	25.82
91800.00	27.77	100608.00	27.42	102420.00	26.58	111200.00	26.43	113008.00	25.79
91808.00	27.73	100620.00	27.47	102500.00	26.57	111208.00	26.46	113020.00	25.76
91820.00	27.66	100700.00	27.47	102508.00	26.55	111220.00	26.50	120100.00	25.75
91900.00	27.64	100708.00	27.47	102520.00	26.55	111300.00	26.49	120108.00	25.74
91908.00	27.60	100720.00	27.47	102600.00	26.55	111308.00	26.47	120120.00	25.72
91920.00	27.54	100800.00	27.46	102608.00	26.56	111320.00	26.41	120200.00	25.72
92000.00	27.52	100808.00	27.43	102620.00	26.54	111400.00	26.39	120208.00	25.71
92008.00	27.48	100820.00	27.40	102700.00	26.52	111408.00	26.34	120220.00	25.72
92020.00	27.44	100900.00	27.39	102708.00	26.48	111420.00	26.30	120300.00	25.73
92100.00	27.43	100908.00	27.36	102720.00	26.42	111500.00	26.29	120308.00	25.76
92108.00	27.41	100920.00	27.38	102800.00	26.41	111508.00	26.28	120320.00	25.80
92120.00	27.47	101000.00	27.37	102808.00	26.38	111520.00	26.27	120400.00	25.81
92200.00	27.48	101008.00	27.36	102820.00	26.42	111600.00	26.26	120408.00	25.83
92208.00	27.50	101020.00	27.36	102900.00	26.43	111608.00	26.25	120420.00	25.86
92220.00	27.51	101100.00	27.36	102908.00	26.45	111620.00	26.20	120500.00	25.86
92300.00	27.51	101108.00	27.35	102920.00	26.50	111700.00	26.19	120508.00	25.87
92308.00	27.51	101120.00	27.34	103000.00	26.50	111708.00	26.18	120520.00	25.91
92320.00	27.44	101200.00	27.33	103008.00	26.50	111720.00	26.13	120600.00	25.92
92400.00	27.41	101208.00	27.32	103020.00	26.50	111800.00	26.12	120608.00	25.95
92408.00	27.34	101220.00	27.30	103100.00	26.50	111808.00	26.10	120620.00	26.00
92420.00	27.22	101300.00	27.29	103108.00	26.51	111820.00	26.05	120700.00	26.01
92500.00	27.19	101308.00	27.26	103120.00	26.55	111900.00	26.05	120708.00	26.04
92508.00	27.13	101320.00	27.21	110100.00	26.55	111908.00	26.04	120720.00	26.09
92520.00	27.08	101400.00	27.19	110108.00	26.55	111920.00	26.04	120800.00	26.11
92600.00	27.06	101408.00	27.16	110120.00	26.52	112000.00	26.04	120808.00	26.14
92608.00	27.01	101420.00	27.10	110200.00	26.50	112008.00	26.05	120820.00	26.21
92620.00	26.98	101500.00	27.06	110208.00	26.47	112020.00	26.18	120900.00	26.24
92700.00	26.97	101508.00	26.99	110220.00	26.41	112100.00	26.22	120908.00	26.30
92708.00	26.95	101520.00	26.89	110300.00	26.39	112108.00	26.30	120920.00	26.35
92720.00	26.95	101600.00	26.87	110308.00	26.35	112120.00	26.34	121000.00	26.36
92800.00	26.95	101608.00	26.84	110320.00	26.30	112200.00	26.33	121008.00	26.38

续表

日期（月日时）	水位（m）	日期（月日时）	水位（m）	日期（月日时）	水位（m）	日期（月日时）	水位（m）	日期（月日时）	水位（m）
1992 年湘江长沙站									
121020.00	26.42	121500.00	26.39	121908.00	26.78	122320.00	26.57	122800.00	26.80
121100.00	26.42	121508.00	26.40	121920.00	26.79	122400.00	26.56	122808.00	26.88
121108.00	26.41	121520.00	26.43	122000.00	26.78	122408.00	26.55	122820.00	26.90
121120.00	26.42	121600.00	26.44	122008.00	26.77	122420.00	26.52	122900.00	26.89
121200.00	26.41	121608.00	26.47	122020.00	26.76	122500.00	26.50	122908.00	26.88
121208.00	26.38	121620.00	26.54	122100.00	26.75	122508.00	26.47	122920.00	26.87
121220.00	26.35	121700.00	26.56	122108.00	26.74	122520.00	26.48	123000.00	26.88
121300.00	26.34	121708.00	26.60	122120.00	26.69	122600.00	26.48	123008.00	26.89
121308.00	26.33	121720.00	26.65	122200.00	26.67	122608.00	26.49	123020.00	26.99
121320.00	26.32	121800.00	26.67	122208.00	26.64	122620.00	26.51	123100.00	27.02
121400.00	26.33	121808.00	26.71	122220.00	26.63	122700.00	26.54	123108.00	27.07
121408.00	26.35	121820.00	26.77	122300.00	26.62	122708.00	26.61	123120.00	27.14
121420.00	26.38	121900.00	26.77	122308.00	26.60	122720.00	26.76	123124.00	27.15
1984 年长江奉节站									
10100.00	77.40	11000.00	77.53	11820.00	76.60	12720.00	76.66	20308.00	76.24
10108.00	77.41	11008.00	77.52	11900.00	76.58	12800.00	76.65	20311.00	76.22
10114.00	77.44	11014.00	77.48	11908.00	76.55	12808.00	76.63	20314.00	76.21
10120.00	77.47	11020.00	77.43	11914.00	76.55	12814.00	76.60	20317.00	76.20
10200.00	77.49	11100.00	77.40	11920.00	76.52	12820.00	76.60	20320.00	76.20
10208.00	77.53	11108.00	77.34	12000.00	76.52	12900.00	76.59	20323.00	76.20
10214.00	77.56	11114.00	77.31	12008.00	76.52	12908.00	76.56	20400.00	76.20
10220.00	77.52	11120.00	77.31	12014.00	76.50	12914.00	76.54	20402.00	76.20
10300.00	77.49	11200.00	77.28	12020.00	76.50	12920.00	76.51	20405.00	76.20
10308.00	77.43	11208.00	77.23	12100.00	76.52	13000.00	76.49	20408.00	76.20
10314.00	77.40	11214.00	77.19	12108.00	76.56	13002.00	76.48	20411.00	76.18
10320.00	77.40	11217.00	77.16	12114.00	76.56	13008.00	76.44	20414.00	76.17
10400.00	77.41	11220.00	77.13	12120.00	76.60	13014.00	76.42	20417.00	76.17
10408.00	77.44	11300.00	77.10	12200.00	76.60	13017.00	76.42	20420.00	76.19
10414.00	77.46	11308.00	77.03	12208.00	76.60	13020.00	76.40	20423.00	76.21
10420.00	77.46	11314.00	76.98	12214.00	76.62	13023.00	76.38	20500.00	76.21
10500.00	77.45	11320.00	76.95	12220.00	76.65	13100.00	76.37	20508.00	76.25
10508.00	77.43	11400.00	76.94	12300.00	76.65	13102.00	76.36	20514.00	76.28
10514.00	77.43	11408.00	76.92	12308.00	76.65	13105.00	76.34	20520.00	76.31
10520.00	77.48	11414.00	76.92	12314.00	76.65	13108.00	76.32	20600.00	76.31
10600.00	77.48	11420.00	76.94	12320.00	76.65	13111.00	76.31	20608.00	76.31
10608.00	77.48	11500.00	76.93	12400.00	76.65	13114.00	76.29	20614.00	76.28
10614.00	77.48	11508.00	76.92	12408.00	76.65	13117.00	76.28	20620.00	76.25
10620.00	77.46	11514.00	76.88	12414.00	76.65	13120.00	76.28	20700.00	76.22
10700.00	77.47	11520.00	76.85	12420.00	76.65	13123.00	76.29	20708.00	76.17
10708.00	77.49	11600.00	76.85	12500.00	76.66	20100.00	76.29	20711.00	76.15
10714.00	77.53	11608.00	76.85	12508.00	76.69	20102.00	76.29	20714.00	76.13
10720.00	77.57	11614.00	76.85	12514.00	76.73	20108.00	76.30	20717.00	76.13
10800.00	77.58	11620.00	76.83	12520.00	76.75	20114.00	76.31	20720.00	76.13
10808.00	77.61	11700.00	76.83	12600.00	76.75	20120.00	76.34	20723.00	76.12
10814.00	77.61	11708.00	76.83	12608.00	76.75	20200.00	76.34	20800.00	76.11
10820.00	77.61	11714.00	76.80	12614.00	76.75	20208.00	76.34	20805.00	76.09
10900.00	77.60	11720.00	76.77	12620.00	76.75	20214.00	76.33	20808.00	76.06
10908.00	77.57	11800.00	76.74	12700.00	76.75	20220.00	76.29	20811.00	76.04
10914.00	77.54	11808.00	76.68	12708.00	76.75	20300.00	76.27	20814.00	76.02
10920.00	77.54	11814.00	76.63	12714.00	76.70	20302.00	76.26	20820.00	76.02

续表

日期（月日时）	水位（m）	日期（月日时）	水位（m）	日期（月日时）	水位（m）	日期（月日时）	水位（m）	日期（月日时）	水位（m）
1984年长江奉节站									
20823.00	76.01	22100.00	76.83	30420.00	76.51	31714.00	76.91	32920.00	77.24
20900.00	76.01	22108.00	76.91	30500.00	76.50	31720.00	76.93	33000.00	77.22
20908.00	75.99	22114.00	76.94	30508.00	76.49	31800.00	76.91	33008.00	77.18
20911.00	75.98	22120.00	76.95	30514.00	76.51	31808.00	76.87	33014.00	77.19
20914.00	75.98	22200.00	76.94	30520.00	76.51	31814.00	76.85	33020.00	77.22
20917.00	76.00	22208.00	76.93	30600.00	76.49	31820.00	76.81	33100.00	77.23
20920.00	76.03	22214.00	76.89	30608.00	76.46	31900.00	76.79	33108.00	77.26
21000.00	76.04	22220.00	76.87	30614.00	76.39	31908.00	76.75	33114.00	77.29
21008.00	76.05	22300.00	76.85	30620.00	76.37	31914.00	76.75	33120.00	77.27
21014.00	76.05	22308.00	76.80	30700.00	76.37	31920.00	76.78	40100.00	77.28
21020.00	76.07	22314.00	76.76	30708.00	76.37	32000.00	76.81	40108.00	77.30
21100.00	76.07	22320.00	76.70	30714.00	76.37	32008.00	76.88	40114.00	77.30
21108.00	76.08	22400.00	76.67	30720.00	76.37	32014.00	76.95	40120.00	77.27
21114.00	76.08	22408.00	76.61	30800.00	76.35	32020.00	77.04	40200.00	77.26
21120.00	76.09	22414.00	76.54	30808.00	76.31	32100.00	77.10	40208.00	77.23
21200.00	76.09	22420.00	76.52	30814.00	76.28	32108.00	77.21	40214.00	77.22
21208.00	76.10	22500.00	76.50	30820.00	76.26	32114.00	77.25	40220.00	77.18
21214.00	76.10	22508.00	76.47	30900.00	76.25	32120.00	77.27	40300.00	77.16
21220.00	76.09	22514.00	76.45	30908.00	76.23	32200.00	77.27	40308.00	77.12
21300.00	76.08	22520.00	76.45	30914.00	76.23	32208.00	77.27	40314.00	77.08
21308.00	76.07	22600.00	76.45	30920.00	76.23	32214.00	77.25	40320.00	77.04
21314.00	76.06	22608.00	76.45	31000.00	76.25	32220.00	77.25	40400.00	77.03
21320.00	76.10	22614.00	76.47	31008.00	76.30	32300.00	77.27	40408.00	77.00
21400.00	76.12	22620.00	76.50	31014.00	76.30	32308.00	77.32	40414.00	77.04
21408.00	76.16	22700.00	76.49	31020.00	76.32	32314.00	77.40	40420.00	77.12
21414.00	76.19	22708.00	76.48	31100.00	76.33	32320.00	77.52	40500.00	77.15
21420.00	76.19	22714.00	76.51	31108.00	76.34	32400.00	77.65	40508.00	77.20
21500.00	76.17	22720.00	76.55	31114.00	76.35	32408.00	77.90	40514.00	77.24
21508.00	76.13	22800.00	76.57	31120.00	76.35	32414.00	78.05	40520.00	77.29
21514.00	76.13	22808.00	76.60	31200.00	76.36	32420.00	78.24	40600.00	77.31
21520.00	76.15	22814.00	76.58	31208.00	76.38	32500.00	78.30	40608.00	77.36
21600.00	76.16	22820.00	76.58	31214.00	76.40	32505.00	78.38	40614.00	77.43
21608.00	76.18	22900.00	76.58	31220.00	76.46	32508.00	78.38	40620.00	77.57
21614.00	76.18	22908.00	76.57	31300.00	76.50	32510.00	78.38	40700.00	77.66
21620.00	76.20	22914.00	76.56	31308.00	76.59	32514.00	78.37	40708.00	77.85
21700.00	76.20	22920.00	76.56	31314.00	76.68	32520.00	78.31	40714.00	78.00
21708.00	76.20	30100.00	76.54	31320.00	76.78	32600.00	78.26	40720.00	78.15
21714.00	76.20	30108.00	76.50	31400.00	76.86	32608.00	78.15	40800.00	78.21
21720.00	76.24	30114.00	76.46	31408.00	77.03	32614.00	78.05	40808.00	78.34
21800.00	76.27	30120.00	76.42	31414.00	77.09	32620.00	77.95	40814.00	78.40
21808.00	76.33	30200.00	76.39	31420.00	77.16	32700.00	77.90	40820.00	78.43
21814.00	76.33	30208.00	76.34	31500.00	77.16	32708.00	77.80	40900.00	78.43
21820.00	76.38	30214.00	76.32	31508.00	77.16	32714.00	77.70	40908.00	78.43
21900.00	76.42	30220.00	76.30	31514.00	77.13	32720.00	77.63	40914.00	78.40
21908.00	76.49	30300.00	76.32	31520.00	77.07	32800.00	77.57	40920.00	78.38
21914.00	76.53	30308.00	76.35	31600.00	77.03	32808.00	77.46	41000.00	78.36
21920.00	76.57	30314.00	76.41	31608.00	76.95	32814.00	77.40	41008.00	78.33
22000.00	76.60	30320.00	76.41	31614.00	76.93	32820.00	77.35	41014.00	78.29
22008.00	76.67	30400.00	76.43	31620.00	76.92	32900.00	77.32	41020.00	78.25
22014.00	76.72	30408.00	76.46	31700.00	76.92	32908.00	77.27	41100.00	78.21
22020.00	76.79	30414.00	76.47	31708.00	76.92	32914.00	77.27	41108.00	78.13

续表

日期（月日时）	水位（m）	日期（月日时）	水位（m）	日期（月日时）	水位（m）	日期（月日时）	水位（m）	日期（月日时）	水位（m）
1984年长江奉节站									
41114.00	78.03	42208.00	78.88	50214.00	78.69	51214.00	80.66	52123.00	87.15
41120.00	77.95	42214.00	78.98	50220.00	78.74	51220.00	80.87	52200.00	87.13
41200.00	77.88	42220.00	79.06	50300.00	78.76	51223.00	80.90	52202.00	87.10
41208.00	77.75	42300.00	79.07	50302.00	78.77	51300.00	80.91	52208.00	86.93
41214.00	77.67	42302.00	79.08	50308.00	78.83	51302.00	80.93	52214.00	86.73
41220.00	77.59	42308.00	79.02	50314.00	78.95	51308.00	81.15	52220.00	86.59
41300.00	77.54	42314.00	78.94	50320.00	79.10	51314.00	81.41	52300.00	86.50
41308.00	77.45	42320.00	78.94	50400.00	79.21	51320.00	81.53	52302.00	86.46
41314.00	77.40	42400.00	78.93	50402.00	79.27	51400.00	81.65	52308.00	86.38
41320.00	77.42	42402.00	78.92	50408.00	79.45	51402.00	81.71	52311.00	86.38
41400.00	77.42	42408.00	78.92	50414.00	79.78	51408.00	81.89	52314.00	86.42
41408.00	77.42	42414.00	78.92	50420.00	80.26	51414.00	82.22	52320.00	86.50
41414.00	77.43	42420.00	78.95	50500.00	80.64	51420.00	82.58	52400.00	86.59
41420.00	77.45	42500.00	78.97	50502.00	80.83	51500.00	82.86	52402.00	86.63
41500.00	77.45	42502.00	78.98	50508.00	81.43	51502.00	83.00	52408.00	86.88
41502.00	77.45	42508.00	78.98	50514.00	82.06	51508.00	83.41	52414.00	87.29
41508.00	77.44	42514.00	78.98	50520.00	82.53	51514.00	83.80	52420.00	87.84
41514.00	77.40	42520.00	79.00	50600.00	82.79	51520.00	84.12	52500.00	88.36
41520.00	77.38	42600.00	79.00	50602.00	82.92	51600.00	84.25	52502.00	88.62
41600.00	77.36	42602.00	79.00	50608.00	83.23	51602.00	84.31	52508.00	89.60
41602.00	77.35	42608.00	78.97	50614.00	83.43	51605.00	84.39	52514.00	90.76
41608.00	77.31	42614.00	78.95	50620.00	83.53	51608.00	84.39	52520.00	91.90
41614.00	77.27	42620.00	78.93	50623.00	83.59	51611.00	84.39	52600.00	92.55
41620.00	77.27	42700.00	78.94	50700.00	83.59	51614.00	84.39	52602.00	92.87
41700.00	77.37	42702.00	78.95	50702.00	83.59	51617.00	84.46	52608.00	93.56
41702.00	77.42	42708.00	79.00	50708.00	83.51	51620.00	84.46	52614.00	94.17
41708.00	77.46	42714.00	79.04	50714.00	83.44	51700.00	84.48	52620.00	94.48
41714.00	77.53	42720.00	79.07	50720.00	83.37	51702.00	84.49	52623.00	94.58
41720.00	77.59	42800.00	79.07	50800.00	83.26	51708.00	84.53	52700.00	94.58
41800.00	77.64	42802.00	79.07	50802.00	83.21	51714.00	84.75	52702.00	94.58
41802.00	77.66	42808.00	79.05	50808.00	83.03	51720.00	85.05	52705.00	94.58
41808.00	77.86	42814.00	79.00	50814.00	82.79	51800.00	85.25	52708.00	94.55
41814.00	78.44	42820.00	78.95	50820.00	82.57	51802.00	85.35	52714.00	94.49
41820.00	78.79	42900.00	78.92	50900.00	82.37	51808.00	85.59	52720.00	94.39
41900.00	78.84	42902.00	78.91	50902.00	82.27	51814.00	85.86	52800.00	94.20
41902.00	78.86	42908.00	78.86	50908.00	81.91	51820.00	86.04	52802.00	94.11
41908.00	78.70	42914.00	78.81	50914.00	81.57	51900.00	86.11	52808.00	93.79
41914.00	78.53	42920.00	78.77	50920.00	81.34	51902.00	86.14	52814.00	93.36
41920.00	78.44	43000.00	78.74	51000.00	81.18	51908.00	86.19	52820.00	92.87
42000.00	78.41	43002.00	78.72	51002.00	81.10	51914.00	86.24	52900.00	92.51
42002.00	78.40	43008.00	78.65	51008.00	80.83	51920.00	86.34	52902.00	92.33
42008.00	78.38	43014.00	78.58	51014.00	80.66	52000.00	86.34	52908.00	91.69
42014.00	78.38	43020.00	78.58	51020.00	80.49	52002.00	86.34	52914.00	91.11
42020.00	78.42	50100.00	78.58	51100.00	80.42	52008.00	86.34	52920.00	90.55
42100.00	78.47	50102.00	78.58	51102.00	80.38	52014.00	86.39	53000.00	90.18
42102.00	78.49	50108.00	78.56	51108.00	80.23	52020.00	86.53	53002.00	89.99
42108.00	78.59	50114.00	78.56	51114.00	80.10	52100.00	86.64	53008.00	89.43
42114.00	78.69	50120.00	78.58	51120.00	79.98	52102.00	86.70	53014.00	88.97
42120.00	78.79	50200.00	78.61	51200.00	79.89	52108.00	86.93	53020.00	88.61
42200.00	78.84	50202.00	78.63	51202.00	79.85	52114.00	87.11	53100.00	88.42
42202.00	78.86	50208.00	78.66	51208.00	79.73	52120.00	87.15	53102.00	88.33

续表

日期（月日时）	水位（m）	日期（月日时）	水位（m）	日期（月日时）	水位（m）	日期（月日时）	水位（m）	日期（月日时）	水位（m）
1984年长江奉节站									
53108.00	88.17	60914.00	89.88	61714.00	90.49	62702.00	103.75	70500.00	104.02
53114.00	88.32	60920.00	90.84	61717.00	90.77	62708.00	105.64	70502.00	104.82
53117.00	88.51	61000.00	91.47	61720.00	90.97	62714.00	106.98	70508.00	107.15
53120.00	88.72	61002.00	91.79	61800.00	91.04	62720.00	108.01	70514.00	109.11
60100.00	89.16	61008.00	92.71	61802.00	91.08	62800.00	108.43	70520.00	110.80
60102.00	89.38	61014.00	93.48	61808.00	91.01	62802.00	108.64	70600.00	111.41
60108.00	90.38	61020.00	94.18	61814.00	90.88	62805.00	108.83	70602.00	111.71
60114.00	91.88	61100.00	94.35	61820.00	90.71	62807.00	109.18	70608.00	112.26
60120.00	93.56	61102.00	94.44	61900.00	90.58	62808.00	109.37	70609.00	112.31
60200.00	94.98	61105.00	94.44	61902.00	90.52	62809.00	109.39	70612.30	112.32
60202.00	95.69	61108.00	94.39	61908.00	90.31	62810.00	109.39	70613.00	112.32
60208.00	97.44	61114.00	94.17	61914.00	90.15	62810.30	109.39	70614.00	112.32
60214.00	99.04	61120.00	93.86	61920.00	89.95	62811.00	109.39	70615.00	112.28
60220.00	100.46	61200.00	93.56	62000.00	89.81	62812.00	109.37	70617.00	112.22
60300.00	101.29	61202.00	93.41	62002.00	89.74	62813.00	109.28	70620.00	112.11
60302.00	101.71	61208.00	92.77	62008.00	89.53	62814.00	109.15	70700.00	111.74
60308.00	102.59	61214.00	92.18	62014.00	89.27	62817.00	109.03	70702.00	111.55
60314.00	103.07	61220.00	92.04	62020.00	88.97	62820.00	108.68	70708.00	111.44
60317.00	103.22	61300.00	91.91	62100.00	88.74	62900.00	108.04	70710.00	111.66
60319.00	103.24	61302.00	91.85	62102.00	88.62	62902.00	107.72	70711.30	111.81
60320.00	103.24	61308.00	91.69	62108.00	88.25	62908.00	106.53	70714.00	112.03
60322.00	103.24	61311.00	92.36	62114.00	87.91	62914.00	105.42	70717.00	112.03
60400.00	103.18	61314.00	94.14	62120.00	87.85	62920.00	104.28	70720.00	111.93
60402.00	103.13	61317.00	95.43	62200.00	87.42	63000.00	103.52	70723.00	111.73
60408.00	102.54	61319.00	95.78	62202.00	87.21	63002.00	103.14	70800.00	111.67
60414.00	101.81	61320.00	95.90	62208.00	86.88	63008.00	102.23	70802.00	111.56
60420.00	100.84	61323.30	96.32	62214.00	86.66	63014.00	101.44	70808.00	111.64
60500.00	100.11	61400.00	96.41	62220.00	86.41	63020.00	100.96	70811.00	111.94
60502.00	99.75	61402.00	96.79	62300.00	86.19	70100.00	100.61	70814.00	112.42
60508.00	98.50	61405.00	96.96	62302.00	86.08	70102.00	100.43	70820.00	113.80
60514.00	97.19	61406.30	97.00	62308.00	85.91	70108.00	99.94	70823.00	114.64
60520.00	95.81	61407.00	97.00	62314.00	85.75	70114.00	99.44	70900.00	114.92
60600.00	94.91	61408.00	96.88	62317.00	85.66	70120.00	98.99	70902.00	115.48
60602.00	94.46	61409.00	96.78	62320.00	85.60	70200.00	98.67	70905.00	116.43
60608.00	93.04	61411.00	96.50	62323.00	85.60	70202.00	98.51	70908.00	117.37
60614.00	91.85	61414.00	96.00	62400.00	85.62	70208.00	98.02	70911.00	118.20
60620.00	91.93	61420.00	95.28	62402.00	85.67	70214.00	97.52	70914.00	119.06
60623.00	92.00	61500.00	94.89	62408.00	85.91	70220.00	97.06	70917.00	119.71
60700.00	92.01	61502.00	94.70	62414.00	86.32	70223.00	96.80	70920.00	120.41
60702.00	92.04	61508.00	93.86	62420.00	87.02	70300.00	96.80	70923.00	120.91
60708.00	92.00	61514.00	92.85	62500.00	87.69	70302.00	96.80	71000.00	121.06
60714.00	91.37	61520.00	91.68	62502.00	88.02	70308.00	96.65	71002.00	121.35
60720.00	90.58	61600.00	90.95	62508.00	89.04	70312.30	96.53	71005.00	121.70
60800.00	89.97	61602.00	90.59	62514.00	90.43	70314.00	96.53	71007.00	121.87
60802.00	89.66	61608.00	89.71	62520.00	92.27	70316.00	96.59	71008.00	121.94
60808.00	89.00	61614.00	89.17	62600.00	93.76	70320.00	97.13	71010.00	122.02
60814.00	88.64	61620.00	89.25	62602.00	94.51	70400.00	97.44	71011.00	122.02
60820.00	88.46	61623.00	89.44	62608.00	96.73	70402.00	97.59	71012.00	122.02
60900.00	88.51	61700.00	89.52	62614.00	99.06	70408.00	98.48	71013.00	122.02
60902.00	88.54	61702.00	89.67	62620.00	101.54	70414.00	100.16	71014.00	122.02
60908.00	89.03	61708.00	90.08	62700.00	103.01	70420.00	102.42	71015.00	122.02

续表

日期（月日时）	水位（m）	日期（月日时）	水位（m）	日期（月日时）	水位（m）	日期（月日时）	水位（m）	日期（月日时）	水位（m）
1984 年长江奉节站									
71016.00	122.00	71718.00	110.36	72611.00	110.03	80202.00	104.86	81000.00	109.21
71017.00	122.00	71720.00	110.34	72614.00	110.74	80208.00	105.52	81002.00	108.77
71020.00	122.00	71800.00	110.12	72620.00	111.60	80214.00	106.16	81008.00	107.42
71023.00	121.66	71802.00	110.01	72700.00	111.99	80217.00	106.46	81014.00	106.02
71100.00	121.54	71808.00	109.57	72702.00	112.18	80220.00	106.76	81020.00	104.70
71102.00	121.30	71814.00	109.01	72708.00	112.76	80300.00	106.96	81100.00	103.90
71105.00	120.94	71820.00	108.42	72711.00	113.08	80302.00	107.06	81102.00	103.50
71108.00	120.49	71900.00	107.95	72714.00	113.56	80308.00	107.12	81108.00	102.14
71111.00	120.00	71902.00	107.72	72717.00	113.94	80309.00	107.12	81114.00	101.02
71114.00	119.41	71908.00	106.98	72720.00	114.20	80310.00	107.10	81120.00	99.79
71117.00	118.78	71914.00	106.30	72723.00	114.64	80314.00	106.86	81200.00	99.17
71120.00	118.16	71920.00	105.68	72800.00	114.75	80320.00	106.36	81202.00	98.86
71123.00	117.58	72000.00	105.32	72802.00	114.98	80400.00	105.91	81208.00	98.00
71200.00	117.34	72002.00	105.14	72805.00	115.27	80402.00	105.69	81214.00	97.16
71202.00	116.87	72008.00	104.64	72808.00	115.50	80408.00	104.96	81220.00	96.69
71205.00	116.13	72014.00	104.14	72811.00	115.66	80414.00	104.26	81223.00	96.26
71208.00	115.38	72020.00	103.84	72814.00	115.73	80420.00	103.54	81300.00	96.15
71211.00	114.58	72100.00	103.78	72815.00	115.78	80500.00	103.07	81302.00	95.94
71214.00	113.86	72102.00	103.75	72816.00	115.85	80502.00	102.84	81308.00	95.49
71220.00	112.43	72105.00	103.75	72817.00	115.85	80508.00	102.34	81314.00	95.09
71300.00	111.43	72108.00	103.92	72818.00	115.85	80514.00	101.94	81320.00	94.76
71302.00	110.93	72114.00	104.44	72819.00	115.85	80520.00	101.64	81400.00	94.59
71308.00	109.78	72120.00	105.39	72820.00	115.83	80600.00	101.64	81402.00	94.50
71314.00	108.51	72200.00	106.10	72823.00	115.83	80602.00	101.64	81408.00	94.40
71320.00	107.50	72202.00	106.46	72900.00	115.82	80603.00	101.70	81414.00	94.45
71400.00	106.94	72208.00	107.56	72902.00	115.81	80608.00	102.76	81420.00	94.51
71402.00	106.66	72214.00	108.34	72905.00	115.77	80614.00	104.44	81500.00	94.57
71408.00	106.07	72220.00	108.97	72908.00	115.62	80620.00	106.83	81502.00	94.60
71414.00	106.51	72300.00	109.17	72911.00	115.46	80700.00	108.47	81508.00	94.81
71417.00	106.51	72302.00	109.27	72914.00	115.38	80702.00	109.29	81514.00	95.15
71420.00	106.61	72305.00	109.27	72917.00	115.16	80708.00	111.46	81520.00	95.65
71500.00	106.70	72307.00	109.23	72920.00	114.95	80711.00	112.33	81600.00	95.99
71502.00	106.75	72308.00	109.17	72923.00	114.70	80714.00	113.14	81602.00	96.16
71508.00	106.95	72311.00	109.03	73000.00	114.56	80717.00	113.84	81608.00	96.86
71514.00	107.17	72314.00	108.87	73002.00	114.28	80720.00	114.26	81614.00	97.56
71520.00	107.58	72320.00	108.56	73005.00	113.83	80723.00	114.66	81620.00	98.26
71600.00	107.90	72400.00	108.06	73008.00	113.53	80800.00	114.76	81700.00	98.73
71602.00	108.06	72402.00	107.81	73014.00	112.67	80802.00	114.95	81702.00	98.96
71608.00	108.71	72408.00	107.02	73020.00	111.69	80805.00	115.15	81708.00	99.54
71614.00	109.20	72414.00	106.32	73100.00	110.92	80807.00	115.19	81714.00	99.94
71620.00	109.78	72420.00	105.69	73102.00	110.53	80808.00	115.21	81720.00	100.20
71700.00	110.04	72500.00	105.47	73108.00	109.31	80809.00	115.23	81723.00	100.34
71702.00	110.17	72502.00	105.36	73114.00	108.11	80810.00	115.23	81800.00	100.34
71708.00	110.38	72505.00	105.30	73120.00	106.96	80811.00	115.21	81802.00	100.34
71711.00	110.38	72508.00	105.30	80100.00	106.24	80814.00	115.05	81805.00	100.28
71712.00	110.38	72511.00	105.43	80102.00	105.88	80820.00	114.57	81808.00	100.18
71713.00	110.38	72514.00	105.58	80108.00	105.04	80900.00	113.97	81814.00	99.94
71714.00	110.38	72520.00	106.03	80114.00	104.54	80902.00	113.67	81820.00	99.54
71715.00	110.38	72600.00	106.85	80120.00	104.54	80908.00	112.67	81900.00	99.20
71716.00	110.38	72602.00	107.26	80123.00	104.63	80914.00	111.49	81902.00	99.03
71717.00	110.38	72608.00	109.18	80200.00	104.71	80920.00	110.09	81908.00	98.39

续表

日期（月日时）	水位（m）	日期（月日时）	水位（m）	日期（月日时）	水位（m）	日期（月日时）	水位（m）	日期（月日时）	水位（m）
1984年长江奉节站									
81914.00	97.69	82914.00	95.22	90720.00	90.72	91602.00	96.00	92520.00	95.72
81920.00	96.96	82920.00	94.90	90800.00	90.53	91608.00	95.56	92600.00	96.52
82000.00	96.32	83000.00	94.83	90802.00	90.43	91614.00	95.01	92602.00	96.92
82002.00	96.00	83002.00	94.80	90808.00	90.26	91620.00	94.53	92608.00	98.44
82008.00	95.23	83008.00	94.90	90811.00	90.22	91700.00	94.22	92614.00	100.24
82014.00	94.41	83014.00	95.37	90814.00	90.24	91702.00	94.07	92620.00	102.37
82020.00	93.67	83020.00	96.32	90820.00	90.46	91708.00	93.52	92700.00	103.62
82100.00	93.33	83100.00	97.07	90900.00	90.74	91714.00	93.03	92702.00	104.25
82102.00	93.16	83102.00	97.45	90902.00	90.88	91720.00	92.59	92708.00	105.74
82108.00	92.70	83108.00	98.56	90908.00	91.44	91800.00	92.30	92714.00	106.85
82114.00	92.40	83114.00	100.10	90914.00	92.03	91802.00	92.16	92720.00	107.74
82120.00	92.27	83120.00	102.00	90920.00	92.64	91808.00	91.76	92800.00	108.23
82200.00	92.20	90100.00	103.36	91000.00	92.99	91814.00	91.39	92802.00	108.47
82202.00	92.17	90102.00	104.04	91002.00	93.16	91820.00	91.14	92808.00	108.76
82208.00	92.21	90108.00	105.96	91008.00	93.62	91900.00	90.98	92809.00	108.79
82214.00	92.29	90114.00	107.47	91011.00	94.74	91902.00	90.90	92810.00	108.79
82220.00	92.57	90120.00	108.51	91014.00	95.83	91908.00	90.63	92811.00	108.79
82300.00	92.72	90200.00	108.90	91017.00	96.36	91914.00	90.42	92812.00	108.76
82302.00	92.79	90202.00	109.10	91020.00	96.90	91920.00	90.30	92814.00	108.65
82308.00	92.89	90205.00	109.25	91023.00	97.27	92000.00	90.23	92820.00	108.16
82314.00	93.09	90207.00	109.32	91100.00	97.38	92002.00	90.19	92900.00	107.73
82320.00	93.18	90208.00	109.35	91102.00	97.59	92008.00	90.17	92902.00	107.51
82400.00	93.22	90209.30	109.37	91105.00	97.71	92011.00	90.15	92908.00	106.83
82402.00	93.24	90211.00	109.37	91108.00	97.73	92014.00	90.15	92914.00	106.19
82408.00	93.38	90212.00	109.35	91109.00	97.70	92020.00	90.26	92920.00	105.65
82414.00	93.47	90214.00	109.25	91111.00	97.62	92100.00	90.34	93000.00	105.36
82420.00	93.52	90220.00	108.94	91114.00	97.44	92102.00	90.38	93002.00	105.22
82500.00	93.54	90300.00	108.45	91120.00	97.01	92108.00	90.54	93008.00	104.98
82502.00	93.55	90302.00	108.21	91200.00	96.72	92114.00	90.68	93014.00	104.77
82508.00	93.55	90308.00	107.33	91202.00	96.57	92120.00	90.86	93020.00	104.70
82514.00	93.55	90314.00	106.28	91208.00	96.32	92200.00	90.93	100100.00	104.59
82520.00	93.59	90320.00	105.29	91211.00	96.30	92202.00	90.97	100102.00	104.53
82600.00	93.65	90400.00	104.47	91214.00	96.37	92208.00	91.05	100108.00	104.14
82602.00	93.68	90402.00	104.06	91220.00	96.73	92214.00	91.15	100114.00	103.66
82608.00	93.80	90408.00	102.79	91300.00	97.07	92220.00	91.29	100120.00	102.95
82614.00	93.95	90414.00	101.51	91302.00	97.24	92300.00	91.38	100200.00	102.41
82620.00	93.98	90420.00	100.31	91308.00	97.76	92302.00	91.43	100202.00	102.14
82700.00	93.93	90500.00	99.49	91314.00	98.15	92308.00	91.45	100208.00	101.35
82702.00	93.90	90502.00	99.08	91320.00	98.37	92311.00	91.44	100214.00	100.54
82708.00	93.68	90508.00	97.97	91323.00	98.46	92314.00	91.43	100220.00	99.95
82714.00	93.56	90514.00	96.87	91400.00	98.45	92320.00	91.43	100300.00	99.64
82717.00	93.58	90520.00	95.87	91402.00	98.44	92400.00	91.43	100302.00	99.48
82720.00	93.85	90600.00	95.21	91408.00	98.39	92402.00	91.43	100308.00	99.04
82800.00	94.17	90602.00	94.88	91414.00	98.27	92408.00	91.43	100311.00	98.93
82802.00	94.33	90608.00	94.04	91420.00	97.98	92414.00	91.51	100314.00	98.79
82808.00	94.80	90614.00	93.19	91500.00	97.75	92420.00	91.84	100320.00	98.32
82814.00	95.16	90620.00	92.53	91502.00	97.64	92500.00	92.92	100400.00	98.01
82820.00	95.44	90700.00	92.13	91508.00	97.26	92502.00	93.46	100402.00	97.86
82900.00	95.53	90702.00	91.93	91514.00	96.89	92508.00	94.60	100408.00	97.38
82902.00	95.57	90708.00	91.41	91520.00	96.50	92511.00	94.91	100414.00	96.96
82908.00	95.43	90714.00	90.97	91600.00	96.17	92514.00	95.11	100420.00	96.52

续表

日期（月日时）	水位（m）	日期（月日时）	水位（m）	日期（月日时）	水位（m）	日期（月日时）	水位（m）	日期（月日时）	水位（m）
1984 年长江奉节站									
100500.00	96.32	101420.00	86.68	102700.00	84.19	110814.00	80.77	112108.00	79.35
100502.00	96.22	101500.00	86.74	102708.00	84.10	110820.00	80.71	112114.00	79.30
100505.00	96.13	101502.00	86.77	102714.00	84.04	110900.00	80.67	112120.00	79.25
100508.00	96.13	101508.00	86.90	102720.00	83.99	110908.00	80.58	112200.00	79.22
100514.00	96.16	101514.00	87.10	102800.00	83.97	110914.00	80.60	112208.00	79.16
100520.00	96.24	101520.00	87.35	102808.00	83.94	110920.00	80.54	112214.00	79.08
100600.00	96.33	101600.00	87.62	102814.00	83.77	111000.00	80.52	112220.00	79.08
100602.00	96.38	101608.00	88.16	102820.00	83.69	111008.00	80.48	112300.00	79.06
100608.00	96.51	101614.00	88.29	102900.00	83.64	111014.00	80.46	112308.00	79.01
100614.00	96.64	101620.00	88.32	102908.00	83.53	111020.00	80.44	112314.00	78.97
100620.00	96.66	101700.00	88.43	102914.00	83.42	111100.00	80.46	112320.00	78.94
100623.00	96.66	101708.00	88.64	102920.00	83.37	111108.00	80.51	112400.00	78.92
100700.00	96.66	101714.00	88.80	103000.00	83.30	111114.00	80.49	112408.00	78.89
100702.00	96.66	101720.00	88.80	103008.00	83.15	111120.00	80.47	112414.00	78.86
100708.00	96.59	101800.00	88.73	103014.00	83.06	111200.00	80.46	112420.00	78.83
100714.00	96.46	101808.00	88.59	103020.00	82.99	111208.00	80.43	112500.00	78.81
100720.00	96.22	101814.00	88.57	103100.00	82.92	111214.00	80.41	112508.00	78.78
100800.00	95.97	101820.00	88.52	103108.00	82.79	111220.00	80.38	112514.00	78.74
100802.00	95.85	101900.00	88.47	103114.00	82.71	111300.00	80.32	112520.00	78.67
100808.00	95.45	101908.00	88.37	103120.00	82.56	111308.00	80.21	112600.00	78.66
100814.00	94.96	101914.00	88.27	110100.00	82.52	111314.00	80.10	112608.00	78.64
100820.00	94.39	101920.00	88.17	110108.00	82.43	111320.00	80.09	112614.00	78.60
100900.00	93.98	102000.00	88.04	110114.00	82.34	111400.00	80.06	112620.00	78.57
100902.00	93.77	102008.00	87.78	110120.00	82.28	111408.00	80.01	112700.00	78.58
100908.00	93.12	102014.00	87.56	110200.00	82.22	111414.00	79.96	112708.00	78.60
100914.00	92.46	102020.00	87.41	110208.00	82.09	111420.00	79.96	112714.00	78.62
100920.00	91.81	102100.00	87.26	110214.00	81.97	111500.00	79.97	112720.00	78.67
101000.00	91.36	102108.00	86.96	110220.00	81.87	111508.00	80.00	112800.00	78.68
101002.00	91.13	102114.00	86.80	110300.00	81.83	111514.00	79.91	112808.00	78.70
101008.00	90.52	102120.00	86.61	110308.00	81.74	111520.00	79.89	112814.00	78.70
101014.00	89.94	102200.00	86.48	110314.00	81.69	111600.00	79.91	112820.00	78.70
101020.00	89.52	102208.00	86.21	110320.00	81.66	111608.00	79.96	112900.00	78.68
101100.00	89.21	102211.00	86.15	110400.00	81.62	111614.00	80.07	112908.00	78.65
101102.00	89.06	102214.00	86.06	110408.00	81.54	111620.00	80.21	112914.00	78.57
101108.00	88.60	102220.00	85.91	110410.00	81.52	111700.00	80.25	112920.00	78.56
101114.00	88.28	102300.00	85.81	110414.00	81.47	111708.00	80.34	113000.00	78.55
101120.00	87.91	102308.00	85.62	110420.00	81.47	111714.00	80.32	113008.00	78.54
101200.00	87.71	102314.00	85.47	110500.00	81.45	111720.00	80.32	113014.00	78.57
101202.00	87.61	102320.00	85.35	110508.00	81.42	111800.00	80.28	113020.00	78.58
101208.00	87.44	102400.00	85.26	110514.00	81.41	111808.00	80.19	120100.00	78.61
101214.00	87.33	102408.00	85.07	110520.00	81.42	111814.00	80.11	120108.00	78.67
101220.00	87.18	102414.00	84.92	110600.00	81.40	111820.00	80.03	120114.00	78.69
101300.00	87.05	102420.00	84.86	110608.00	81.35	111900.00	79.97	120120.00	78.75
101302.00	86.99	102500.00	84.81	110614.00	81.30	111908.00	79.84	120200.00	78.77
101308.00	86.81	102508.00	84.70	110620.00	81.22	111914.00	79.78	120208.00	78.80
101314.00	86.62	102514.00	84.60	110700.00	81.20	111920.00	79.72	120214.00	78.75
101320.00	86.54	102520.00	84.53	110708.00	81.15	112000.00	79.68	120220.00	78.75
101400.00	86.48	102600.00	84.48	110714.00	81.09	112008.00	79.59	120300.00	78.73
101402.00	86.45	102608.00	84.37	110720.00	81.05	112014.00	79.51	120308.00	78.69
101408.00	86.40	102614.00	84.29	110800.00	80.98	112020.00	79.47	120314.00	78.65
101414.00	86.44	102620.00	84.23	110808.00	80.85	112100.00	79.43	120320.00	78.59

续表

日期（月日时）	水位（m）	日期（月日时）	水位（m）	日期（月日时）	水位（m）	日期（月日时）	水位（m）	日期（月日时）	水位（m）
1984 年长江奉节站									
120400.00	78.56	120920.00	78.33	121514.00	78.12	122108.00	78.42	122700.00	77.84
120408.00	78.50	121000.00	78.33	121520.00	78.20	122114.00	78.45	122708.00	77.77
120414.00	78.46	121008.00	78.33	121600.00	78.28	122120.00	78.55	122714.00	77.70
120420.00	78.43	121014.00	78.31	121608.00	78.44	122200.00	78.56	122720.00	77.64
120500.00	78.40	121020.00	78.31	121614.00	78.54	122208.00	78.58	122800.00	77.62
120508.00	78.35	121100.00	78.34	126120.00	78.61	122214.00	78.58	122808.00	77.59
120514.00	78.33	121108.00	78.40	121700.00	78.65	122220.00	78.58	122814.00	77.53
120520.00	78.29	121114.00	78.41	121708.00	78.73	122300.00	78.58	122820.00	77.51
120600.00	78.29	121120.00	78.40	121714.00	78.73	122308.00	78.58	122900.00	77.50
120608.00	78.29	121200.00	78.38	121720.00	78.73	122314.00	78.45	122908.00	77.49
120614.00	78.29	121208.00	78.35	121800.00	78.72	122320.00	78.37	122914.00	77.47
120620.00	78.29	121214.00	78.31	121808.00	78.71	122400.00	78.32	122920.00	77.47
120700.00	78.29	121220.00	78.28	121814.00	78.70	122408.00	78.23	123000.00	77.47
120708.00	78.29	121300.00	78.26	121820.00	78.67	122414.00	78.17	123008.00	77.47
120714.00	78.29	121308.00	78.23	121900.00	78.64	122420.00	78.12	123014.00	77.44
120720.00	78.29	121314.00	78.19	121908.00	78.57	122500.00	78.10	123020.00	77.42
120800.00	78.31	121320.00	78.14	121914.00	78.49	122508.00	78.06	123100.00	77.38
120808.00	78.34	121400.00	78.12	121920.00	78.38	122514.00	78.02	123108.00	77.31
120814.00	78.36	121408.00	78.07	122000.00	78.35	122520.00	78.02	123114.00	77.25
120820.00	78.36	121414.00	78.03	122008.00	78.29	122600.00	78.00	123120.00	77.21
120900.00	78.35	121420.00	78.00	122014.00	78.24	122608.00	77.96	123124.00	77.20
120908.00	78.34	121500.00	78.01	122020.00	78.20	122614.00	77.92		
120914.00	78.33	121508.00	78.04	122100.00	78.27	122620.00	77.87		
1984 年长江巫山站									
33100.00	68.41	41220.00	68.92	42500.00	70.48	50700.00	75.65	51808.00	78.03
33108.00	68.43	41300.00	68.86	42508.00	70.52	50708.00	75.83	51900.00	78.53
40100.00	68.52	41308.00	68.73	42600.00	70.53	50711.00	75.81	51908.00	78.78
40108.00	68.56	41400.00	68.48	42608.00	70.54	50800.00	75.54	52000.00	78.91
40200.00	68.56	41408.00	68.35	42700.00	70.49	50808.00	75.38	52008.00	78.98
40208.00	68.56	41500.00	68.42	42708.00	70.47	50900.00	74.59	52100.00	79.31
40300.00	68.44	41508.00	68.45	42800.00	70.58	50908.00	74.20	52108.00	79.47
40308.00	68.38	41600.00	68.42	42808.00	70.64	51000.00	73.31	52114.00	79.64
40400.00	68.23	41608.00	68.40	42900.00	70.52	51008.00	72.86	52200.00	79.66
40408.00	68.16	41700.00	68.55	42908.00	70.46	51100.00	72.33	52208.00	79.68
40500.00	68.43	41708.00	68.62	43000.00	70.26	51108.00	72.07	52300.00	79.28
40508.00	68.56	41800.00	68.95	43008.00	70.16	51200.00	71.69	52308.00	79.08
40600.00	68.59	41808.00	69.12	50100.00	70.07	51208.00	71.50	52400.00	79.31
40608.00	68.60	41900.00	69.97	50108.00	70.02	51300.00	72.48	52408.00	79.42
40700.00	68.92	41908.00	70.39	50200.00	70.08	51308.00	72.97	52420.00	80.27
40708.00	69.08	41914.00	70.18	50208.00	70.11	51400.00	73.56	52500.00	80.79
40800.00	69.51	42000.00	70.00	50300.00	70.32	51408.00	73.86	52508.00	81.83
40808.00	69.72	42008.00	69.86	50308.00	70.43	51414.00	74.12	52514.00	82.89
40900.00	69.87	42100.00	69.97	50400.00	70.82	51420.00	74.53	52520.00	84.06
40908.00	69.94	42108.00	70.02	50408.00	71.02	51500.00	74.84	52600.00	84.66
41000.00	69.84	42200.00	70.28	50414.00	71.27	51508.00	75.47	52608.00	85.87
41008.00	69.79	42208.00	70.41	50420.00	71.69	51600.00	76.38	52614.00	86.44
41100.00	69.68	42300.00	70.50	50500.00	72.11	51608.00	76.84	52620.00	86.89
41108.00	69.62	42308.00	70.54	50508.00	72.96	51611.00	76.89	52700.00	86.99
41120.00	69.44	42314.00	70.46	50514.00	73.71	51700.00	76.98	52708.00	87.19
41200.00	69.36	42400.00	70.43	50600.00	74.59	51708.00	77.04	52800.00	86.83
41208.00	69.19	42408.00	70.41	50608.00	75.30	51800.00	77.70	52808.00	86.65

续表

日期（月日时）	水位（m）	日期（月日时）	水位（m）	日期（月日时）	水位（m）	日期（月日时）	水位（m）	日期（月日时）	水位（m）
1984年长江巫山站									
52900.00	85.32	60920.00	83.12	62500.00	80.39	70417.00	93.50	71300.00	105.04
52908.00	84.66	61000.00	83.75	62508.00	81.62	70420.00	94.54	71302.00	104.58
52914.00	84.02	61008.00	85.01	62514.00	82.68	70423.00	95.60	71308.00	103.32
53000.00	83.13	61100.00	86.31	62520.00	84.34	70500.00	96.03	71314.00	102.12
53008.00	82.42	61108.00	86.96	62523.00	85.00	70502.00	96.89	71320.00	100.98
53100.00	81.42	61111.00	86.94	62600.00	85.47	70505.00	98.00	71400.00	100.47
53108.00	80.92	61200.00	86.20	62602.00	86.42	70508.00	99.27	71408.00	99.45
60100.00	82.01	61208.00	85.75	62605.00	87.00	70514.00	101.42	71500.00	99.78
60108.00	82.56	61300.00	85.24	62608.00	88.61	70520.00	103.16	71508.00	99.94
60114.00	83.78	61308.00	84.98	62611.00	89.70	70600.00	103.88	71600.00	101.02
60120.00	85.48	61311.00	85.91	62614.00	90.92	70605.00	104.77	71608.00	101.56
60200.00	86.75	61314.00	87.82	62617.00	92.10	70608.00	105.08	71700.00	102.77
60202.00	87.39	61317.00	89.62	62620.00	93.34	70611.00	105.22	71708.00	103.37
60208.00	89.24	61323.00	90.62	62623.00	94.54	70700.00	104.86	71711.00	103.42
60214.00	91.03	61400.00	90.62	62700.00	94.95	70708.00	104.64	71800.00	103.04
60220.00	92.52	61408.00	90.63	62702.00	95.78	70711.00	105.22	71808.00	102.81
60300.00	93.35	61420.00	89.02	62705.00	96.80	70800.00	105.11	71814.00	102.30
60302.00	93.77	61500.00	88.52	62708.00	97.81	70808.00	105.05	71900.00	101.20
60308.00	94.82	61508.00	87.52	62714.00	99.40	70820.00	106.52	71908.00	100.32
60314.00	95.46	61514.00	86.54	62720.00	100.61	70823.00	107.31	71920.00	98.94
60320.00	95.78	61520.00	85.38	62800.00	101.10	70900.00	107.59	72000.00	98.55
60400.00	95.63	61600.00	84.63	62805.00	101.71	70905.00	109.01	72008.00	97.76
60408.00	95.33	61602.00	84.26	62808.00	102.26	70908.00	109.96	72100.00	97.13
60414.00	94.69	61608.00	83.18	62809.00	102.42	70914.00	111.53	72108.00	96.82
60417.00	94.30	61700.00	82.93	62900.00	100.93	70917.00	112.32	72120.00	98.02
60420.00	93.86	61708.00	82.81	62908.00	100.13	70920.00	112.96	72200.00	98.71
60500.00	93.22	61800.00	83.53	62914.00	98.98	71000.00	113.54	72202.00	99.06
60502.00	92.90	61808.00	83.89	62920.00	97.78	71008.00	114.70	72208.00	100.14
60508.00	91.68	61900.00	83.44	63000.00	97.06	71011.00	114.86	72214.00	101.06
60514.00	90.36	61908.00	83.22	63002.00	96.70	71100.00	114.12	72300.00	101.72
60520.00	89.02	62000.00	82.70	63008.00	95.66	71108.00	113.66	72308.00	102.25
60600.00	88.13	62008.00	82.44	63014.00	94.81	71111.00	113.24	72314.00	102.01
60602.00	87.68	62100.00	81.63	70100.00	93.89	71114.00	112.72	72317.00	101.82
60608.00	86.33	62108.00	81.22	70108.00	93.15	71117.00	112.15	72320.00	101.67
60614.00	85.05	62114.00	80.86	70200.00	91.83	71120.00	111.52	72400.00	101.23
60700.00	84.97	62200.00	80.31	70208.00	91.17	71200.00	110.71	72408.00	100.34
60708.00	84.91	62208.00	79.87	70214.00	90.62	71202.00	110.30	72500.00	99.10
60720.00	83.81	62300.00	79.14	70300.00	90.14	71208.00	108.89	72508.00	98.48
60800.00	83.25	62308.00	78.78	70308.00	89.76	71211.00	108.16	72600.00	99.88
60808.00	82.14	62400.00	78.61	70400.00	90.64	71214.00	107.41	72602.00	100.06
60900.00	81.79	62408.00	78.52	70408.00	91.08	71217.00	106.64	72605.00	101.30
60908.00	81.61	62420.00	79.78	70414.00	92.46	71220.00	105.95	72608.00	102.69

续表

日期（月日时）	水位（m）	日期（月日时）	水位（m）	日期（月日时）	水位（m）	日期（月日时）	水位（m）	日期（月日时）	水位（m）
1984年长江巫山站									
72614.00	104.24	80708.00	103.71	81808.00	93.19	90210.00	102.30	91500.00	90.63
72700.00	105.08	80711.00	104.64	81900.00	92.11	90211.00	102.31	91508.00	90.27
72708.00	105.76	80714.00	105.56	81908.00	91.57	90212.00	102.31	91600.00	89.14
72714.00	106.44	80717.00	106.37	81914.00	90.92	90300.00	101.33	91608.00	88.58
72717.00	106.85	80800.00	107.21	82000.00	89.59	90308.00	100.68	91620.00	87.54
72720.00	107.23	80808.00	108.16	82002.00	89.32	90314.00	99.67	91700.00	87.22
72800.00	107.62	80809.00	108.18	82008.00	88.47	90320.00	98.64	91708.00	86.57
72808.00	108.40	80811.00	108.18	82020.00	86.87	90400.00	97.87	91800.00	85.34
72811.00	108.57	80820.00	107.78	82100.00	86.52	90402.00	97.49	91808.00	84.73
72900.00	108.71	80900.00	107.20	82108.00	85.81	90408.00	96.21	91900.00	83.90
72908.00	108.80	80908.00	106.05	82200.00	85.30	90414.00	94.91	91908.00	83.48
73000.00	107.55	80914.00	104.97	82208.00	85.05	90420.00	93.70	92000.00	83.03
73008.00	106.92	80920.00	103.72	82300.00	85.50	90500.00	92.90	92008.00	82.81
73014.00	106.03	81000.00	102.78	82308.00	85.72	90502.00	92.50	92100.00	83.03
73017.00	105.59	81002.00	102.31	82400.00	85.98	90508.00	91.32	92108.00	83.14
73020.00	105.13	81008.00	100.92	82408.00	86.11	90514.00	90.14	92200.00	83.55
73100.00	104.42	81014.00	99.61	82500.00	86.30	90520.00	89.05	92208.00	83.76
73102.00	104.06	81020.00	98.26	82508.00	86.39	90600.00	88.43	92300.00	84.07
73108.00	102.85	81100.00	97.43	82600.00	86.57	90608.00	87.18	92308.00	84.22
73114.00	101.63	81102.00	97.02	82608.00	86.66	90620.00	85.53	92400.00	84.19
73120.00	100.51	81108.00	95.75	82700.00	86.59	90700.00	85.13	92408.08	84.18
80100.00	99.74	81114.00	94.49	82708.00	86.56	90702.00	84.93	92500.00	85.92
80102.00	99.35	81120.00	93.42	82800.00	87.15	90708.00	84.36	92502.00	86.14
80108.00	98.40	81200.00	92.66	82808.00	87.44	90714.00	83.85	92508.00	87.71
80200.00	98.35	81202.00	92.28	82900.00	88.01	90800.00	83.37	92514.00	88.18
80208.00	98.32	81208.00	91.35	82908.00	88.30	90808.00	82.98	92520.00	88.63
80300.00	99.53	81220.00	89.80	83000.00	87.86	90900.00	83.54	92600.00	89.20
80308.00	100.14	81300.00	89.40	83008.00	87.64	90908.00	83.82	92602.00	89.48
80400.00	98.86	81308.00	88.59	83020.00	88.66	90920.00	85.07	92608.00	90.88
80408.00	98.22	81400.00	87.75	83100.00	89.39	91000.00	85.43	92614.00	92.64
80420.00	96.86	81408.00	87.33	83102.00	89.76	91008.00	86.14	92617.00	93.00
80500.00	96.39	81500.00	87.51	83108.00	90.93	91011.00	87.00	92620.00	94.76
80508.00	95.46	81508.00	87.60	83114.00	92.32	91014.00	88.36	92623.00	95.80
80600.00	95.42	81600.00	88.78	83120.00	94.13	91017.00	89.32	92700.00	96.14
80608.00	95.40	81608.00	89.37	83123.00	95.15	91100.00	90.10	92702.00	96.82
80614.00	96.86	81620.00	90.83	90100.00	95.49	91108.00	90.98	92708.00	98.48
80617.00	97.96	81700.00	91.31	90102.00	96.16	91200.00	89.94	92717.00	100.26
80620.00	99.16	81705.00	91.92	90108.00	98.15	91208.00	89.42	92800.00	101.14
80623.00	100.39	81708.00	92.22	90120.00	101.14	91300.00	90.13	92808.00	102.15
80700.00	100.78	81711.00	92.48	90200.00	101.51	91308.00	90.48	92809.00	102.21
80702.00	101.57	81714.00	92.69	90208.00	102.25	91400.00	91.07	92810.00	102.24
80705.00	102.68	81800.00	92.97	90209.00	102.28	91408.00	91.36	92811.00	102.24

续表

日期（月日时）	水位（m）	日期（月日时）	水位（m）	日期（月日时）	水位（m）	日期（月日时）	水位（m）	日期（月日时）	水位（m）
1984年长江巫山站									
92812.00	102.22	101508.00	79.42	110308.00	73.64	12300.00	70.77	121208.00	69.79
92900.00	101.12	101600.00	80.40	110400.00	73.52	112308.00	70.71	121300.00	69.76
92908.00	100.38	101608.00	80.89	110408.00	73.46	112320.00	70.60	121308.00	69.74
92920.00	99.09	101700.00	81.26	110420.00	73.35	112400.00	70.58	121400.00	69.62
93000.00	98.79	101708.00	81.44	110500.00	73.36	112408.00	70.53	121408.00	69.56
93008.00	98.20	101800.00	81.51	110508.00	73.37	112500.00	70.46	121500.00	69.51
100100.00	97.76	1001808.00	81.54	110600.00	73.34	112508.00	70.42	121508.00	69.48
100108.00	97.54	101900.00	81.34	110608.00	73.32	112600.00	70.31	121600.00	69.73
100120.00	96.35	101008.00	81.24	110700.00	73.11	112608.00	70.26	121608.00	69.86
100200.00	95.84	102000.00	80.85	110708.00	73.00	112700.00	70.19	121700.00	70.13
100208.00	94.82	102008.00	80.66	110800.00	72.81	112708.00	70.15	121708.00	70.27
100300.00	93.49	102100.00	80.05	110808.00	72.72	112800.00	70.25	121800.00	70.28
100308.00	92.83	102108.00	79.75	110900.00	72.53	112808.00	70.30	121808.00	70.29
100400.00	91.52	102200.00	79.16	110908.00	72.44	112900.00	70.25	121900.00	70.20
100408.00	90.86	102208.00	78.86	111000.00	72.40	112908.00	70.23	121908.00	70.15
100500.00	89.77	102220.00	78.41	111008.00	72.38	113000.00	70.11	122000.00	69.92
100508.00	89.22	102300.00	78.30	111100.00	72.37	113008.00	70.05	122008.00	69.81
100600.00	89.35	102308.00	78.08	111108.00	72.36	120100.00	70.13	122100.00	69.82
100608.00	89.4	102400.00	77.60	111200.00	72.35	120108.00	70.17	122108.00	69.82
100700.00	89.52	102408.00	77.36	111208.00	72.34	120200.00	70.28	122200.00	69.96
100708.00	89.57	102500.00	77.02	111300.00	72.23	120208.00	70.34	122208.00	70.03
100800.00	88.89	102508.00	76.85	111308.00	72.18	120300.00	70.29	122300.00	70.04
100808.00	88.55	102600.00	76.55	111320.00	71.98	120308.00	70.27	122308.00	70.05
100820.00	87.58	102608.00	76.40	111400.00	71.97	120400.00	70.14	122400.00	69.89
100900.00	87.15	102700.00	76.22	111408.00	71.94	120408.00	70.08	122408.00	69.81
100908.00	86.30	102708.00	76.13	111500.00	71.98	120500.00	70.01	122500.00	69.62
100920.00	84.95	102720.00	75.98	111508.00	72.00	120508.00	69.98	122508.00	69.52
101000.00	84.53	102800.00	75.92	111600.00	71.87	120600.00	69.93	122600.00	69.44
101008.00	83.70	102808.00	75.79	111608.00	71.81	120608.00	69.90	122608.00	69.40
101014.00	83.09	102900.00	75.54	111700.00	72.03	120700.00	69.89	122700.00	69.27
101100.00	82.20	102908.00	75.42	111708.00	72.14	120708.00	69.88	122708.00	69.20
101108.00	81.49	102920.00	75.27	111800.00	72.12	120800.00	69.87	122800.00	69.01
101114.00	81.04	103000.00	75.21	111808.00	72.11	120808.00	69.87	122808.00	68.92
101120.00	80.60	103008.00	75.08	111900.00	71.84	120900.00	69.85	122900.00	68.86
101200.00	80.38	103100.00	74.85	111908.00	71.71	120908.00	69.84	122908.00	68.83
101208.00	79.95	103108.00	74.73	112000.00	71.49	121000.00	69.85	122920.00	68.77
101300.00	79.53	110100.00	74.46	112008.00	71.38	121008.00	69.86	123000.00	68.78
101308.00	79.32	110108.00	74.33	112100.00	71.19	121100.00	69.89	123008.00	68.80
101400.00	78.99	110200.00	74.10	112108.00	71.10	121108.00	69.91	123100.00	68.69
101408.00	78.82	110208.00	73.98	112200.00	70.96	121120.00	69.91	123108.00	68.64
101500.00	79.22	110300.00	73.75	112208.00	70.89	121200.00	69.87	123124.00	68.60

附表四　逐日平均流量表

日＼月份	1	2	3	4	5	6	7	8	9	10	11	12
1975 年长江奉节站												
1	4890	3980	3930	3850	11700	18300	25200	27700	13400	26400	14800	7410
2	4880	3970	3850	3830	10700	16300	23100	28000	13400	31100	14100	7160
3	4920	3920	3750	3720	10800	14100	22800	26700	14300	38500	13100	6870
4	4950	3860	3720	3800	10600	13600	22500	24500	15300	44400	12300	6650
5	4950	3850	3720	4290	10500	13000	23600	22500	16800	44000	11500	6500
6	5040	3790	3770	4530	10800	13300	25000	21000	17000	39500	11500	6350
7	5120	3720	3890	4270	11700	14500	31600	20200	22200	33300	12800	6100
8	5050	3660	4080	4170	12900	14300	34900	20100	32200	27400	14000	6000
9	4880	3630	4170	4460	12200	14300	30200	20200	38200	22800	13900	5990
10	4720	3670	4250	4710	10900	17300	28900	20800	37000	20500	13300	5880
11	4580	3790	4240	4740	10100	19000	32700	21100	31500	20700	13200	5850
12	4480	3870	4130	4810	9340	21100	34900	25000	26200	19900	13100	6000
13	4450	3980	3870	4850	9210	19900	36500	33400	22800	19100	13300	6180
14	4430	4060	3680	4640	9620	17200	32700	36900	21900	19400	14000	6270
15	4380	4090	3660	4580	9940	14800	28000	34400	22300	20400	15300	6390
16	4350	3980	3680	4480	11700	15900	24200	31500	23100	21400	15700	6370
17	4370	3890	3860	5070	13700	23400	21400	28600	23400	22200	15000	6110
18	4460	3860	4430	6050	14000	26300	19700	24300	23100	22000	13800	5840
19	4430	3890	4710	7390	13600	25100	18800	20200	22400	20700	12500	5560
20	4420	3970	4440	8740	14700	22700	18000	17100	24500	18800	11600	5400
21	4370	4000	4160	8800	15600	20200	17100	15100	26100	16900	11400	5190
22	4380	4080	4030	7910	14900	17800	16700	13900	26500	15400	11100	5080
23	4430	4140	3950	7540	13900	15300	18000	13200	27600	14200	10700	5010
24	4390	4050	3930	7240	12300	13200	19100	12500	27200	13500	10300	4870
25	4320	3960	3900	6780	11300	13500	19200	12000	25000	13000	9830	4750
26	4240	3980	3790	6320	10800	24400	19300	12000	22600	12900	9580	4640
27	4170	3990	3680	7070	12000	31700	18800	11900	21200	13000	9150	4540
28	4130	3950	3560	8900	14200	34000	19000	12000	20300	13000	8650	4410
29	4090		3560	12300	15400	32400	26600	12700	19800	13000	8210	4250
30	4060		3560	12900	17900	28700	31900	13600	22300	13200	7830	4120
31	3990		3680		19300		29400	13700		14400		4020
平均	4530	3910	3920	6090	12500	19500	24800	20900	23300	22100	12200	5670
最大	5140	4150	4760	13100	19400	34300	37100	37300	38800	45000	15800	7500
日期	7	23	19	29	31	28	13	14	9	4	16	1
最小	3960	3620	3540	3720	9080	12700	16500	11800	13200	12900	7720	4010
日期	31	9	28	3	13	24	22	27	2	26	30	31
年统计	最大流量　45000　10 月 4 日				最小流量　3540　3 月 28 日				平均流量　13300			
	径流量　4207　亿 m^3				径流模数　13.5　$dm^3/(s \cdot km^2)$				径流深度　425.9　mm			
附注	1. 本表流量除 6 月 9～13 日；6 月 16～23 日；6 月 26 日至 7 月 20 日；7 月 28 日至 8 月 22 日；9 月 6～15 日；10 月 1～11 日用绳套曲线推流外，其余各日均在单一曲线上推求。 2. 集水面积为 987711km^2，流量以 m^3/s 计											

续表

日＼月份	1	2	3	4	5	6	7	8	9	10	11	12
1974年赣江外洲站												
1	511	841	877	642	1340	3860	7780	1360	858	595	803	639
2	530	963	983	576	1330	3510	7510	1210	815	583	740	658
3	523	1260	1010	551	1550	2880	7070	1110	760	571	726	704
4	527	1700	1020	546	1450	2360	6800	1010	703	578	870	993
5	523	2280	935	567	1390	1880	6530	936	669	556	1530	1110
6	523	3140	850	602	3060	1480	5630	893	635	526	1650	1060
7	530	3460	762	702	5010	1200	4920	858	622	517	1440	957
8	534	3150	695	906	4640	1050	4440	830	614	578	1210	904
9	551	2620	762	954	4160	975	4040	802	602	604	1040	853
10	551	2270	906	935	4810	913	4020	890	599	625	975	811
11	530	1950	1040	963	4710	853	3860	875	594	686	861	762
12	519	1640	1030	954	4380	748	4620	1410	591	694	844	719
13	515	1430	935	1010	4130	755	3530	2520	590	610	819	690
14	511	1250	896	1160	3700	740	3700	3400	618	580	787	677
15	508	1140	906	1330	3020	778	4050	4460	613	584	921	671
16	519	1060	963	1400	2490	1360	4160	4740	595	559	1380	615
17	559	990	1080	1470	2100	2790	4550	4710	606	538	1650	599
18	580	953	1300	1600	1900	3320	5470	4190	612	549	1600	599
19	591	904	1480	1530	1830	3350	5500	3610	495	539	1460	621
20	619	858	1530	1320	1830	3470	5320	3000	554	520	1400	632
21	675	813	1490	1350	1640	3340	5070	2510	475	555	1300	658
22	711	770	1390	1550	1400	3230	4680	2030	455	800	1150	645
23	745	896	1250	1410	1240	3380	4130	1690	495	913	1020	632
24	719	850	1110	1250	1120	3760	3570	1560	518	2270	930	610
25	675	850	1070	1090	993	5290	3020	1340	555	2650	853	582
26	619	868	1020	935	913	5780	2630	1240	635	2200	811	566
27	591	877	859	906	975	6130	2410	1190	640	1600	740	566
28	586	850	787	1160	1110	6850	2210	1170	637	1340	712	566
29	602		728	1640	1460	7290	1980	1090	622	1110	690	582
30	669		695	1530	2220	7510	1750	987	604	939	671	639
31	787		689		3280		1530	921		861		939
平均	585	1450	1000	1080	2430	3030	4400	1890	613	865	1050	718
最大	805	3480	1530	1660	5100	7660	7800	4780	868	2700	1670	1120
日期	31	7	20	29	7	30	1	16	1	25	6	5
最小	504	753	675	542	904	733	1470	800	451	508	658	566
日期	15	22	31	4	26	12	31	10	21	7	30	26
年统计	最大流量 7800 7月1日				最小流量 451 9月21日				平均流量 1600			
	径流量 503.2 亿 m^3				径流模数 19.8 $dm^3/(s\cdot km^2)$				径流深度 621.6 mm			
附注	1. 本表各栏流量，是用经过流向改正后的成果推算的。 2. 集水面积为 80948km^2，流量以 m^3/s 计											

续表

日＼月份	1	2	3	4	5	6	7	8	9	10	11	12
1973年信江梅港站												
1	444	256	444	1270	750	8030	2630	225	142	153	163	86.9
2	399	238	429	2930	1180	6820	1490	232	189	156	160	82.9
3	366	232	416	2430	1200	3700	1070	274	372	160	153	80.9
4	305	220	580	2080	1840	2290	992	252	500	162	132	77.0
5	274	203	622	1730	1670	1980	3440	262	644	169	114	73.0
6	256	200	565	1080	1130	1940	5200	234	579	158	105	67.3
7	253	203	524	807	1450	1450	3140	214	448	164	105	73.0
8	253	232	499	978	2730	1040	1760	190	645	140	110	67.3
9	247	263	444	1160	2660	793	1240	166	544	131	114	57.8
10	238	295	420	1100	1770	634	1140	141	845	125	120	63.5
11	229	266	645	1830	1250	523	1290	130	609	130	116	61.6
12	208	247	1110	3620	1280	456	1690	139	414	167	110	59.7
13	200	247	1930	2210	1260	414	1800	147	588	212	101	54.0
14	194	309	2400	1320	1140	473	1560	170	512	212	97.0	59.7
15	251	341	2100	1290	1140	466	992	207	393	195	94.9	65.4
16	590	334	1360	1260	1300	362	650	234	337	167	90.8	63.5
17	1620	285	919	1750	2590	333	534	204	459	149	92.8	61.6
18	2110	298	701	2190	4440	523	532	175	611	138	99.1	61.6
19	1390	410	567	1670	3710	893	548	153	461	133	97.0	57.8
20	854	622	486	1370	3900	2440	593	167	419	172	90.8	54.0
21	656	678	460	1770	3560	2620	672	160	488	345	88.8	55.9
22	549	758	476	1650	2980	4340	521	133	437	542	88.8	54.0
23	515	1040	448	1240	3520	7350	391	109	333	437	90.8	59.7
24	600	863	441	1460	2660	6910	360	93.5	257	299	90.8	59.7
25	632	631	424	1300	1730	8680	358	78.0	202	233	84.9	61.6
26	533	528	366	1830	1660	9930	394	633	179	200	82.9	61.6
27	444	487	285	3160	2380	9400	419	54.0	141	194	77.0	61.6
28	395	468	241	1910	1820	6510	463	52.0	114	196	84.9	59.7
29	344		305	1000	1490	5140	369	71.3	143	183	86.9	55.9
30	302		874	716	1210	4300	279	123	153	174	84.9	47.2
31	278		1230		2940		243	154		168		55.9
平均	514	398	735	1670	2080	3360	1190	162	405	199	104	63.3
最大	2230	1110	2440	3840	6020	10300	5890	287	964	561	166	88.8
日期	18	23	14	12	31	26	6	2	10	22	1	1
最小	194	200	229	644	635	320	232	48.0	103	123	73.0	42.3
日期	13	5	29	30	1	17	31	29	28	10	27	30
年统计	最大流量 10300 6月26日				最小流量 42.3 12月30日				平均流量 905			
	径流量 285.4 亿 m^3				径流模数 58.3 $dm^3/(s\cdot km^2)$				径流深度 1837.1 mm			
附注	集水面积为15535km^2，流量以m^3/s计											

续表

日＼月份	1	2	3	4	5	6	7	8	9	10	11	12
1984 年长江奉节站												
1	4500	3540	3610	4270	5310	18700	24900	31100	36100	29100	9030	5400
2	4500	3530	3460	4210	5430	26600	22900	33700	37100	25500	8640	5460
3	4370	3390	3520	4140	5600	31000	22200	34000	32800	22700	8330	5330
4	4420	3320	3630	4110	6470	28600	27400	30400	27000	21600	8110	5170
5	4460	3390	3630	4210	8580	22700	38500	27800	22100	21400	7980	5020
6	4560	3390	3530	4420	9840	18100	41300	32400	18700	22100	7840	4970
7	4620	3210	3470	4840	9830	16900	38500	43700	17000	21900	7700	4980
8	4650	3100	3400	5110	9190	14600	41000	44800	16600	20200	7390	5060
9	4550	3080	3340	5130	8110	16200	52000	38800	18400	17800	7110	5060
10	4460	3160	3430	5050	7230	19900	56100	31900	21100	15700	7010	5040
11	4350	3190	3490	4840	6710	20200	50700	25900	22300	14400	7030	5130
12	4270	3200	3550	4560	6890	18100	42000	22200	21900	13600	6940	5090
13	4140	3180	3800	4440	7850	17500	35100	20400	24000	13200	6690	4930
14	4070	3270	4150	4500	8760	19700	33000	20100	23800	13000	6490	4820
15	4030	3210	4150	4470	10200	17300	34700	21100	22500	13500	6430	4900
16	3980	3240	4010	4350	10700	14900	37400	23900	20500	14200	6630	5230
17	3940	3260	4020	4470	11100	16500	36500	26200	18700	14700	6880	5420
18	3800	3440	3950	5070	12200	16700	36200	25700	17000	14500	6640	5370
19	3700	3640	3910	5270	12600	16100	32900	22900	16500	14200	6360	5180
20	3690	3830	4090	5150	12700	15200	30700	19600	16500	13600	6130	4990
21	3750	4010	4280	5410	13300	13800	31900	18000	16900	12900	5890	5220
22	3780	3990	4280	5670	12900	12600	36700	18200	17300	12400	5730	5300
23	3800	3860	4390	5690	12700	11900	36600	18900	17400	11900	5600	5200
24	3780	3720	4940	5650	13700	12500	32900	19300	17700	11500	5510	4920
25	3840	3630	5180	5700	17300	16900	32400	19300	20200	11300	5390	4840
26	3870	3620	4930	5650	20500	26700	36700	19600	27100	11100	5280	4730
27	3860	3640	4610	5730	20600	35700	42800	19400	34100	10800	5310	4570
28	3800	3710	4370	5680	19200	36100	46100	21000	34600	10700	5370	4470
29	3750	3700	4280	5490	17000	31000	45000	20900	32000	10200	5310	4410
30	3650		4250	5330	15000	27000	40500	21600	30800	9800	5270	4390
31	3520		4290		14700		34500	27600		9370		4260
平均	4080	3460	4000	4950	11400	20300	37200	25800	23300	15500	6670	5000
最大	4660	4050	5230	5780	21000	37400	57600	46000	37800	30200	9080	5480
日期	7	21	25	22	26	28	10	8	2	1	1	2
最小	3500	3060	3330	4090	5290	11600	21800	17800	16300	9200	5220	4200
日期	31	9	9	4	1	23	3	21	19	31	26	31

年统计	最大流量 56700 7月10日　最小流量 3060 2月9日　平均流量 13500 径流量 4270 亿 m^3　径流模数 13.7 $dm^3/(s \cdot km^2)$　径流深度 432.3 mm
洪量 $[m^3/(s \cdot d)]$	1日 56100　3日 159000　7日 322000　15日 608000 30日 1150000　60日 1960000
附注	1. 本表流量用落差指数法定单一曲线推流。 2. 用落差指数法推出的瞬时流量过程出现锯齿形，与水位过程不相应。 3. 流量以 m^3/s 计

续表

日＼月份	1	2	3	4	5	6	7	8	9	10	11	12
1980年赣江外洲站												
1	386	620	2350	2140	12300	2640	764	691	2740	1020	1220	591
2	366	608	2270	2330	10600	2490	768	693	2960	928	1080	596
3	362	632	2200	2260	9880	2520	784	756	3720	873	978	573
4	379	674	2200	2270	10800	2640	779	817	4540	816	900	596
5	378	681	2370	2380	10500	2510	865	941	4540	762	823	605
6	354	661	2800	2340	9760	2370	864	1260	3800	702	775	606
7	348	633	3440	2110	9000	2420	1010	1800	3150	657	762	588
8	328	605	4100	1880	8790	2780	1320	2020	2670	615	765	564
9	319	589	5960	1980	10300	3240	1550	1920	2220	607	722	557
10	327	585	7830	2380	12700	3410	1450	1710	1970	641	688	544
11	350	616	7510	2420	13500	3300	1390	1670	1710	669	671	541
12	349	654	6250	2490	13400	3260	1260	1670	1550	666	656	550
13	337	686	4940	2780	12500	3310	1080	1820	1430	667	658	531
14	348	720	3920	4480	10800	3470	1310	2270	1320	665	628	522
15	381	766	3190	7890	8700	3320	2900	2970	1240	640	609	508
16	378	797	2670	8530	7350	2900	5120	3640	1220	651	597	503
17	378	750	2360	7290	6450	2390	6060	3900	1160	663	595	494
18	375	694	2220	5500	5610	1930	4970	3620	1160	689	584	480
19	364	652	2080	3980	4970	1650	3500	2760	1170	731	567	477
20	358	661	1980	3080	4390	1560	2270	2390	1200	789	552	500
21	362	685	1920	2630	3780	1460	1700	2250	1260	838	551	513
22	374	733	1960	2670	3280	1390	1410	2360	1260	947	551	505
23	366	760	2100	3410	2890	1400	1190	2500	1310	1070	552	489
24	369	813	2120	4250	2530	1450	1070	2470	1340	1140	563	473
25	387	1100	1930	5240	2270	1400	946	2110	1360	1340	595	471
26	383	1630	1850	6730	2160	1260	893	1870	1370	1600	603	467
27	373	2130	1920	8690	2280	1070	798	1880	1340	1700	606	478
28	400	2190	1980	10800	2570	914	738	1870	1280	1660	616	473
29	488	2260	2000	12800	2650	876	741	1710	1190	1610	615	463
30	597		2010	13300	2750	797	739	1420	1130	1530	604	454
31	613		1980		2840		716	1830		1390		422
平均	383	882	3050	4700	7170	2200	1640	1990	1940	944	690	520
最大	640	2320	8050	13400	13600	3500	6220	3920	4670	1710	1240	610
日期	30	29	10	30	11	14	17	17	5	27	1	6
最小	319	584	1830	1820	2140	782	680	650	1110	600	551	414
日期	8	9	26	8	26	30	31	2	30	9	20	31
年统计	最大流量 13600 5月11日				最小流量 319 1月8日				平均流量 2180			
	径流量 689 亿 m³				径流模数 26.9 dm³/(s·km²)				径流深度 851.2 mm			
各时段最大洪量[m³/(s·日)]	1日 13500 3日 39600 7日 82000 15日 170000 30日 265000 60日 367000											
附注	集水面积为80948km²，流量以m³/s计											

续表

月份 日	1	2	3	4	5	6	7	8	9	10	11	12
1978 年草尾河草尾站												
1	344	372	247	490	888	1870	1710	1170	861	966	789	770
2	362	372	244	542	815	2000	1560	1250	825	946	757	756
3	369	375	242	552	749	1950	1460	1290	798	921	723	721
4	369	375	240	540	703	1830	1410	1300	780	894	681	675
5	372	375	240	511	707	1650	1400	1310	753	876	659	635
6	375	372	240	492	727	1500	1410	1330	743	867	643	601
7	372	369	238	473	775	1380	1480	1330	820	855	620	569
8	362	353	240	451	782	1270	1630	1290	1060	822	600	541
9	353	338	245	430	784	1230	1720	1250	1240	785	591	509
10	350	325	254	411	893	1220	1730	1260	1310	746	622	490
11	347	319	254	388	1040	1230	1650	1320	1310	710	693	481
12	338	316	257	366	1060	1280	1520	1400	1330	684	751	485
13	335	313	260	348	1010	1530	1400	1480	1390	665	799	490
14	328	308	263	335	930	1570	1280	1560	1450	654	844	483
15	318	305	266	316	859	1580	1180	1590	1440	640	875	478
16	328	299	269	294	803	1550	1110	1530	1360	639	876	471
17	362	297	260	287	777	1460	1060	1450	1260	635	860	450
18	400	294	256	283	745	1400	1040	1380	1170	628	840	437
19	432	288	251	275	741	1350	1080	1380	1110	611	829	420
20	448	283	265	253	859	1380	1160	1430	1100	596	842	402
21	451	281	307	254	1010	1550	1210	1460	1130	591	865	391
22	448	275	419	292	1080	1600	1260	1460	1120	589	890	387
23	435	270	510	384	1100	1570	1280	1420	1100	583	905	374
24	416	268	502	486	1130	1550	1260	1360	1090	572	923	371
25	403	263	469	588	1150	1590	1230	1290	1080	567	929	368
26	397	258	435	624	1120	1750	1220	1210	1060	580	918	360
27	381	258	408	631	1100	1970	1220	1110	1050	593	882	347
28	362	255	383	772	1110	2150	1210	1030	1030	619	835	353
29	369		365	958	1160	2090	1190	962	1010	665	795	338
30	366		369	957	1300	1880	1160	920	989	749	779	328
31	372		418		1570		1150	901		793		328
平均	376	313	310	466	951	1600	1330	1300	1090	711	787	478
最大	454	375	516	978	1740	2180	1780	1590	1460	977	929	770
日期	21	3	23	29	31	28	1	15	14	1	25	1
最小	313	254	238	248	699	1220	1040	892	743	564	589	328
日期	15	28	7	21	4	9	18	31	6	25	9	30
年统计	最大流量 2180 6 月 28 日				最小流量 238 3 月 7 日				平均流量 812			
	径流量 256 亿 m^3				径流模数 $dm^3/(s \cdot km^2)$				径流深度 mm			
附注	1. 本表流量枯水用单一线，中高水用连时序法推求。 2. 集水面积为 km^2，流量以 m^3/s 计											

续表

日\月份	1	2	3	4	5	6	7	8	9	10	11	12
1984年湘江衡山站												
1	568	487	715	1240	3570	13300	1590	390	1970	696	443	471
2	533	568	680	1150	2920	15200	1350	326	2500	587	421	437
3	550	610	660	1180	3000	14200	1180	356	3210	524	405	426
4	544	574	616	2010	4460	10800	1070	385	2650	593	411	389
5	580	592	616	3460	5890	6600	1660	414	1910	593	379	369
6	654	598	604	4350	5910	3970	1820	666	1450	641	374	349
7	667	604	629	5150	4750	2940	1530	728	1220	581	369	318
8	550	550	816	6380	3200	2400	1350	734	1010	678	364	318
9	471	516	1290	5820	2270	1930	1180	722	920	702	314	322
10	405	482	1460	4890	1880	1650	1010	672	869	774	322	330
11	344	504	1430	4580	1620	1880	863	599	787	787	379	349
12	314	592	1290	3880	1450	1850	760	541	709	801	604	369
13	322	660	1180	3010	1420	1750	653	529	647	890	787	421
14	318	729	1060	2340	1620	1840	593	524	617	950	743	437
15	334	642	923	2170	2220	1660	564	611	623	957	780	389
16	374	604	854	1870	3750	1860	529	734	569	912	923	454
17	344	648	801	1780	7120	2240	508	787	564	821	884	610
18	301	701	884	2620	7110	2290	487	828	605	801	839	635
19	301	743	846	5580	7750	1910	461	808	666	863	729	623
20	314	801	743	6050	7470	1480	430	722	863	1030	667	642
21	318	787	673	5290	6500	1360	419	635	897	1090	629	722
22	443	743	623	4250	5310	1370	492	575	869	1070	522	772
23	493	801	610	3270	3940	1300	564	471	821	1010	499	809
24	516	816	694	2640	3030	1150	390	461	801	891	448	794
25	556	831	758	2360	2650	1090	322	518	722	729	443	701
26	556	824	758	2100	2780	1190	326	653	599	580	411	598
27	516	736	869	2440	3210	1590	361	808	611	623	384	616
28	516	694	884	3820	3750	1890	356	1030	678	648	405	556
29	493	722	986	4380	3870	1870	375	1240	702	616	448	476
30	426		1130	4380	3190	1750	356	1310	696	568	411	522
31	443		1190		4840		356	1430		516		550
平均	454	661	880	3480	3950	3540	771	684	1060	759	525	509
最大	701	854	1490	6520	9500	15300	1980	1500	3330	1110	970	824
日期	7	25	10	8	31	2	5	31	3	21	16	23
最小	289	465	580	1130	1390	1070	298	294	518	454	305	305
日期	19	1	6	2	12	25	25	2	17	31	9	7
年统计	最大流量 15300 6月2日				最小流量 289 1月19日				平均流量 1440			
	径流量 454 亿 m^3				径流模数 22.5 $dm^3/(s \cdot km^2)$				径流深度 709.6 mm			
附注	1. 本表流量采用单一曲线和绳套曲线推求。 2. 集水面积为 63980km^2，流量以 m^3/s 计											

续表

月份 日	1	2	3	4	5	6	7	8	9	10	11	12
1998 年湘江衡山站												
1	2400	2400	3040	3420	1960	2950	4490	888	588	443	221	250
2	2510	2600	2740	2830	2250	3050	3330	861	587	402	244	254
3	2420	3140	2420	2430	2570	5470	2830	795	617	390	235	251
4	2290	3810	3720	2280	2940	6470	2560	743	632	389	114	258
5	2320	4080	6190	2190	2870	5130	2330	701	614	393	178	175
6	2210	3620	7040	1960	2250	3630	2150	743	688	388	189	224
7	2240	3250	8160	1960	1900	2880	2280	733	745	379	164	365
8	2530	2850	12300	1760	1770	2270	2080	677	670	383	156	401
9	2900	2740	15900	2000	1730	2040	1770	633	615	418	135	347
10	3140	2510	16500	2510	1840	2410	1690	553	609	398	121	296
11	3120	2330	13200	3560	1740	3030	1620	525	586	359	101	317
12	2950	2240	9400	4000	1670	3350	1570	524	600	366	118	323
13	2580	2030	6220	3430	2350	2780	1550	504	554	350	141	509
14	3770	1980	4540	3830	2710	2150	1560	449	485	418	143	325
15	6660	2240	3900	3520	3900	2000	1520	398	459	432	135	231
16	7040	2870	3330	2850	4510	1870	1460	352	471	455	136	241
17	5720	3690	3150	2160	4060	1890	1380	303	505	473	134	256
18	4120	3610	2730	1930	3490	2090	1260	322	498	417	136	263
19	3260	3500	2450	1890	2850	2570	1160	350	492	371	122	256
20	3010	3700	2190	1630	2410	6500	1120	358	493	340	135	204
21	2690	3630	2290	1590	2260	8740	1080	400	477	318	124	166
22	2610	3210	2520	1430	2280	10200	855	455	449	290	141	177
23	3160	2750	2710	1530	3770	9170	767	427	480	302	185	220
24	3390	3380	2780	2130	8340	8070	723	399	480	314	228	192
25	3460	4650	2730	2410	10600	7260	764	359	471	264	247	209
26	3050	4750	2660	2350	9930	8500	841	395	385	238	249	245
27	2660	3680	2510	2460	6430	10200	1190	403	344	264	224	268
28	2850	2920	2770	2350	4280	10800	1380	455	376	271	206	163
29	2510		3400	2130	3150	9280	1170	483	456	248	211	126
30	2080		4330	2080	2530	6620	983	569	494	251	234	115
31	1960		4200		2480		921	633		239		134
附注	集水面积为 63980km^2											

续表

日＼月份	1	2	3	4	5	6	7	8	9	10	11	12
1992 年湘江湘潭站												
1	733	956	1760	8320	2980	3490	3680	994	769	573	467	258
2	789	867	1670	8140	2760	3890	3710	1010	713	500	416	268
3	884	857	1770	7210	3040	3410	4410	1010	728	456	381	296
4	941	1020	2690	5840	3440	3050	6350	1000	644	460	437	310
5	1020	1210	4080	4550	3850	2600	7350	996	577	489	491	319
6	1200	1270	4290	3850	4320	2320	10300	983	543	529	475	335
7	1600	1470	3760	3570	5300	2580	13300	930	529	546	433	374
8	2010	2090	3220	3180	5560	2820	15300	848	523	524	444	417
9	2180	3020	2720	2920	4160	2840	13100	876	561	503	451	455
10	2040	3910	2390	3130	3520	2780	9500	897	714	504	449	463
11	1830	4000	2180	3260	3420	2490	6630	865	886	533	465	451
12	1700	3790	1960	3410	3060	2090	5110	841	1000	552	491	432
13	1670	3770	1900	3850	2850	1790	5190	857	1350	554	440	414
14	1590	3460	2020	4250	2910	1570	5040	847	1400	538	400	443
15	1440	3170	2370	4140	3780	1520	4180	825	1260	494	394	470
16	1360	3050	2420	3540	4290	2260	3280	822	1180	501	377	514
17	1370	3220	2210	2920	8280	3200	2620	789	1080	521	353	551
18	1390	3370	2400	2340	9050	3250	2210	766	1010	540	330	590
19	1370	3220	3950	1960	7520	4350	2000	740	935	561	334	585
20	1260	3230	7210	1840	7390	4730	1650	755	879	557	418	569
21	1180	4160	9340	2190	6530	4440	1450	725	879	520	439	539
22	1140	5310	9900	3000	5240	4390	1430	684	910	497	398	516
23	1110	5030	10200	2930	4480	5560	1430	639	872	485	372	499
24	1040	3860	11000	3520	4260	4870	1410	577	739	487	341	480
25	979	3060	12700	4510	3830	4930	1370	592	665	485	311	463
26	928	2640	14400	5110	3440	7090	1320	680	637	470	307	485
27	903	2350	14500	5670	3210	7930	1240	755	620	431	323	576
28	970	2190	13800	5860	3210	7210	1160	848	624	461	303	611
29	1040	1980	11900	4440	3280	5860	1100	915	638	485	275	605
30	1060		9740	3500	3230	4500	1040	879	626	483	262	677
31	1040		8410		3000		995	831		498		750
附注	集水面积为 81638km^2											

附表五　实测悬移质输沙率成果表

施测号数		施测时间				流量 (m^3/s)	断面输沙率 (kg/s)	断面平均含沙量 (kg/m^3)	单位含沙量 (kg/m^3)	测验方法			附注
输沙率	流量	月	日	起 时：分	止 时：分								
1975年长江奉节站													
1	1	1	7	9：30	12：20	5030	0.732	0.146	0.160	横式 7/33	积点	流速仪	
2	2		13	9：40	14：05	4450	0.754	0.169	0.178	横式 7/33	积点	流速仪	
3	3	2	1	9：50	14：21	3920	0.284	0.072	0.073	横式 6/30	积点	流速仪	
4	4	3	5	9：47	12：48	3690	0.224	0.061	0.051	横式 6/30	积点	流速仪	
5	6		19	9：30	11：55	4830	0.353	0.073	0.071	横式 6/30	积点	流速仪	
6	8	4	18	14：00	17：00	5930	6.36	1.07	1.03	横式 7/35	积点	流速仪	
7	11		26	9：20	11：20	6410	1.77	0.276	0.285	横式 7/14	定比混合	流速仪	
8	13		29	15：45	17：20	13000	21.2	1.63	1.41	横式 9/18	定比混合	流速仪	
9	16	5	12	8：45	10：45	9420	2.88	0.306	0.278	横式 8/16	定比混合	流速仪	
10	18		20	9：20	15：00	15300	9.78	0.639	0.725	横式 9/45	积点	流速仪	
11	21		30	15：35	18：15	18900	18.4	0.974	1.15	横式 9/18	定比混合	流速仪	
12	28	6	12	8：00	12：25	21300	55.2	2.59	2.81	横式 9/18	定比混合	流速仪	
13	32		18	8：00	11：24	26400	47.1	1.78	1.72	横式 9/18	定比混合	流速仪	
14	33		19	8：00	10：18	25400	34.6	1.36	1.50	横式 9/18	定比混合	流速仪	
15	36		26	8：30	11：06	24100	77.3	3.21	3.53	横式 9/18	定比混合	流速仪	
16	37			15：24	17：18	28300	103	3.64	3.73	横式 9/18	定比混合	流速仪	
17	38		27	8：30	13：00	30600	77.9	2.55	2.57	横式 9/18	定比混合	流速仪	
18	39		28	13：30	15：42	34300	95.3	2.78	2.71	横式 9/18	定比混合	流速仪	
19	40		30	8：30	17：36	28600	45.3	1.58	1.73	横式 11/55	定比混合	流速仪	
20	45	7	8	8：24	11：18	35200	71.7	2.04	2.14	横式 11/55	定比混合	流速仪	
21	49		13	8：24	12：36	36900	109	2.95	2.98	横式 9/18	定比混合	流速仪	
22	51		16	8：18	9：54	24600	29.7	1.21	1.45	横式 9/18	定比混合	流速仪	
23	52		19	9：00	15：18	18500	24.6	1.33	1.49	横式 8/40	积点	流速仪	
24	55		30	7：48	10：42	30100	71.5	2.38	2.55	横式 9/18	定比混合	流速仪	
25	59	8	12	10：00	13：30	23700	25.7	1.08	1.21	横式 9/18	定比混合	流速仪	
26	61		14	7：06	11：30	37200	87.7	2.36	2.35	横式 9/18	定比混合	流速仪	
27	63		16	6：54	10：48	31900	59.1	1.85	1.97	横式 9/18	定比混合	流速仪	
28	64		18	7：00	14：24	24400	34.1	1.40	1.49	横式 9/45	积点	流速仪	
29	70	9	8	6：15	8：20	30200	60.4	2.00	2.08	横式 9/18	定比混合	流速仪	
30	71			15：00	18：35	34300	85.9	2.50	2.60	横式 9/18	定比混合	流速仪	
31	72		9	8：00	11：30	38200	100	2.62	2.57	横式 9/18	定比混合	流速仪	
32	73		10	8：00	16：20	33100	137	3.60	3.66	横式 9/45	积点	流速仪	
33	74		11	8：40	12：40	31900	73.4	2.30	2.32	横式 9/18	定比混合	流速仪	
34	76		15	8：18	15：18	22000	26.0	1.18	1.42	横式 9/45	积点	流速仪	
35	83	10	4	8：30	13：20	44800	105	2.34	2.61	横式 9/18	定比混合	流速仪	
36	84		5	8：24	17：42	42900	82.3	1.92	2.06	横式 9/45	积点	流速仪	
37	85		6	13：30	17：30	40300	52.2	1.30	1.27	横式 9/18	定比混合	流速仪	
38	88		15	8：18	15：18	19700	11.6	0.589	0.724	横式 9/45	积点	流速仪	
39	90	11	1	8：20	14：00	14300	7.36	0.515	0.483	横式 9/45	积点	流速仪	
40	92		10	9：15	14：10	12700	4.64	0.365	0.426	横式 9/45	积点	流速仪	

续表

施测号数		施测时间				流量 (m^3/s)	断面输沙率 (kg/s)	断面平均含沙量 (kg/m^3)	单位含沙量 (kg/m^3)	测验方法			附注
输沙率	流量	月	日	起	止								
				时：分	时：分								
1974年赣江外洲站													
1	2	1	8	9：36	11：45	525	4.73	0.009	0.007	横式 4/12	定比混合	流速仪	0.859
2	9	2	13	9：57	12：26	1440	85.7	0.060	0.062	横式 6/18	定比混合	流速仪	0.824
3	14	3	19	10：05	13：05	1460	72.0	0.049	0.050	横式 6/18	定比混合	流速仪	0.921
4	19	4	21	9：16	11：49	1300	78.2	0.060	0.058	横式 6/18	定比混合	流速仪	0.913
5	22	5	6	13：13	16：18	3410	1150	0.337	0.453	横式 6/18	定比混合	流速仪	0.922
6	23		7	13：11	16：35	5190	2670	0.514	0.538	横式 6/18	定比混合	流速仪	0.954
7	30		29	8：47	11：07	1400	57.3	0.041	0.045	横式 6/18	定比混合	流速仪	0.919
8	33	6	4	9：13	12：03	2280	362	0.159	0.170	横式 6/18	定比混合	流速仪	0.888
9	38		19	9：40	12：30	3470	1340	0.386	0.470	横式 6/18	定比混合	流速仪	0.934
10	40		23	9：00	11：45	3260	441	0.135	0.152	横式 6/18	定比混合	流速仪	0.936
11	42		26	9：30	12：50	5750	2700	0.470	0.392	横式 6/18	定比混合	流速仪	0.958
12	45	7	1	9：10	12：52	7880	2910	0.369	0.374	横式 6/18	定比混合	流速仪	0.963
13	46		3	9：05	12：45	7050	1310	0.186	0.184	横式 6/18	定比混合	流速仪	0.962
14	52		19	9：00	11：40	5570	971	0.174	0.192	横式 6/18	定比混合	流速仪	0.961
15	56		31	9：10	12：30	1560	70.4	0.045	0.043	横式 6/18	定比混合	流速仪	0.916
16	59	8	13	14：45	17：25	2690	830	0.308	0.504	横式 6/18	定比混合	流速仪	0.905
17	60		15	9：22	12：15	4450	1550	0.349	0.300	横式 6/18	定比混合	流速仪	0.953
18	66	9	3	9：50	12：02	770	6.36	0.008	0.005	横式 6/18	定比混合	流速仪	0.926
19	73	10	16	15：30	17：30	550	9.55	0.017	0.013	横式 6/18	定比混合	流速仪	0.901
20	74		24	9：50	12：05	2360	724	0.306	0.390	横式 6/18	定比混合	流速仪	0.952
21	75		25	14：47	17：30	2600	854	0.328	0.467	横式 6/18	定比混合	流速仪	0.901
22	79	11	18	9：55	12：47	1530	106	0.069	0.073	横式 6/18	定比混合	流速仪	0.932
23	84	12	25	14：09	16：55	581	4.20	0.007	0.004	横式 6/18	定比混合	流速仪	0.867

续表

施测号数		施测时间				流量 (m^3/s)	断面输沙率 (kg/s)	断面平均含沙量 (kg/m^3)	单位含沙量 (kg/m^3)	测验方法			附注
输沙率	流量	月	日	起	止								
				时：分	时：分								
1973年信江梅港站													
1	6	1	17	9：00	11：45	1570	174	0.111	0.113	横式 7/21	定比混合	流速仪	
2	19	2	15	14：35	16：31	356	4.41	0.012	0.012	横式 6/18	定比混合	流速仪	
3	36	3	13	9：40	12：20	1820	340	0.187	0.192	横式 7/21	定比混合	流速仪	
4	55	4	2	15：12	17：55	3240	906	0.280	0.261	横式 7/21	定比混合	流速仪	
5	64		12	9：45	13：10	3810	1560	0.409	0.361	横式 7/21	定比混合	流速仪	
6	83		27	12：15	14：25	3390	1070	0.316	0.306	横式 7/21	定比混合	流速仪	
7	100	5	8	21：30	23：50	3130	509	0.163	0.160	横式 7/21	定比混合	流速仪	
8	110		18	3：23	8：45	4470	2960	0.662	0.636	横式 7/21	定比混合	流速仪	
9	114		20	18：47	20：50	4240	1010	0.238	0.210	横式 7/21	定比混合	流速仪	
10	131	6	1	16：07	19：25	8850	5360	0.625	0.583	横式 7/21	定比混合	流速仪	
11	148		20	23：54	3：36	3090	829	0.268	0.250	横式 7/21	定比混合	流速仪	
12	153		23	9：26	12：30	7550	2470	0.327	0.292	横式 7/21	定比混合	流速仪	
13	156		25	16：50	20：06	9090	4450	0.490	0.485	横式 7/21	定比混合	流速仪	
14	167	7	6	1：08	4：52	5890	2540	0.431	0.430	横式 7/21	定比混合	流速仪	
15	186	8	29	8：46	11：32	65.6	1.02	0.016	0.015	横式 5/15	定比混合	流速仪	
16	190	9	4	14：39	17：37	544	50.4	0.093	0.084	横式 7/21	定比混合	流速仪	
17	212	10	21	13：52	16：30	379	17.8	0.047	0.044	横式 5/15	定比混合	流速仪	
18	222	11	24	9：17	11：00	88.3	0.976	0.011	0.010	横式 5/15	定比混合	流速仪	
19	228	12	20	9：15	10：45	50.2	0.290	0.006	0.006	横式 5/15	定比混合	流速仪	

续表

施测号数		施测时间				流量(m^3/s)	断面输沙率(kg/s)	断面平均含沙量(kg/m^3)	单位含沙量(kg/m^3)	测验方法		附注
输沙率	流量	月	日	起 时：分	止 时：分							
1980年赣江外洲站												
1	5	2	11	13：45	16：52	639	13.4	0.021	0.021	横式 5/15	定比混合	
2	7		26	10：00	13：46	1780	278	0.16	0.16	横式 6/18	定比混合	
3	8		27	10：05	13：23	2190	466	0.21	0.23	横式 6/18	定比混合	
4	11	3	7	9：25	12：30	3420	659	0.19	0.20	横式 6/18	定比混合	
5	12		9	9：53	13：24	5920	3130	0.53	0.54	横式 6/18	定比混合	
6	13		10	13：37	16：22	7900	6530	0.83	0.85	横式 6/18	定比混合	
7	25	4	14	14：48	18：20	5080	1710	0.34	0.34	横式 6/18	定比混合	
8	26		15	9：08	12：10	7700	4470	0.58	0.61	横式 6/18	定比混合	
9	27		16	8：56	16：24	8480	4100	0.48	0.53	横式 12/36	定比混合	
10	29		18	9：17	11：36	5660	1580	0.28	0.31	横式 6/18	定比混合	
11	31		20	13：56	16：55	2960	427	0.14	0.16	横式 6/18	定比混合	
12	36		27	9：35	15：24	8780	3280	0.37	0.44	横式 6/18	定比混合	
13	38		29	13：16	18：57	13200	5280	0.40	0.40	横式 6/18	定比混合	
14	44	5	5	14：36	18：16	10100	2290	0.23	0.23	横式 6/18	定比混合	
15	47		10	8：50	12：38	12700	6840	0.54	0.57	横式 6/18	定比混合	
16	48		11	8：46	17：44	13800	6280	0.46	0.49	横式 6/18	定比混合	
17	55		26	9：30	12：04	2180	187	0.086	0.089	横式 6/18	定比混合	
18	61	6	11	9：16	11：34	3270	355	0.11	0.11	横式 6/18	定比混合	
19	66		24	9：05	11：17	1670	150	0.090	0.10	横式 6/18	定比混合	
20	74	7	17	9：10	11：58	6150	4000	0.65	0.64	横式 6/18	定比混合	
21	75		19	6：30	8：42	3640	927	0.25	0.25	横式 6/18	定比混合	
22	83	8	8	8：48	10：58	2040	193	0.095	0.095	横式 6/18	定比混合	
23	86		15	14：36	16：30	3090	377	0.12	0.13	横式 6/18	定比混合	
24	93	9	6	13：39	16：49	3610	613	0.17	0.19	横式 6/18	定比混合	
25	104	11	1	9：34	12：26	1290	82.7	0.064	0.071	横式 6/18	定比混合	
26	108	12	5	9：20	12：04	580	6.39	0.011	0.013	横式 4/12	定比混合	

续表

施测号数		施测时间				流量 (m³/s)	断面输沙率 (kg/s)	断面平均含沙量 (kg/m³)	单位含沙量 (kg/m³)	测验方法			附注
输沙率	流量	月	日	起	止								
				时：分	时：分								
1978年草尾河草尾站													
1	22	5	4	9：20	10：50	695	30.0	0.043	0.041	横式	5/15	定比混合	单位水样在起点距161.6m处一线用2：1：1定比混合法取样。
2	25		14	15：00	16：15	928	129	0.14	0.13	横式	5/15	定比混合	
3	26		19	9：04	13：18	734	44.7	0.061	0.060	横式	10/50	积点	
4	29		24	14：58	16：18	1130	63.8	0.056	0.051	横式	5/15	定比混合	
5	32		31	15：10	16：30	1630	937	0.57	0.54	横式	5/15	定比混合	
6	34	6	2	17：02	18：16	2000	1320	0.66	0.66	横式	5/15	定比混合	
7	35		3	15：20	16：34	1930	1420	0.74	0.70	横式	5/15	定比混合	
8	36		5	8：55	10：10	1660	1620	0.98	0.95	横式	5/15	定比混合	
9	40		13	9：04	11：20	1540	434	0.28	0.26	横式	5/15	定比混合	
10	42		19	15：16	17：22	1340	600	0.45	0.44	横式	5/15	定比混合	
11	46		27	8：40	10：36	1910	2120	1.11	1.09	横式	5/15	定比混合	
12	47		28	14：48	16：16	2180	2500	1.15	1.13	横式	5/15	定比混合	
13	48		30	15：20	16：56	1830	1330	0.73	0.68	横式	5/15	定比混合	
14	50	7	6	8：54	14：00	1410	866	0.61	0.60	横式	10/50	积点	
15	52		10	10：34	12：10	1750	3220	1.84	1.84	横式	5/15	定比混合	
16	53			23：20	0：50	1700	3480	2.05	2.11	横式	5/15	定比混合	
17	54		11	9：38	11：10	1640	3240	1.98	1.95	横式	5/15	定比混合	
18	55			15：40	16：56	1630	3310	2.03	1.93	横式	5/15	定比混合	
19	56		14	9：46	11：06	1280	1640	1.28	1.27	横式	5/15	定比混合	
20	59		24	9：40	11：00	1270	724	0.57	0.55	横式	5/15	定比混合	
21	62	8	3	8：56	11：48	1280	742	0.58	0.57	横式	5/15	定比混合	
22	63		6	9：15	10：45	1320	2280	1.73	1.72	横式	5/15	定比混合	
23	65		12	15：44	17：02	1390	1400	1.01	1.03	横式	5/15	定比混合	
24	67		18	8：40	10：15	1380	1370	0.99	0.98	横式	5/15	定比混合	
25	69		24	9：15	10：45	1380	1120	0.81	0.81	横式	5/15	定比混合	
26	72	9	4	9：05	10：55	801	318	0.40	0.38	横式	5/15	定比混合	
27	75		10	12：20	13：35	1310	1780	1.36	1.36	横式	5/15	定比混合	
28	76		12	15：10	16：45	1350	2690	1.99	1.94	横式	5/15	定比混合	
29	77		14	14：55	16：25	1460	1760	1.21	1.18	横式	5/15	定比混合	
30	79		20	9：20	13：20	1080	786	0.73	0.73	横式	10/50	积点	
31	81		28	15：00	16：20	1020	379	0.37	0.37	横式	5/15	定比混合	
32	83	10	11	8：30	10：20	717	148	0.21	0.22	横式	5/15	定比混合	
33	86		30	9：50	11：55	769	125	0.16	0.16	横式	5/15	定比混合	
34	89	11	11	14：45	16：10	711	92.5	0.13	0.13	横式	5 5/15	定比混合	

教学实习指导书

一、实 习 概 况

1. 实习目的

结合生产实践，初步掌握水文测站的主要测验业务和技能。

2. 实习地点

五个水文站，即安徽省黄山市水文水资源局所属的屯溪、歙县渔梁和三阳坑水文站，芜湖市水文局所属的大砻坊水文站，宣城水文站。

3. 组织领导

实习由河海大学水文水资源学院及黄山市水文局、芜湖市水文局共同领导，由带队教师与水文测站站长共同负责完成。

4. 实习时间

两周，工作量以 12 天安排。

二、水文站业务实习的要求

1. 了解测站及流域概况

在水文站实习，了解测站以上流域的自然地理情况，测站控制情况，降雨径流关系，水位—流量、水位—面积、水位—流速的关系，单沙与断沙的关系等，通过实践增进对水文现象的感性认识。

了解本站设站的目的和任务，测验的基本设施及布置原则，测站历史上发生的水文特征值。

2. 掌握测站水文观测的基本方法和进行基本技能训练

(1) 结合生产实践，掌握进行水文基本要素观测及资料整理计算工作，包括降水量、蒸发量、水位、流量、含沙量及水面比降等项目的观测及计算。

(2) 水尺零点高程的接测及大断面的测量及计算。

(3) 初步学会雨情、水情等电码的翻译和编报工作。

(4) 了解本站流速的横断面分布情况及流速脉动现象。

(5) 了解本站流量数据处理的方法，点绘今年施测的水位—流量、水位—面积、水位—流速关系，并初步定线。

(6) 巩固按有效数字使用水文数据的规定，参考附录一“‘国标’与‘规范’部分符号对照表”及“水文测验常用各水力要素的单位和数字取用位数规定一览表”。

3. 上交成果

(1) 实测流量成果、实测悬沙输沙率成果各一份。

(2) 实测大断面计算成果（可用图解分析法）及大断面图。

(3) 横断面的流速分布图及垂线平均流速沿河宽的分布图（可绘在大断面图上）。

(4) 水位—流量、水位—面积、水位—流速关系图及检验成果、流率表。

(5) 其他有关成果（如降水量观测、测站考证情况、含沙量分析计算等）。

(6) 了解本站水文预报方案及使用方法，本站水文测报有哪些先进经验？

(7) 本站如何为当地工农业生产服务？有哪些待解决的问题？

4．实验研究

（1）进行一次多线法测流实验，分析测速垂线数目对流量误差的影响，详见附录二。上交多线法测流量的实测记录及分析计算成果。

（2）进行一次流速脉动实验，分析流速脉动变化规律，详见附录三。上交流速脉动实验的成果及简要分析报告（包括图表）。

三、教学方法

在站实习，主要通过直接参加生产实践，虚心向测站技术人员、工人师傅学习，并通过必要的讲课、自学、完成一定的实际操作及分析计算相结合进行。

讲课主要由站上的同志结合当地情况讲授。

四、具体安排及要求

（一）第一阶段（4～5天）

分组通过跟班轮流操作、讲课、自学等环节，初步学会测站外业操作及内业资料整理，并与站上同志一起完成经常性的生产任务。

1．讲授内容

（1）本站的设站目的，流域的自然地理概况，测站基本设施及布置原则；

（2）降水、蒸发、水位等要素的观测方法（包括仪器的性能、结构，使用及养护，野外观测数据整理的方法），参考附录一“水文测验实习参考资料”参考资料三：“降水量观测及数据整理简介”；

（3）流速仪法进行流量测验及输沙率测验方法、操作规程及注意事项，输沙率计算；

（4）雨情、水情电报的翻译和编报的方法及要求，参考附录一“水文情报拍报简介”。

（5）水尺零点高程接测，大断面测量的操作规程及方法。

2．教学要求

（1）通过生产实践，初步掌握降水、蒸发、水位、流量、含沙量等基本水文要素的观测，水质取样化验数据的计算整理方法、成果能符合生产要求，参加值班报讯工作。

（2）结合讲课，对本站测验河段进行一次野外查勘，对影响本站测站特性的因素加以记录。

（3）每人至少完成2次实测流量计算成果（包括计算及初校），其中抄录一份作为实习报告成果；利用一次精测数据，绘流速在横断面上的分布图（即等流速曲线）及垂线平均流速沿河宽的分布图，抄录降水、蒸发、水位等要素的实测记录2～3天（所参加观测或计算的），其中必须有用面积包围法计算日平均水位1～2天，至少完成1次输沙率测验或悬移质单样含沙量采取及输沙率计算，并将输沙率计算成果摘录一份作为实习的成果。

（4）水尺零点高程接测及大断面测量计算成果一份（含绘大断面图）。

（二）第二阶段（4～5天）

由跟班逐步过渡到顶班并能独立承担站上日常的内外业工作，并根据教学要求进行一些试验。

1. 讲授内容

（1）本站流量、泥沙数据处理方法及情况的介绍。

（2）本站水文预报方案的简介及使用方法介绍，本站水文测报工作在工农业生产中的使用及先进经验、存在问题的介绍。

（3）流速脉动实验介绍。

（4）多线法流量测验方法及误差分析介绍。

（5）其他。断面平均水面流向测量方法、浮标测流法等的介绍，有条件的测站，介绍泥沙颗分的方法及操作。

2. 教学要求

除参加顶班、独立承担站上的日常内外业工作（含雨量、水位、水情拍报、测流、取单沙等工作）外，尚需完成下列工作：

（1）用本站今年已施测的流量资料，点绘水位—流量、水位—面积、水位—流速关系图及单断沙关系图，试初步定线。

（2）进行一次多线法测速垂线精简分析实验，计算整理实验成果并进行分析。

（3）进行一次流速脉动实验，每个测站在断面上取 5～7 条垂线或更多垂线，每条垂线最好取五点至少取三点施测，达到每位同学一个测点，各人整理自己的成果，绘制流速脉动过程线；最后全班成果合成绘制一个完整的全断面流速脉动强度在断面上的分布图。

（4）在时间条件许可下，进行断面平均水面流向测量及浮标法测流并整理成果。

（三）第三阶段（1～2 天）

每个小组进行业务和思想交流，由组长或组长指派本组成员执笔对本小组实习情况作书面小结，每个学生书写实习报告，整理好实习成果，提纲见附录四。

（四）时间具体安排建议

（1）流域考察，测站控制情况等测站基本情况了解 1 天。

（2）降水、蒸发等项目的观测，每日 8 时分组轮流值班，降水资料整理 0.5 天。

（3）水位观测，每日 8 时分组轮流值班，水位资料整理 0.5 天。

（4）水准测量、大断面测量及计算，分组进行，1 天。

（5）水情电报编报，分组轮流值班，0.5 天。

（6）流速仪拆装、流速仪测流及流量计算 1 天。

（7）单沙测验，悬移质输沙率模拟计算 0.5 天。

（8）对所在测站特性进行了解，点绘水位—流量关系曲线并推流计算，1.5 天。

（9）进行水文测验实验研究及内业数据的分析整理 3 天。

（10）撰写报告 1 天。

（11）机动 0.5 天。

五、注 意 事 项

（1）认真贯彻“德、智、体”全面发展的方针，坚持教学为主的思想，保证业务学习（包括生产实践在内），在完成生产及教学任务的情况下，注意劳逸结合，开展形式多样的文体活动。

（2）加强组织纪律性，服从领导统一指挥。星期天除参加值班或完成必要的生产任务外，原则上就地休假，不能擅自离开测站所在地，需要离开时必须向测站站长及指导教师请假。

（3）严格遵守站上的各项规章制度（包括生产纪律和操作规程），注意治保安全及其他安全，防止发生事故。

（4）以上各阶段项目进行的时间，只是大致划分，各站指导教师与站长可根据站上情况，共同协商、灵活安排或穿插进行，以不失时机地完成任务。

六、考核（1～2天）

每位学生完成实习报告后，抽查部分学生（口试或必要的笔试），作为实习成绩的一部分。

实习成绩分为优秀、良好、中等、及格、不及格五个等级（其中：优秀占10%，良好占30%，中等占30%，及格和不及格总占30%），成绩评定由三部分组成：平时在站实习的情况（由所在测站的指导教师给出）、考查情况（由实习所在班委讨论给出）、实习报告及成果分析计算（由带队教师批改后给出）等综合确定（评分标准另发给指导教师）。

七、成　果　表

表4-1　　降雨资料摘寻成果表

1. 摘寻两天日降水量

摘录表　　　　时段雨量计算

日　期	月　日
日雨量	
自记雨量	
虹吸量	
底水	
未虹吸量	
订正量	

日　期	月　日
日雨量	
自记雨量	
虹吸量	
底水	
未虹吸量	
订正量	

日　期	月　日
日雨量	
自记雨量	
虹吸量	
底水	
未虹吸量	
订正量	

2. 心得体会

表 4-2　　水位观测记录（或摘录）成果表

1. 摘录两天的逐时水位并计算日平均水位

月　日	时　间（时）	水　位（m）	时　距（h）	部分水位（m）	日平均水位（m）	备　注

2. 心得体会

表 4-3　　水情拍报记载及说明

摘录 2～3 个你所拍发或接收的水情电报（要有代表性），并作分析说明（解释电报意思）。

水情电报一：

水情电报二：

水情电报三：

表 4－4 ____________站大断面资料

表 4－4－1 **现场水准测量记载及计算表**

测站	测号	水准尺读数		高差		视线高程	高程（m）	备注
		后视	前视	＋	－			

观测____________记录____________计算____________日期____________校核____________日期____________

表 4-4-2　　________水文站实测大断面成果表

（20　年　月　日　时　分至　日　时　分施测）

点次	起点距(m)	河底高程(m)	点次	起点距(m)	河底高程(m)	点次	起点距(m)	河底高程(m)
左岸			31			62		
1			32			63		
2			33			64		
3			34			65		
4			35			66		
5			36			67		
6			37			68		
7			38			69		
8			39			70		
9			40			71		
10			41			72		
11			42			73		
12			43			74		
13			44			75		
14			45			76		
15			46			77		
16			47			78		
17			48			79		
18			49			80		
19			50			81		
20			51			82		
21			52			83		
22			53			84		
23			54			85		
24			55			86		
25			56			87		
26			57			88		
27			58			89		
28			59			90		
29			60			91		
30			61			右岸		
备　注	历年最高水位　m 历年最低水位　m 测时水位　m		施测： 记录： 计算： 校核：					

表 4-4-3　　________水文站大断面计算表（图解分析法）

高程水位（m）	起点距（m）		宽度（m）		分级水位高差 $\Delta Z=\Delta Z_{i+1}-Z_i$（m）	面积（m^2）	
	右岸	左岸	水面宽 B_i	平均水面宽 $\bar{B}_i=\frac{1}{2}(B_i+B_{i+1})$		增加 ΔA_i	累加 A
			0.00	水道断面面积计算见表 4-4			

计算________日期__________校核________日期__________复核________日期________

表 4-4-4　　________水文站水道断面计算表（$Z_{min}=$　　m）

高程水位（m）	起点距（m）	水深（m）	平均水深（m）	水面宽（m）	面积（m^2）	
					增加 ΔA_i	累加 A
		0.00				

计算________日期__________校核__________日期________复核__________日期________

表 4-5-1　　________站测深测速取样记载计算表（畅流期流速仪法）

施测时间：　年　月　日　时　分至　日　时　分（平均：　日　时　分）　天气：　风向风力↓　水温　℃　铅鱼重量：　kg

流速仪牌号及公式：$V=$　　检定后使用次数：　　停表牌号及时差：　　测速垂线数/测点总数：

序号		角度或固定垂定号数/起点距(m)	测深		测得水深(m)/测绳总长	测得悬索偏角(°)	悬架支点至水面高差(m)	干湿绳长度改正数(m)	水深或应用水深(m)	仪器位置		流速记录(s)						总历时/一组信号转数	总转数	流向偏角(°)	流速(m/s)			
测深	测速		时	分						相对	测点深或湿绳长(m)										测点	流向改正差	流向改正后	系数/垂线平均
水边																								
水边																								

计算________日期________校核________日期________复核________日期________

表 4-5-2　________水文站流量计算表（畅流期流速仪法、深水浮标或浮杆）

施测号数：____

序号		起点距（m）	水位（m）		河底高程（m）	水深或应用水深（m）	测深垂线间		水道断面面积（m²）		平均流速（m/s）		部分流量（m³/s）	备注
测速	测深		基本基面	测流断面			平均水深（m）	间距（m）	测深垂线间	部分	测深垂线间	部分		
水边					0.00									
水边					0.00									

断面流量	m³/s	平均水深	m
水道断面面积	m²	最大水深	m
死水面积	m²	相应水深	m
平均流速	m/s	水面比降	$\times10^{-4}$
最大测点流速	m/s	糙率	
水面宽	m	水位涨率	m/h

水尺记录	水尺名称	编号	水尺读数（m）	零点高程（m）	水位（m）
	基本	自记	始：　终：　平均：		
	测流		始：　终：　平均：		不算
	比降上		始：　终：　平均：		不算
	比降下		始：　终：　平均：		不算

计算______（__月__日）初校________（__月__日）复核______（__月__日）

续表

施测号数：____

序号		起点距（m）	水位（m）		河底高程（m）	水深或应用水深（m）	测深垂线间		水道断面面积（m^2）		平均流速（m/s）		部分流量（m^3/s）	备注
测速	测深		基本基面	测流断面			平均水深（m）	间距（m）	测深垂线间	部分	测深垂线间	部分		
水边					0.00									
水边					0.00									

断面流量	m^3/s	平均水深	m	水尺记录	水尺名称	编号	水尺读数（m）	零点高程（m）	水位（m）
水道断面面积	m^2	最大水深	m						
死水面积	m^2	相应水深	m		基本	自记	始： 终： 平均：		
平均流速	m/s	水面比降	$\times10^{-4}$		测流		始： 终： 平均：		不算
最大测点流速	m/s	糙率			比降上		始： 终： 平均：		不算
水面宽	m	水位涨率	m/h		比降下		始： 终： 平均：		不算

计算___（___月___日）初校___（___月___日）复核___（___月___日）

表 4-6　　________水文站流量输沙率计算表（畅流期流速仪法）

（施测时间：200___年___月___日　：　～　：　）　　施测号数：___流量___输沙率___单位___

序号			起点距(m)	水位(m)		河底高程(m)	水深或应用水深(m)	测深垂线间(m)		水道断面面积(m^2)		平均流速(m/s)		垂线间流量(m^3/s)		平均含沙量(kg/m^3)		部分输沙率(kg/s)
测深	测速	取样		基本断面	测流断面			平均水深	间距	测深垂线间	部分	测深垂线间	部分	流速	取样	垂线	部分	
水边							0.00											
1																		
2																		
3																		
4																		
5																		
6																		
7																		
8																		
9																		
10																		
11																		
12																		
13																		
14																		
15																		
16																		
17																		
18																		
19																		
20																		
21																		
22																		
23																		
24																		
25																		
水边							0.00											

端面流量	m^3/s	平均水深	m	水位记录	水尺名称	水尺读数(m)			零点高程(m)	水位(m)
水道断面面积	m^2	最大水深	m		基本	始：	终：	平均：		
死水面积	m^2	相应水位	m		测流	始：	终：	平均：		
平均流速	m/s	断面输沙率	kg/s		比降上	始：	终：	平均：		
量大测点流速	m/s	断面平均含沙量	kg/s		比降下	始：	终：	平均：		
水面宽	m	相应单位含沙量	kg/m^3	水面比降	$\times 10^{-4}$	糙率		水位涨率	m/h	
备注										

计算___（___月___日）初校___（___月___日）复核___（___月___日）

表 4-7　　　　＿＿＿＿江＿＿＿＿站多年垂线测流流量计算表（畅流期流速仪法）　施测时间：

垂线号		起点距（m）	水位（m）	水深（m）	测深垂线间（m）		水道断面面积（m^2）		平均流速（m/s）		部分流量（m^3/s）	断面流量（m^3/s）	相对误差（%）	备注
测深	测速				平均水深	间距	测深垂线间	部分	垂线	测速垂线间				
水边														
水边														

计算＿＿＿＿＿日期＿＿＿＿＿校核＿＿＿＿＿日期＿＿＿＿＿复核＿＿＿＿＿日期＿＿＿＿＿

表 4-8 ______站测速垂线数对流量误差分析统计表

相对误差 δ_{θ_i} / 序号	垂线数目									
	50	40	35	30	25	20	15	10	5	
1										
2										
3										
4										
5										
6										
7										
8										
9										
10										
11										
12										
13										
14										
15										
16										
17										
18										
19										
20										
21										
22										
23										
24										
25										
26										
27										
28										
29										
30										
31										
32										
$\sum(\delta_{\theta_i})^2$										
S										
备注										

计算______日期______校核______日期______复核______日期______

表 4-9　　　　________站流速脉动试验记载表

施测时间：________________　垂线号：____________　测点位置：____________

流速仪公式：________________　施测者：________________________

信号数	累计历时(s)	每信号历时(s)	每信号流速(m/s)	信号数	累计历时(s)	每信号历时(s)	每信号流速(m/s)	信号数	累计历时(s)	每信号历时(s)	每信号流速(m/s)
1				34				67			
2				35				68			
3				36				69			
4				37				70			
5				38				71			
6				39				72			
7				40				73			
8				41				74			
9				42				75			
10				43				76			
11				44				77			
12				45				78			
13				46				79			
14				47				80			
15				48				81			
16				49				82			
17				50				83			
18				51				84			
19				52				85			
20				53				86			
21				54				87			
22				55				88			
23				56				89			
24				57				90			
25				58				91			
26				59				92			
27				60				93			
28				61				94			
29				62				95			
30				63				96			
31				64				97			
32				65				98			
33				66				99			
备注	$\overline{V}=$ $V_{max}=$ $V_{min}=$ $Y=\frac{V_{max}^2-V_{min}^2}{\overline{V}^2}$										

计算________日期________校核________日期________复核________日期________

表 4-10　　各时段平均流速计算表

$\overline{V}$=________ m/s　垂线号：________　测点位置：________

项目 n	20s 时段	20s 历时 (s)	20s V_i (m/s)	20s ΔV (m/s)	20s δ_v (%)	30s 时段	30s 历时 (s)	30s V_i (m/s)	30s ΔV (m/s)	30s δ_v (%)
1										
2										
3										
4										
5										
6										
7										
8										
9										
10										
11										
12										
13										
14										
15										
16										
17										
18										
19										
20										
21										
22										
23										
24										
25										
26										
27										
28										
29										
30										
31										
$\sum(\delta_{v_i})^2$										
m_v										
$1.15m_v$										

计算________日期________校核________日期________复核________日期________

备注：50″，70″，100″，120″，150″，180″，210″，240″，270″，300″的计算表与此相同。

表 4-11　　**全断面各时段平均流速误差分析统计表**

测点位置：

$\Sigma(\delta_{v_i})^2$ \ n	时段(s)									
	20	30	50	70	100	120	150	180	240	300
1										
2										
3										
4										
5										
6										
7										
8										
9										
10										
11										
12										
13										
14										
15										
16										
17										
18										
19										
20										
21										
22										
23										
24										
25										
26										
27										
28										
29										
30										
31										
32										
$\Sigma[\Sigma(\delta_{v_i})^2]$										
m_v										
$1.15m_v$										

计算＿＿＿＿日期＿＿＿＿校核＿＿＿＿日期＿＿＿＿复核＿＿＿＿日期＿＿＿＿

表 4-12　　流速脉动强度统计表

序号	相对水深(m) / 起点距(m)	0.0	0.2	0.6	0.8	1.0
1						
2						
3						
4						
5						
6						
7						
8						
9						
10						
11						
12						
13						
14						
15						
16						
17						
18						
19						
20						
21						
22						
23						
24						
25						
26						
27						
28						
29						
30						

计算________日期________校核________日期________复核________日期________

附录一　水文测验实习参考资料

一、"国标"与"规范"部分符号对照表

量的名称	符号		量的名称	符号	
	国标	规范		国标	规范
面积	A	F	降水量	P	P
集水面积	A	F	堰高	P	P
水面宽	B	B	流量	Q	Q
部分宽	b	b	冰流量	Q_y	Q_I
含沙量	C_s	ρ	输沙率	Q_s	Q_s
粒径	D	D	部分流量	q	q
水深	d	h	径流量	R	Y
冰厚	d_y	h_I	水力半径	R	R
蒸发量	E	E	比降	S	I
闸门开启高度	e	e	历时	t	t
总水头	H	H	容积	V	V
水头	h	h	流速	V	V
长度	L	L	水位	Z	G
质量	m	m	高程	Z	G
糙率	n	n	沉降速度	ω	ω

二、SL 247—1999《水文资料整编规范》（摘录）

A.1.2.1　整编成果图表中各项要素的单位和取用位数，按表A.1-1的要求填记。但取用精度位数后一位数字，采用"四舍六入"方法取舍。即取用精度位数后一位数字小于五者则舍，大于五者则入；等于五时若其后有非零尾数仍入，无非零尾数则视取用的末位数字的奇偶取舍，为奇则入，为偶则舍。

（备注：按照这条标准的理解，所有水文上的数值计算都采用上述规则）。

表A.1-1　　水文资料整编成果各要素单位和取用精度一览

项目	单位	取用精度	示例
至河口距离	km	≥10km时，记至1km； <10km时，记至0.1km	256，38 9.5，0.2
集水面积	km^2	≥100km^2时，记至1km^2； <100km^2时，记至0.1km^2	1830，763 59.2，0.4
基面高程、水准点高程	m	记至0.001m	168.974
水位、河底高程、水头、水位差、闸门开启高度、闸底或堰顶高程	m	一般记至0.01m，必要时记至0.005m	67.24
水深	m	≥5m时，记至0.1m； <5m时，记至0.01m	10.2，5.1 0.57

续表

项　目	单　位	取用精度	示　例
流量	m^3/s	取三位有效数字，小数不过三位	1830，30.4，7.63，0.841，0.009，0.892，0.089，0.006
径流模数	$10^{-3}m^3/(s \cdot km^2)$		
水面比降	10^{-4}		
相关因素（比值）			
输沙率	kg/s		
泥沙粒径	mm		
平均沉速	cm/s		
洪水量、径流量、蓄水量	10^4m^3、10^8m^3	取四位有效数字，小数不过四位	3241，89.21，0.9463，0.0061
潮量	10^4m^3	取四位有效数字，小数不过两位	3241，89.41，0.95，0.01
流速、冰速、底速	m/s	≥1m/s 时，取三位有效数字；<1m/s 时，取两位有效数字，小数不过三位	2.67，0.36，0.032
断面面积	m^2	取三位有效数字，小数不过两位	2810，0.33，0.03
大断面起点距	m	≥100m 时，记至整数； ≥5m 且<100m 时，记至 0.1m； <5m 时，记至 0.01m	515，124 81.2，5.3 3.33，0.82
径流深	mm	记至 0.1mm	127.8，8.6
水面宽、闸门开启总宽、平均堰宽	m	取三位有效数字； ≥5m 时，小数不过一位； <5m 时，小数不过两位	1870，675，675，5.9 0.36，4.17
糙率		记至 0.001	0.028
流量系数		取三位有效数字，小数不过两位	0.825，0.071
电功率	kW		
含沙量	kg/m^2	取三位有效数字，小数不过三位	674，2.74，0.630，0.037
	g/m^3	取三位有效数字，小数不过一位	167，9.7
输沙量	t、10^4t、10^8t	取三位有效数字	3420，1.36
输沙模数	t/km^2	取三位有效数字	985，74.1
单样推移质输沙率	$g/(s \cdot m)$	取三位有效数字，小数不过两位	1280，0.89
沙重百分数		记至 0.1	
水温	℃	记至 0.1℃	
岸上气温	℃	记至 0.5℃	
冰厚、冰花厚、冰上雪深	m	记至 0.01m	
疏密度、冰花折算系数		记至 0.01	
冰花密度	t/m^3	记至 $0.01t/m^3$	
敞露水面宽	m	记整数	
冰块长、宽	m	取两位有效数字，小数不过一位	
冰流量、总冰流量	m^3/s	取三位有效数字，小数不过两位	
测雨仪器绝对高程、器口离地面高度	m	记至整数或记至 0.1m	
降水量、水面蒸发量	mm	记至 0.1mm	
灌溉面积	hm^2	记整数	

表 2.4.1-1　　临界值 $u_{(1-a/2)}$ 与 $u_{(1-a)}$

显著性水平 a	0.05	0.10	0.25
置信水平（$1-a$）	0.95	0.90	0.75
$u_{(1-a/2)}$	1.96	1.64	1.15
$u_{(1-a)}$	1.64	1.28	-

表 2.4.1-2　　临界值 $t_{(1-a/2)}$

a \ K	6	8	10	15	20	30	60	∞
0.05	2.45	2.31	2.23	2.13	2.09	2.04	2.00	1.96
0.10	1.94	1.86	1.81	1.75	1.73	1.70	1.67	1.65

三、《水文情报拍报》简介

到水文站参加汛期测报工作是同学首次到水文战线的第一线参加生产实践。

水利部为了使各级水电机构防汛抗洪部门及时、有效、经济地传递和掌握水文情报、预报，并向其他国民经济部门提供水文情报、预报，于 1964 年制定《水文情报预报拍报办法》，随着科技的发展，最新标准是 2006 年 3 月 1 日实施的 SL 330—2005《水情信息编码标准》。为了使同学们尽快熟悉和掌握报讯工作，结合本次汛期工作需要，据此摘录编写了《〈水文情报拍报〉简介》，供大家参考。编录的内容仅是其中一小部分基本原则和方法，不可能全面。同学们应当结合各站的具体情况，在水文站技术人员的直接指导下，进行编报、拍报工作。现把基本的、常用的一些规定介绍如下。

一、拍报的基本规定

为了保证拍报工作的质量，各水情站在测报工作中应当力求做到“四随”（随测算，随发报，随整理，随分析）和“四不”（不错报，不迟报，不缺报，不漏报），保证拍报准确及时。

水情站测报时间以北京时间为准，并以 24 小时计。午夜 12 点一律记为当日 24 时，不记为次日 0 时。分钟应按十进位换算为小时的小数列报。

每日 8 时为统一规定的定时测报时间。各水情站在规定拍报期间，均须发报一次。如主管机关规定有起报标准的，即使达到起报标准后，每日 8 时仍然必须发报一次。每次电报应在观测后 10～20min 发出，至迟不得超过半小时。

二、术语

参考 SL 330—2005《水情信息编码标准》，从第 3 页到第 50 页。

附录二　测速垂线数对流量误差影响的实验研究

一、精简分析目的

用多测速垂线施测流量的方法来分析有限测速垂线数的流量误差，据以了解测速垂线精简分析的方法和思路。因为测速垂线数、测点数越多，所计算的流量就越精确，但花费的时间就越多，同样流量的瞬时性也就越不好。本次实验的目的是找到测速垂线数与流量计算精度之间的最佳配合数据；或者说，在保证流量计算结果精度的前提下，最少的测速垂线数目应该是多少。

二、实验的方法步骤

（1）根据实测大断面图选定多垂线流量测验方案，一般要求所选测速垂线数 $n>50$ 条。

（2）测流时机选择，一般在流量变化比较缓慢的平水时进行实验。

（3）在测速时，为了减少总测流历时，各垂线上测速全部采用一点法，每测点测速历时不小于 100s，全班分成三组的，全断面一分为三部分，每组施测其中一部分。

（4）计算多垂线测速的断面流量 Q_n；计算所在站用常测法固定垂线时的断面流量 Q_0，并与多垂线流量 Q_n 比较，计算相对误差。

（5）计算机编程，将测速垂线一条一条精简，精简原则是精简后的计算流量 $Q_{(n-i)}$ 与多垂线流量 Q_n 之间的相对误差的绝对值小于 5%。具体说来：

1）第一次精简，从 n 条测速垂线中任意精简一条，设为第 i 条，$i=1，2，3，\cdots，n$，即有 n 种精简方式；精简后的计算流量为 $Q^i_{(n-1)}$，有 n 个，计算每个 $Q^i_{(n-1)}$ 与 Q_n 之间的相对误差 $\delta_{Q^i_{(n-1)}}$。

2）从 n 个 $\delta_{Q^i_{(n-1)}}$ 中找出最小的那个相对误差 $\mathrm{Min}\delta Q^i_{(n-1)}$，如果这个 $|\mathrm{Min}\delta_{Q^i_{(n-1)}}|<5\%$，那么相应的 i 即是这次精简的那条测速垂线。

3）从剩下的（$n-1$）条测速垂线中再精简一条，即重复 1）和 2）的步骤，直到简简后不能满足 $|\mathrm{Min}\delta_{Q^i_{(n-1)}}|<5\%$ 条件，精简结束，这时所保留的测速垂线即是所要求的常测法使用的测速垂线。

（6）点绘测速垂线数 n 与流量相对标准差关系曲线，作简要地分析描述。

三、实验成果

（1）多垂线流量观测计算表 Q_n，该点常测法方案流量 Q_0 计算表。

（2）测速垂线数与流量相对标准差关系曲线。

（3）全班全断面测速垂线精简后的垂线位置图。

（4）成果分析说明。

（5）按精简垂线数目排序装订成册。

附录三　流速脉动实验方法

一、目的

通过脉动实验，学习进行实验研究的一般方法，提高同学们分析问题、解决问题的能力。具体要达到的目的是，通过实验增加对流速脉动的感性认识，了解流速脉动的特性及变化和分布规律；求出流速脉动引起的流速误差与测速历时的定量关系。

二、实验方法

（1）在测流全断面上布设若干条垂线，每条垂线根据其水深按照规范要求布设测点，使全断面的测点数目等于参加实验同学的总人数（备注：如果测点数目没有参加实验同学的总人数多，则需要增加测速垂线，其位置从测速垂线数对流量误差影响的实验研究结果中确定）。

（2）根据流速的大小把流速仪的接触丝调整到合适的位置，使每两个信号的时间间隔较小。

（3）每测点施测过程中每个信号（或每组信号）必须记录其历时（可读累计时间），时间记录至 0.5s 以减少误差。

（4）每测点施测总历时的确定。要求保证在总历时范围内以滑动办法计算出 32 个时段平均流速（满足贝塞尔公式中 $n>30$ 的要求）。首先以最长时段为 300s 的时段平均流速作为确定依据，其滑动办法是：第一个时段是从第一个信号开始计数到观测历时第一次出现不小于 300s 的那个信号，假设为第 i 个；第二个信号则是错开第一个信号、从第二个信号开始计数到观测历时第一次出现不小于 300s 的那个信号，应该是第（$i+1$）个，也有可能是第（$i+2$）个；这时将有从第二个信号到第 i 个信号都是重复使用；依次类推，直到满足 32 个时段的平均流速，这时的测速总历时就是这个测点所要的测速总历时，如附图 3.1 所示，其中横坐标上的 T_1 时段从 0～i 个信号与 T_2 时段 1～（$i+1$）个信号都不是等时距的。

（5）计算瞬时流速（即每一信号流速），点绘其流速过程线即该测点脉动过程线，计

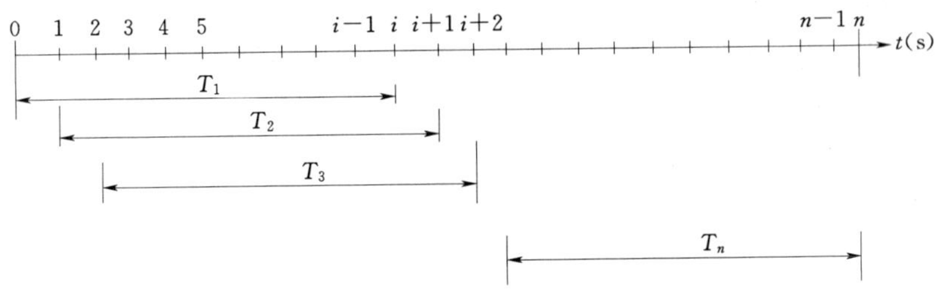

附图 3.1　滑动确定测速总历时示意

算瞬时流速平均值$\overline{V}_u$并根据总历时及总转数，计算该总历时的时段平均流速 $\overline{V}_T$，比较 $\overline{V}_V$ 与 $\overline{V}_T$，分析两者不相同的原因。

（6）计算流速脉动强度，其公式为：

$$Y=\frac{1}{\overline{V}^2}(V_{max}^2-V_{min}^2)$$

（7）计算各时段的平均流速$\overline{V_{Ti}}$，时段建议为 20s、30s、50s、70s、100s、120s、150s、180s、240s、300s，则各时段的平均流速分别为$\overline{V_{20s}}$、$\overline{V_{30s}}$、$\overline{V_{50s}}$……$\overline{V_{300s}}$；在测速总历时内特别需要注意的是上述时段要均匀分布，包括根据实际情况决定需要使用滑动平均的分布。

（8）以测速总历时计算的时段平均流速$\overline{V_T}$为准，计算各分时段平均流速$\overline{V_{Ti}}$的相对误差，其公式为：

$$\delta_i=\frac{V_i-\overline{V}}{\overline{V}}\times 100\%$$

式中 $\overline{V}$——总历时平均流速，m/s；

V_i——某一历时的时段平均流速，m/s；

δ_i——某历时平均流速的相对误差。

（9）计算每一历时平均流速相对误差的标准差 m_{Vi}，其公式为：

$$m_{Vi}=\sqrt{\frac{\sum_{i=1}^{n}\delta_i^2}{N-1}}$$

式中 N——某历时时段平均流速的总个数。

（10）分别点绘不同相对水深处的各时段平均流速相对误差的标准差 $m_{Vi}—h_i—t_i$ 关系曲线，并分析其规律。

（11）点绘断面图，绘制流速脉动强度 V 在断面上的分布等值线图，并分析其规律。

三、成果

（1）脉动实验实测流速记录表。

（2）“瞬时”流速过程线图。

（3）各时段平均流速计算表。

（4）各测速历时流速误差计算表。

（5）$m_V—h—t$ 关系曲线。

（6）全断面各测点流速脉动强度计算成果表及流速脉动强度等值线图。

（7）全断面流速分布图及垂线平均流速沿河宽分布图。

（8）对流速脉动实验的分析说明。

（9）按垂线号、测点号排序装订成册。

附录四　水文测验实习报告要求

水文测验实习报告的撰写是水文测验实习的组成部分，每位同学都应认真撰写。

实习报告的内容一般应包括如下部分：实习情况介绍；实习成果（图、表等）；收获体会；问题及建议等。

实习报告是同学们实习成果的总结，也是教师评定实习成绩的重要依据，因此希望同学们能书写工整、文字通顺、图表规范、实事求是。

一、水文测验实习小组小结提纲

要求：文字力求简明扼要，说明问题。内容包括以下方面。

1. 基本情况

概括本小组组成、开展工作情况及同学的思想情况。

2. 上交的实测、计算分析成果

（1）多线法测速垂线精简分析。

（2）流速脉动实验。

3. 对本次实习的意见和建议

二、水文测验个人实习报告提纲

要求：文字力求简单扼要，说明问题。内容包括以下方面。

1. 测站概况

（1）测站任务、测站沿革。

（2）流域自然地理概况及对测站水情、沙情的影响。

（3）测站形势图（包括断面、基线布设的情况），测站观测项目及设备情况。

（4）测站控制情况及影响水位流量关系的因素。

（5）历年特征值，如最高、最低水位，最大、最小流量，最大、最小沙量等及其发生的日期。

（6）本站服务情况及经验，存在的问题。

2. 测站外业实习情况简述

（1）在站参加哪些外业工作？次数多少？

（2）进行哪些实验工作？简述实验概况。

（3）遇到哪些突出问题？如何解决？还有哪些问题尚待解决？

3. 本次水文测验实习的心得体会及意见、建议

报告的重点，按各人自己体会书写，例如对专业的认识，对培养人才的认识，对教学方法、理论联系实际等的体会。

4. 上交的实测、计算分析成果

（1）降水、蒸发、水位实测成果1～2天资料及面积包围法计算日平均水位成果表（1～2天）。

（2）实测流量成果、实测悬沙输沙率成果各一份。

（3）实测大断面计算成果（可用图解分析法）及大断面图。

（4）横断面的流速分布图及垂线平均流速沿河宽的分布图（可绘在大断面图上）。

（5）水位—流量、水位—面积、水位—流速关系图及检验成果、流率表。

（6）其他有关成果。

附录五　长江水利委员会水文局2003年水文数据管理规定

一、长江委水文局2003年汛前准备工作责任追究制

汛前准备及检查工作的好坏，直接关系到防洪水文测报工作任务的顺利完成。根据“长江委水文局2003年防汛动员大会”精神，为确保各单位汛前准备及检查各项工作落到实处，以良好的设备设施状态迎战可能发生的特大洪水，夺取2003年防洪水文测报工作的胜利，特针对“水文局2003年__勘测局__站汛前检查及整改情况登记表”中的重要项目，制定《长江委水文局2003年汛前准备工作责任追究制》。

（1）职工应具有良好的职业道德、精神风貌，遵守防汛测报纪律，以防洪水文测报为己任。凡无视职业道德、不服从防汛测报统一调度者，视影响程度分别对当事人处1000元以下、站（队）长处500元以下经济处罚。

（2）凡配备有GPS等先进仪器设备的测站，无故不投产使用或挪作他用影响防洪水文测报的，对站（队）长处500～1000元的经济处罚。

（3）水位自记设施（自记测井、压力式管道等）在其设计水位变幅内因汛前检查整改措施不到位而影响正常运行的，对责任人和站（队）长分别给予1000元和500元的经济处罚。

（4）凡已批准投产的水位、雨量自记/固态存贮设备不能正常运行的，对责任人和站（队）长分别给予1000元和500元的经济处罚。

（5）汛前未按规定对船舶配备相应救生、安全设备设施，对责任人、站（船）长分别处500～1000元经济处罚。

（6）汛前船舶检查工作不到位发生船舶故障或汛前检查工作虽然到位但汛期发生船舶故障不能主动及时予以排除，导致不能及时出测，严重影响防洪水文测报的，视情节轻重对责任人给予3000元以下经济处罚，船长给予1000元以上2000元以下的经济处罚。

（7）因未在汛前对安全隐患及时处理，导致缆道地锚、支架、主索在其设计标准洪水范围内发生安全事故，分别给予责任人和站（队）长记大过及以下、勘测局分管（联系）局领导降级及以下处分，勘测局局长受长江水利委员会通报批评并处5000元经济处罚。

（8）凡发现使用未满足适航状况要求或存在重大安全隐患的船舶进行防洪水文测验作业，无论是否发生责任事故，分别给予责任人和站（队）长记大过及以下、勘测局分管（联系）局领导降级及以下处分，勘测局局长受长江水利委员会通报批评并处5000元经济处罚。

（9）未按《高洪测验方案》进行演习或演习走过场，对超标准洪水不能按要求布置测验，导致漏测超标准洪水洪峰过程的，分别给予站（队）长降级及以下、勘测局分管（联系）局领导受长江水利委员会通报批评的处分。

（10）因汛前准备工作不充分，发生标准范围之内的洪水不能完成正常测报任务，漏测漏报洪峰过程，分别对站（队）长给予降两级及以下、勘测局分管（联系）局领导降级及以下、勘测局局长记过及以下处分。

（11）因汛前准备工作不充分，对隐患未及时采取措施，而导致发生重大安全生产责任事故，分别给予直接责任人和站（队）长开除及以下、勘测局分管（联系）局领导撤职及以下、勘测局局长降级及以下处分。

（12）凡发生勘测局分管（联系）局领导、局长受处分情况时，视情节对水文局相关管理部门负责人予以处分。

（13）凡发生勘测局局长受处分情况时，水文局联系（或分片检查）局领导承担应有责任，并向上级提出建议处分意见。

（14）凡水文局联系（或分片检查）局领导受记过以上处分时，水文局局长承担应有责任。

（15）报汛汛前准备工作及报汛时效、质量的责任追究另按《长江委水文局2003年报汛责任追究制》（附件2）执行。

（16）本责任追究制自发布之日起执行。

（17）本责任追究制由长江委水文局负责解释。

二、长江委水文局2003年报汛责任追究制

为切实做好长江委水文局的水情报汛工作，加强报汛管理，树立长江委水文局报汛工作的新形象，达到水文局“力争确保水情信息在20分钟内送达水文局、30分钟内送达国家防总”的总体质量目标，根据长江委水文局2003年防汛动员大会精神，特制定《长江委水文局2003年报汛责任追究制》。

（1）测站（勘测队）报汛后40分钟内须有专人值班（尤其是6时、8时），以备错报、漏报查询。当查询无人应答，发现1次，给予责任人500元经济处罚；同一测站（勘测队）累计出现3次以上，给予站（队）长500～1000元经济处罚。

（2）测站报汛质量按照“20分钟到达水文局的到报率大于90%、错报率小于5%”进行控制。当月报汛质量达不到要求者，给予该测站500～1000元经济处罚，并落实到责任人。累计2个月不能满足要求者，给予2000元经济处罚，并落实到责任人；给予主要责任人降级及以下处分、站（队）长500元经济处罚并受长江水利委员会通报批评。

（3）勘测队（分中心）所辖测站当月20分钟内总到报率低于90%时，给予2000元经济处罚，并落实到责任人。累计2个月不能满足要求的，给予5000元经济处罚，并落实到责任人；给予主要责任人降级及以下处分，给予队长（分中心负责人）1000元经济处罚，并受长江水利委员会通报批评；给予勘测局分管（联系）局长1000元经济处罚。两个勘测队（分中心）各出现累计2个月不能达标的，给予勘测局局长2000元经济处罚，并受长江水利委员会通报批评。

（4）6时报汛为重点考核对象，出现上述1～3条现象时，加重处罚。

（5）水文气象预报处对水文局到达国家防总的水情信息转发负直接责任。在测站到报率满足要求的情况下，因管理措施不到位，而造成当月水文局报汛时效低于90%，给予

2000元经济处罚，并落实到责任人；给予分管处长500元经济处罚。累计2个月不能满足要求，给予5000元经济处罚，并落实到责任人，给予主要责任人和信息室负责人通报批评；给予分管处长和处长1000元经济处罚。因管理不力，造成勘测局至水文局报汛通信不畅、影响报讯时效时，参照以上标准执行。

（6）当勘测局领导和水文气象预报处领导受到处分时，水文局分管（联系或分片检查）局领导承担应有责任。

（7）本责任追究制自发公布之日起执行。

（8）本责任追究制由长江委水文局负责解释。

附录六　河海大学水文与水资源工程专业 2006 级 2008～2009 学年第二学期 1～20 周课表

节次		星期一	星期二	星期三	星期四	星期五	时间
上午	第一大节	气候学（0101014－0） 北教 201 荣艳淑 7～14 周上（2 学时）	水环境化学(英)(0101009－0) 北教 201 陈启慧 4～15 周上（2 学时）	水利经济（0101002－0） 北教 102 张秀菊、任黎 1～8 周上（2 学时） 计算水力学（0102103－0） 北教 102 李光炽 9～16 周上（2 学时）	随机水文学（0101013－0） 北教 102 陈元芳、李国芳 1～8 周上（2 学时） 水文实验（0101030－0） 北教 303 瞿思敏、包为民 9～12 周上（2 学时）	水文预报（0101019－0） 北教 202 李致家、黄贤庆 1～12 周上（2 学时）	第一小节 8：00～8：45 第二小节 8：50～9：35
上午	第二大节	水利经济（0101002－0） 北教 301 张秀菊、任黎 1～8 周上（2 学时） 计算水力学（0102103－0） 北教 102 李光炽 9～16 周上（2 学时）	水文预报（0101019－0） 北教 202 李致家、黄贤庆 1～12 周上（2 学时）	水信息技术(英)(0101006－0) 北教 202 谢悦波、Doddi 1～10 周上（3 学时）	水信息技术(英)(0101006－0) 北教 202 谢悦波、Doddi 1～10 周上（3 学时）	水环境化学(英)(0101009－0) 北教 201 陈启慧 4～15 周上（2 学时）	第三小节 9：50～10：35 第四小节 10：40～11：25 第五小节 11：30～12：15
下午	第三大节	水信息技术(英)(0101006－0) 北教 202 谢悦波、Doddi 1～10 周上（2 学时）	水务管理（0101045－0） 北教 303 黄贤庆 1～4 周上（2 学时）		水务管理（0101045－0） 北教 303 黄贤庆 1～4 周上（2 学时）		第六小节 14：00～14：45 第七小节 14：50～15：35
下午	第四大节	随机水文学（0101013－0） 北教 102 陈元芳、李国芳 1～8 周上（2 学时） 水文实验（0101030－0） 北教 303 瞿思敏、包为民 9～12 周上（2 学时）	水务管理（0101045－0） 北教 303 黄贤庆 1～4 周上（1 学时）	气候学（0101014－0） 北教 201 荣艳淑 7～14 周上（2 学时）	水务管理（0101045－0） 北教 303 黄贤庆 1～4 周上（1 学时）		第八小节 15：50～16：35 第九小节 16：40～17：25

注　1. 水文测验实习（含整编课设）　第 17 周周四至第 19 周周五　谢悦波、舒大兴

2. 水文预报课程设计　第 20 周周一至第 20 周周五　包为民、李杰友　水利馆 105、107、108、109

附录七　河海大学教学周历

课程名称：水信息技术　水文与水资源工程专业 2006 级　　课内/外　80/54 学时

2008～2009 学年　　第二学期　　中文教材版本：ISBN 978-7-5084-6196-0　　2009.01

自编英文教材版本：Collection of Hydrological Information and Data Processing　　2007.02

周次/日期	章节内容提要	教学环节和方法	课内学时	课外学时	备注
第 1 周 自 2 月 16 日 至 2 月 22 日	1. 贾锁宝讲座——从江苏水文看当今社会需要的水文毕业生（水文测验及其在江苏的应用） 2. 绪论 3. 水信息采集站网及测站	课内授课	8	3	写听后感想
第 2 周 自 2 月 23 日 至 3 月 01 日	1. 降雨观测及数据处理 2. 水位观测及数据处理 3. 实验一	课内授课	8	6	作业一
第 3 周 自 3 月 02 日 至 3 月 08 日	1. 断面测量 2. 流量测验（流速仪法） 3. 实验二	课内授课	8	6	作业二
第 4 周 自 3 月 09 日 至 3 月 15 日	1. 浮标法、航空法、比降面积法、稀释法、超声波法、ADCP 等其他方法测流 2. 地下水监测 3. 实验三	课内授课	8	6	作业三
第 5 周 自 3 月 16 日 至 3 月 22 日	1. 泥沙测验 2. 水质信息采集 3. 实验四	课内授课	8	6	作业四
第 6 周 自 3 月 23 日 至 3 月 29 日	1. 实测期以前的大洪水信息采集 2. 稳定的水位流量的分析——单一线法 3. 实验五	课内授课	8	6	作业五
第 7 周 自 3 月 30 日 至 4 月 05 日	1. 受各种因素影响水位流量关系的基本原理 2. 水力因素型（校正因素、特征河长、落差法） 3. 实验六	课内授课	8	6	作业六
第 8 周 自 4 月 06 日 至 4 月 12 日	1. 时序型，综合型流量数据处理 2. 堰闸流量数据处理 3. 实验七	课内授课	8	6	作业七
第 9 周 自 4 月 13 日 至 4 月 19 日	1. $Z \sim Q$ 关系高低水延长 2. 水信息采集误差分析（1） 3. 实验八	课内授课	8	6	作业八

续表

周次/日期	章节内容提要	教学环节和方法	课内学时	课外学时	备注
第10周 自4月20日 至4月26日	1. 水信息采集误差分析（2） 2. KISTERS CEO Klaus 讲座——国际上水信息数据处理的最新发展 3. 复习、答疑	课内授课	6	3	写听后感想
第17～19周 自6月11日 至6月26日	课程设计：流量数据处理 教学实习：河海大学黄山、芜湖水文测验教学实习基地	流域考察 课内授课 现场操作	120	40	实习课设报告

任课教师：谢悦波、Doddi；助教：张君、吴霞；　　院（系）负责人：李致家

2009年2月14日　　2009年2月14日

说明：（1）此表由任课教师根据本课教学大纲认真填写一式四份，一份自存；一份存教研室；两份送学生所在系（其中一份由系发给学生班级）。

（2）此表应经教研室和学生所在系负责人审查同意。

附录八　河海大学课程考试设计蓝图

课程名称：水信息技术　水文与水资源工程专业 2006 级　　　　课内/外　80/54 学时

2008～2009 学年　　　　第二学期　　　　中文教材版本：ISBN 978-7-5084-6196-0　　2009.01

自编英文教材：Collection of Hydrological Information and Data Processing　　2007.02

内容＼能力	概念	定理	计算	逻辑推理	实际应用	其他	各章比重	备注
降水	2						2	
水位（含基面、测站控制）	2		2		2		6	
面积（含起点距、测深、定位）	8						8	
流量（含测速、各种测流方法）	6	6	4	10	10		36	
水质（含监测项目、指标、方法）	2	2					4	
泥砂（测砂、颗粒分析）	4						4	
数据处理（水位、流量、泥砂）	4		6		10		20	
其他（综合类）			20			5	25	20 分计算基本题
各项能力比重	28	8	32	10	22	5	105	
备注						附加题 附加分		从自估成绩中平衡

说明：（1）试卷为开卷试题，回答时可以翻阅教科书、参考书、笔记和作业等，但要求独立完成，不准考场上发扬骑士精神。

（2）鼓励有能力用英文回答问题，阅卷时视学生答题英文使用量、正确程度可以给奖励分（最高不超过 5 分）。

目的：检查学过内容的掌握程度；保留学生想象的空间；鼓励每人发挥自己的能力。

题型：（1）是非题（对在括号内打√，错打×。全部打√或打×的不得分）20 分。

（2）选择题（将所选答案号填在空格内，只可填一个答案，但该答案可作一项选择或多项选择，亦可自己增加选择项）20 分。

（3）填充题 20 分。

（4）问答题 20 分。

（5）计算题（基本题，工程上要求绝对正确，因此无论结果对、过程错，还是过程对、结果错都要对错误部分进行倒扣分）20 分。

（6）附加题：结合自己的体会，谈谈你对本课程的课程教学、布置作业完成等过程中的收获及存在的问题以及怎样改进，5 分，附加分，从自估成绩与实际得分的差值中得以平衡（自估成绩分为两部分：一是考试之前自己对这门课程学习掌握程度的预估分，考前全部填好交给教师，占 20%；二是考场上交卷子之前填上自己答卷能够得到分数的预估分，占 80%。自估分与卷面实际批阅成绩之间的差值为：0 分，1～5 分，6～10 分，11～15 分，16～20 分，>20 分，那么最终考试成绩就是卷面实际批阅成绩分别减去 0 分、1 分、2 分、3 分、4 分、5 分，目的：锻炼学生在做完事情后要尽可能自我进行准确评价，非常有益）。